娃衣制板基础事典

[韩] 俞善英 / 著
高颖 / 译

中国纺织出版社有限公司

DOLLS
CLOTHING MAKE
娃娃服装制作

关于本书

1. 本书收录的服装板型是以16英寸（约40cm）的沙龙娃娃为基准所制作。依照不同的娃娃型号须调整长度和围度尺寸。如果您的娃娃是其他尺寸，请参考第30~33页制作原型进行使用。
2. 全部的制作过程均可使用手缝和缝纫机来进行。
3. 收录在板型上的尺寸数值中，未标示单位的数字均以厘米（cm）为基准。例如标示为0.5就是代表0.5cm。
4. 本书收录的30种板型全部为活用原型的代表性范例。板型制图并没有绝对的标准，请构思出想要的设计并灵活使用原型，创造出专属于自己的风格吧。
5. 本书收录的30个单品，全部为可多层次搭配或易于穿搭的。挑选喜欢的上衣和下装来制作，寻找出只属于自己的风格。
6. 有关制板或缝纫的专业术语、习惯用语，在这里为了更好的提高读者理解度，会使用大多数人常用词语来代替。

从基础开始掌握娃娃服装制板&缝纫教科书

娃衣制板基础事典

给娃娃穿上好看的衣服并做装扮
是娃娃爱好者极大的乐趣，
用可爱的衣服和配件
体验更多不一样的感受吧！

喜欢娃娃服饰的各位读者，很高兴相识！
我是完全沉浸在制作娃娃服装里的服装制板师俞善英。
虽然在之前是因为个人爱好而制作娃衣，
但没想到有一天竟然能将这些内容整理成书，
感到欣慰的同时却也有一点害羞。

我认为一件衣服从开始制作到完成的过程中，
最困难的阶段就是制板，
因为板型制图是将二维图案表现成三维的第一个阶段，
换句话讲，就是将想象中不着边际的设计转化为实物的过程。
由于制作娃娃的衣服是从原型裁剪开始，
所以我常常直到深夜都还在缝制，修改板型后再重新缝制……
其过程就跟制作成人的衣服一样耗费精神呢！

在我还不懂制板的时候，
我也总是有着看到喜欢的衣服便想做出来的欲望，
明明在脑海中很好看的衣服，
开始制作后，却无法呈现出想要的设计，常常因此而感到沮丧。
从那时起我便开始逐渐地在博客上发表一些制作娃娃服装的文章直至今日，
也找到了有着相同兴趣的人，与他们进行交流并互相帮助。
当我与众人分享我的经验时，能从许多人那里收到感谢，这让我非常开心，
也算是我这个“宅女”的逆袭了！

“我只想要做一件娃娃的衣服，这样也要学习制板吗？”可能会有人有这样的想法，
的确没有必要详细地学会制板的所有事情。
但要知道，需要有制板的基础，才能亲手做出想要的衣服款式！
只要是喜欢娃娃的人，都会有想要装扮出“只属于我的娃娃”的浪漫，不是吗？
这本娃衣制板基础课程将会帮助你朝这个浪漫更近一步。

从开始制作娃娃服装到编写成书，这期间经历过很多事情，
不仅换了工作，还有了新家。
但是其中最棒的事情就是在写书的同时经历了怀孕生子的过程。
在胎教的时期，对于还在跟娃娃服装打交道的我，
没有任何怨言并在身边给予支持鼓励的老公，
以及健康出生的小可爱，我要向你们献上这本书。

服装制板设计师 俞善英

开始绘制板型之前

READY

服装制板基本课程

BASIC LESSON

裙子

裤子

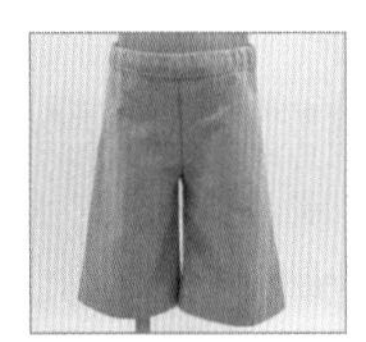

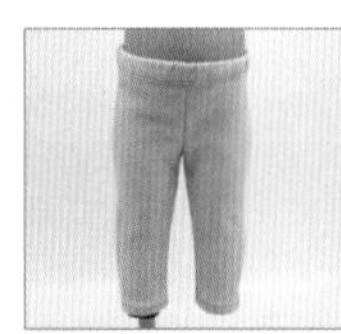

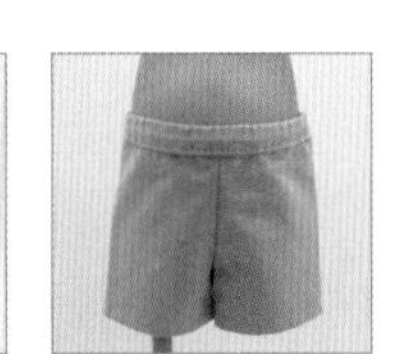

第**3**部分

上装制板基础：p.65

领子

袖子

服装制板实战操作

STEP UP LESSON

连衣裙

外套&大衣

配饰

01
DESIGN VOGUE
CLASSIC FASHION

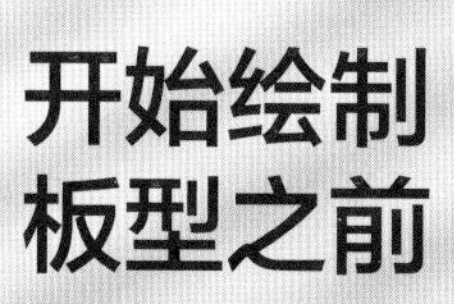

开始绘制板型之前

READY

制作娃娃服装的必备工具

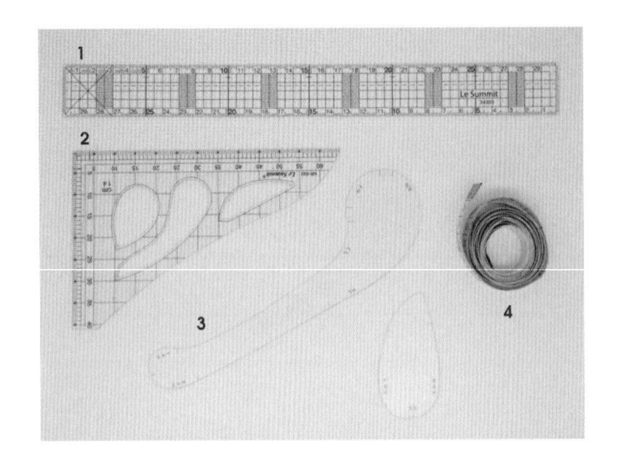

1 方格定规尺 纵横皆有方格的直尺，用于画平行线、直角线、缝份线等。

2 三角尺 中间有图案的三角尺，也可用来代替曲线尺。

3 曲线尺（云型尺） 画颈围、袖窿等各种板型的曲线。

4 卷尺 测量板型的曲线长度或娃娃的身体尺寸。

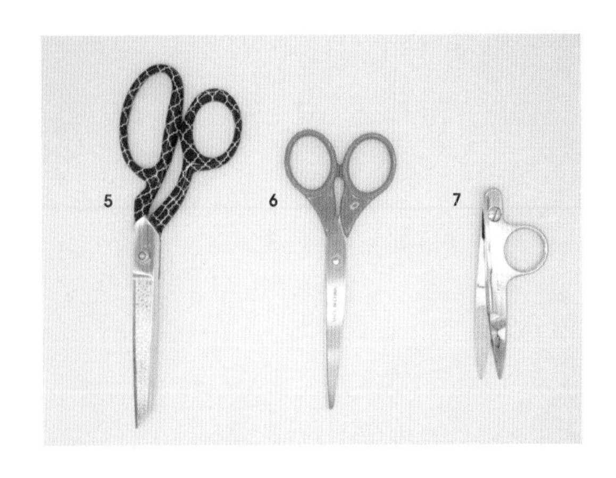

5 裁布剪刀 裁剪布料用的剪刀。注意不要用来剪纸。

6 文具剪刀 裁剪纸样的剪刀。

7 纱线剪 剪断线头或拆掉回针缝缝错的部分使用。

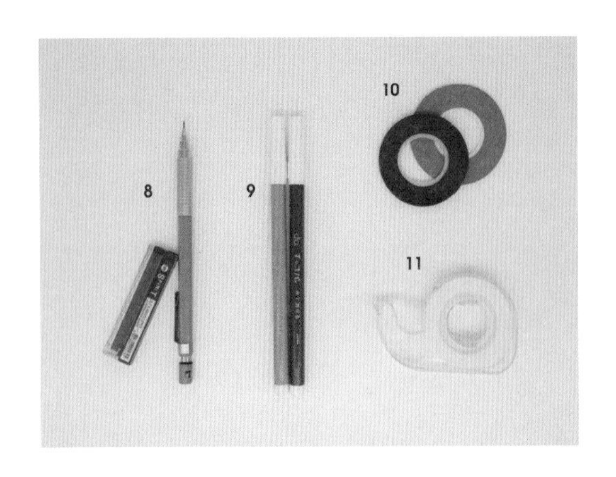

8 自动铅笔 制图专用自动铅笔。使用0.5cm（HB、H）笔芯。

9 水消笔 将板型画在布料上使用。遇水或加热便会消失，非常好用。

10 贴线胶带 制作娃娃原型或在疏缝的布料上面画线时使用。

11 隐形胶带 因为胶带上面可以写字，画板型或修正时非常有用。

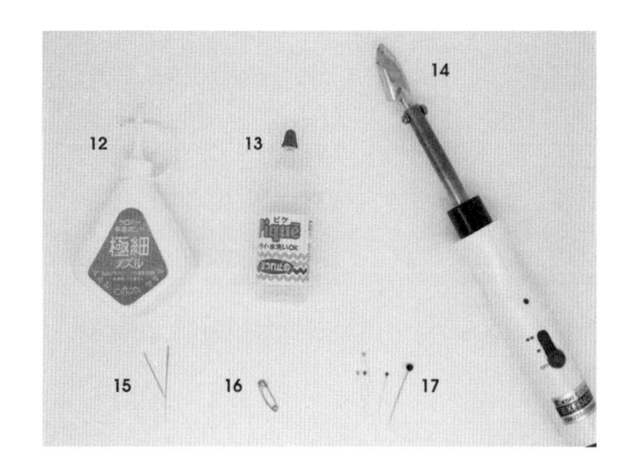

12 布用强力胶 临时固定布料或代替简单的缝纫使用。

13 锁边液 防止布料边角开线，可取代包缝。

14 小熨斗 将缝份分开或进行细节的熨烫时很好用。

15 手缝针 手缝时使用。依照不同的布料厚度更换不同型号。

16 别针 串松紧带和线绳时使用。

17 珠针 在回针缝之前作为临时固定使用。

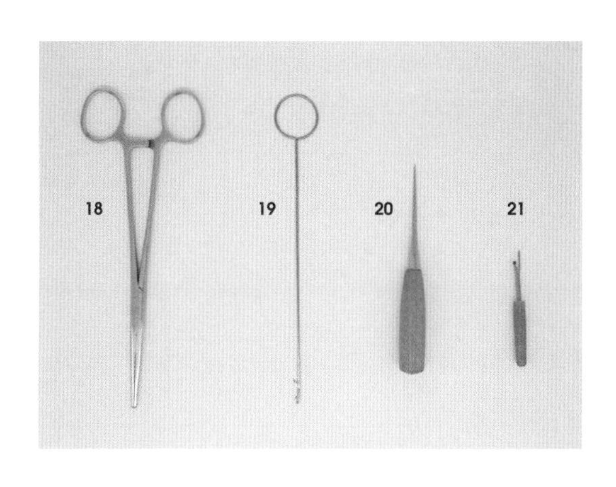

18 翻里钳 缝制好的布料宽度或深度很难徒手翻面时使用。

19 翻里器 将细线绳翻面使用。勾住尾端再往外翻即可。

20 锥子 缝边时用于按压布料或衣服翻面之后用来整理边角。

21 拆线器 将回针缝缝错的线拆除。

娃娃服装板型制图上使用的缩写

F(front)	前片
B(back)	后片
CF(center front)	前片中心线
CB(center back)	后片中心线
SS(side seam)	侧缝线

WL(waist line)	腰围线
BL(bust line)	胸围线
HL(hip line)	臀围线
SNP(side neck point)	侧颈点
SP(shoulder point)	肩点

娃娃服装板型制图上使用的符号

1	经纱方向		布料的经纱方向。如果朝直线方向剪裁，衣服就没有拉伸度
2	斜丝方向		裁剪时布料呈45° 方向摆放。如果按照这个方向裁剪，衣服就能轻松地向各个角度拉伸
3	对折线		布料的折线。板型左右对称时只须画一半并画出中间的对折线即可
4	褶	  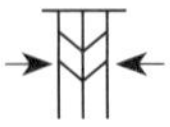	折痕。根据不同的折叠方向有不同的符号。斜线上方的侧边是要朝外的部分
5	省（颡道）		为了造型需要，捏进并折叠面料不必要的地方从而突出立体感，且标示出要缝制的位置，图示为锥形省
6	重叠	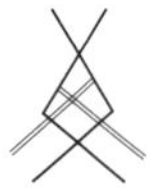	制图时使用在重叠的部位
7	等分		标示分成相同长度的线
8	直角		标示直角
9	拉伸		用在布料需要拉伸的缝纫部位
10	缩缝（细褶）		用在标示袖子的缩缝或细褶处

服装展示

制作方法

饰结领衬衫 p.150
热裤 p.126
抽褶宽松袖罩衫 p.143
背带连衣裙 p.173

制作方法

波浪摆连衣裙 p.165

制作方法

衬衫 p.146
单排扣外套 p.185
网球裙 p.113

制作方法

娃娃领衬衫 p.157

斜挎包 p.204

制作方法

插肩T恤 p.134

制作方法

立领连衣裙 p.176

制作方法

海军领连衣裙 p.161

荷叶露肩上衣 p.154

热裤 p.126

制作方法

抽褶宽松袖罩衫 p.143

紧身牛仔裤 p.123

制作方法

插肩袖大衣 p.193
单排扣外套 p.185
风衣 p.197

制作方法

娃娃领衬衫 p.157
西装背心 p.140
打褶裙 p.111

制作方法

落肩休闲上衣 p.137
紧身牛仔裤 p.123

制作方法

牛仔外套 p.180

制作方法

袜子 p.202

制作方法

抽褶宽松袖罩衫 p.143

灯笼裤 p.121

波浪摆连衣裙 p.165

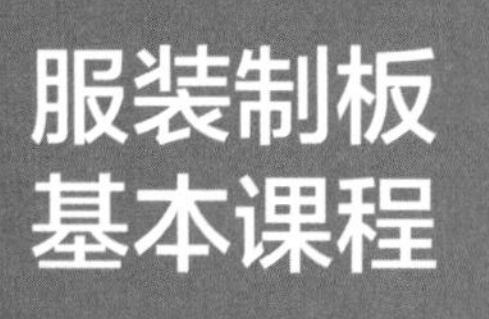

服装制板基本课程

BASIC LESSON

第1部分

制作原型
[上衣·裤子·袖子]

准备物品 保鲜膜、透明胶、贴线胶带

制作原型

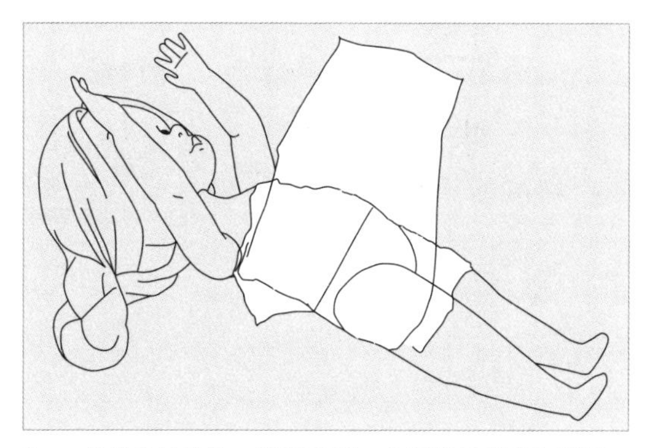

1 将娃娃的身体、胳膊和腿，分别用保鲜膜包裹好。绕2~3次，直至没有缝隙，并用透明胶带重复包裹一次作为固定。

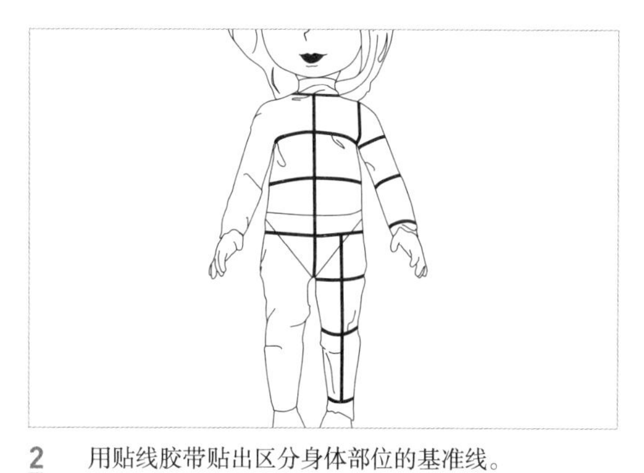

2 用贴线胶带贴出区分身体部位的基准线。

长度基准线—前片中心、后片中心、裤片中缝、袖片中缝、侧缝
身围基准线—颈、胸、腰（肚子）、臀、大腿、膝盖、脚踝、腋下、手臂、手肘、手腕

原型基准线位置

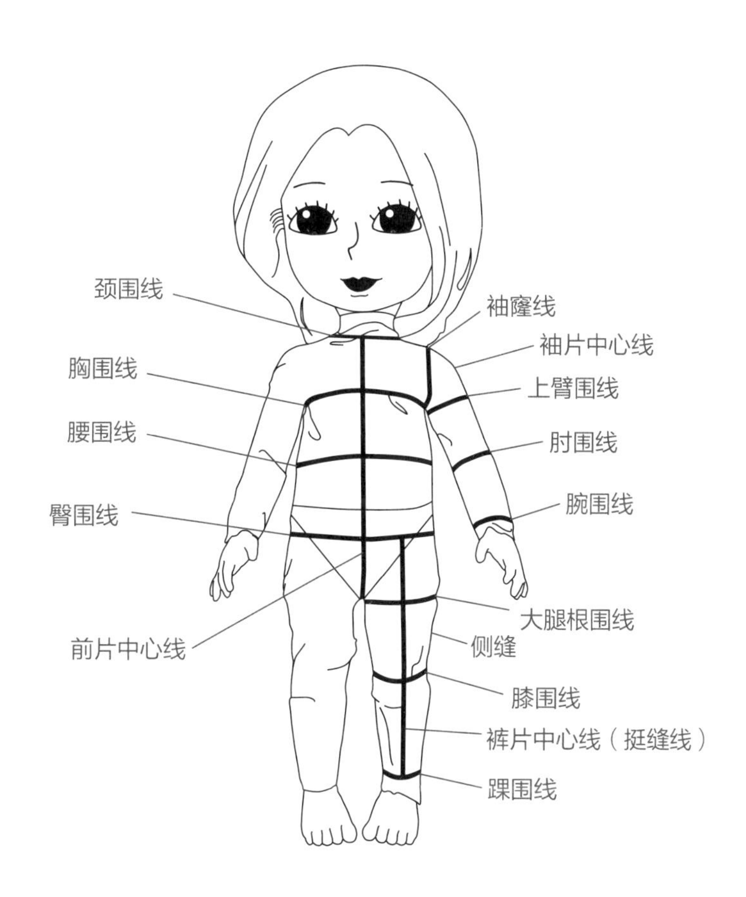

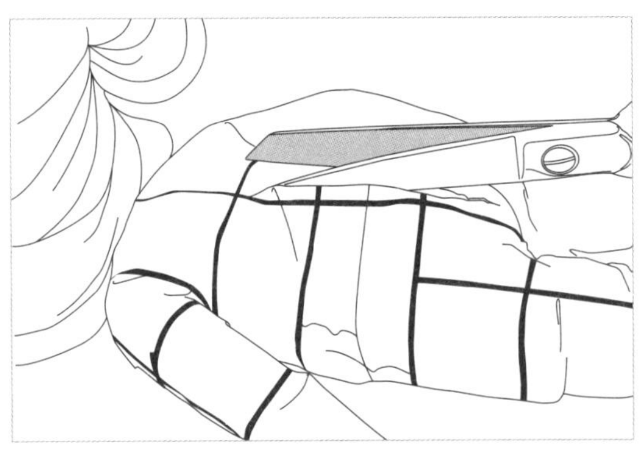

3　分别剪下用保鲜膜包裹的原型草稿的身体前片、后片、胳膊和腿。剪开身体前、后片中心线并各自分成两半，接着剪开腰围线。注意区分出上、下。

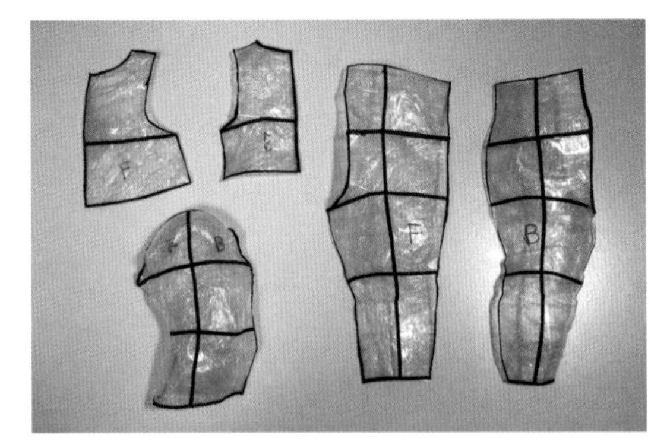

4　这是将上衣的前片及后片、下装的前片及后片、袖子的原型草稿剪下来的样子。

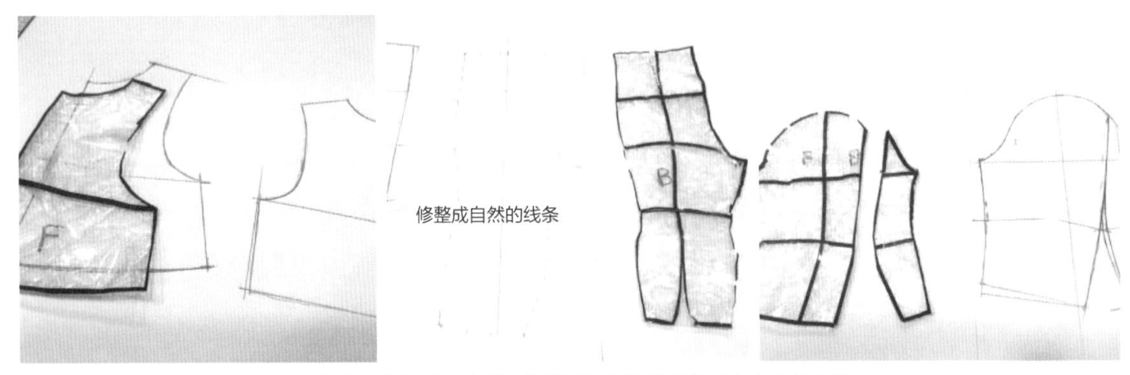

5　将因为剪刀裁剪痕迹而变立体的部分抚平，然后放在描图纸上沿原型描画出自然的线条。

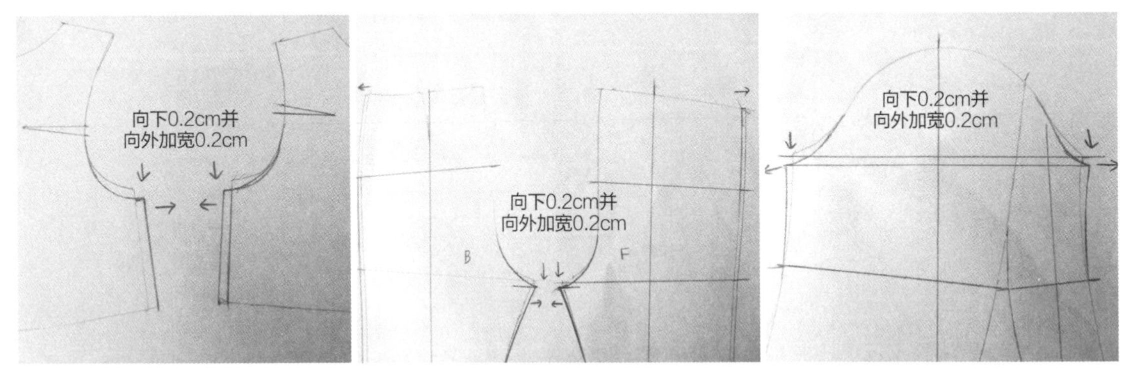

6　分别加宽0.2cm的余量，配合肩线、侧缝、上衣及下装的长度做出调整。
在袖窿和袖山上标示出距离相同的点。

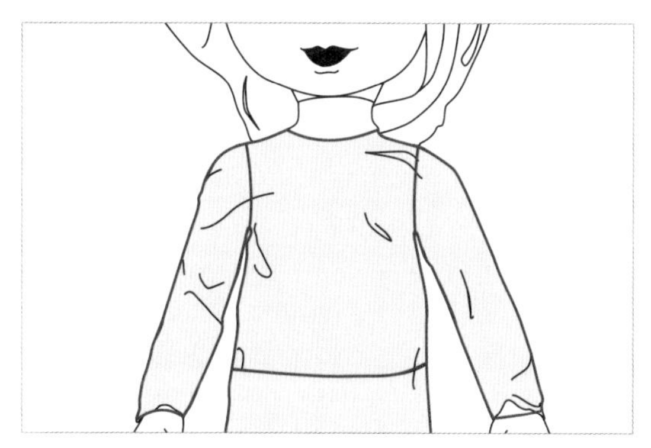

7 疏缝后试穿一下，找出需要修补的地方并调整好板型。

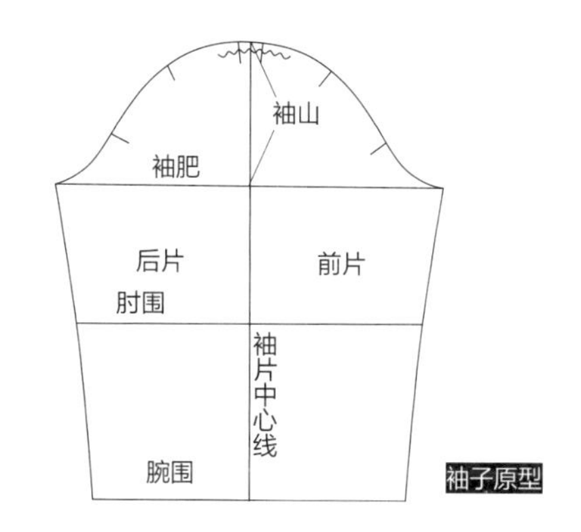

8 完成上衣、袖子、裤子的原型。

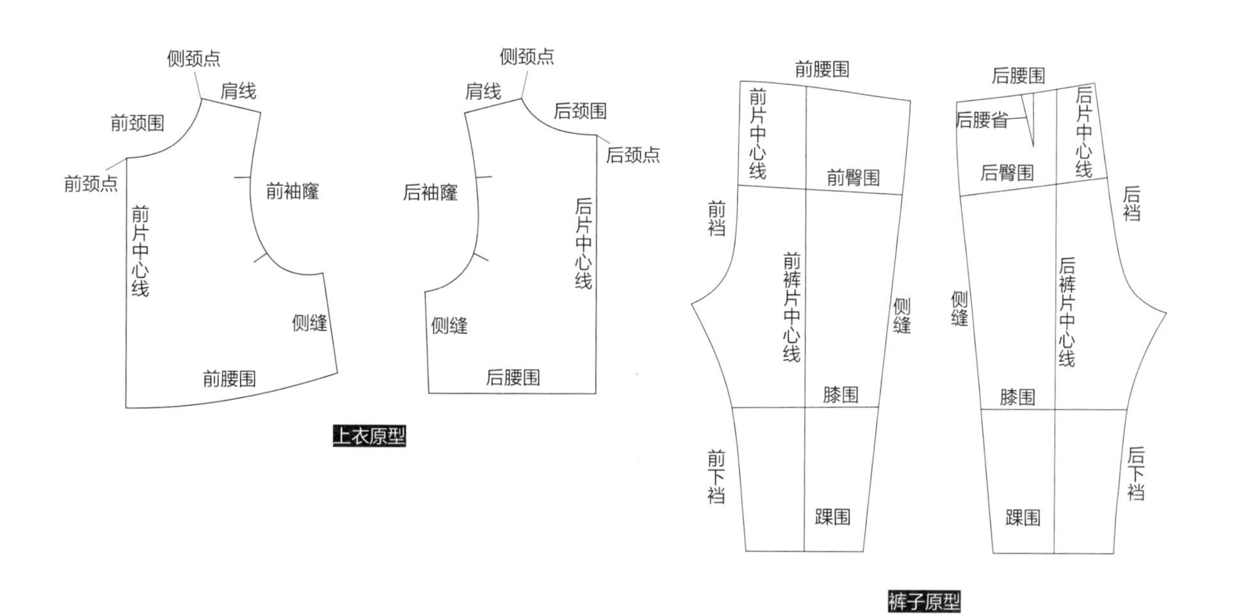

第2部分

下装制板的基础

基本裙

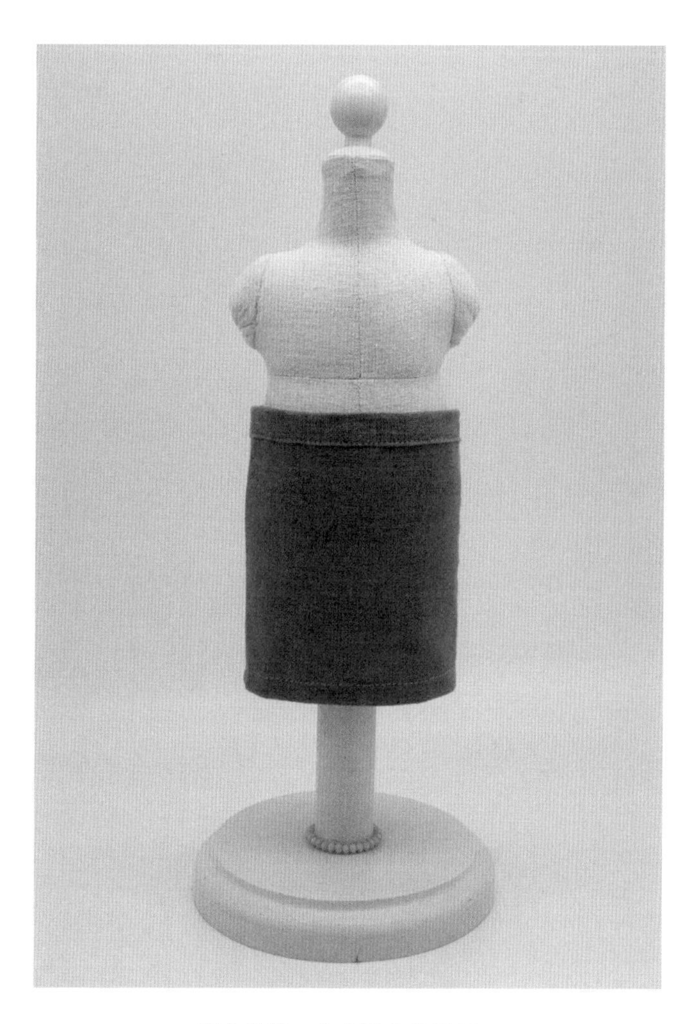

没有曲线、完全笔直的裙子，
也称作紧身裙（tight skirt）。

制作板型

使用裤子原型绘制基本裙的板型。当绘制板型时，所需的前腰围、后腰围、腰长数值，必须用卷尺从裤子原型上测量出。

$\frac{前腰围}{2}$ = 6.8cm

$\frac{后腰围}{2}$ = 5.2cm

腰长 = 3.6cm

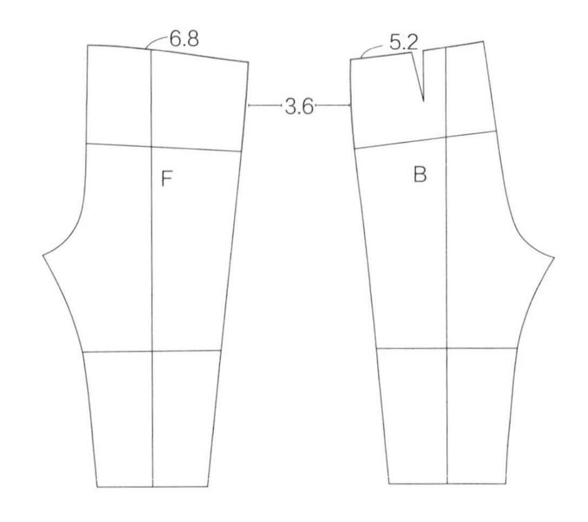

制作方法

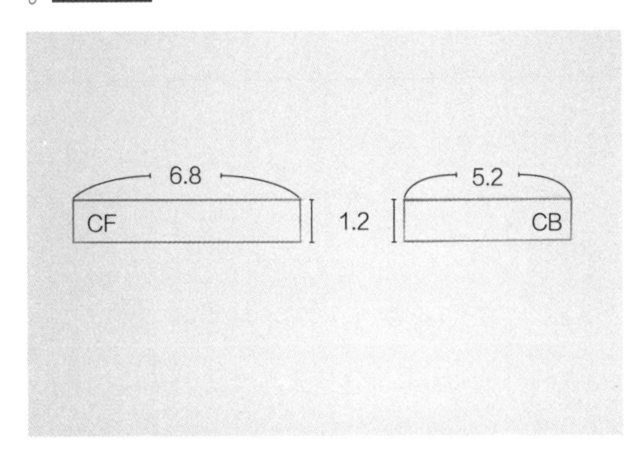

1 画出长为前腰围/2（6.8cm）、后腰围/2（5.2cm）及宽为1.2cm的前、后腰带。

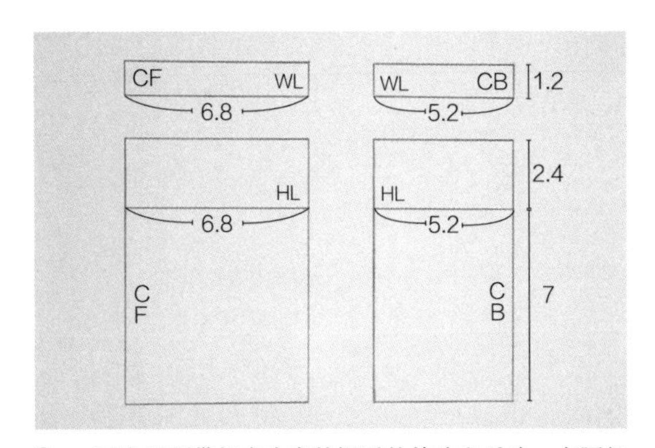

2 画出以腰带长度为宽的裙子的前片和后片。在腰长全长（3.6cm）减去腰带宽（1.2cm）所余的2.4cm处画上臀围线，再从臀围线向下画7cm，画出稍微盖住膝盖的裙子长度。

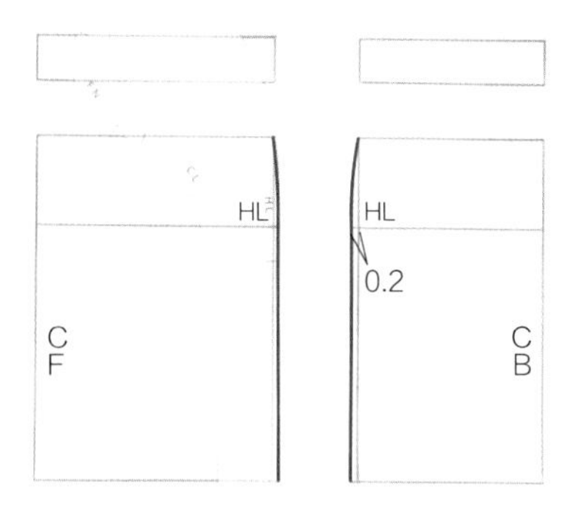

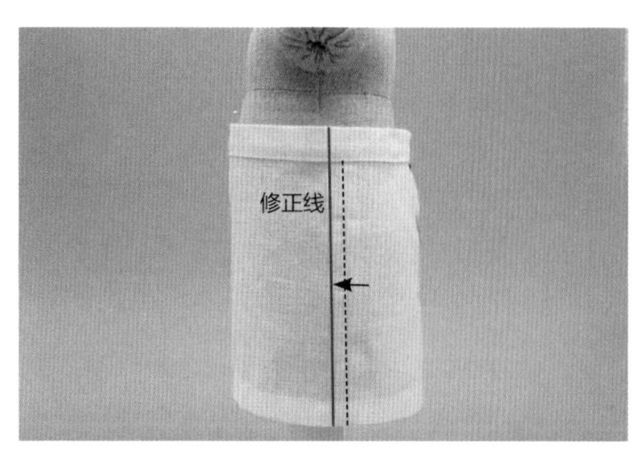

3 将前、后片的臀围线分别向侧缝外加宽0.2cm，在臀围线下方画出垂直线，上方画出自然的曲线。增加4个0.2cm的额外宽度，比娃娃身体大约宽出0.8cm。

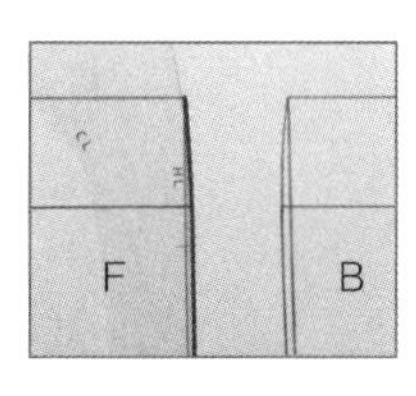

4 将各部位疏缝完穿在娃娃身上后，此刻会发现侧缝有点往后偏。虽然完全是依照娃娃身体测量出来的侧缝，但由于娃娃的肚子比较突出，下装的侧缝视觉上会往后偏一点。所以要将侧缝移动到自然的侧缝位置。这里的侧缝往前移0.6cm就是适当的侧缝位置。

窍门 如果视觉上可以接受的话，衣服侧缝位置做得不准确也没关系。但是如果想要从任何角度拍照都能很“上镜”的话，还是让侧缝置于适当的位置比较好。

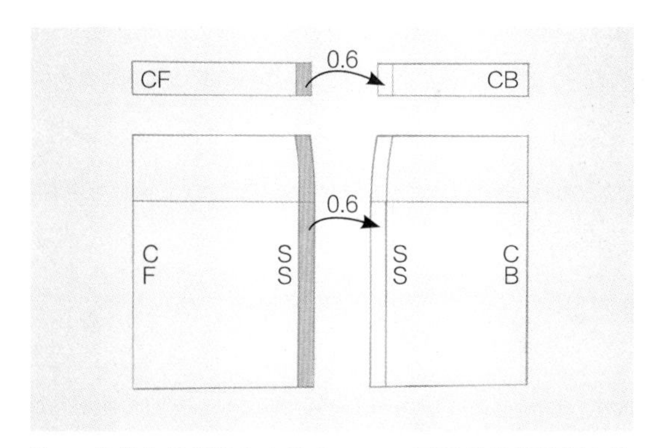

5 将前片的侧缝向内移动0.6cm，而后片的侧缝则向外移动0.6cm。那么前片会缩减、后片会增加，结果跟移动距离是一样的长度。

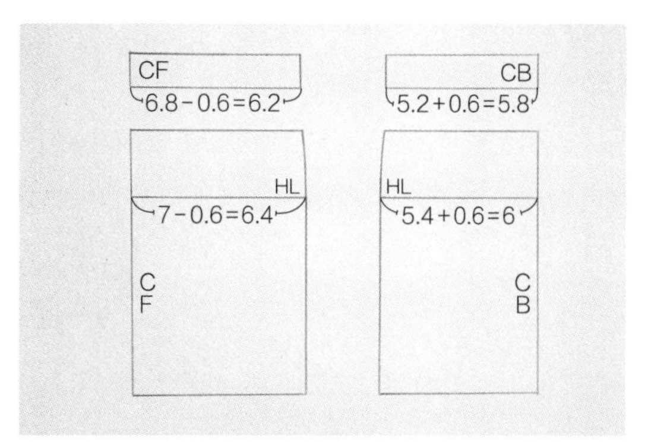

6 板型各部位的数值在侧缝移动0.6cm之后就变成：前腰围/2=6.2cm、后腰围/2=5.8cm 前臀围/2=6.4cm、后臀围/2=6cm。

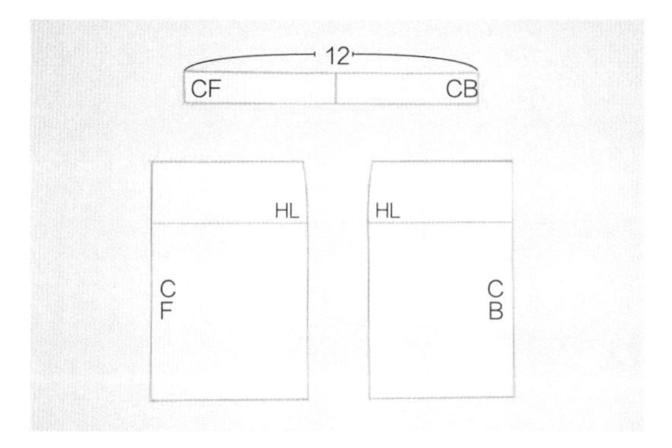

7 将腰带板型前、后片并为一片，即为完成。

01
A字裙

从臀围线开始向外延展成A字形的裙子。
轻微展开的裙子也称作半A字裙（semi A-line）。
利用基本裙板型绘制A字裙板型。

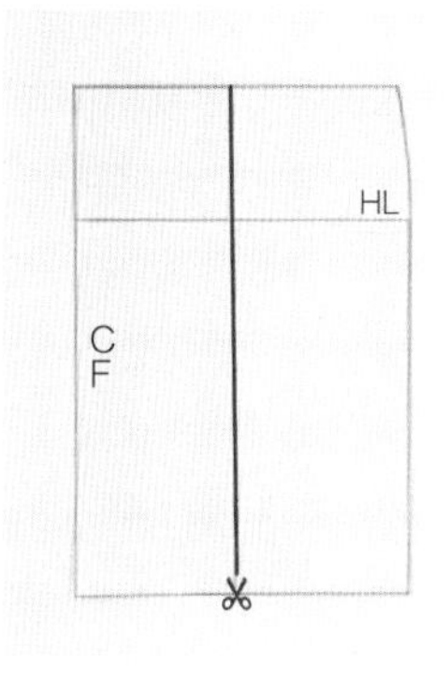

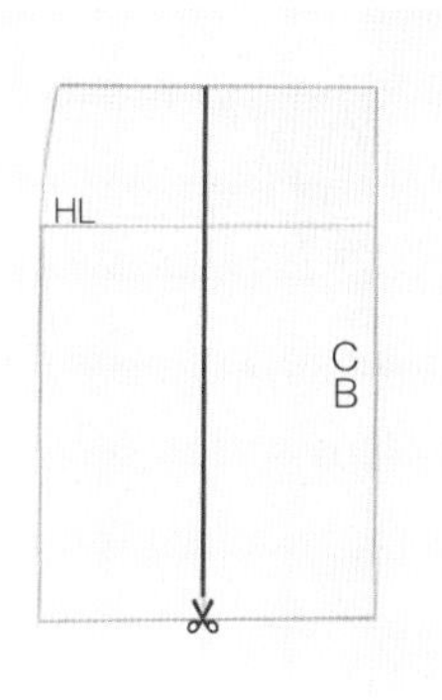

1 在基本裙板型上添加分割线。这里指加在臀围的中间位置。

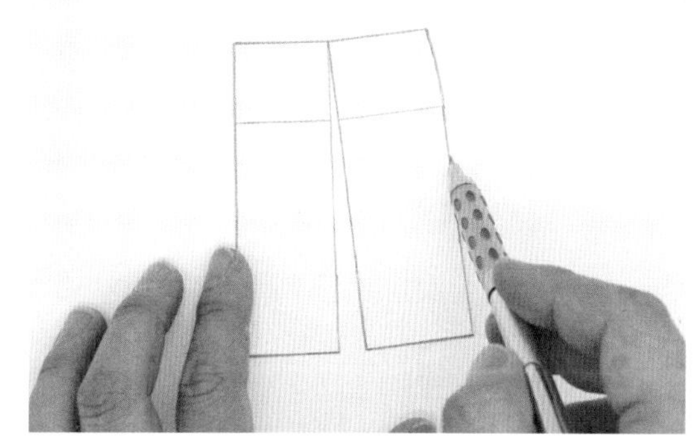

2 沿着分割线剪开，下摆约展开0.8cm左右，接着放在新的描图纸上描图，并在臀围线的位置做标示。

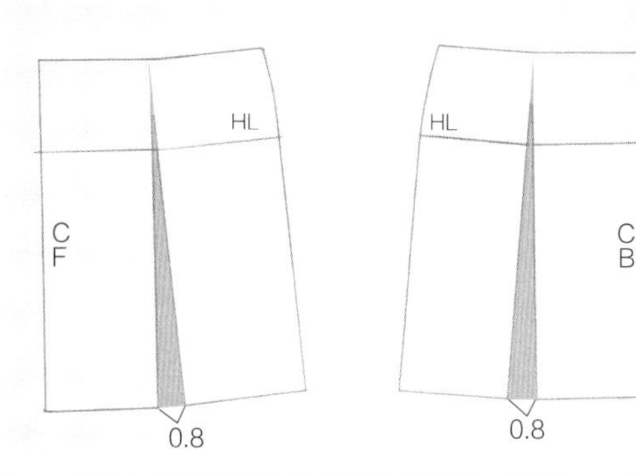

3 后片也依照相同的方式剪开分割线，展开0.8cm并描绘出新的板型。

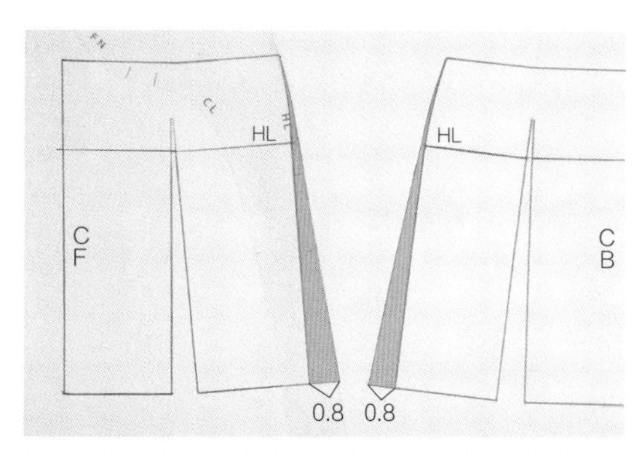

4 侧缝须展开一定的尺寸使之形成自然的A字形。展开的宽度跟中间一样或小于中间的宽度。臀围线上方利用曲线尺画出曲线，臀围线下方则画成直线。

窍门 根据不同的侧缝延展宽度，侧缝开始变形的位置也会不同。如果下摆展得很开，侧缝就必须从腰围线开始变形，但是如果展开得很小，从臀围线开始变形即可。只要板型流畅自然就行。

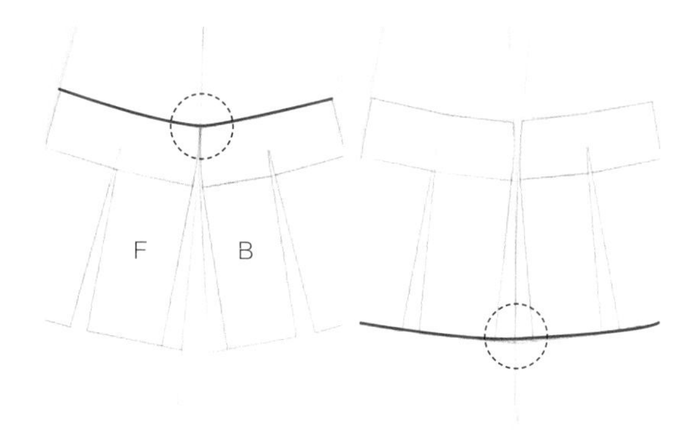

5 先剪开侧缝和中心线，然后将前、后片的腰围连接起来，并利用曲线尺修整成流畅的曲线。用相同的方式将前、后片的下摆连接起来，并画顺曲线。

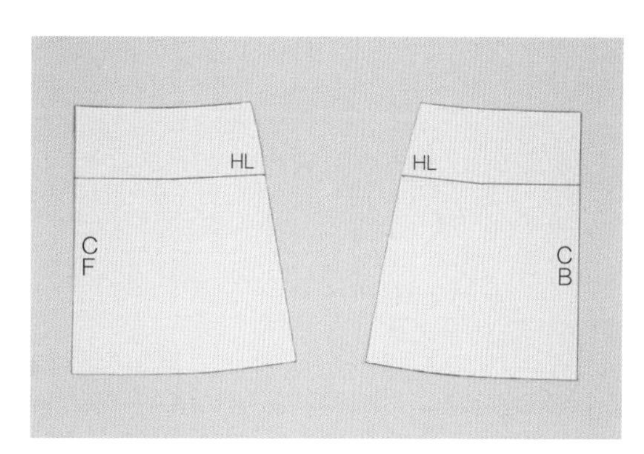

6 板型完成。

调整A字裙的裙摆幅度，将裙子变得更飘逸！

如果想做出裙摆飘逸的A字裙，就将中间分割线和侧缝展开的幅度加宽。
如果增加分割线的数量并加宽展开的幅度，会变得很像喇叭裙。

展开幅度为1.5cm的A字裙。

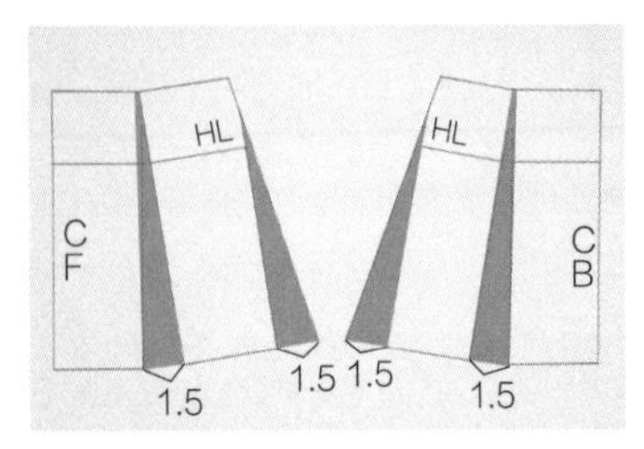

1 分别将分割线和侧缝展开1.5cm宽。展开的幅度越大就越没必要画成曲线，只要从腰围线顶端开始画出直线即可。

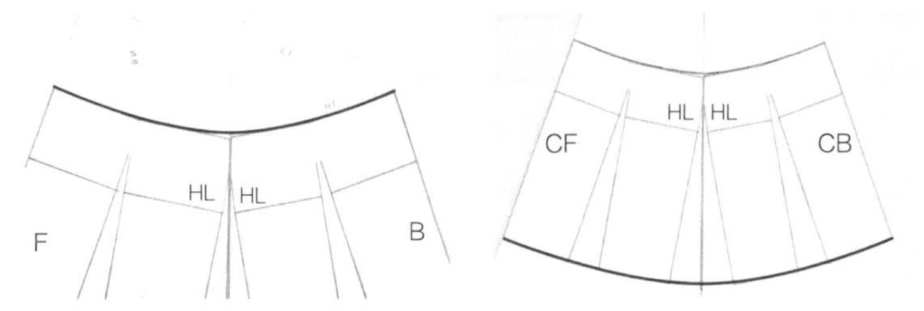

2 将裙子的腰围和底边修顺成流畅的曲线。由于展开的幅度越大，板型会变形得越严重，所以尽量修饰得自然一点。

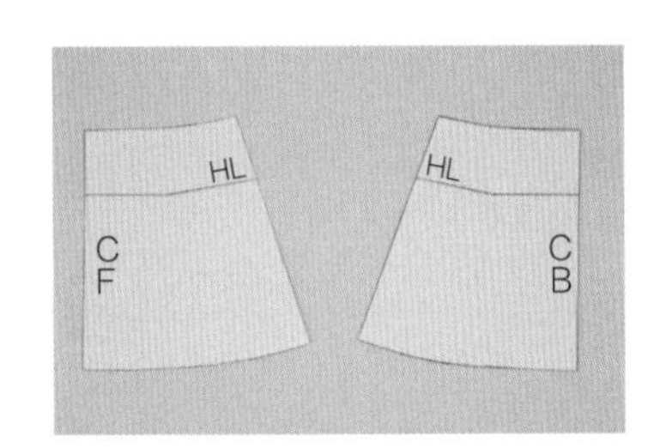

3 板型完成。

02
喇叭裙

裙摆比A字裙更加飘逸的裙子被称作喇叭裙（flare skirt），
也可以叫作圆形裙（circular skirt）。
根据不同的展开角度，可以设计出90°、180°、360°等各种角度的裙子。
尝试做出180°和360°的裙子并比较一下吧！

180°喇叭裙

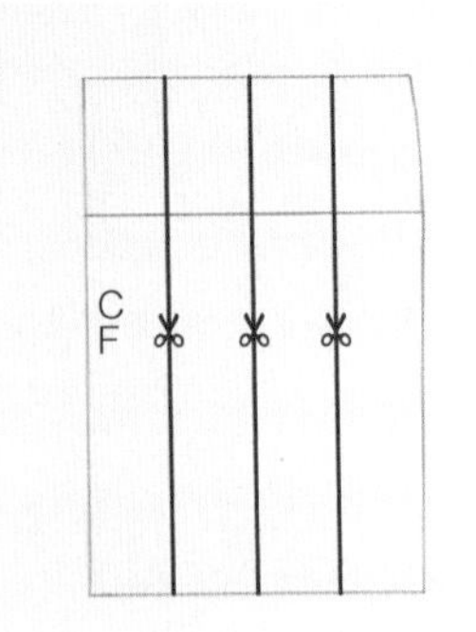

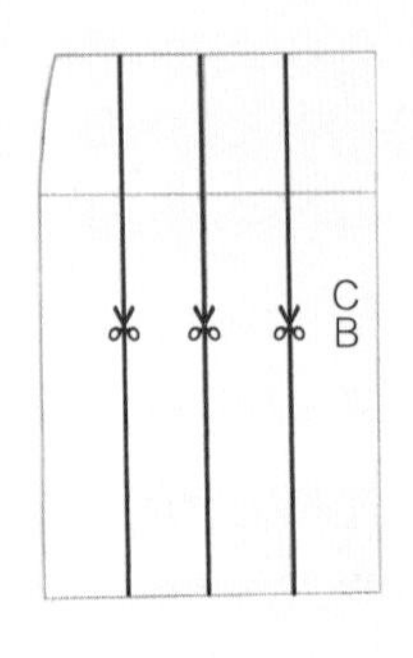

1 因为喇叭裙需要加宽位置，所以越多分割线越能自然地展开。将基本裙板型前、后片以臀围线为基准，分为4等分后画出分割线。

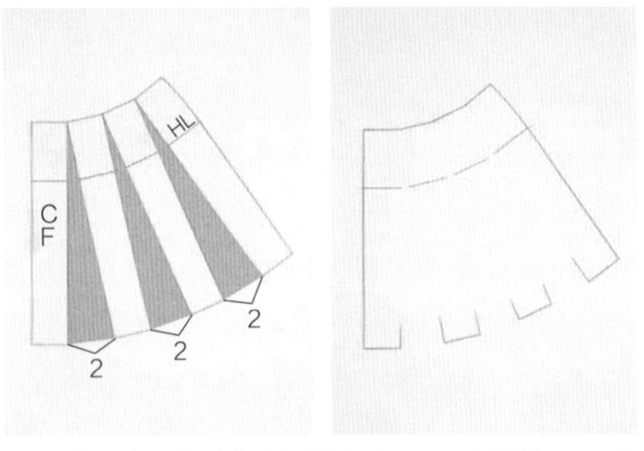

2 剪开分割线后放在新的描图纸上，分别展开2cm并描绘出外轮廓。

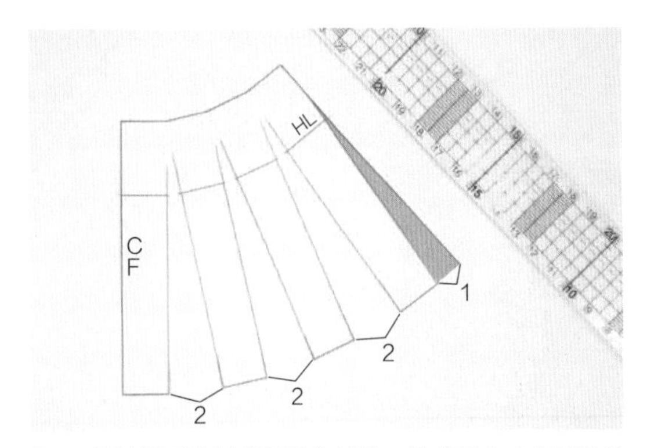

3 侧缝展开的幅度要跟分割线一样或更小才会展开得很自然。需要注意的是如果侧缝展开过度的话，会变成向外延展的裙子款式。腰围顶端到下摆画成直线即可。

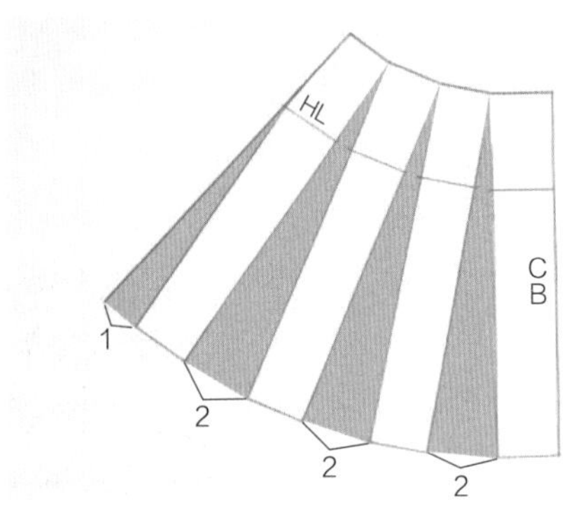

4 后片幅度也用跟前片一样的数值作展开。

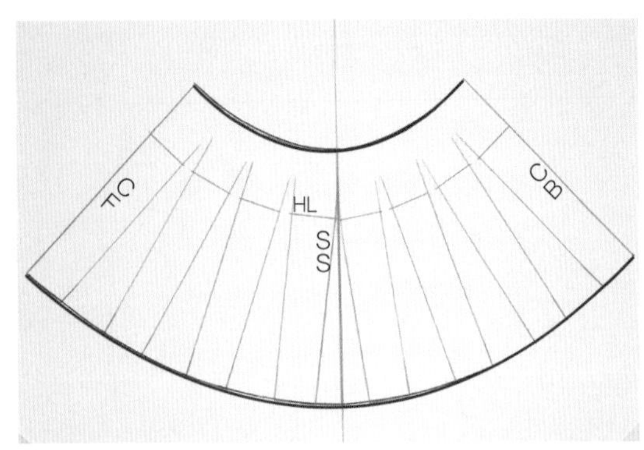

5 剪开侧缝并将前、后片对齐拼在一起，用曲线尺将角度修顺成自然的曲线。

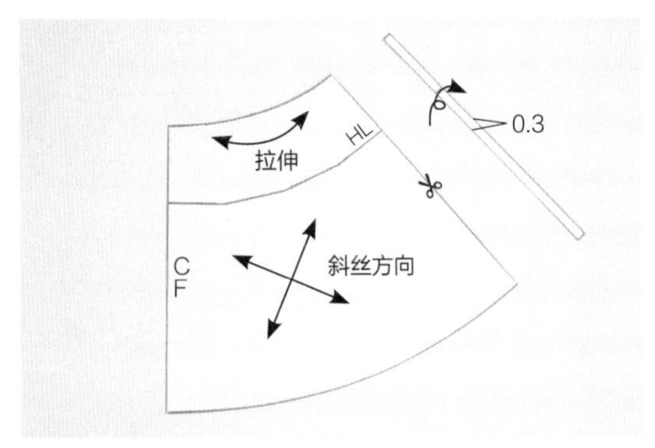

6 标示出斜丝方向。由于腰围线变形成曲线，与腰带缝合时会出现多余的部分，如果事先在板型上将多出来的部分剪掉，之后缝合时就会很平整。将前、后片侧缝分别剪掉0.2~0.3cm的宽度。

窍门 必须要朝斜丝方向裁剪布料，这样才能做出漂亮自然波浪的喇叭裙。斜丝方向比垂直方向更有伸缩性及柔软度。如果布料又薄又软的话，也可以朝垂直方向来裁剪。

飘逸的360°喇叭裙

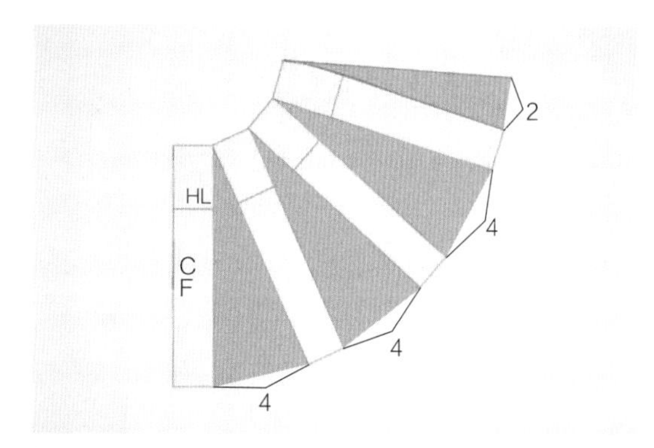

1-1 将3个分割线分别展开4cm、侧缝展开2cm。

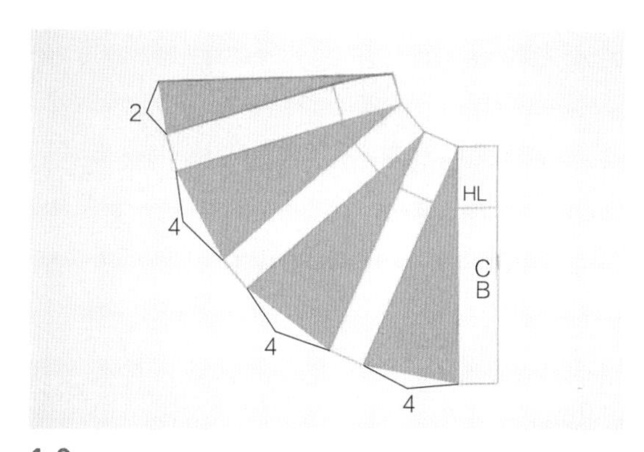

1-2

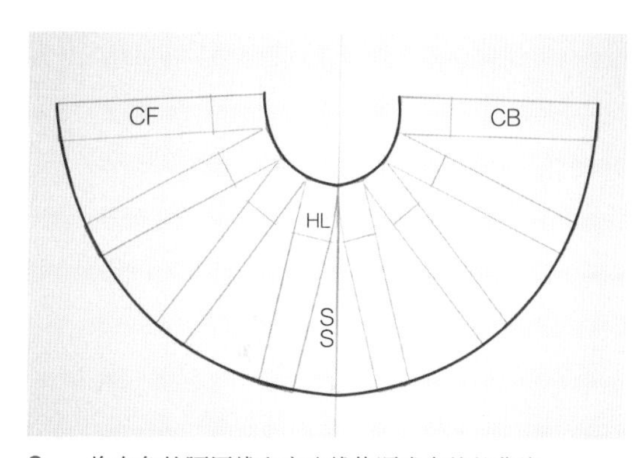

2 将有角的腰围线和底边线修顺成自然的曲线。

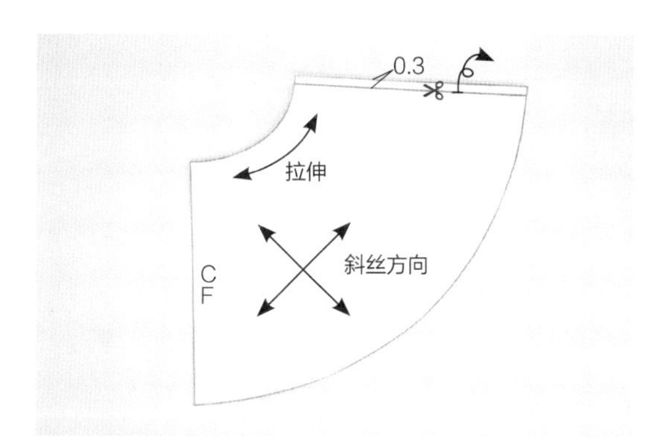

3 标示出斜丝方向并比对缝制时容易多出来的部分，事先将侧缝剪掉0.3cm。

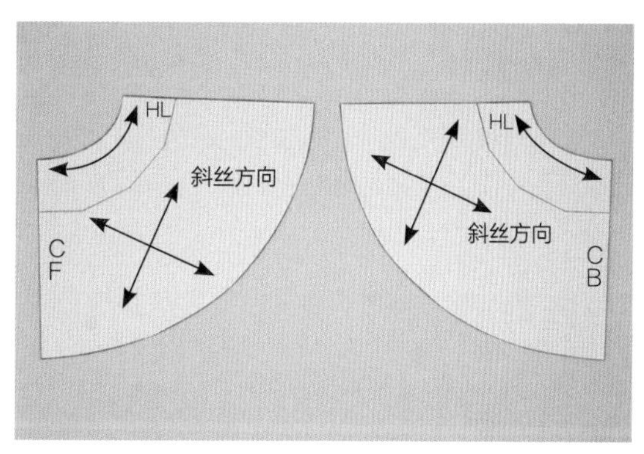

4 板型完成。

因板型角度不同，服装轮廓也会有所不同的喇叭裙

展开不同的角度，喇叭裙可以有很多种款式。
尝试制作各种角度的板型有助于熟悉每种款式的特点。

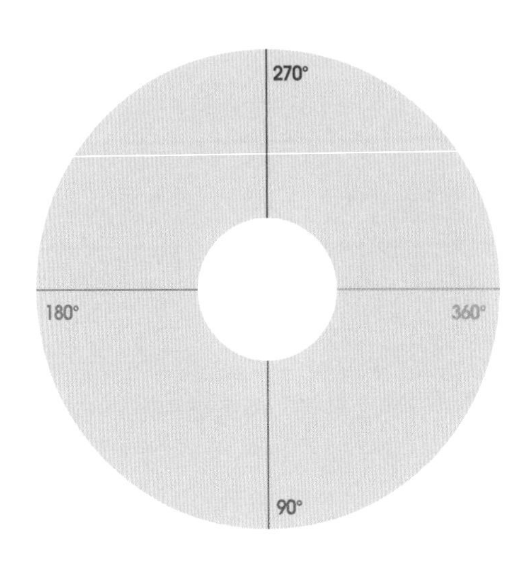

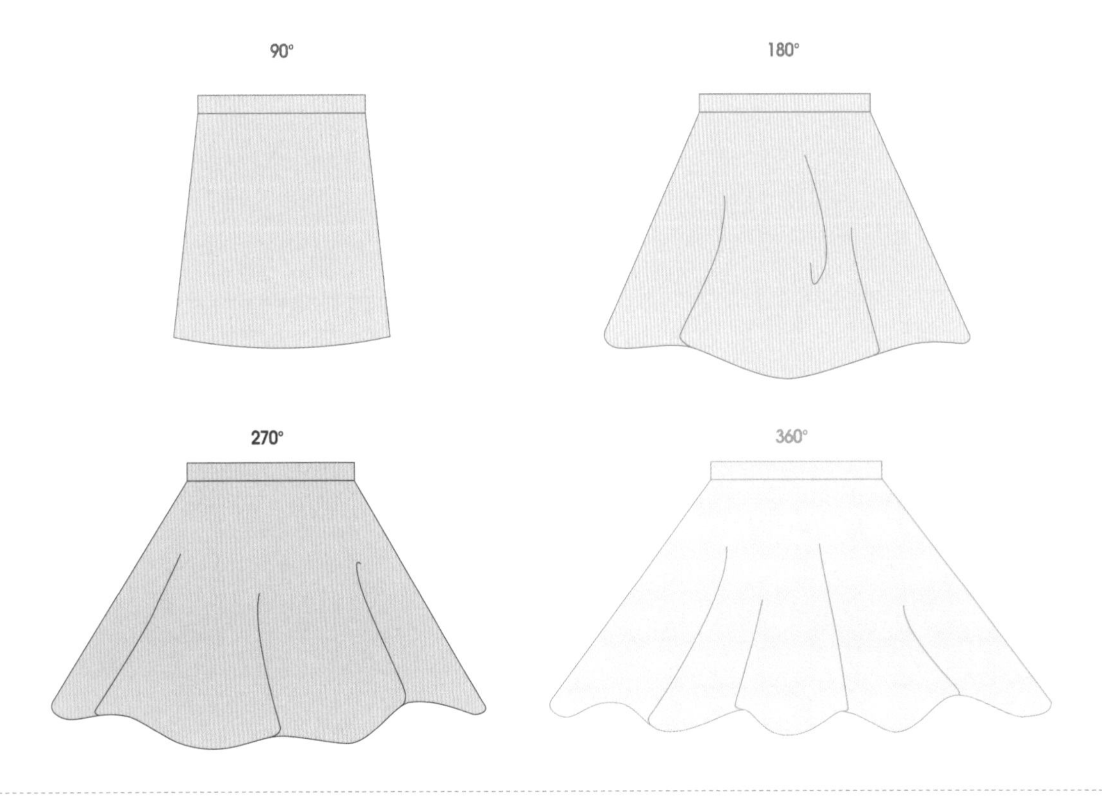

03

缩褶裙

将布料抽缩小皱褶作为装饰的裙子就称作缩褶裙（shirring skirt）或细褶裙（gather skirt）。
只要在基本裙或A字裙板型前、后片中间加上缩褶量即可。
当增加很多皱褶时，板型中必须要加入分割线而且缩褶量要平均，这样才会自然。
皱褶可以调整成为裙子的1.5倍、2倍、3倍，变化出多种不同的款式，
当腰部的皱褶数量和裙摆的波浪幅度不同，也会产生不同效果的裙子。
将缩褶裙做成娃娃服装时，为了使裁剪和缝制更简单，可将前、后片合并为长方形的板型。

正规制图——缩褶量与波浪幅度相同的细褶裙

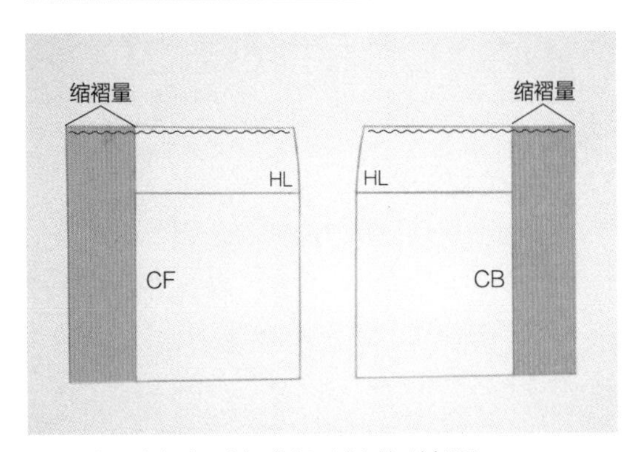

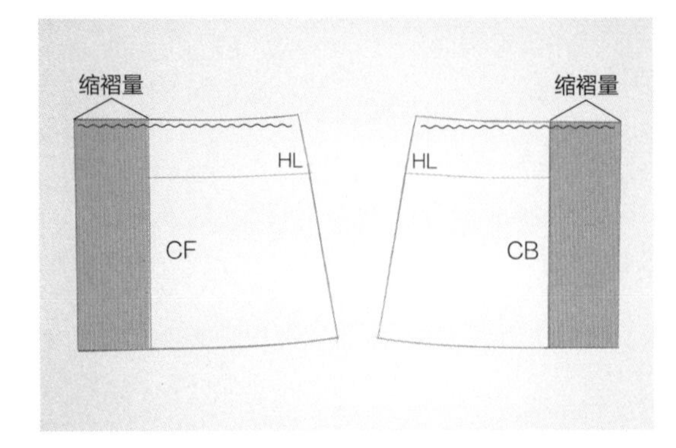

1 在基本裙或A字裙的板型中添加缩褶量。
由于皱褶很多，致使臀围数值变大，因此不必额外留出臀部的余量。

正规制图——波浪幅度比缩褶量多的细褶裙

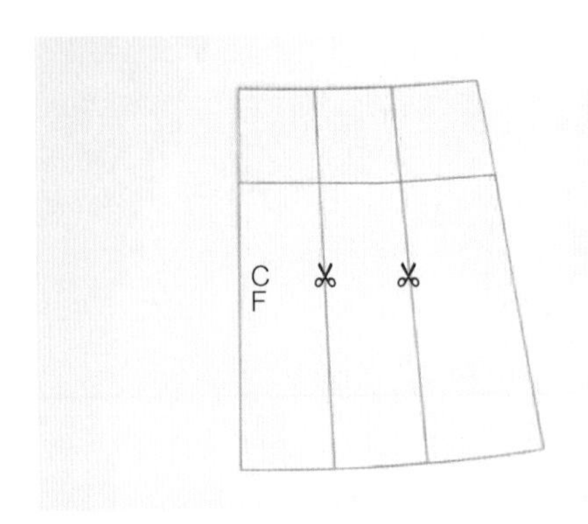

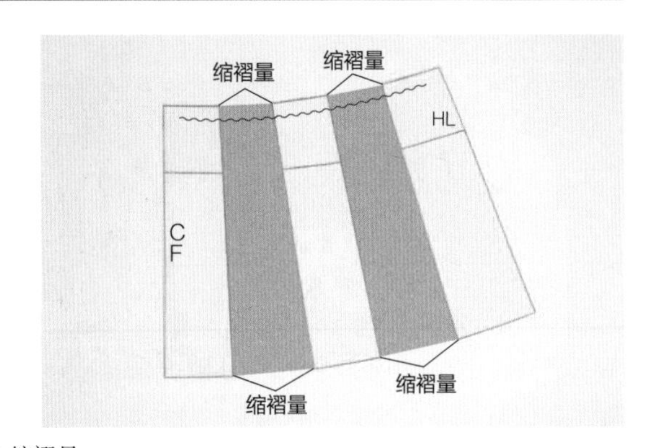

1 在A字裙板型中添加分割线，然后在分割线之间平均加入缩褶量。
根据腰部的缩褶量和裙摆的波浪幅度变化，可以做出不同样式的裙子。

娃娃专用的细褶裙简单制图

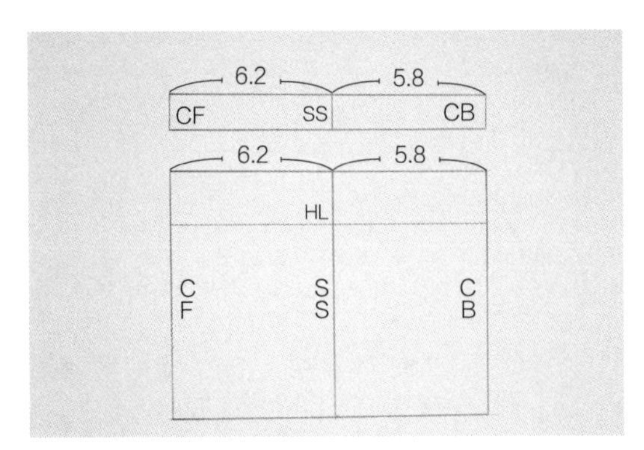

1 绘制与裙子腰带同宽且前、后片合为一片的板型。
因为缩褶很多，所以不用额外多留臀部的余量。

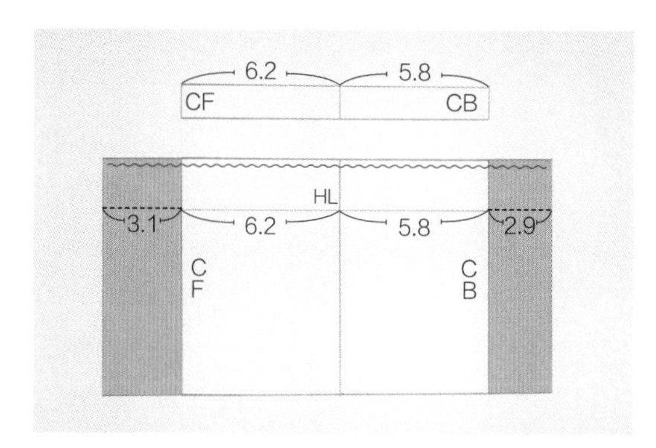

2 将想要的缩褶量平均分配到前片跟后片。如果想要制作缩褶量为1.5倍的板型，需要分别增加前、后片的缩褶量，在前、后片中缝处分别增加前片宽的一半（3.1cm）及后片宽的一半（2.9cm）。宽12cm的裙子增加6cm的皱褶，就变成宽18cm的1.5倍板型。

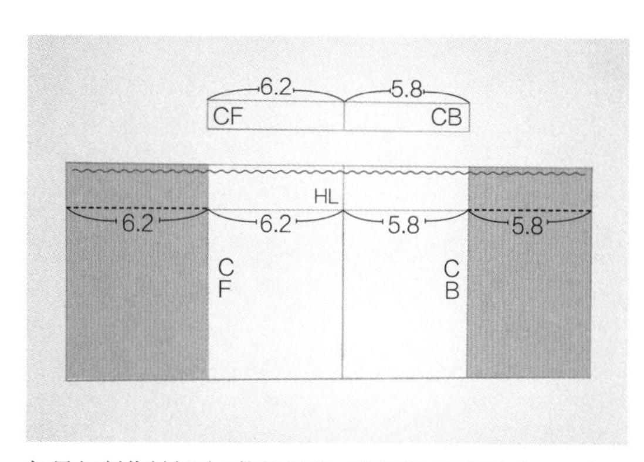

如果想制作皱褶为2倍的板型，需要增加与前片（6.2cm）、后片（5.8cm）同宽的皱褶。宽12cm的裙子增加12cm的皱褶，就变成宽24cm的2倍板型。

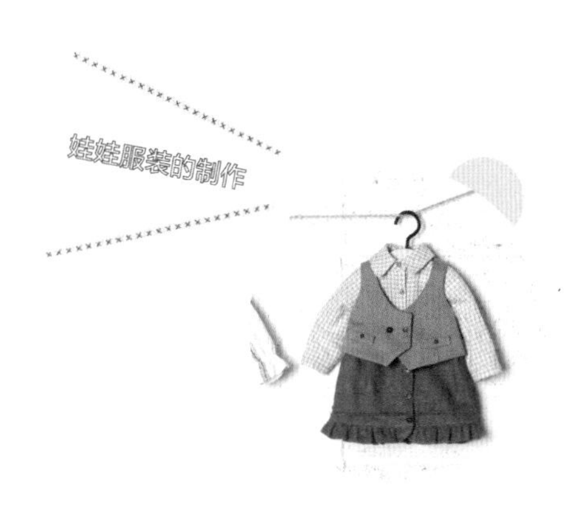

04

百褶裙

裙身由许多细密的皱褶构成的裙子（all-around pleated skirt）。
有褶裥只往同一个方向折叠的单褶，也有褶裥相对而折的对褶。
利用基本裙或A字裙板型制图。

⑮基本裙应用——单褶百褶裙

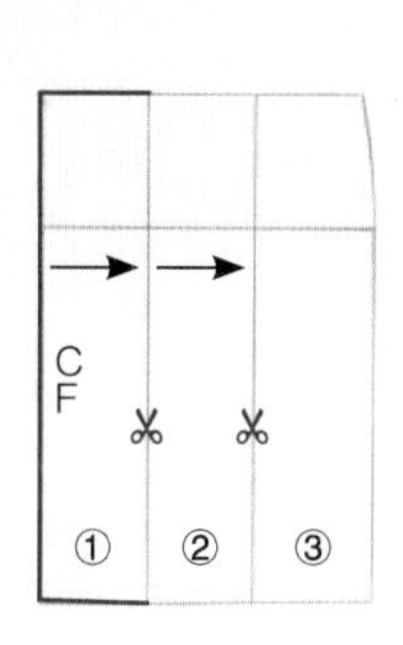

1 在基本裙上按照想要的位置跟数量画出褶裥线。折叠的方向也一并标示，然后在新的描图纸上从①号分割块开始描绘。

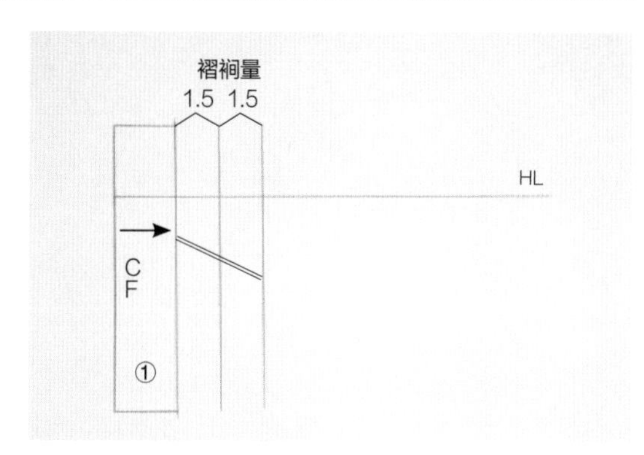

2 将臀围线（HL）延长并画出褶裥量。每一个单褶要画成2格里褶，用斜线标示褶裥的折叠方向。

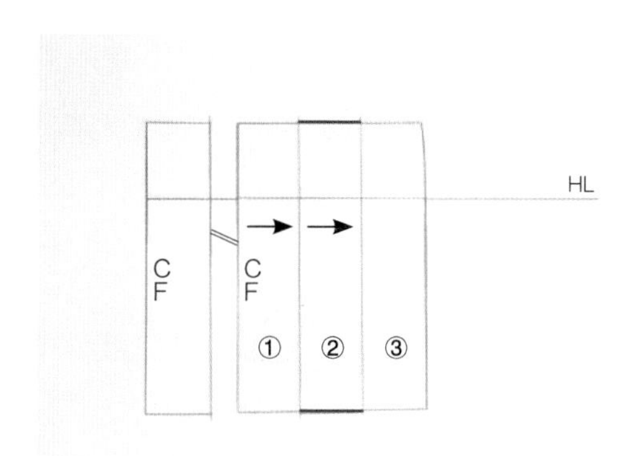

3 用相同的方式画出②号分割块及褶宽，并标示出褶裥的折叠方向。

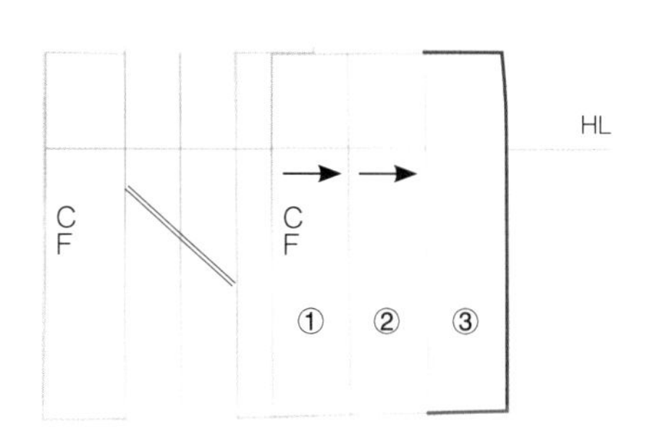

4 最后画出③号分割块。

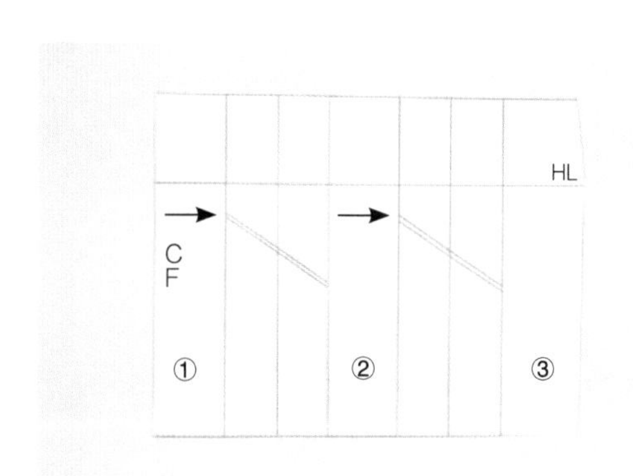

5 板型完成。

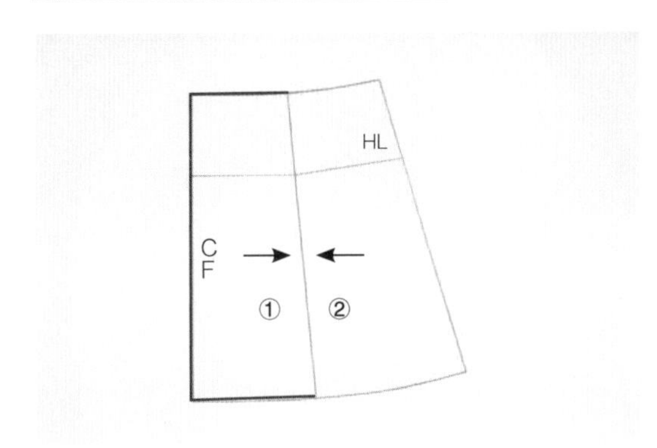

1 在A字裙板型上画出褶裥线并剪开。在新的描图纸上沿着①号分割块描出外轮廓线。

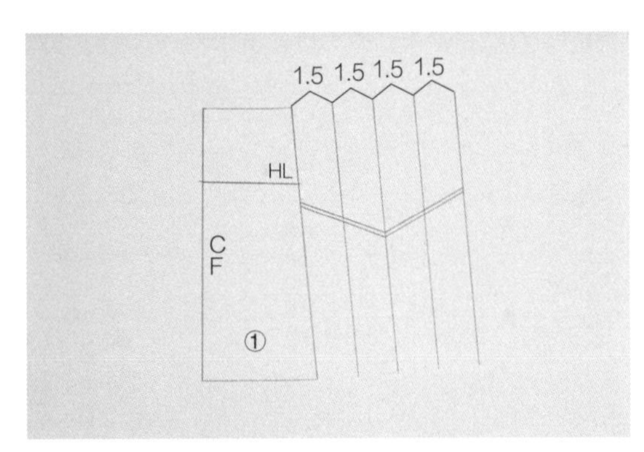

2 每一个对褶要画上4格里褶，并用斜线标示褶裥的折叠的方向。

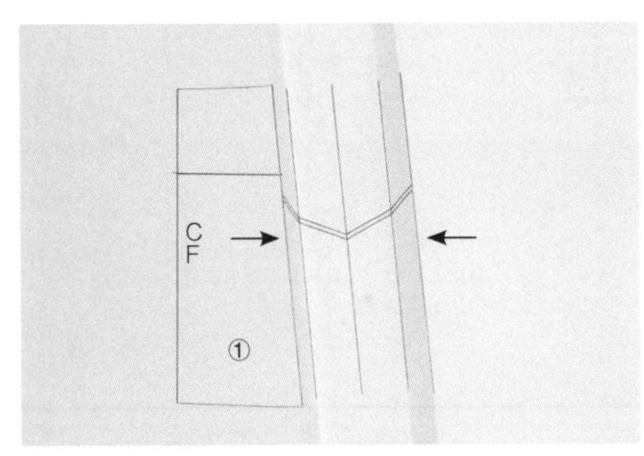

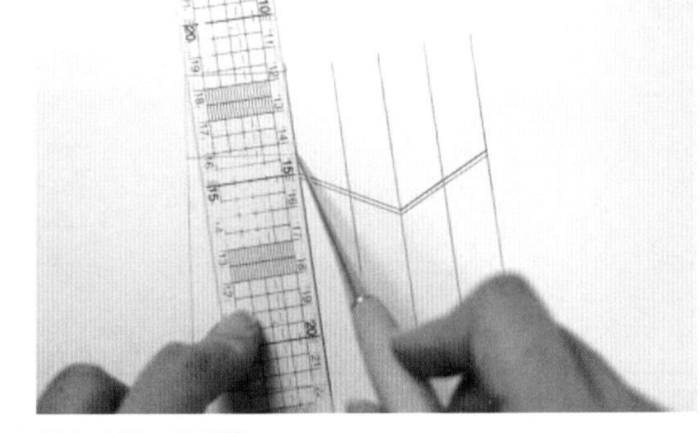

3 按照折叠线折出褶裥。由于臀围线不是直线，所以最好一边折出对褶一边画线。

窍门 折叠褶裥时，如果先用锥子画出痕迹再折，可以折得很平整。

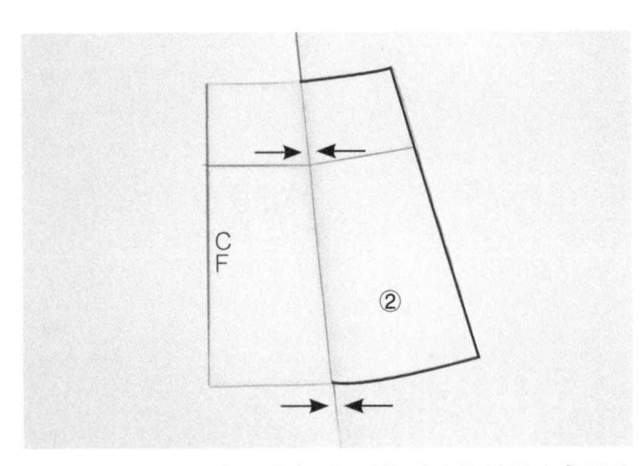

4 在褶裥折起来的状态下，延线对应位置描出②号分割块的外轮廓。

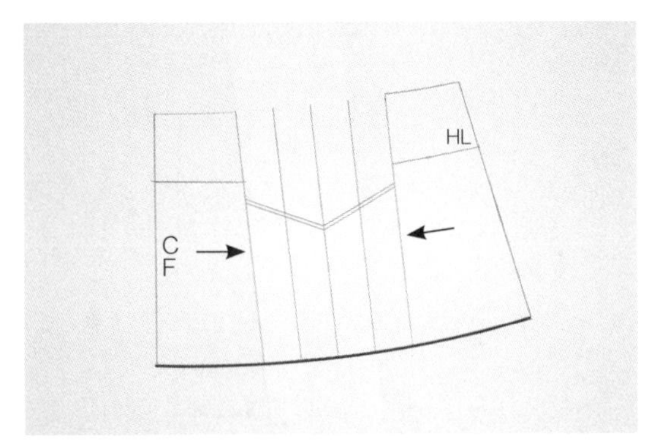

5 展开褶裥并将底边线修顺成自然的弧度。

6 剪开中心线、侧缝及下摆，并按折叠线折好，然后用剪刀剪出腰围线，完成。

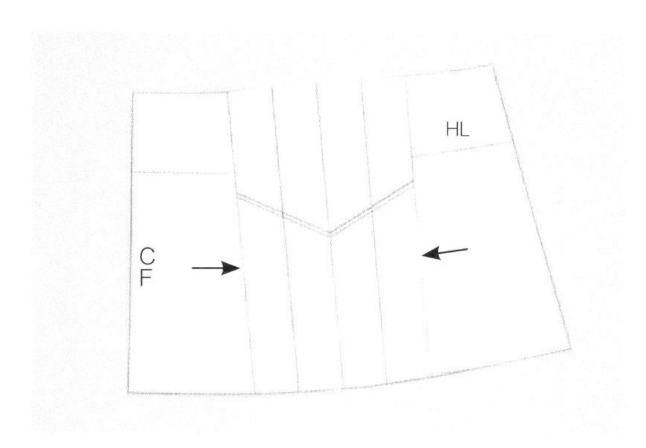

7 板型完成。

基本裙应用——网球裙

尝试在各式百褶裙中，绘制固定褶裥间距的网球裙。制作娃娃网球裙跟制作细褶裙一样，为了让裁剪和缝制更简单，可将前、后片合并，做成长方形的板型。

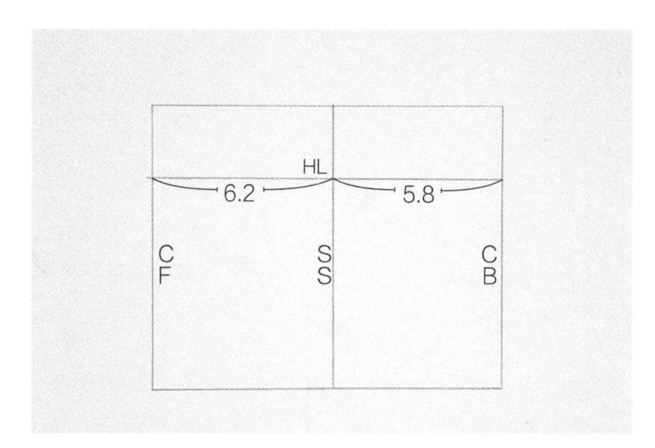

1 绘制与裙子腰带同宽，且前、后片合为一片的板型。由于网球裙褶裥很多，致使臀围数值变大，因此不必额外留出臀部的余量。

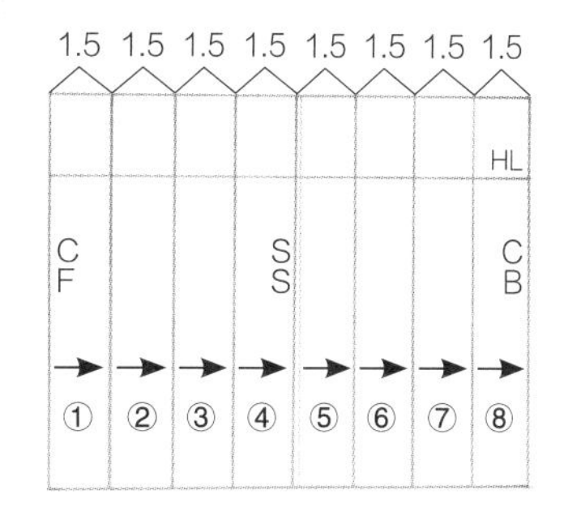

2 在裙子板型中加上褶裥线。因为网球裙的褶裥距相同，所以将裙子全宽均分成所需的裥数量即可。如果要把宽12cm的裙子分成8个褶裥，每个褶裥的宽就是1.5cm。

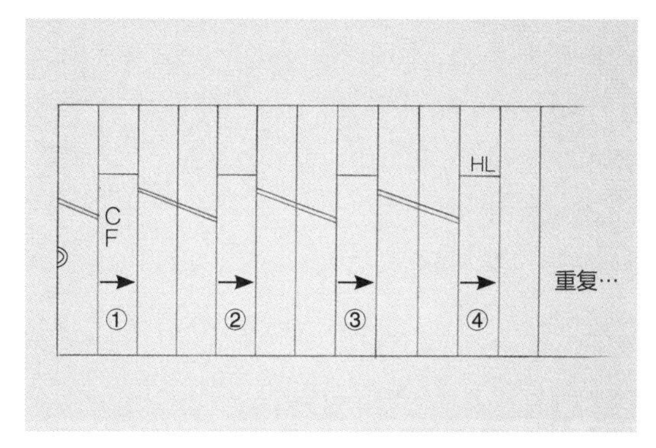

3 在褶裥之间分别加入2个与褶裥宽度（1.5cm）同宽的里褶。如果里褶太窄，下摆的褶裥尾端会很容易散开；反之如果太宽，重叠的部分变多，缝合腰带时会变得很厚。

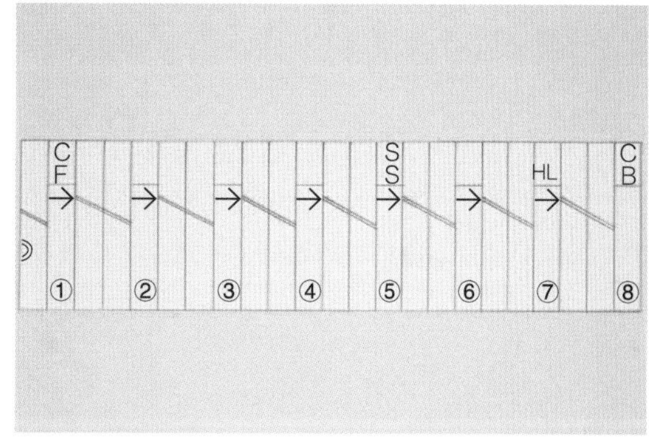

4 板型完成。

05

打褶裙

跟褶裥从腰围到下摆都是直线的百褶裙不同，这是在腰围或下摆打褶（tuck）的裙子。
如果只在腰围打褶，越往下裙摆展开的弧度就越自然。
如果在腰上半部打很多褶，但越向下延展裙摆宽度越窄的裙子称作打褶窄裙（tapered skirt）。
利用基本裙或A字裙的板型就能做出打褶裙。

腰围单褶打褶裙

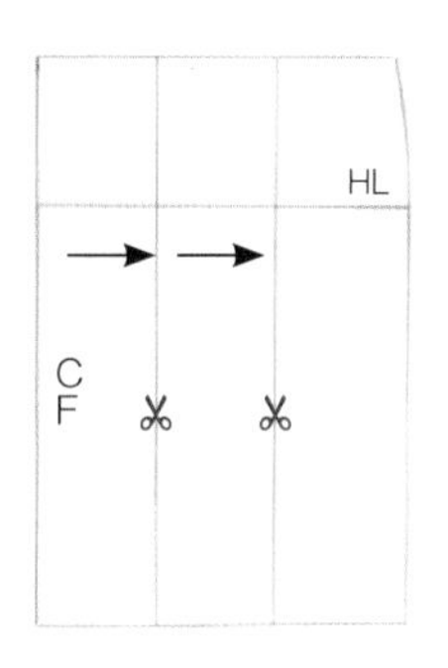

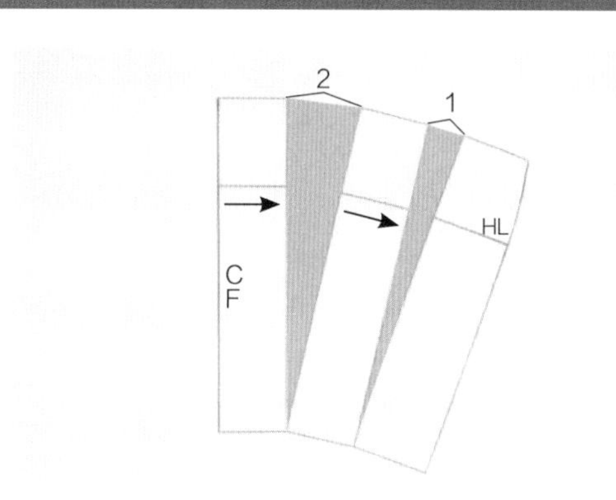

1 在基本裙型上根据想要的打褶位置和数量画好分割线。用箭头标示出褶裥方向。

2 剪开分割线并将上面展开成想要的打褶量。放在新的描图纸上用胶带固定后描边。

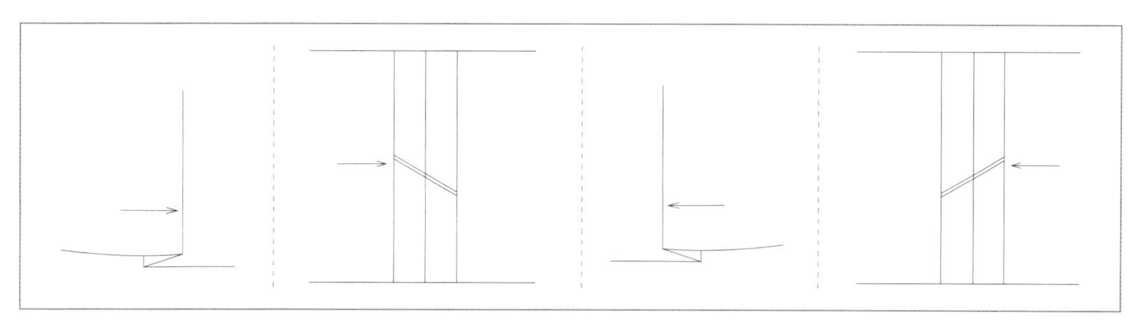

窍门 标示在板型图上的斜线依照不同的打褶方法有不同的标记方法。褶裥从右往左折标示为往左下的斜线，相反的情况则标示为往右下的斜线。

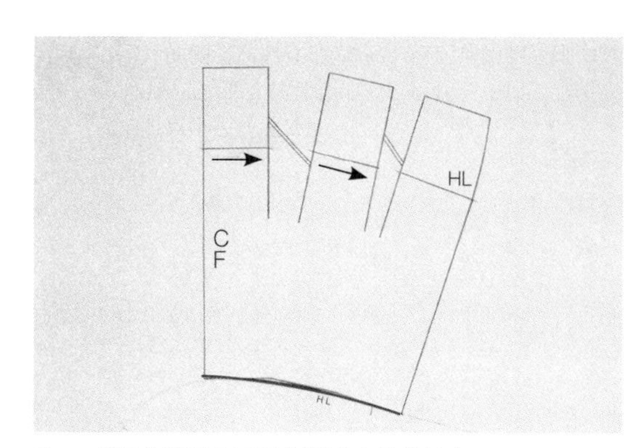

3 利用曲线尺将下摆修顺成自然的弧度。

4 先用剪刀将中心线、侧缝及下摆处的轮廓线剪开，接着在褶裥按照线折叠好的状态下将腰围的轮廓线剪下来。

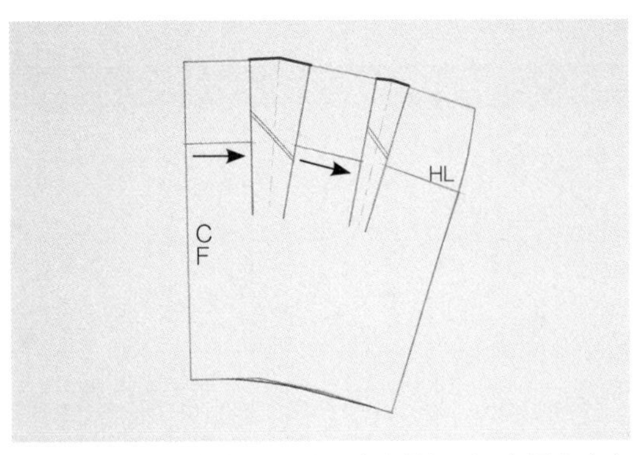

5　将折叠好的褶裥展开就是完成的板型。相同方法完成后片。

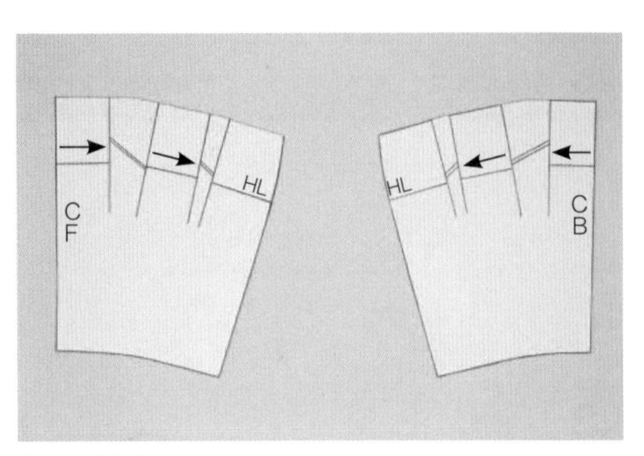

6　板型完成。

腰围下摆对褶打褶裙

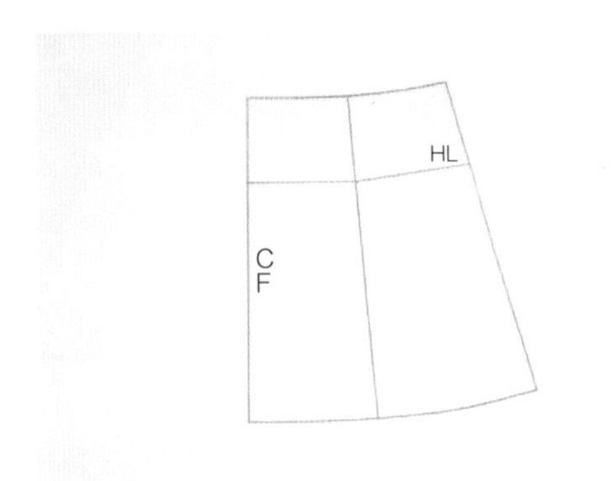

1　在A字裙板型上依照想要打褶的位置和数量加入分割线。用箭头标示出褶裥的方向。

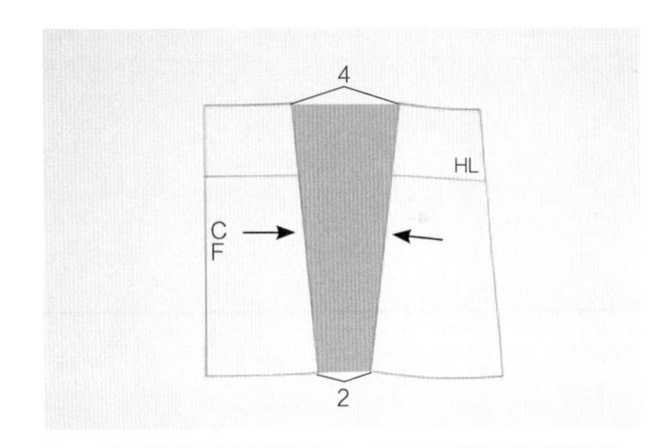

2　沿着褶裥线剪开并将上、下展开到想要的褶裥量，然后放到新的描图纸上进行描绘。

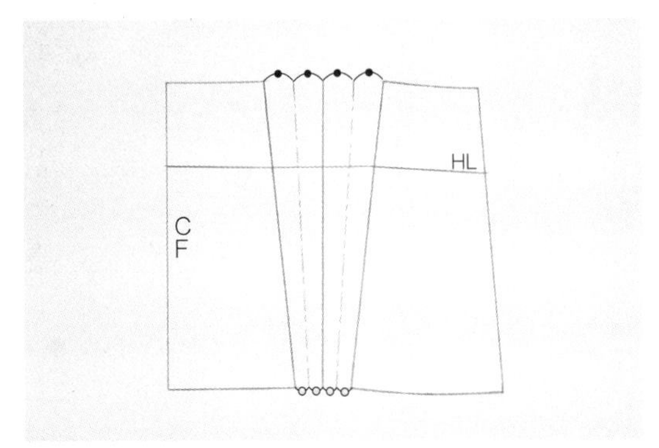

3　将褶裥分成4等份并画出对褶的折线。为了让上、下所有的褶裥都能折叠，必须从腰围画到下摆。

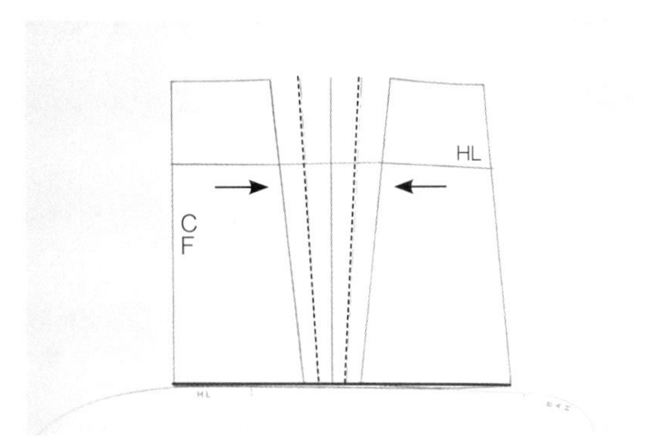

4　利用曲线尺将下摆修饰成自然的弧度。

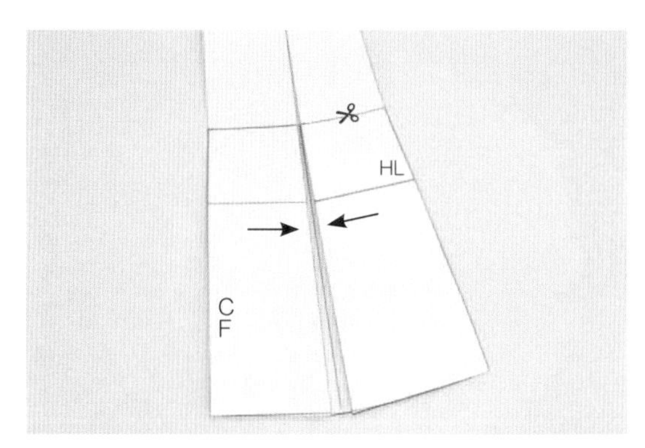

5 先用剪刀将中心线、侧缝及下摆处的轮廓线剪开，接着在褶裥按照线折叠好的状态下将腰围的轮廓线剪下来。

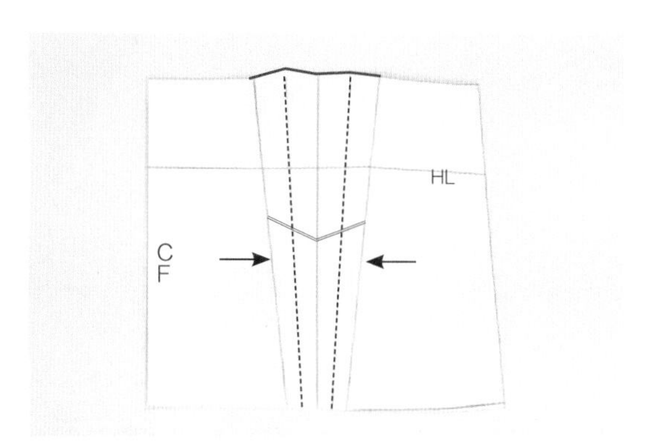

6 将折叠好的褶裥展开的样子。

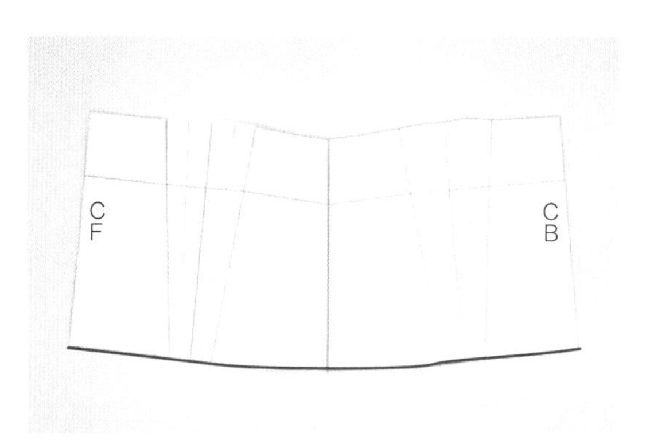

7 利用相同的方法绘制后片之后，将侧缝合并在一起，并将底边修顺成自然的曲线。

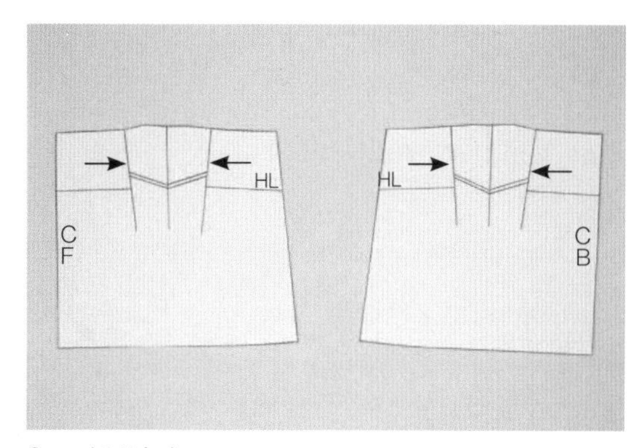

8 板型完成。

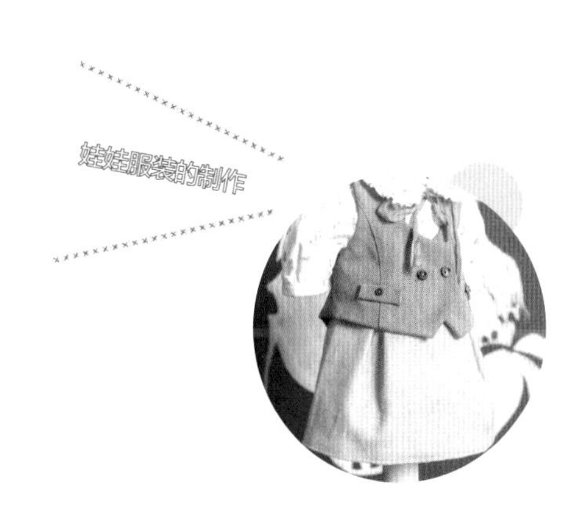

01

宽腿裤

整体裤型很宽且轮廓笔直的裤子。
长度只到小腿的款式也称为非全长宽裤（wide crop pants）。

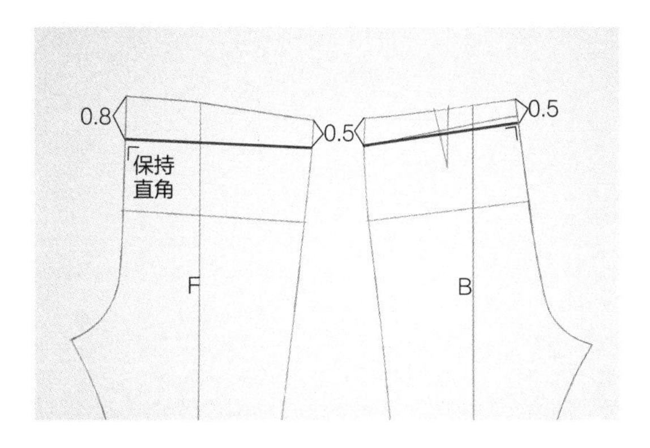

1 裤子原型前、后片的腰围与中心线保持直角，腰围向下移动。

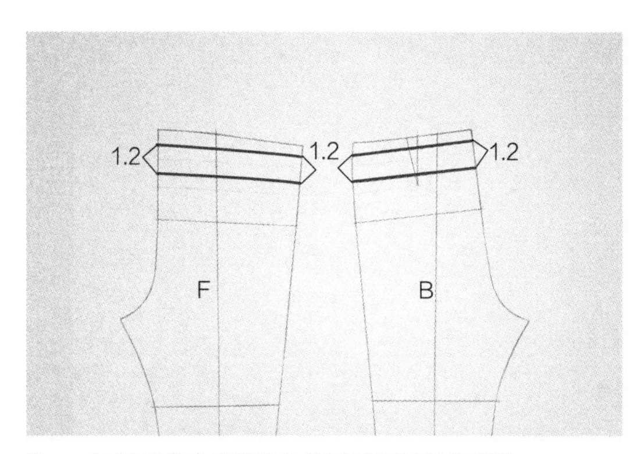

2 在向下移动的腰围上方标示出腰带的宽度。

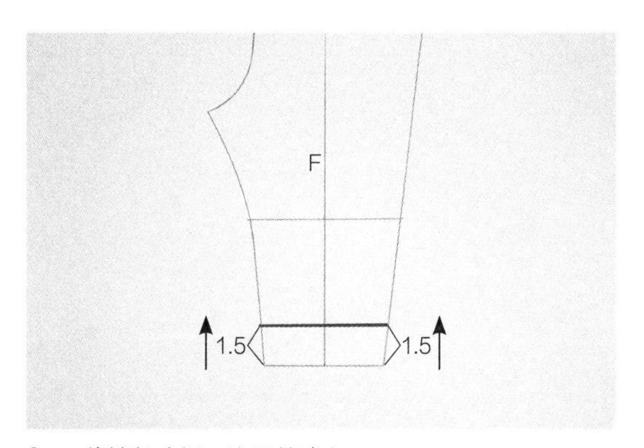

3 将裤长改短。这里是减少1.5cm。

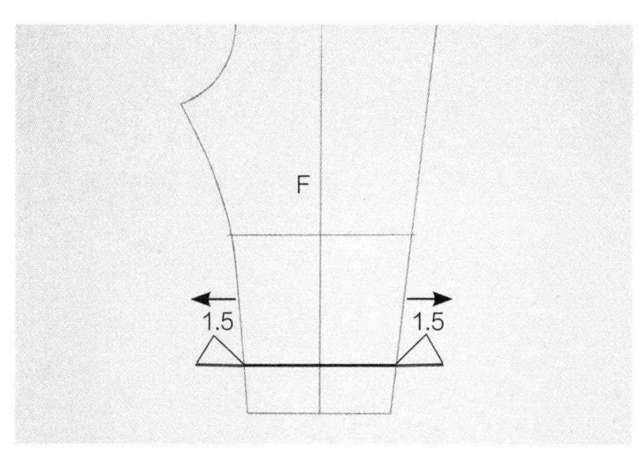

4 在裤摆两侧增加相同的宽度。这部分是各自增加1.5cm。

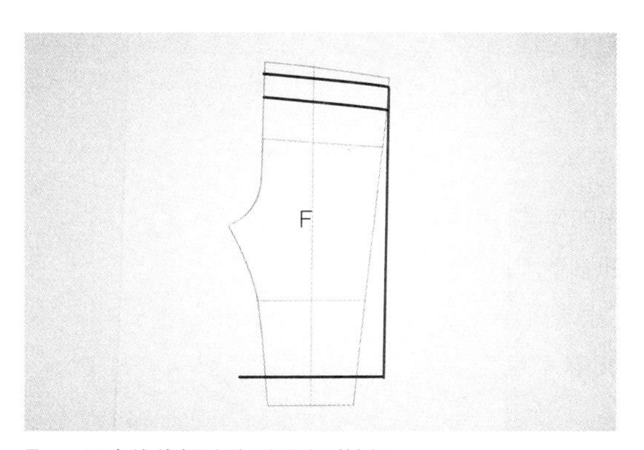

5 用直线将侧缝从腰围连到裤摆。

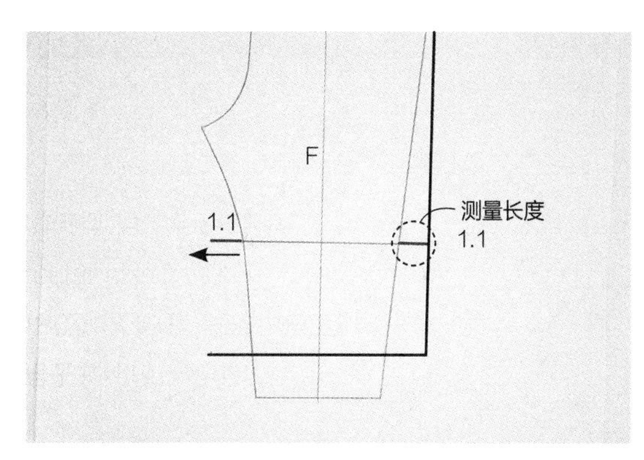

6 测量侧缝这一侧增加的膝围线长度，并在另一边也加上相同长度的膝围线。

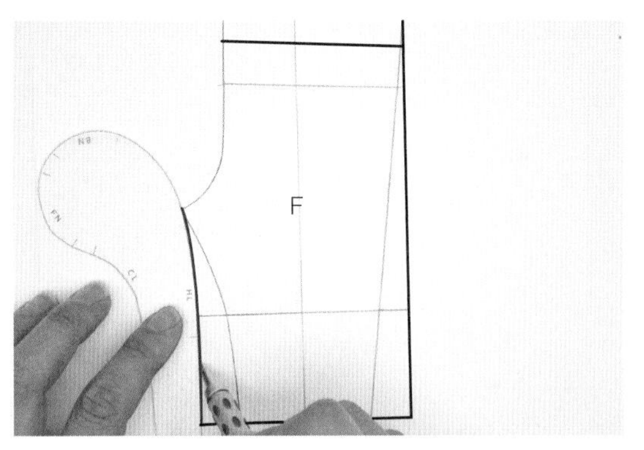

7　连接下裆线。在膝围线以上画曲线、以下画直线。

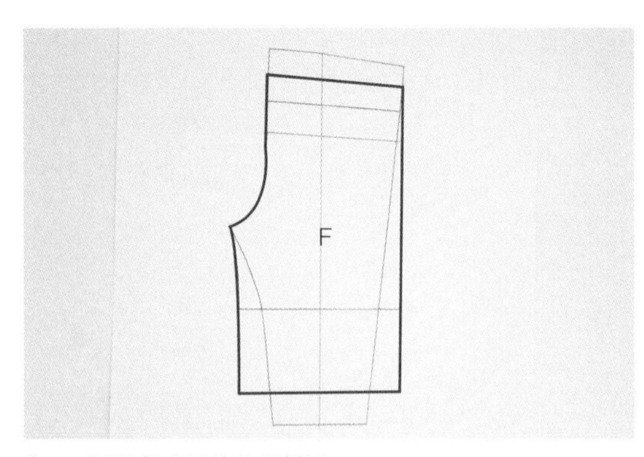

8　制图完成后前片的样子。

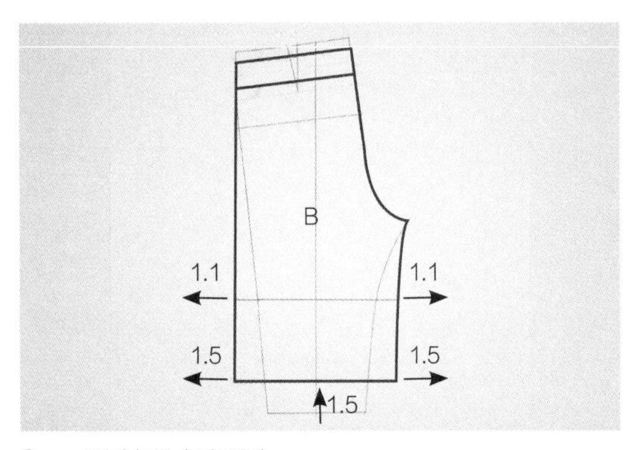

9　相同方法完成后片。

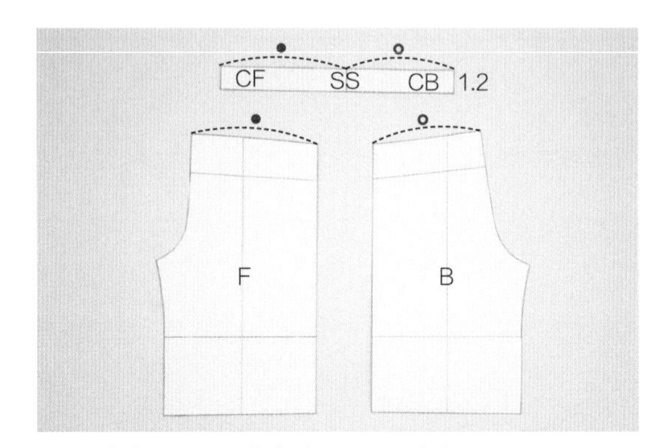

10　将前、后片腰带合并成一片即完成。

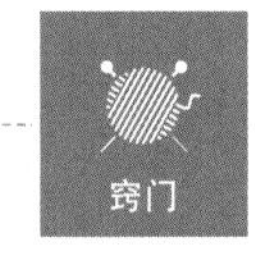

腰围下移的理由

裤子原型的腰围是将肚子完整包覆的状态下从前片中心线生成的长度。
所以不管是人还是娃娃，如果完全按照原型制作裤子的话，就会变成高腰裤。
虽然与宽松的抽绳裤或裤裙比较没什么差别，
但是普通的裤子板型把腰围下移并重新整形会比较自然。

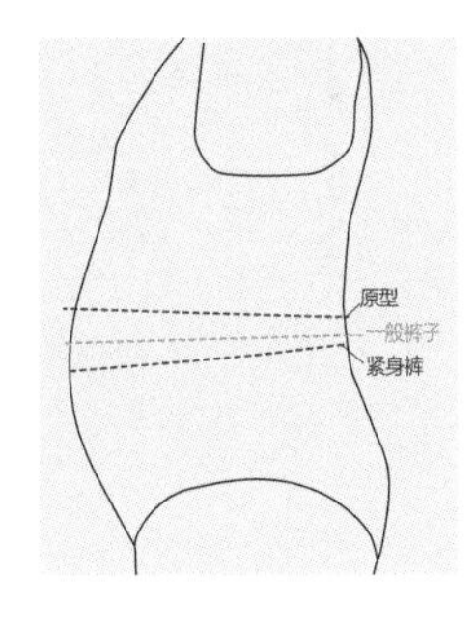

一般裤子的腰围

将最长的前片中心线向下0.5~1cm，侧面和后片中心线向下0.3~0.8cm，一般的情形就是让腰长呈现一致。

紧身裤的腰围

像紧身裤之类的低腰裤腰围是前面下移很多而后面上移，从侧面看会是一条斜线。因此前面下移1~1.5cm、侧边下移0.8~1.2cm、后面下移0.6~1cm，每个区间内有各自对应的长度。

02 窄腿裤

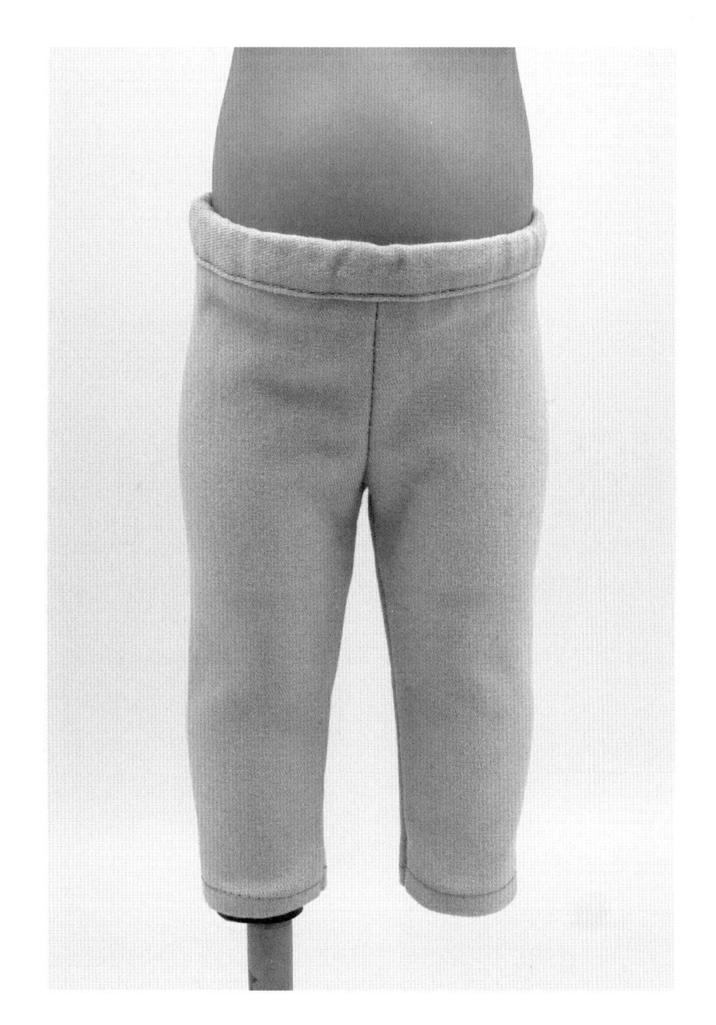

跟宽大的宽腿裤相反，是像紧身裤一样完全与腿贴合的裤子款式。
裤子腰宽要绘制得比腰带还窄，使裤子能刚好和身体贴合。

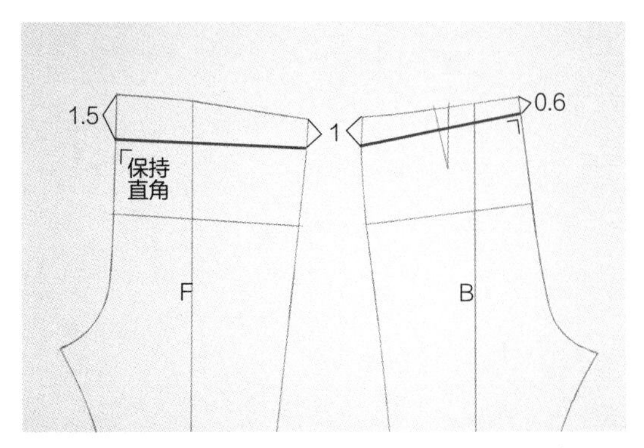

1 裤子原型前、后片的腰围线与中心线保持垂直并向下移动。

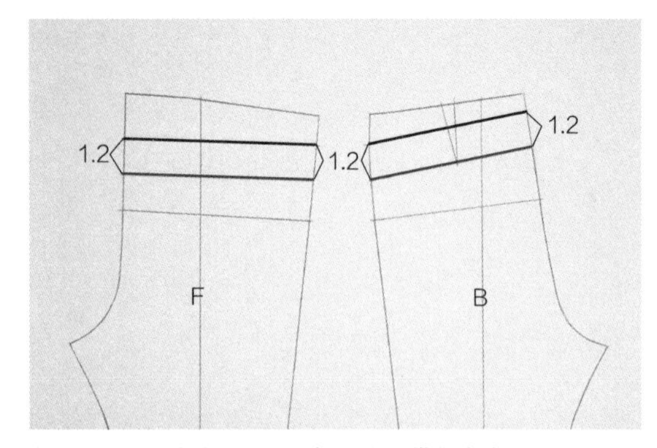

2 从向下移动的腰围上标示出腰带的宽度。

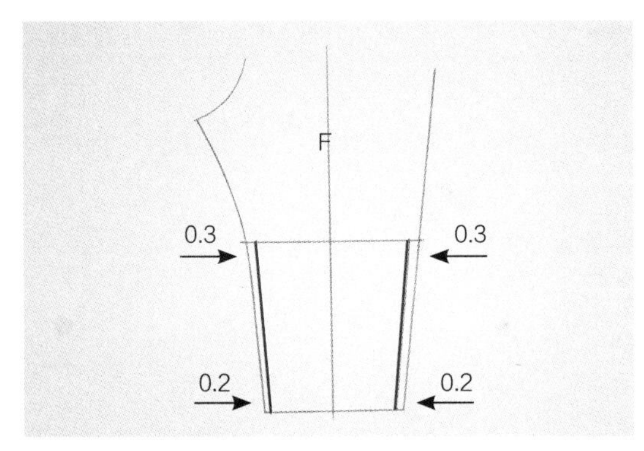

3 在膝盖和下摆之间减掉需要修减的分量。当使用弹性很好的布料时，可以多减一点。

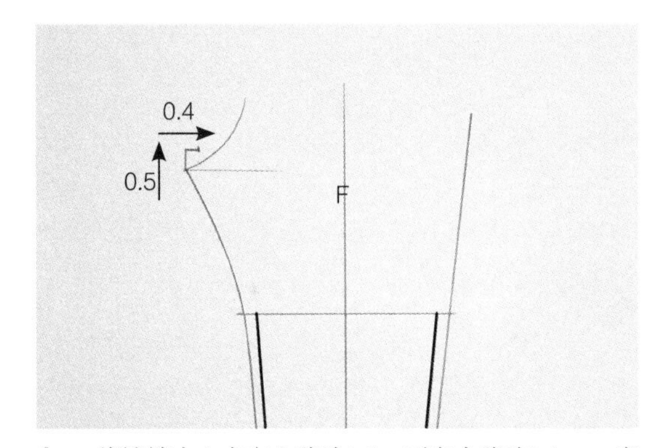

4 将裤裆中心点向上移动0.5cm再向内移动0.4cm。当使用弹性很好的布料时，可以多移一点。

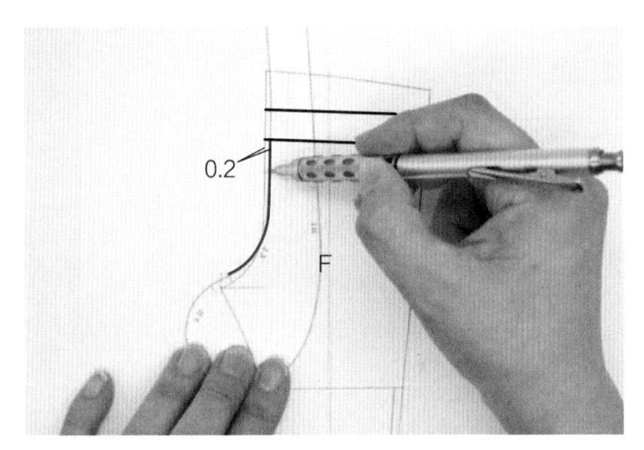

5 将前片中心线向内移0.2cm并跟修改后的裤裆中心点连起来。当使用弹性很好的布料时，可以多移一点。

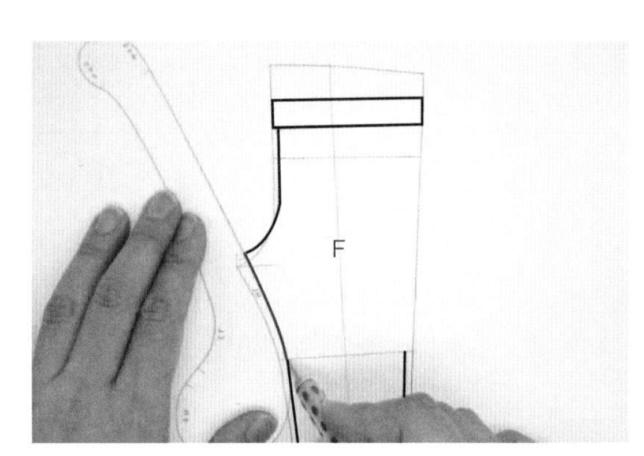

6 用曲线尺从左边膝围线到裤裆中心点连接成自然的曲线。

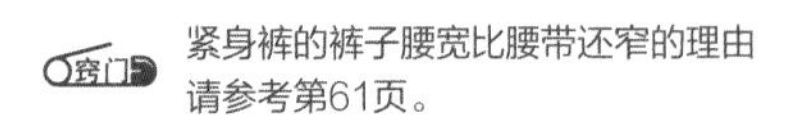

紧身裤的裤子腰宽比腰带还窄的理由
请参考第61页。

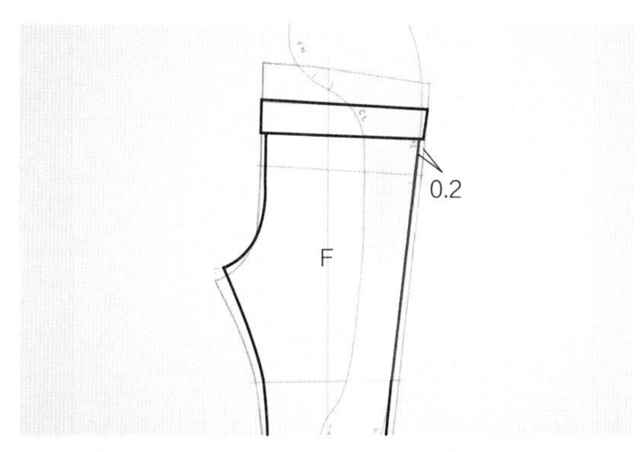

7 将右边侧缝向内移0.2cm，并跟膝围线连接起来。

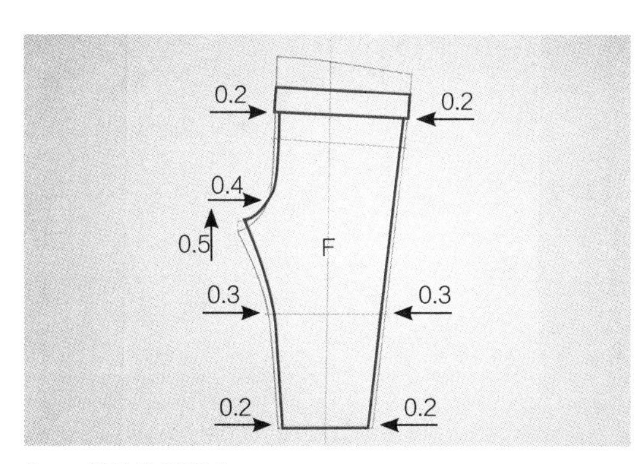

8 前片绘制完成。

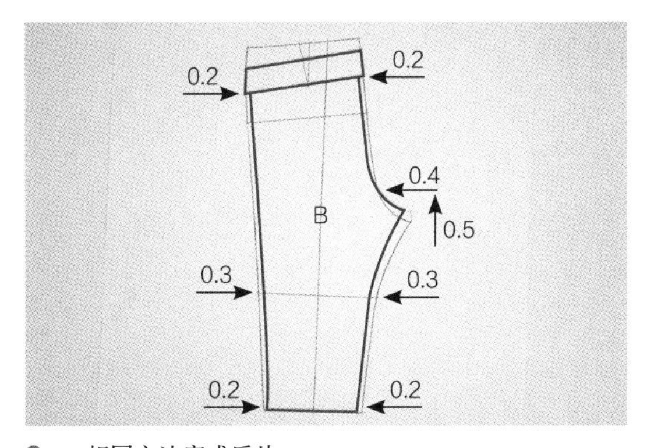

9 相同方法完成后片。

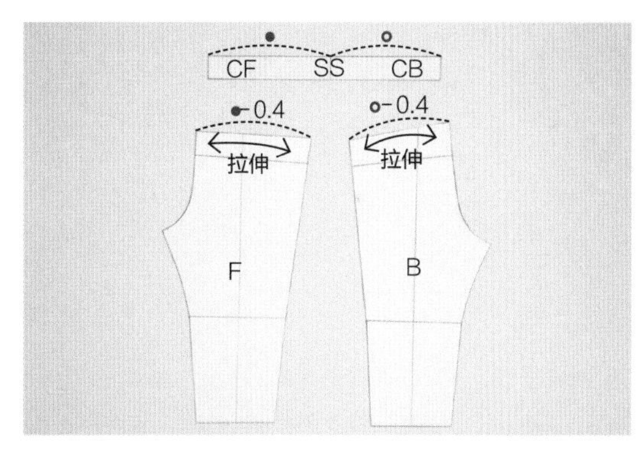

10 将前、后片腰带合并成一片即完成。

紧身裤的腰宽比腰带还窄的理由是?

一般来说，腰带和裤子的腰宽必须一致，但是如果在布料材质有弹性的情况下，也会故意将裤子腰宽画得比腰带还窄。如果把裤子腰宽画得比腰带还窄，就必须将布料拉伸对齐后再进行缝制。这样做出的裤子就会刚好和身体贴合。布料材质越有弹性越需要拉伸。

侧缝没有分割线且连在一起绘制时必须要修正的部分

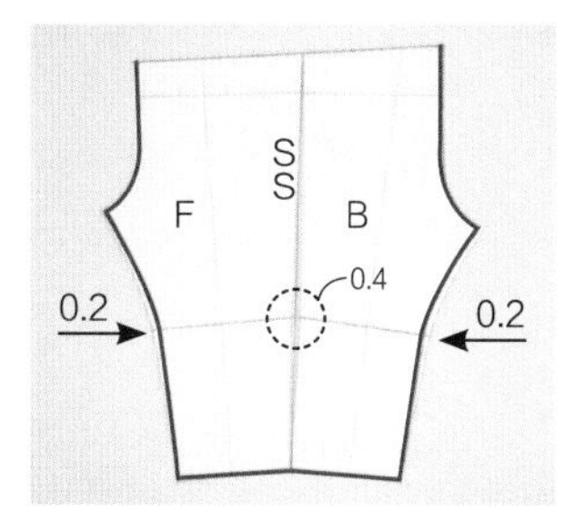

像内搭裤或紧身裤这类紧贴型的裤子，会因为宽度缩减使侧缝的裁缝线消失不见。这时前片和后片的侧缝又连在一起的话，膝盖区域的尺寸减少越多，膝盖之间产生的缝隙就会越大。所以要将这个缝隙量平均分给两侧向内缩减。另外，如果腰围或下摆因为侧缝拼合后而变得有棱角的话，就要重新画出顺滑的曲线。

03
短裤

长度到膝盖或膝盖之上的裤子。

如果只是将裤子原型的长度变短，下摆会向外散开，所以也须重新调整裤子的角度。

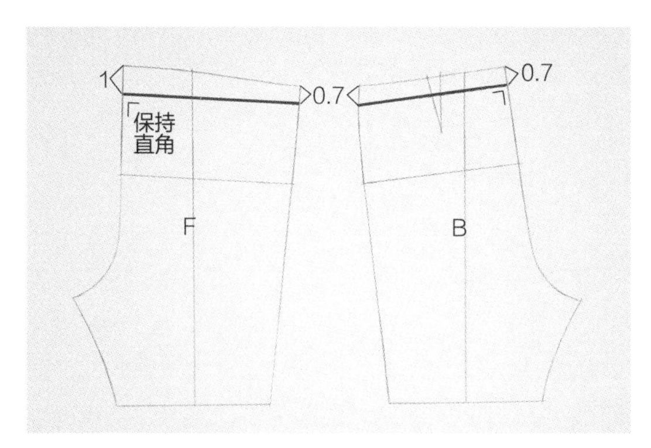

1 将裤子原型的腰围线向下移动。

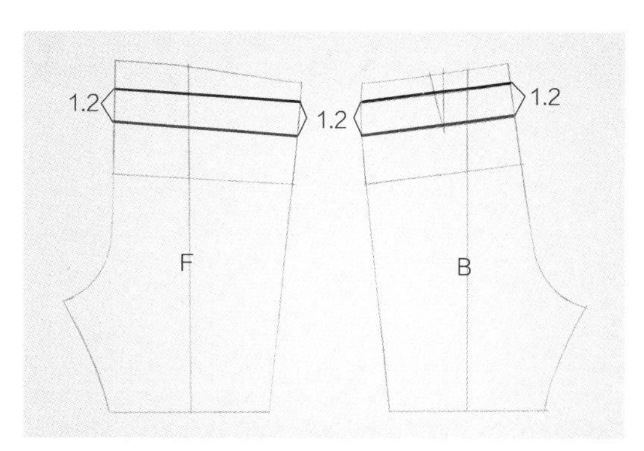

2 从向下移动的腰围线开始向上标示腰带的宽度。

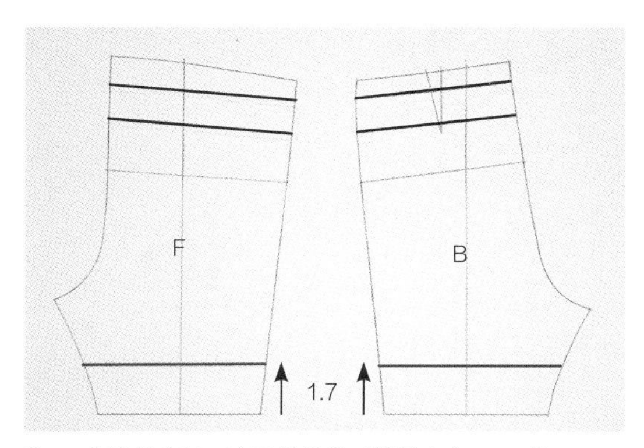

3 将裤长变短。这里是剪裁至膝盖上方1.7cm处。

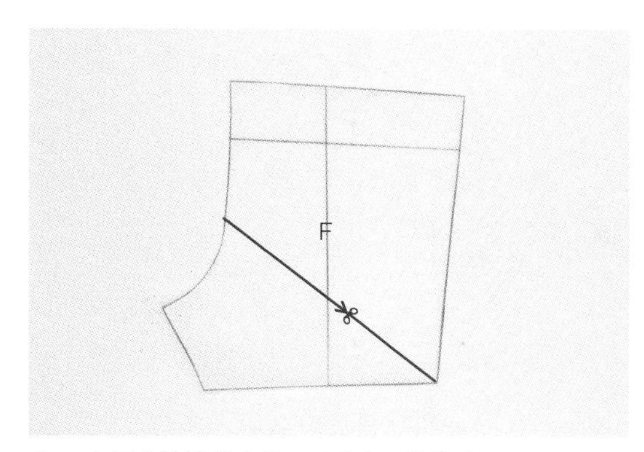

4 如图从裤裆线向前、后片中心线剪开。

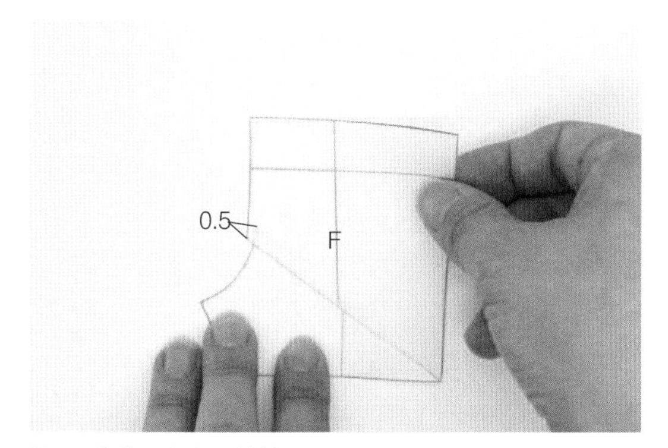

5 将剪开的板型裤裆重叠0.5cm。

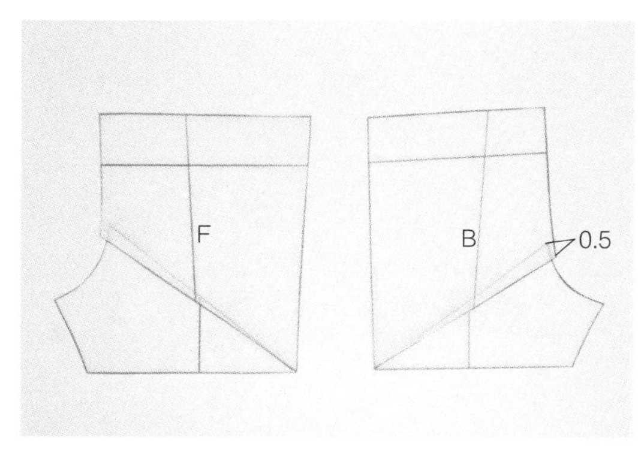

6 另一边的板型同样也要剪开重叠0.5cm。

窍门 重叠短裤裤裆的理由

虽然好像将裤子原型的长度变短就能成为短裤，但是如果这样来制作的话，下摆会向外散开，变得很不自然。将裤子前、后片裤裆重叠，经过这样的步骤，就可以制作出流畅的裤型轮廓。

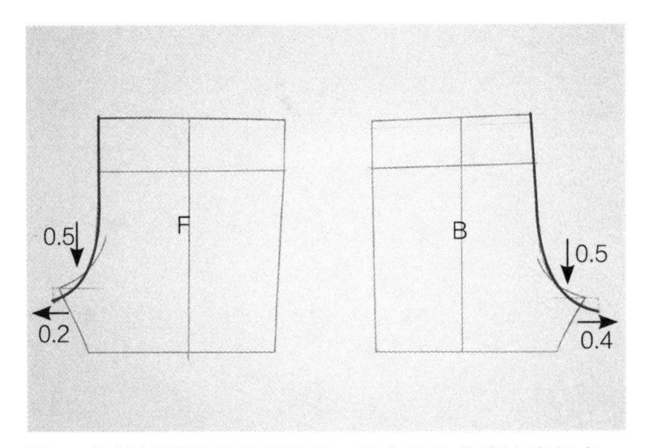

7 将裤裆线下移并延长后，以自然的曲线连接起来。由于之前裤裆重叠后使裤裆长度变短，因此将裤裆下移0.5cm，且前片延长0.2cm、后片延长0.4cm。

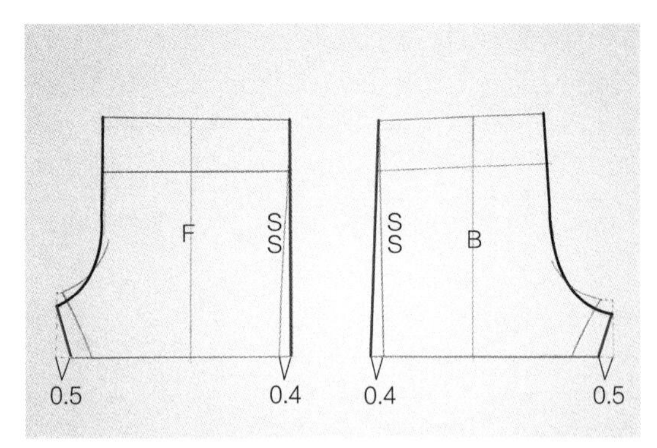

8 从新的裤裆线垂直向下画出下裆线，接着再向内缩0.5cm。移动裤子原型的侧缝，增加想要的宽度（0.4cm），以自然的曲线连接起来。如果想要服装轮廓呈现向侧边展开的A字形，就要增加侧缝移动距离。

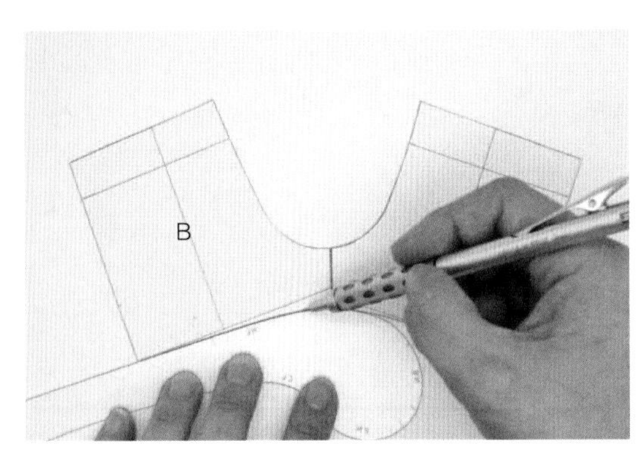

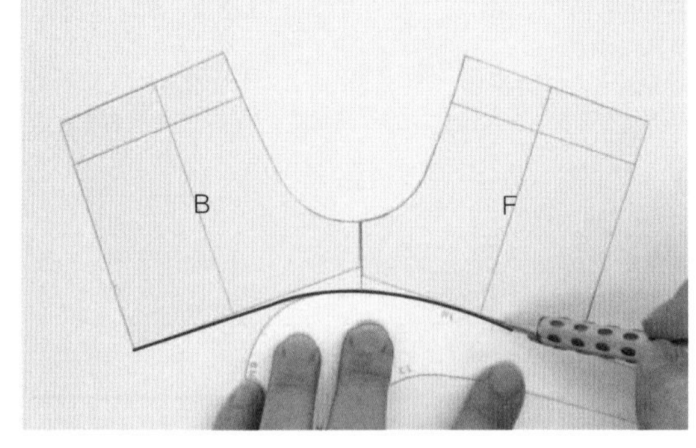

9 将裤子的下裆合并在一起，为了避免有棱有角，需用曲线尺分2次画出顺滑的曲线。

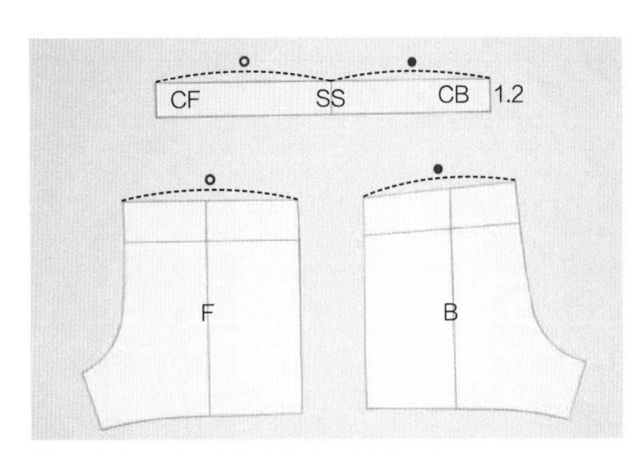

10 将前、后片腰带合并成一片即完成。

第3部分

上装制板基础

领子

基本领
01 立领
02 扁领
03 衬衫领
04 饰结领
05 连身帽

袖子

基本袖
01 无袖
02 泡泡袖
03 蝙蝠袖
04 落肩袖
05 连肩袖

基本领

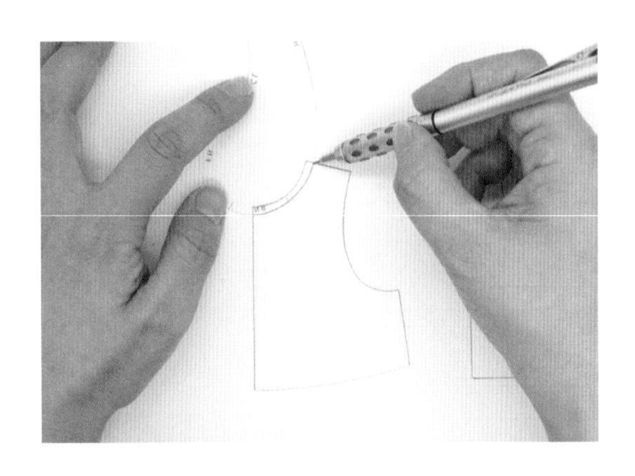

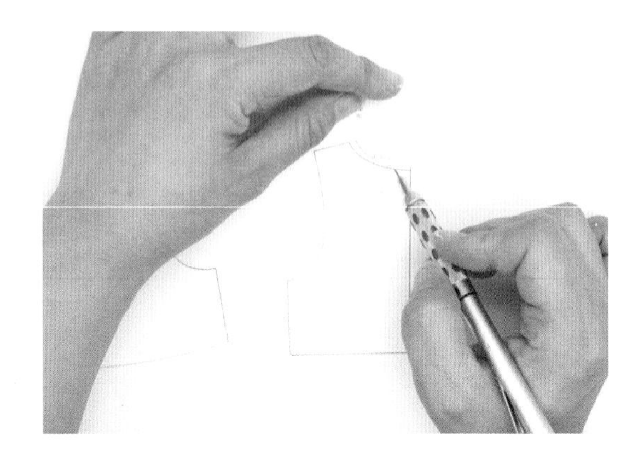

制作板型

1. 为了领子而做的上衣

由于原型颈围是依照身体所绘制而成，如果照样制作的话，颈部会看起来很紧。因此在做领子时必须改变颈围线。由于每款领子的颈围线形状都不一样，所以须依照领子款式改变侧颈、前颈、后颈尺寸。

一般会从领子侧颈位置来确认调整的尺寸，以侧颈为基准，前颈的调整尺寸与侧颈相同或更深，后颈则减少为侧颈调整尺寸的1/3左右。需要注意的是如果后颈挖太深，衣服容易往后掉或下滑。

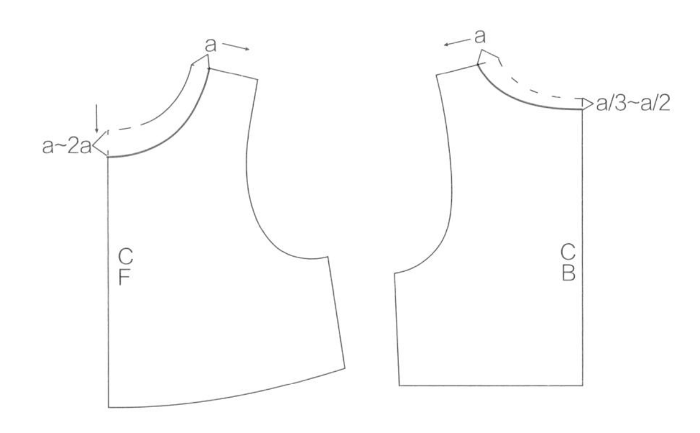

2. 无领的V型领、U型领、船型领

V型领　　　　　　　　　　　　U型领

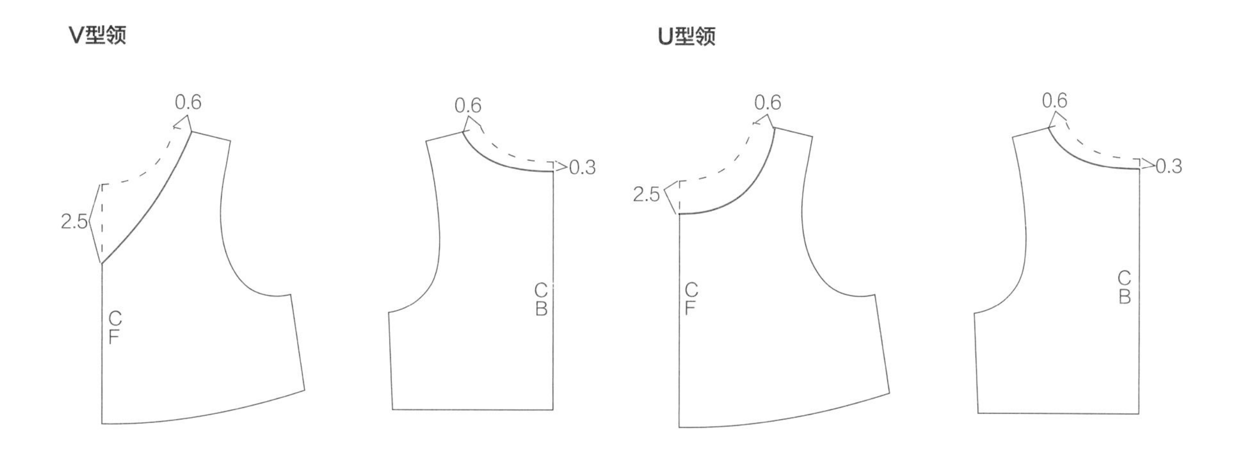

船型领

这是在侧颈挖很深的款式。如果要加上袖子或内衬，肩线必须保持一定的宽度才行，因此在挖侧颈时，假如遇到肩线变短的情况，就要将肩线向外延长并修正袖窿。

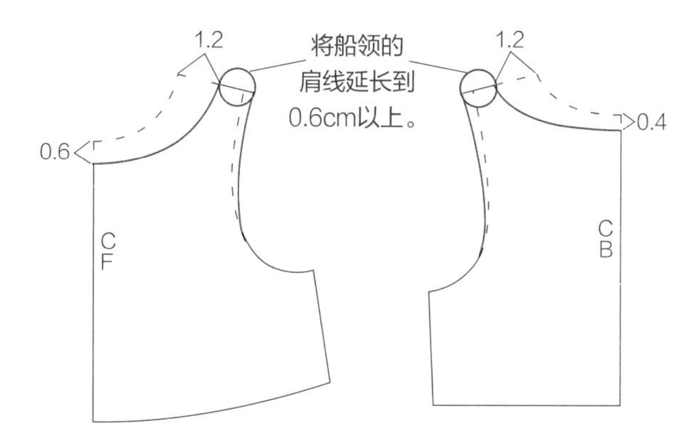

01

立领

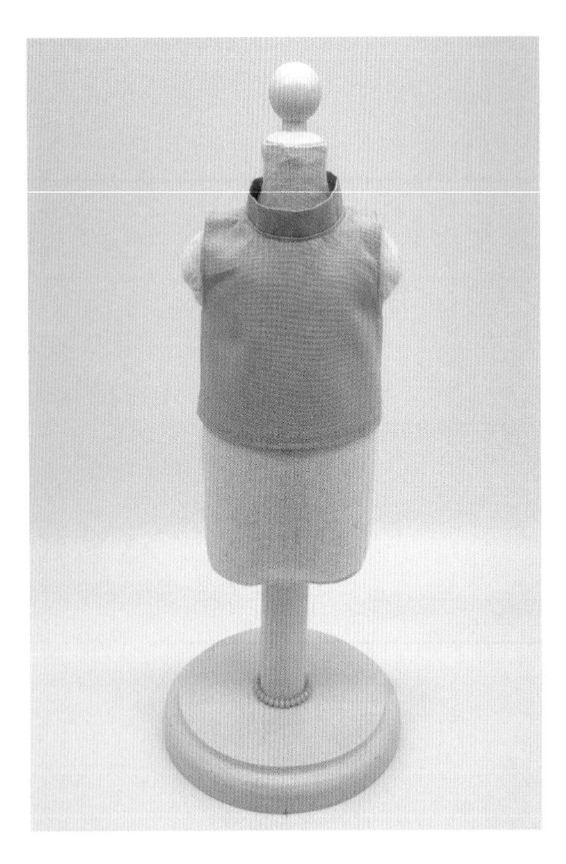

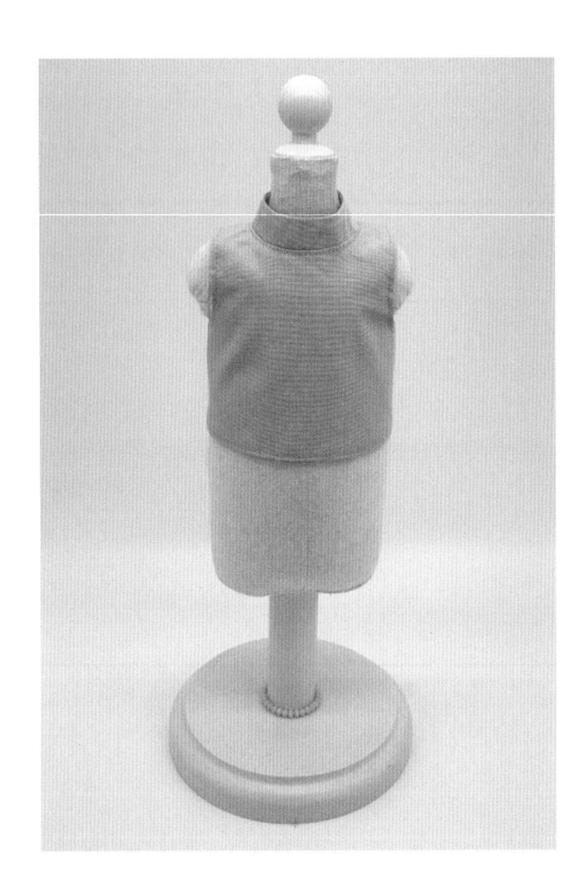

穿着时是立起来的，且无法向下翻折的领子。

称为立领（standing collar）或中式领（chinese collar）。

一字型立领

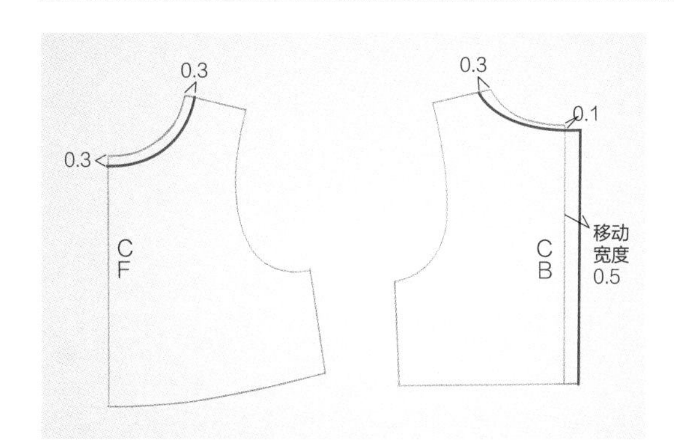

1 将上衣沿肩线从前颈和侧颈下挖0.3cm、后颈下挖0.1cm。后片中心线向外移动0.5cm。

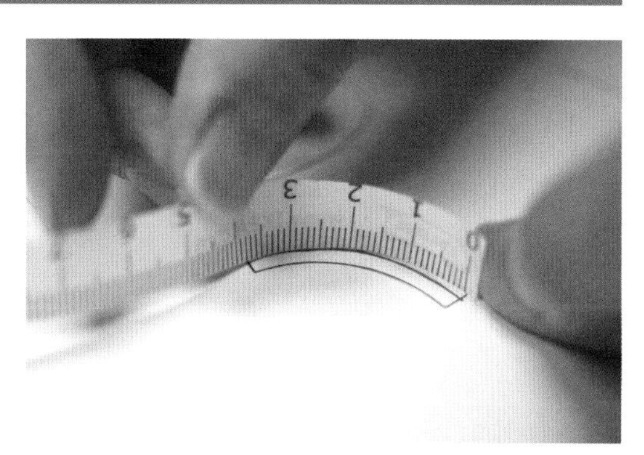

2 测量前颈围/2、后颈围/2的长度。

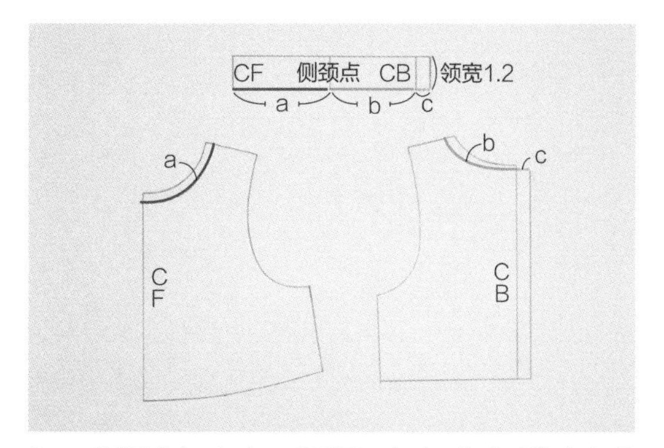

3 以前颈围/2（a）+ 后颈围/2（b）+移动区域（c）的长度为长，1.2cm为领宽。画出长方形的领子板型。在a和b之前标示出侧颈点。

曲线型立领

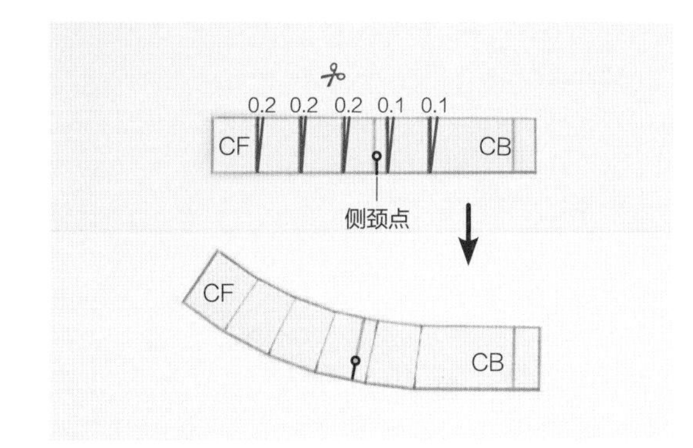

1 由于一字型立领的上、下长度一样，如果缝合在挖领口的衣服上，上身后领子上边会不服帖。为了使领子与身体自然地贴合，须将领子上边缩减才可以。在板型上加入分割线并将上颈围减掉所需长度。虽然加入越多的分割线形成的曲线越自然，但是因为娃娃服装板型很小，只加两、三处做缩减即可。

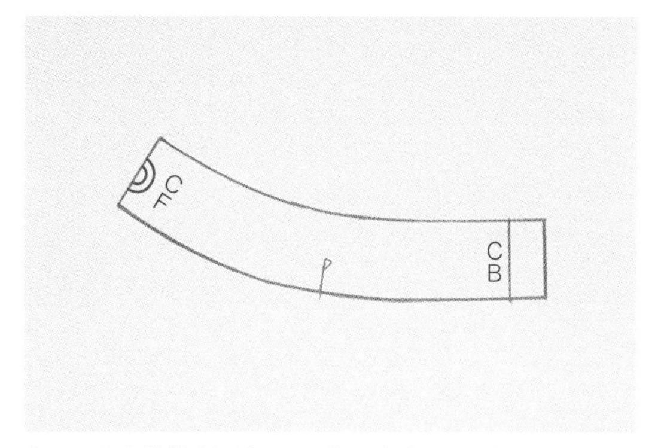

2 用胶带将领子板型下方固定住，将修正好的领子外轮廓描在新的描图线上，接着将领子上、下方修顺成自然的曲线。在前片中心线标示对折线符号（◎），也别忘了标示出侧颈点和移动区域的宽度。

02
扁领

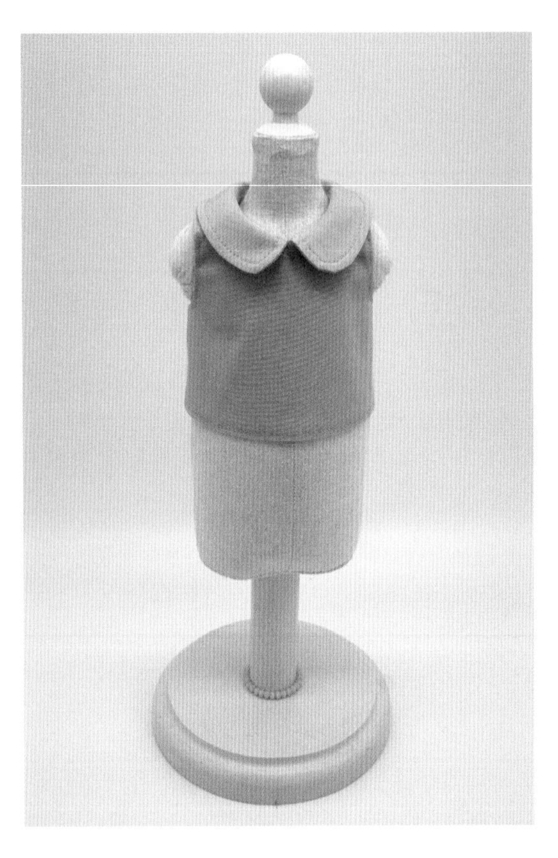

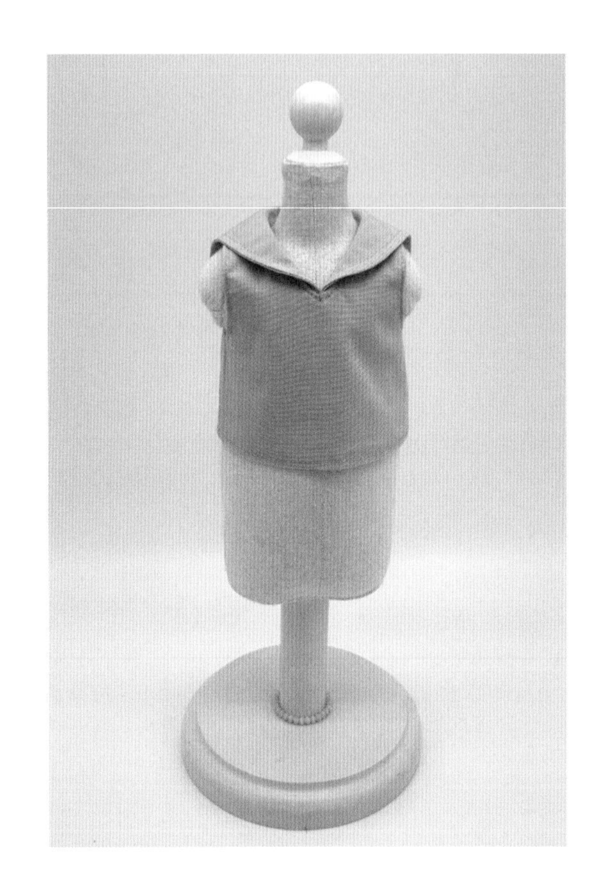

没有立起来，直接从颈围线翻折的扁平领子。
有娃娃领（peter pan collar）和海军领（sailor collar）等。

娃娃领

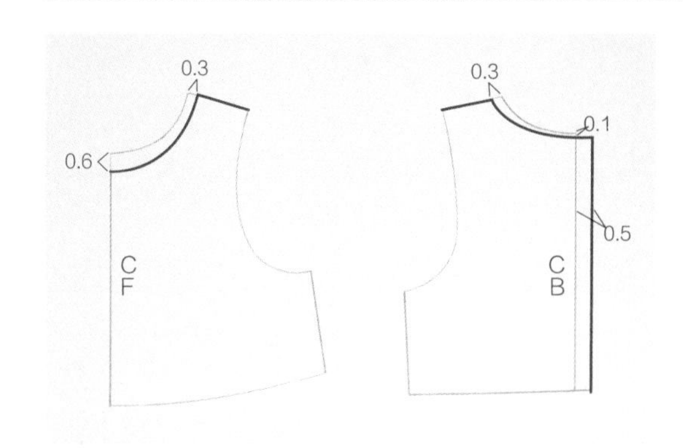

1 将上衣沿肩线从前颈下挖0.6cm、侧颈下挖0.3cm、后颈下挖0.1cm。后片中心线向外移动0.5cm。

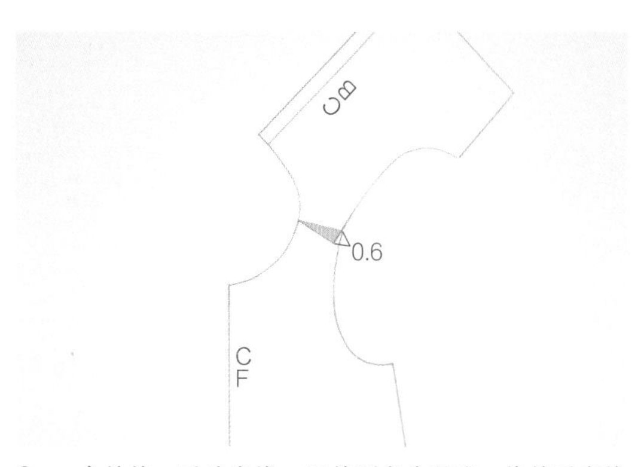

2 合并前、后片肩线，以前颈点为基准，将前后肩线重叠0.6cm。

3 将肩线重叠后的原型重新描绘在新的描图纸上。

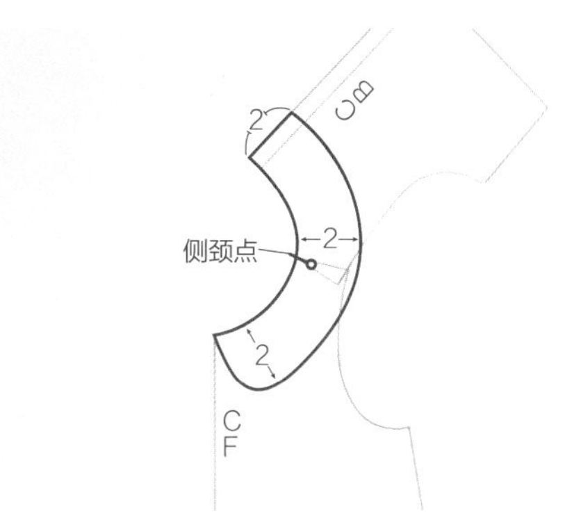

4 画出扁领的形状。从后片中心线开始到前片中心线为止以2cm的领宽，画出圆形的领子并标出侧颈点。

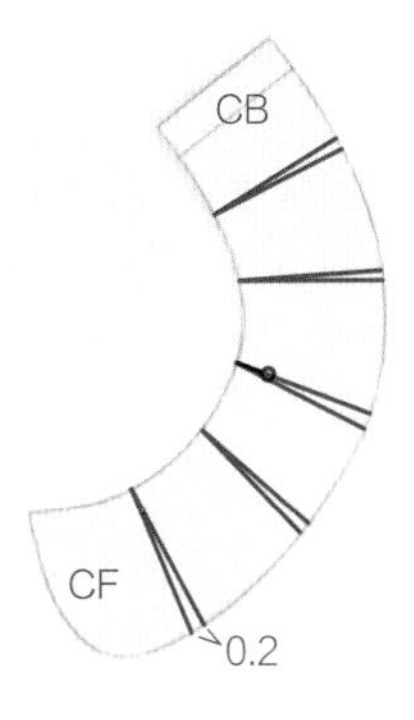

5 虽然为了不让领子翘起来而将肩线重叠0.6cm，但是在疏缝过程中，如果领子翘起无法平躺在衣片上的话，可以在领子板型上添加分割线并缩减外轮廓来做调整。

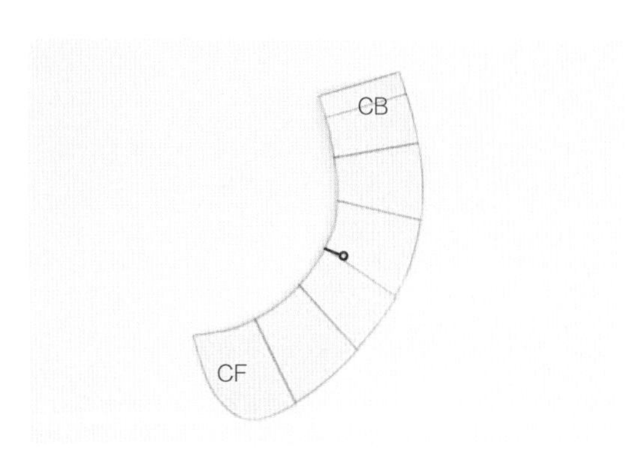

6 这是将所有分割处剪开后再合并修正好的板型。

海军领

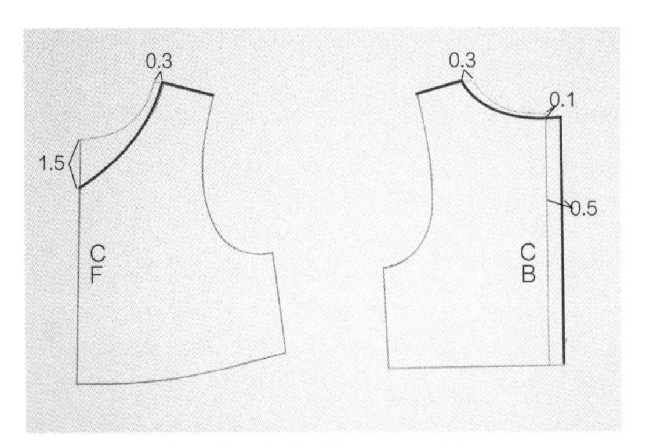

1 将上衣沿肩线从前颈下挖1.5cm、侧颈下挖0.3cm、后颈下挖0.1cm。海军领是前颈围线形成平整的V字形曲线。后片中心线向外移动0.5cm。

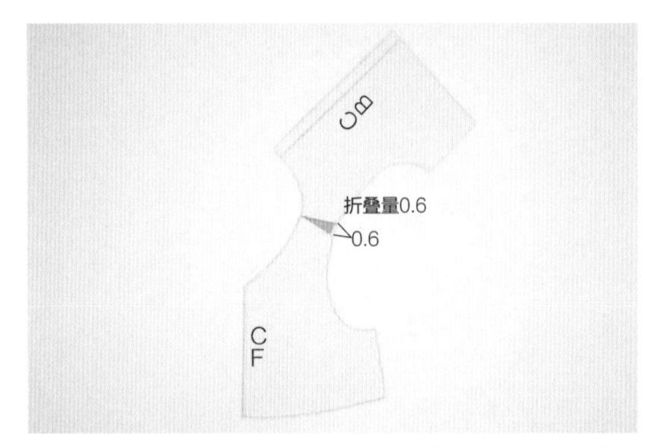

2 将前、后片肩线并在一起，以前颈点为基准，将前后肩线重叠0.6cm。

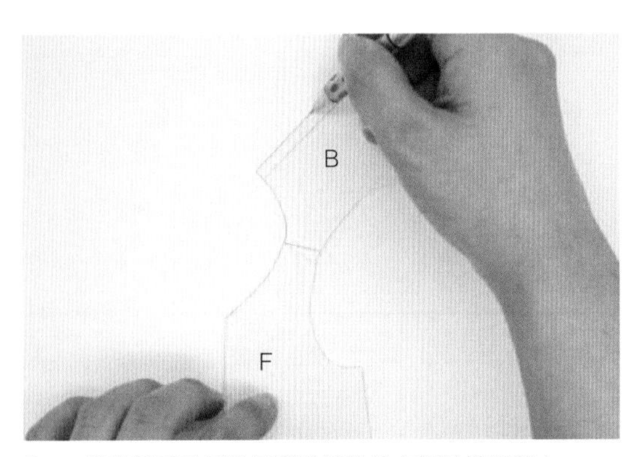

3 将肩线重叠后的原型重新描绘在新的描图纸上。

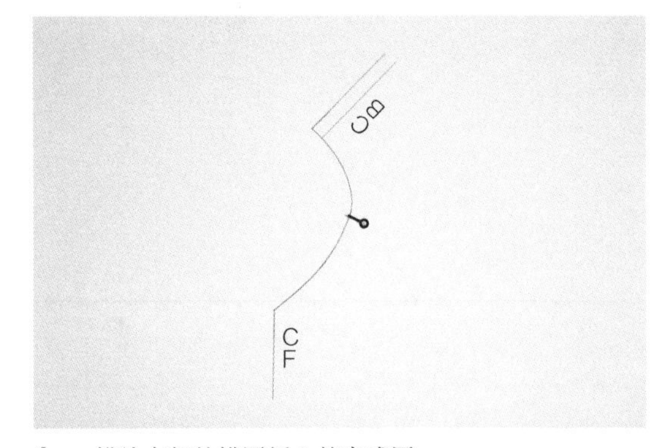

4 描绘在新的描图纸上的完成图。

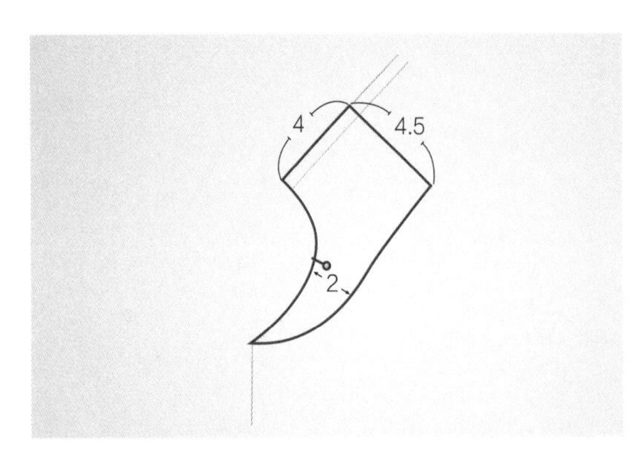

5 以后片中心线长4cm、肩宽2cm画出海军领的形状。标出侧颈点即完成。

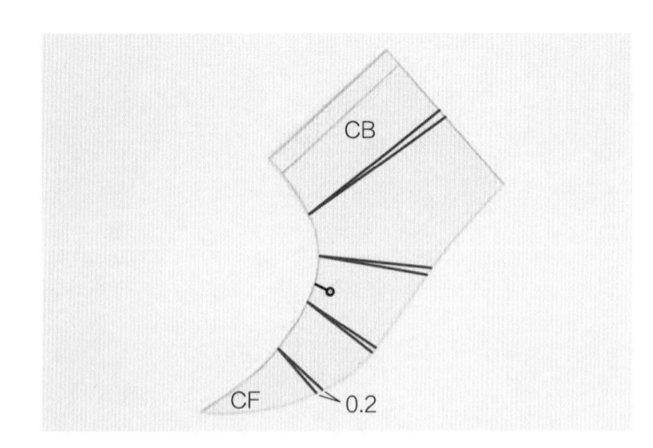

6 虽然为了不要让领子翘起来而将肩线重叠0.6cm，但是在疏缝过程中，如果领子翘起无法平躺在衣片上的话，可以在领子板型上添加分割线并缩减外轮廓来做调整。

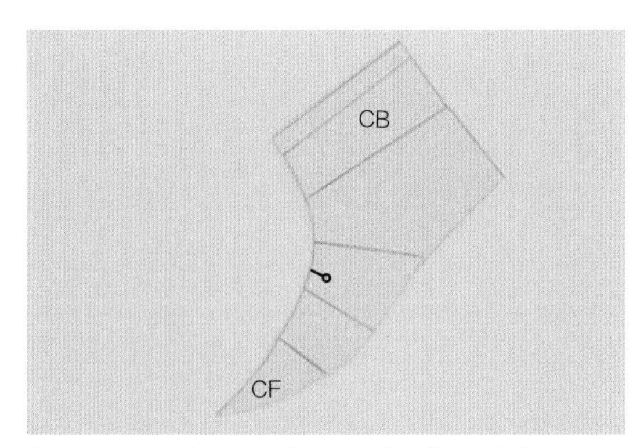

7 这是将所有分割处剪开后再合并修正好的板型。

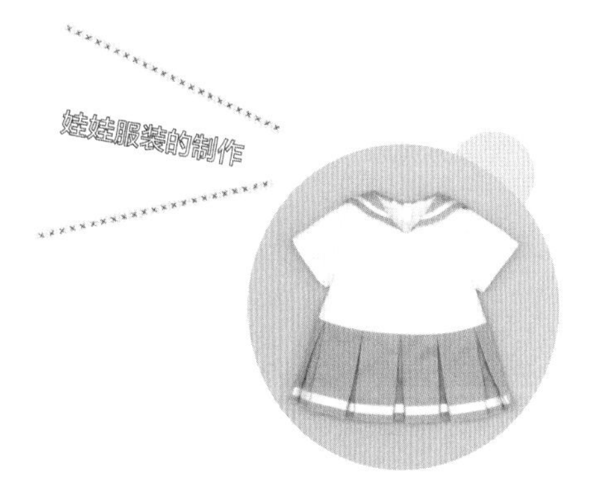

03

衬衫领

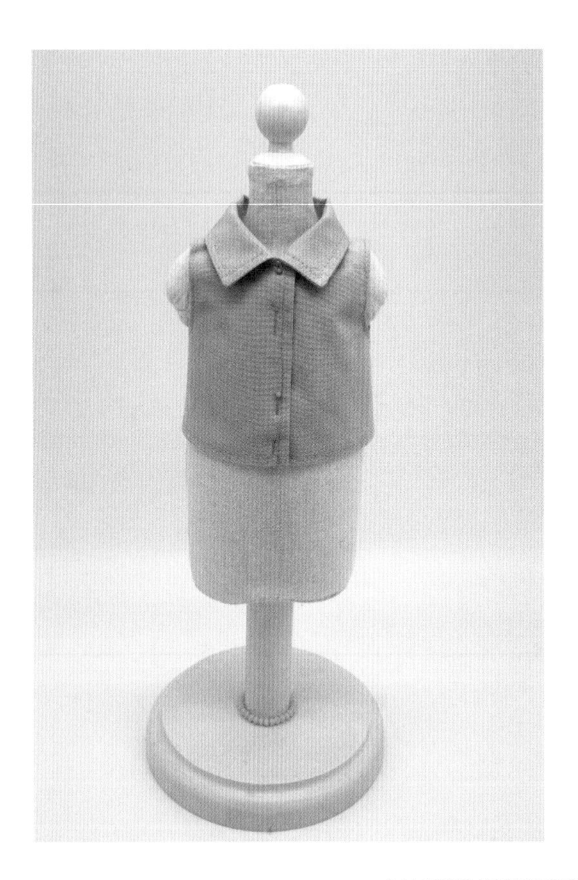

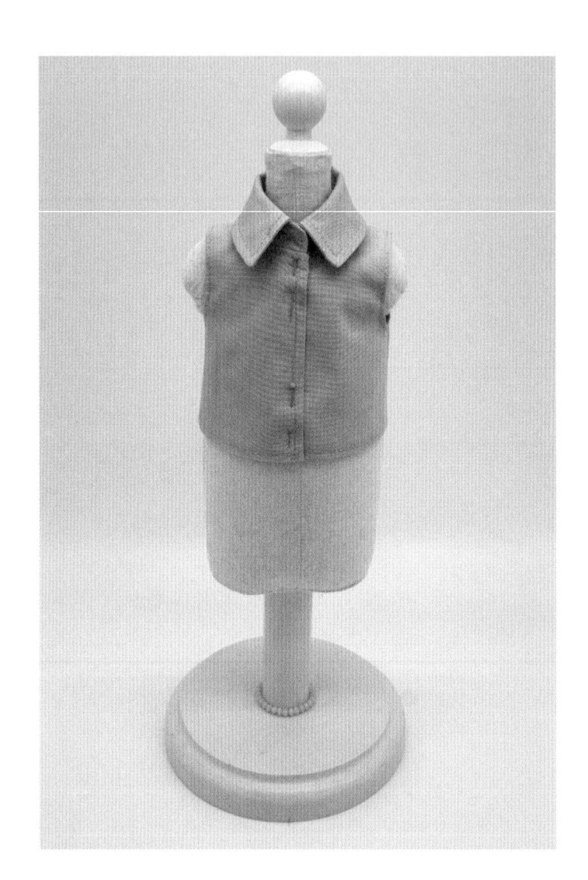

衬衫领是指后颈领可以立起来的领子。

分成有领台和无领台。

前沿通常为尖角或呈圆弧形。

无领台衬衫领

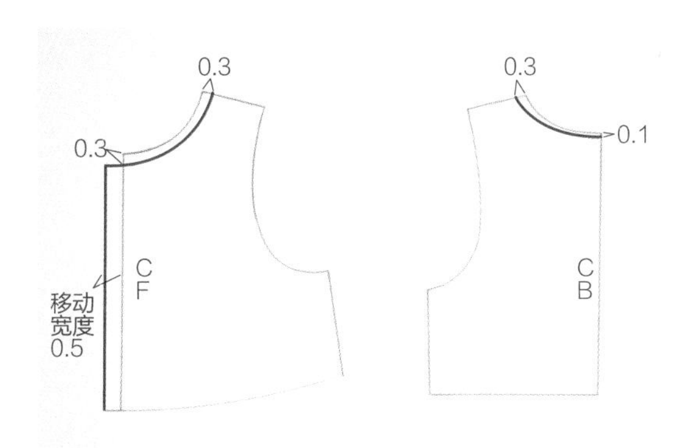

1 将上衣沿肩线从前颈和侧颈下挖0.3cm、后颈下挖0.1cm。前片中心线向外移动0.5cm。

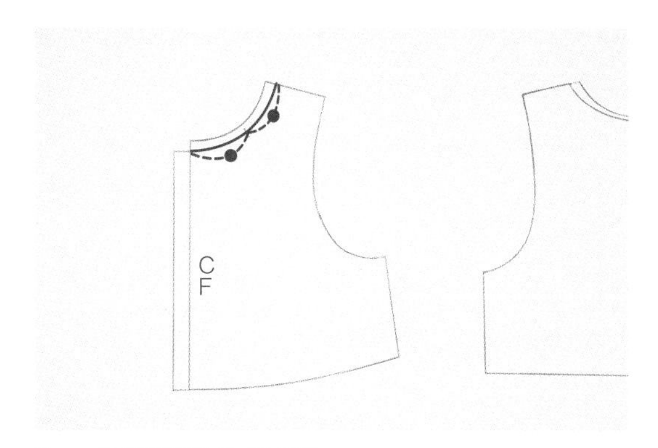

2 将前颈围线分成2等份。

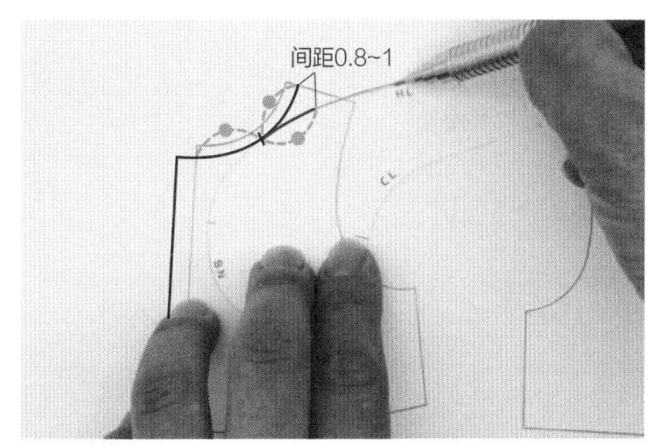

3 在前片中心线上，从1/2分界点开始画出与颈围曲线对称的反射曲线。与原本的颈围线间距为0.8~1cm，不同的曲线角度会形成不同的领子外轮廓线。

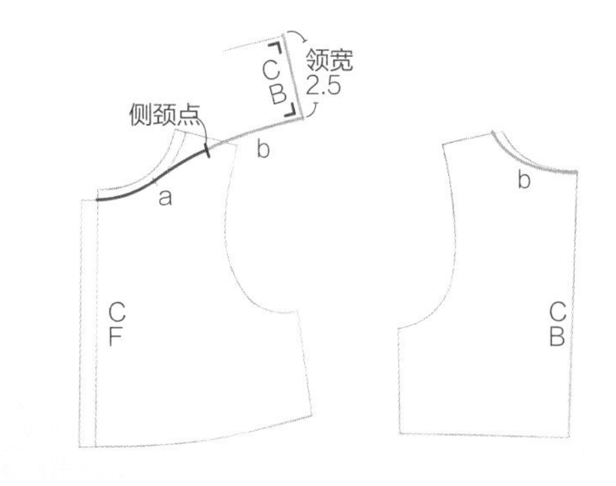

4 将曲线延长后颈围/2（b）的长度之后，再以直角画出2.5cm的领子。

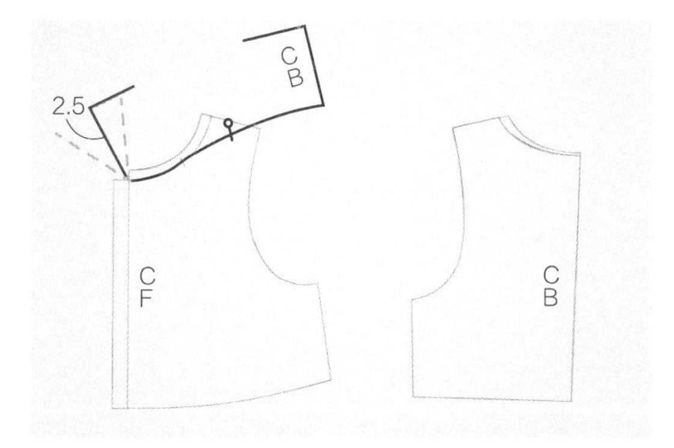

5 从前片中心线画出宽2.5cm的领子。依照不同的领尖款式可以画成各种角度。

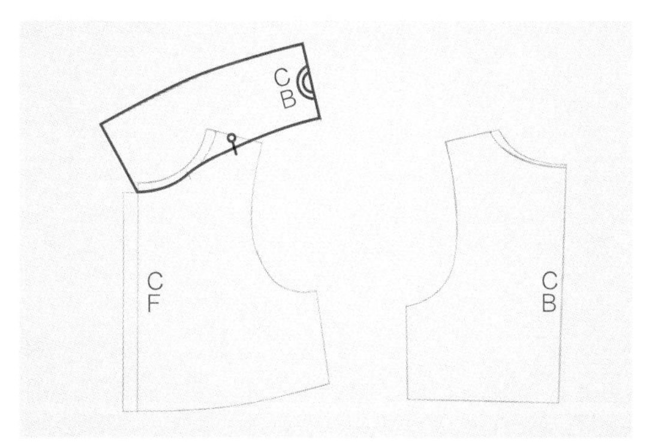

6 用流畅的曲线将前、后领连接起来，外轮廓线就完成了。一定要标出侧颈点。

调整领子外轮廓长度的方法

如果领子的外轮廓太窄，可以在外轮廓线上加入分割线并展开。如果领子会翘起来，就反过来将分割线重叠做微调。

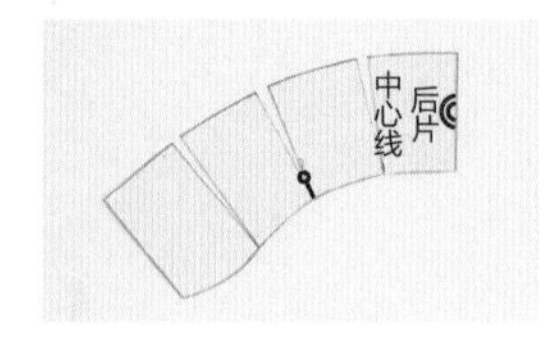

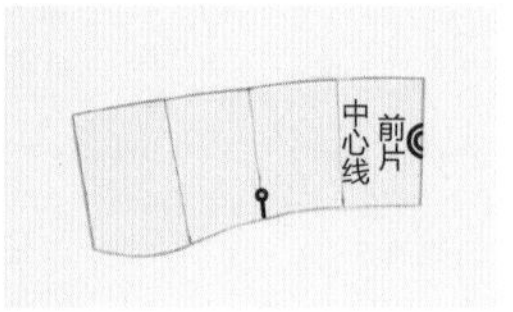

制作方法

有领台衬衫领

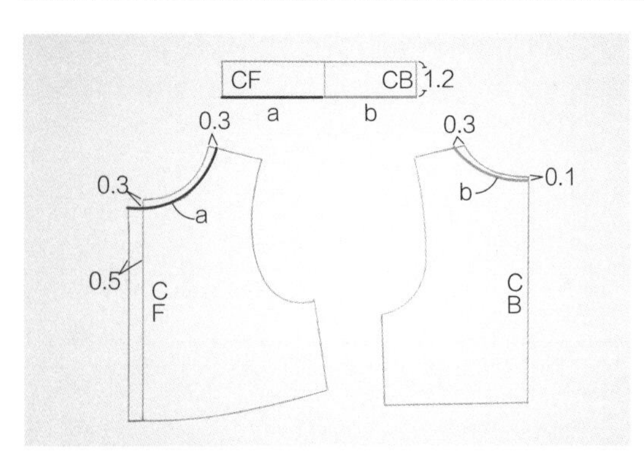

1 将上衣沿肩线从前颈和侧颈下挖0.3cm、后颈下挖0.1cm。前片中心线向外移动0.5cm。测量前、后颈围的长度后画出以前颈围/2+后颈围/2为长，宽为1.2cm的长方形领台板型。

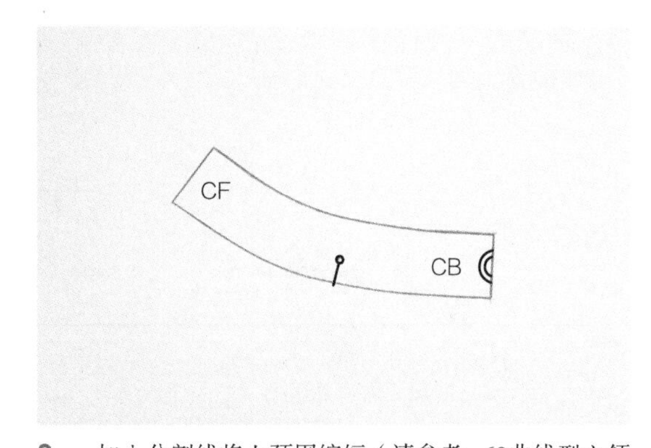

2 加入分割线将上颈围缩短（请参考p.69曲线型立领制图法的第1个步骤），在新的描图纸上描绘出修正好的领台外轮廓，然后用流畅的曲线修饰领台上、下方。在后片中心线上标示对折线符号（◎）及侧颈点。

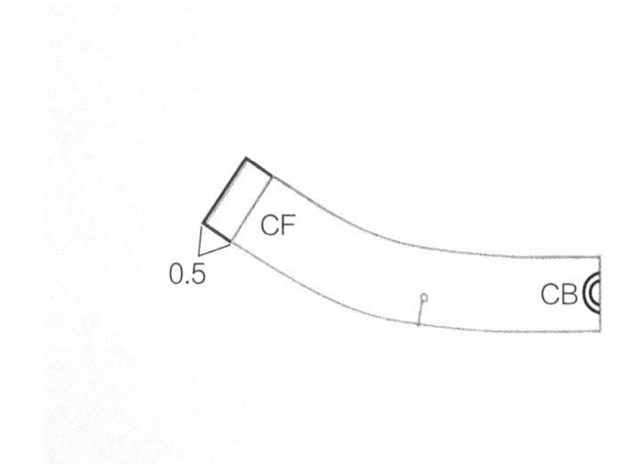

3 从前片中心线平行向外增加0.5cm宽。

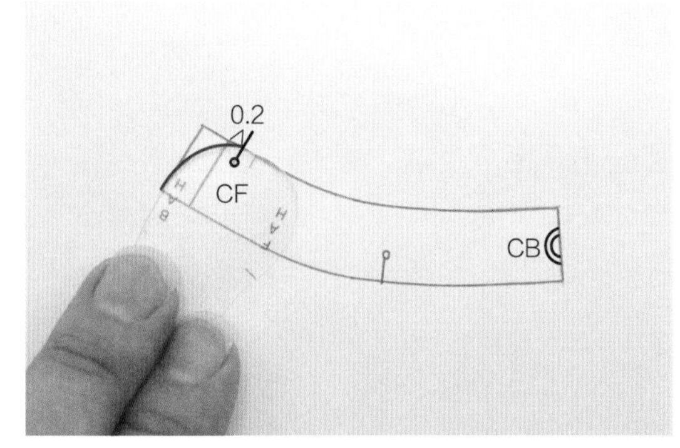

4 确定领面在领台上的起始位置。在前片中心线向后0.2cm的地方标示为领子缝合位置。从领子缝合位置向加宽处绘制曲线。

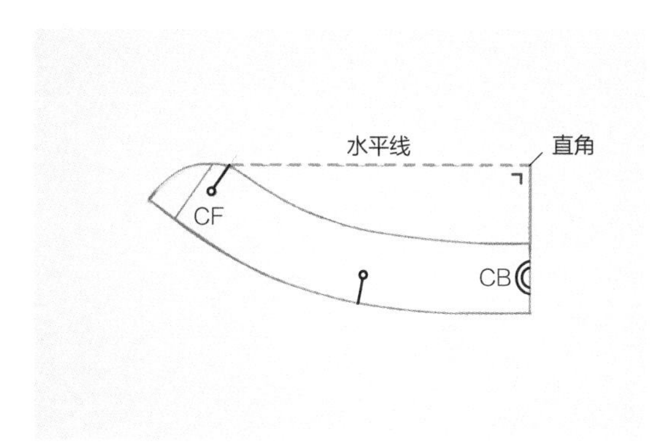

5　为了找出对折线的延长线和领台顶端以直角相交的点，画出辅助线。

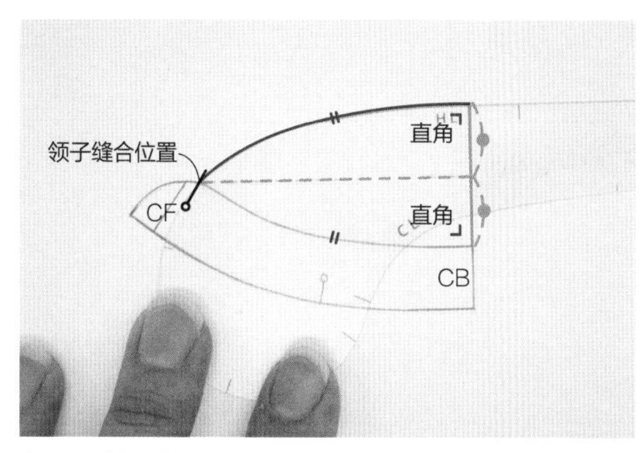

6　以辅助线为基准画出和领台曲线对称的翻领底线。

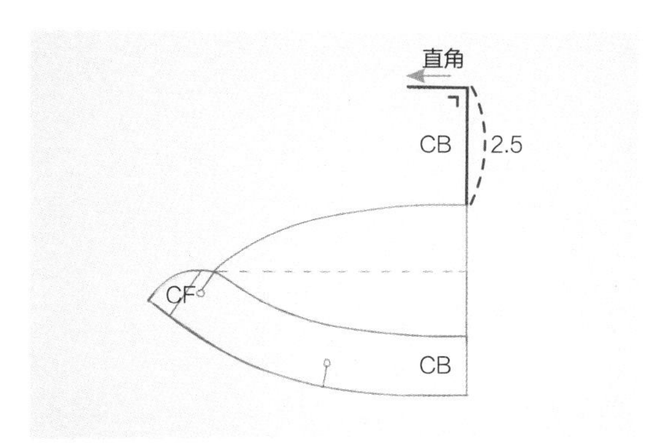

7　将领宽2.5cm向垂直方向延长并以直角画出翻领的后半部。

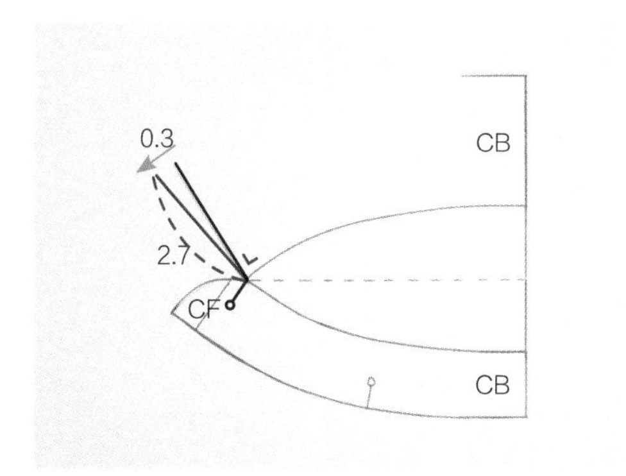

8　翻领的前半部从其底部曲线以直角向上画线，再将此线稍向前移动。不同的前领角度跟长度会形成不同的领子款式。

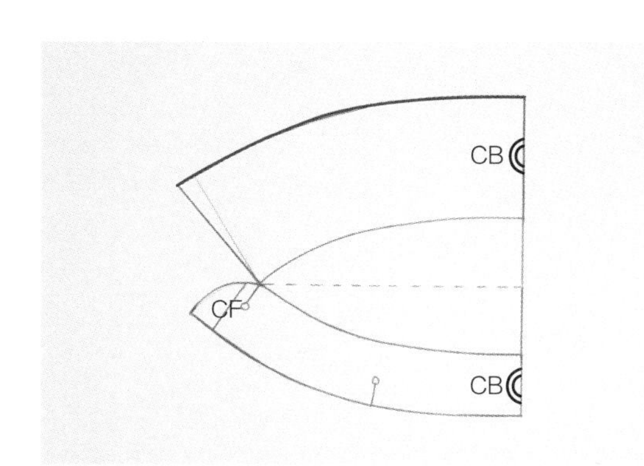

9　与后片中心线呈直角并保持领宽向前画线，画至中间位置之后，从中间到前半部画成自然的曲线。

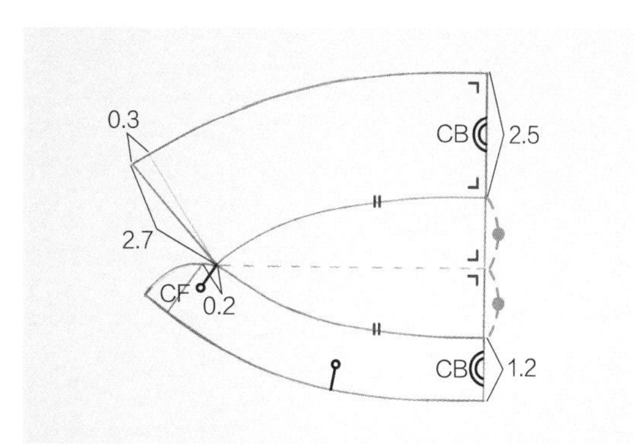

10　完成衬衫领子板型。

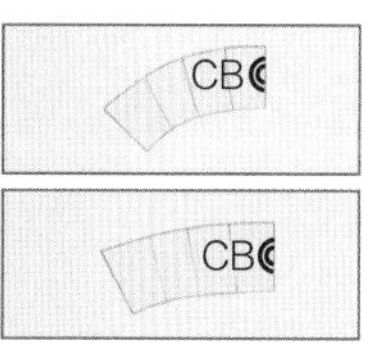

窍门　如果领台的外轮廓太窄，请在外轮廓线上加入分割线并展开，如果翻领会翘起来，请将分割线重叠稍微缩减一些。

04

饰结领

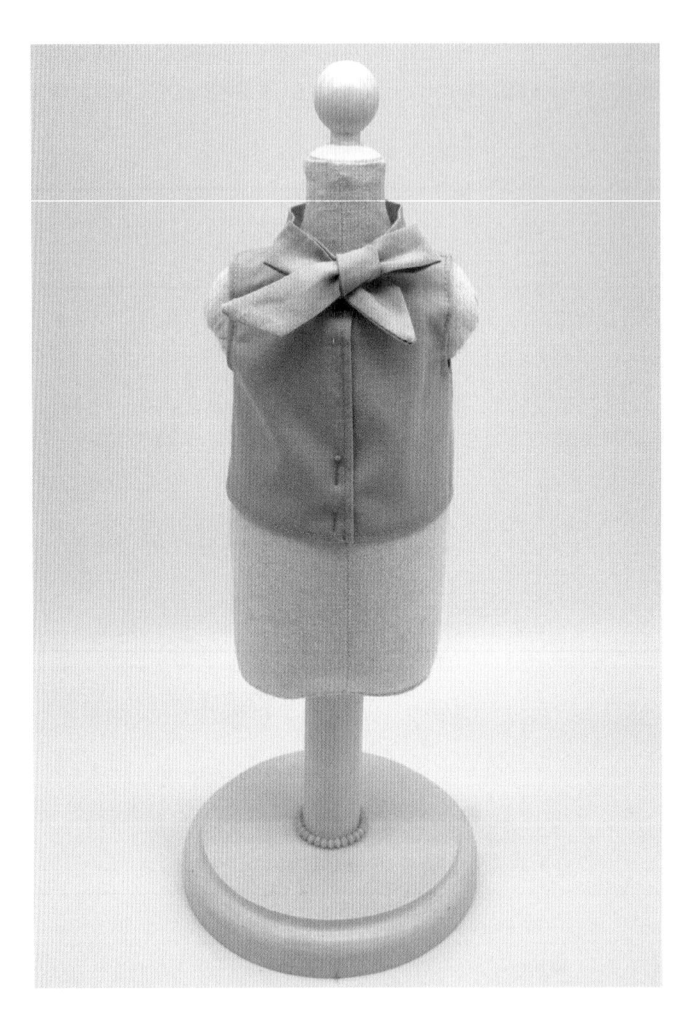

为了在领口打结，领台尾端会多留一段系带的领子。
这样可以呈现出可爱的感觉，饰结领经常使用在娃娃服装上。

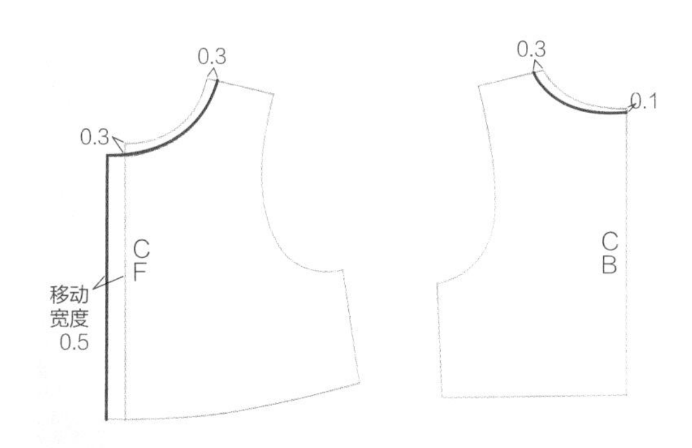

1 上衣沿肩线从前颈和侧颈下挖0.3cm、后颈下挖0.1cm。前片中心线向外移动0.5cm。

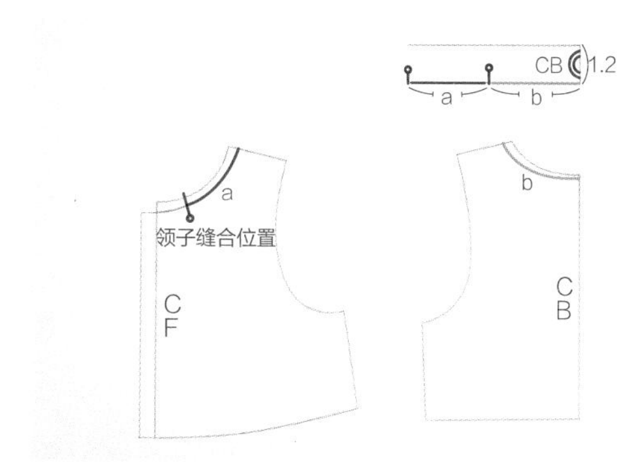

2 确定系带开始的位置，也就是领子开始缝合的位置并标示在上衣上。测量a和b的长度。并以1.2cm为领宽画出四边形的领子板型，然后标示出侧颈点、领子缝合位置。

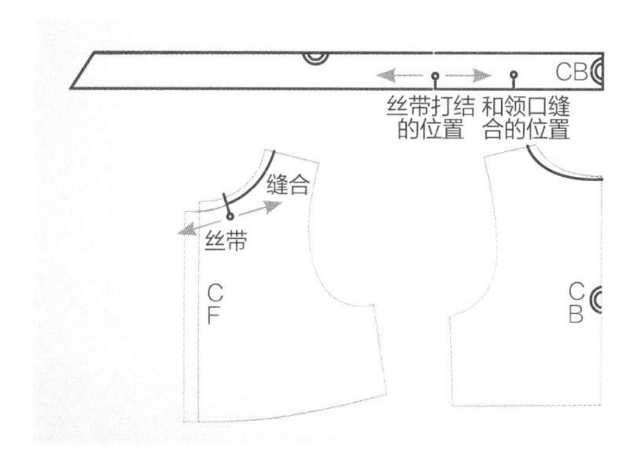

3 从领口缝合位置开始延长出系带长度。在上边标示对折线符号（◎）。

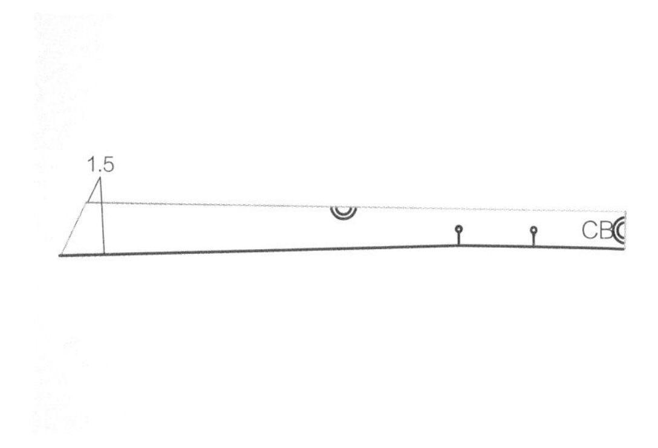

4 系带的宽度及形状可以设计成不同的款式。

05
连身帽

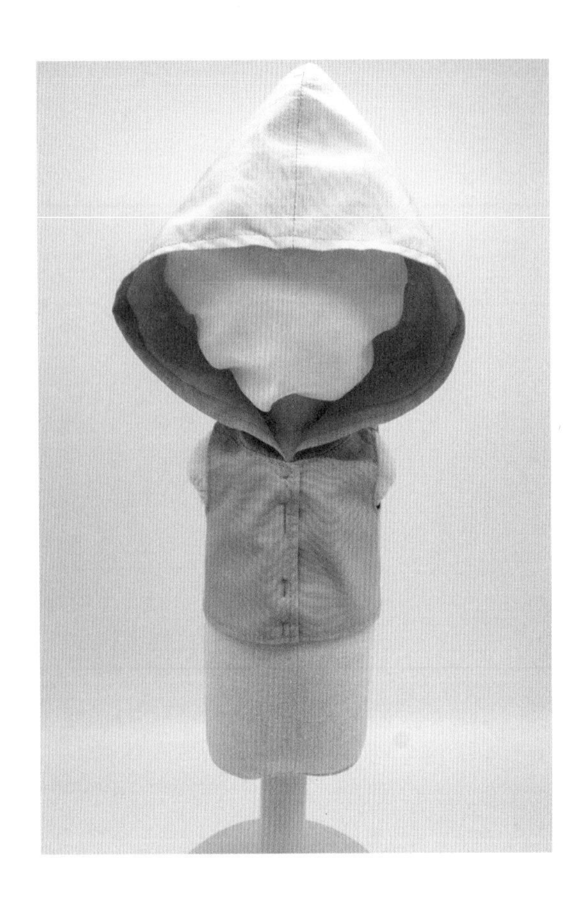
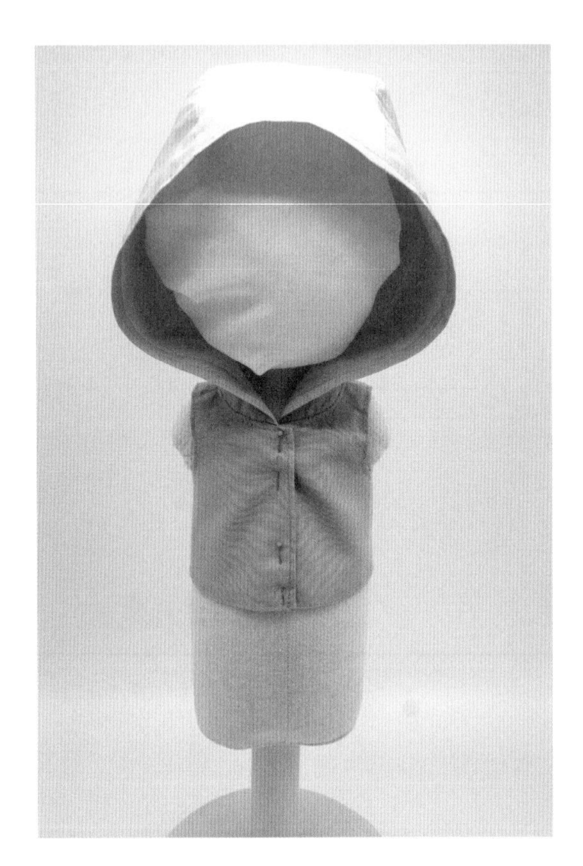

从领口连接帽子的款式。

可以设计成1条分割线的简单型连身帽或2条分割线的立体型连身帽。

制图时在连帽后面开衩，可以将娃娃的头发掏出来。

需要的部位及数值（示范）

· 连身帽长度：从头顶到侧颈点的长度 / 2=19.5cm
· 连身帽宽度：包围到脸部的连身帽围度 / 2=14cm
· 上衣前片和上衣后片的颈高差=1.4cm

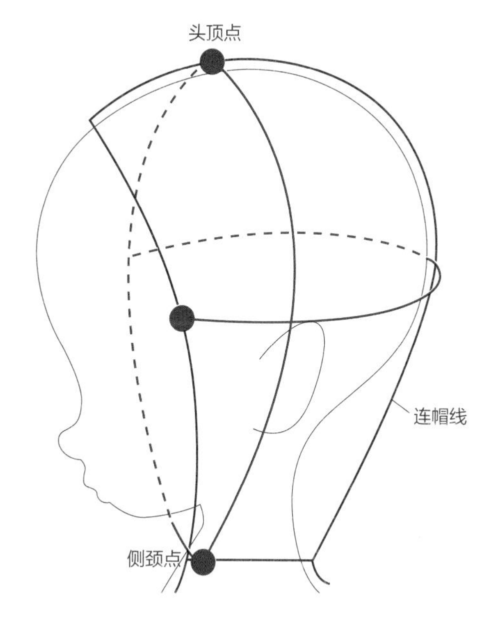

1条分割线的连身帽

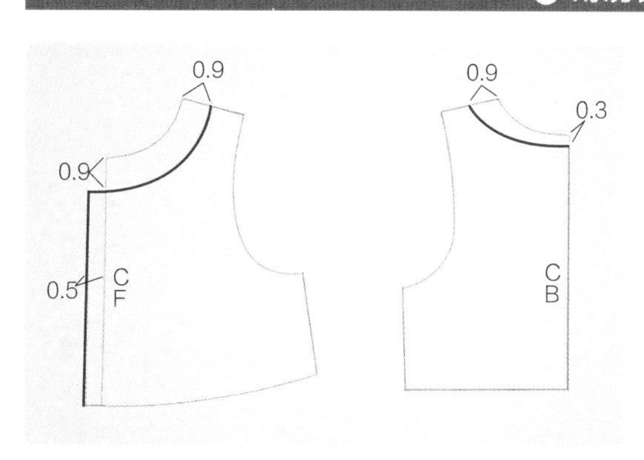

1 将上衣沿肩线从前颈和侧颈下挖0.9cm、后颈下挖0.3cm。前片中心线向外移动0.5cm。由于连身帽必须要让颈围空间够大，所以领口要挖深一点。

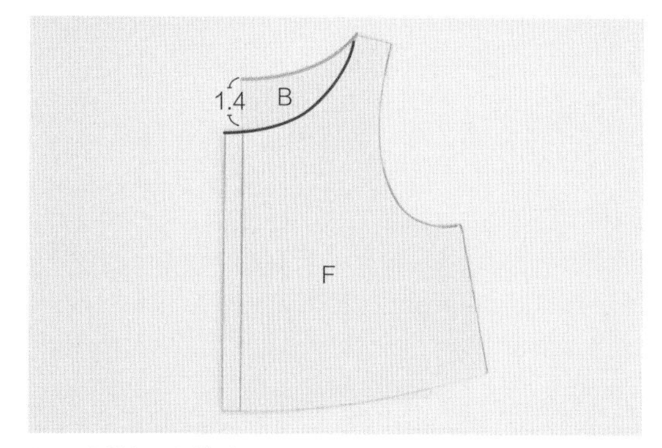

2 测量上衣前片原型及后片原型的颈高差。这里的颈高差是1.4cm。

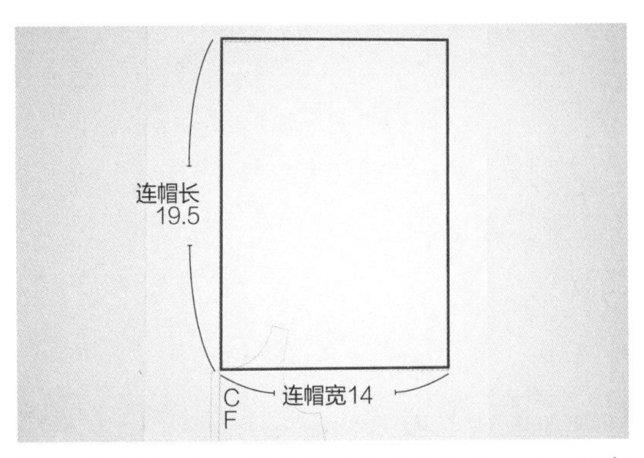

3　从侧颈点向上延伸成连帽的帽长（19.5cm），往旁边延伸成连帽的帽宽（14cm），画出长方形。

4　连帽下方以前、后颈围线的高度差（1.4cm）为高画出平行线，以便画出曲线。

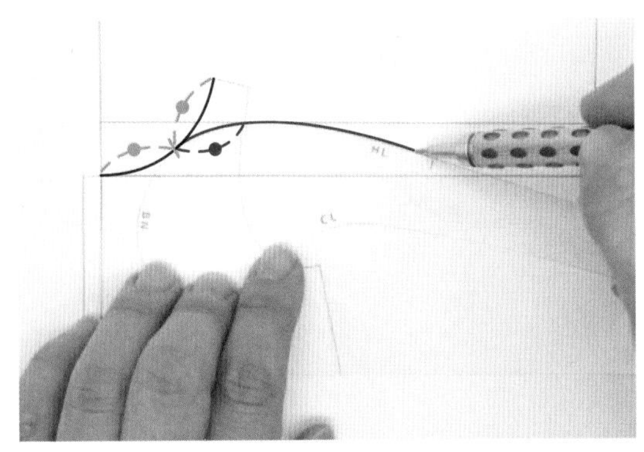

5　将前颈围分成2等份，画出与前颈围1/2等分点到侧颈点之间的颈围线对称的反方向曲线。侧颈点的对称点要尽可能碰到那条1.4cm的颈高差异线。

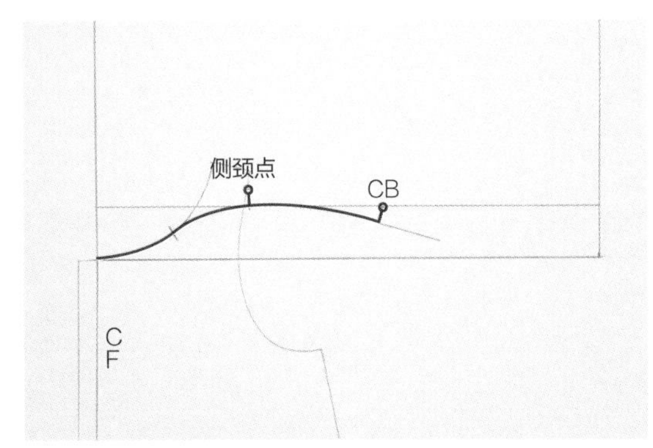

6　确认前、后颈围长度并分别标示出侧颈点和后片中心线顶点。

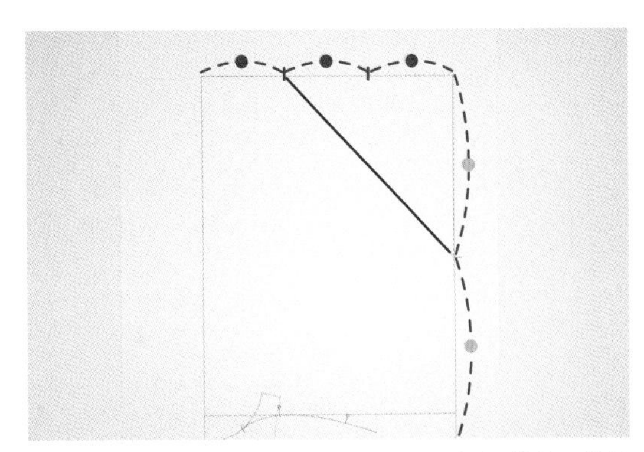

7　将连帽长方形的宽分成3等份、长分成2等份，并用直线将1/3等分点与1/2等分点连接起来作为辅助线。

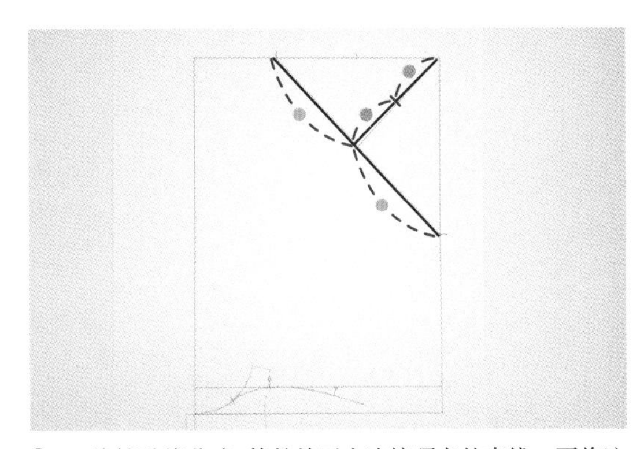

8　将辅助线分成2等份并画出连接顶点的直线，再将这条直线分成2等份。

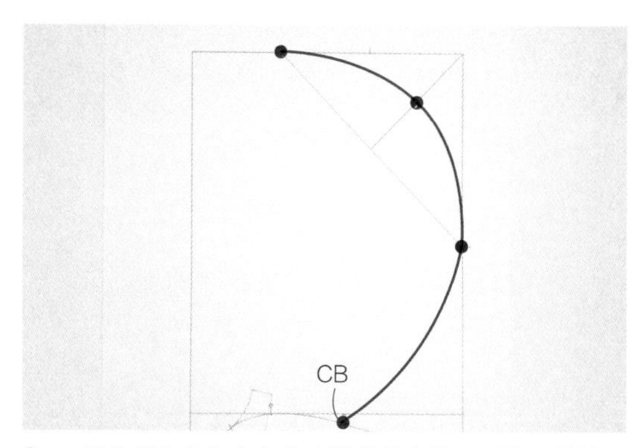

9　用曲线连接各点完成连帽的轮廓线。虽然这样就可以完成连帽板型，但是许多娃娃都是长发，所以需要留出把头发向外放出去的位置。

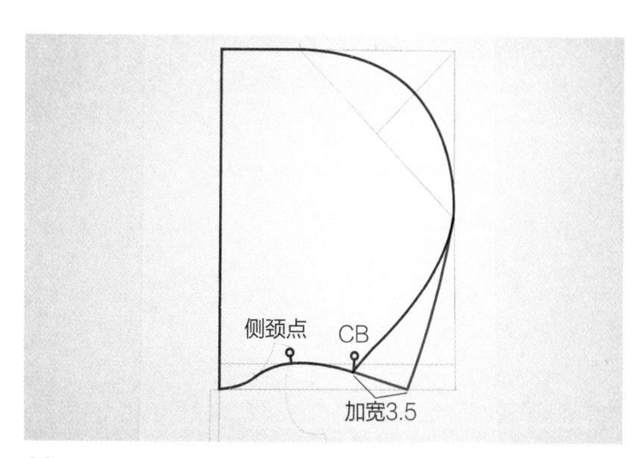

10　从后片中心线顶点将曲线向外移动3.5cm左右，并修正连帽的曲线。

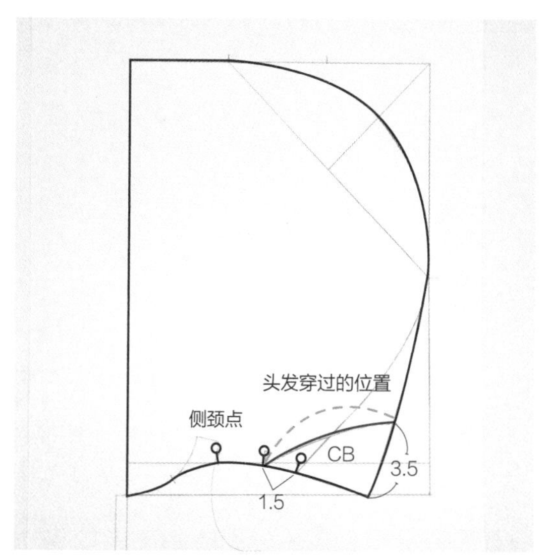

11　从后片中心线顶点向内移动1.5cm的点到连帽曲线向上3.5cm的点，用曲线连接起来。这里是头发穿过的开衩位置。开衩的起始点和高度均可依照娃娃做调整。

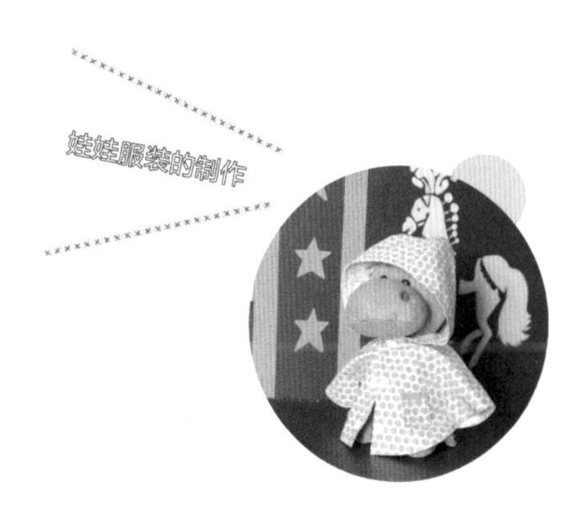

2条分割线的连身帽

由于娃娃的头是圆的，若只用1条分割线会很难呈现出立体感。
如果用2条分割线更能做出符合头形的立体连帽。

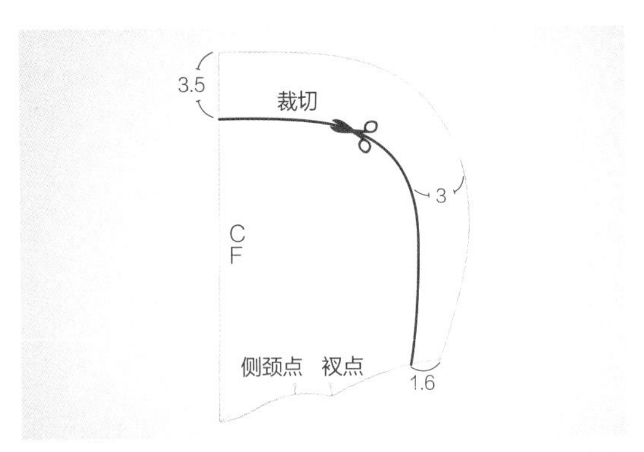

1 在只有1条分割线的连帽板型中，以图中所标的3个宽度为基准，用曲线画出分割线。

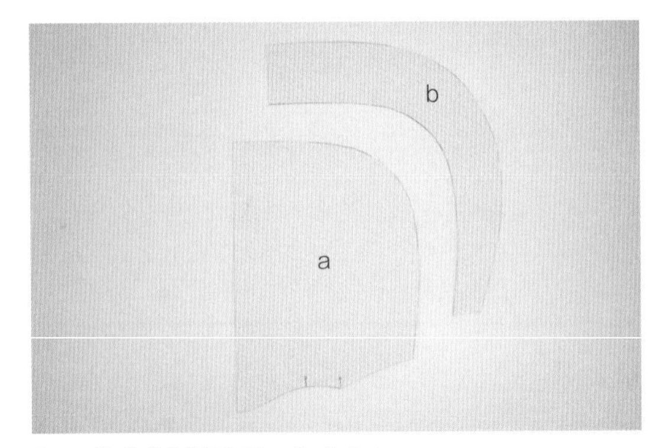

2 沿着分割线剪开，分成a和b。

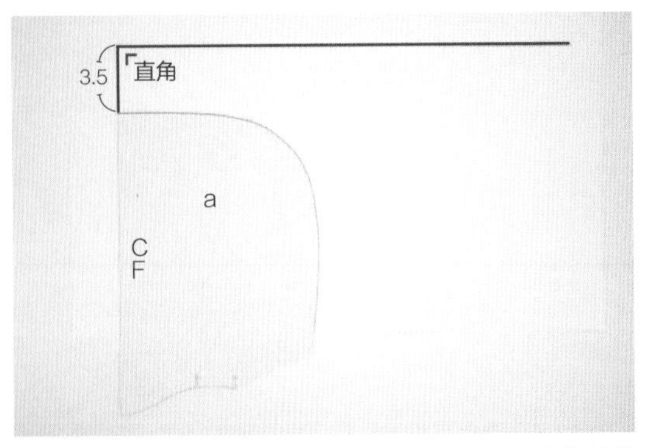

3 将前片中心线往a上方延长，画出与所标示的分割线（3.5cm）等长的延长线，再以直角画出垂直线。

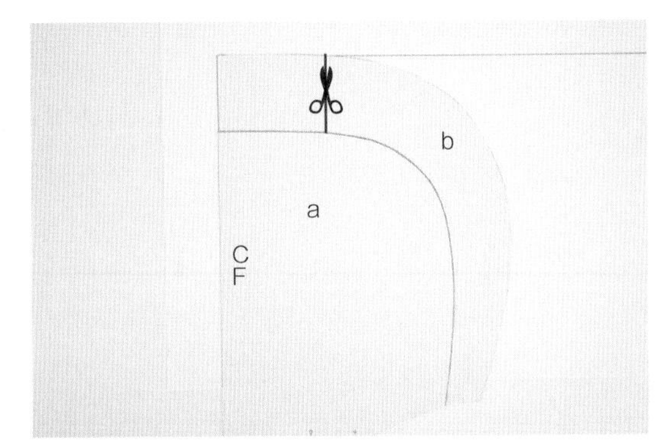

4 剪开标示在b上的红色分割线。

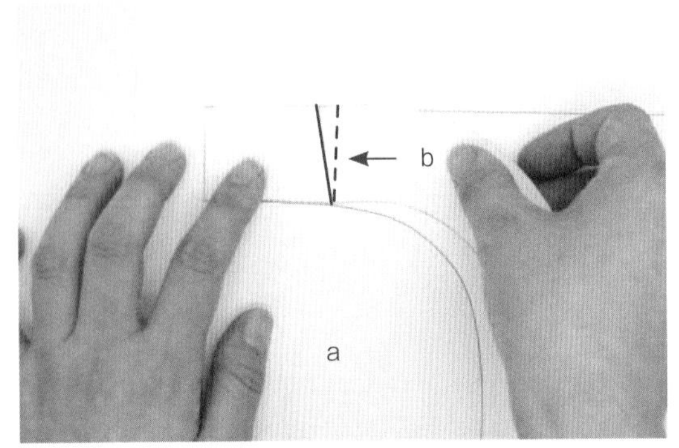

5 将b的上边缘线重叠并固定，以便于贴合所标示的垂直线。下方的长度为了保持不变，不能有重叠的部分。

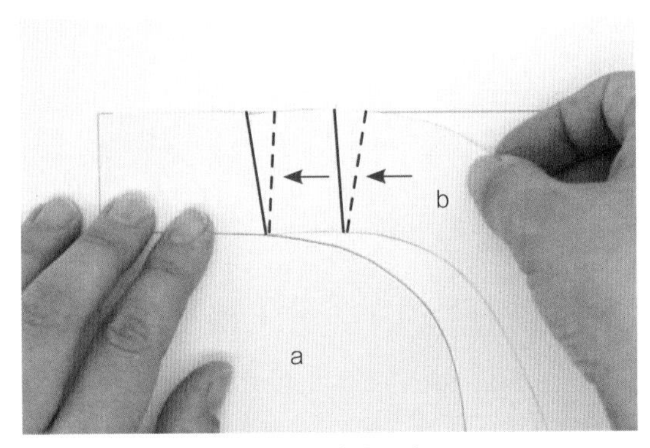

6 折出下一条分割线并沿直线固定。

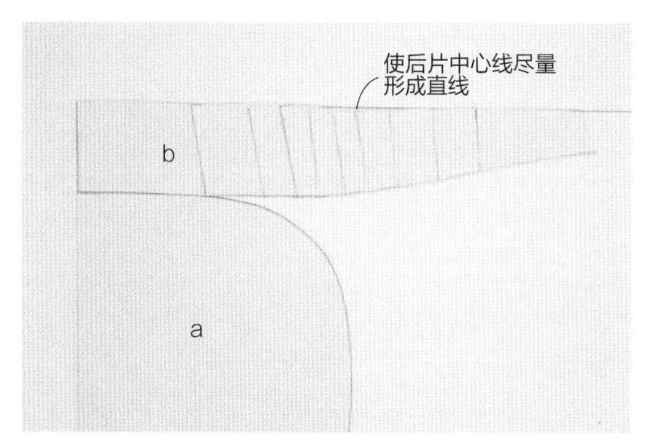

7 重复这个步骤并使后片中心线尽量形成直线，然后将板型描绘在新的描图纸上。

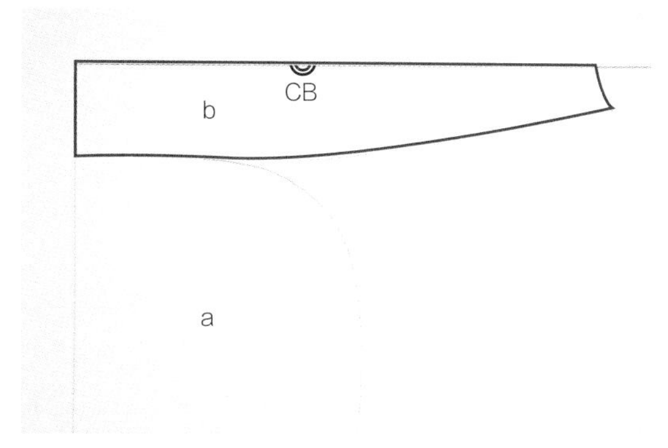

8 将新描绘好的板型修整成流畅的曲线。用对折符号（◎）标示出后片中心线。

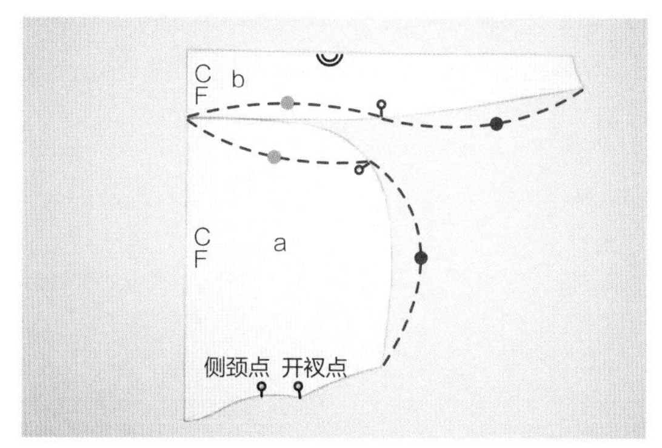

9 确认板型a和b的缝合线长度是否一样，并标示出缝合点。

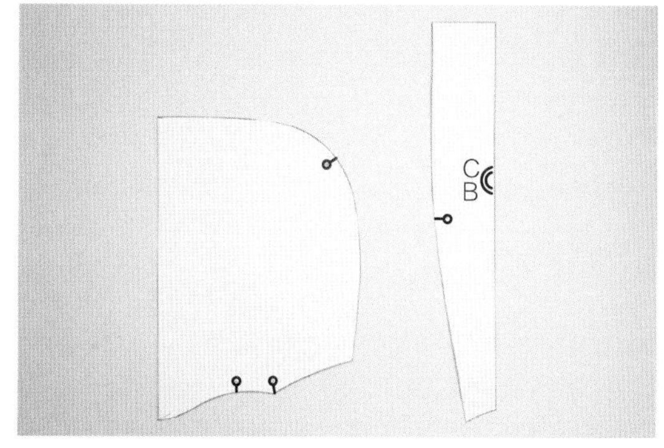

10 板型完成。

基本袖

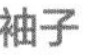
制作板型

1. 不同长度的袖子名称

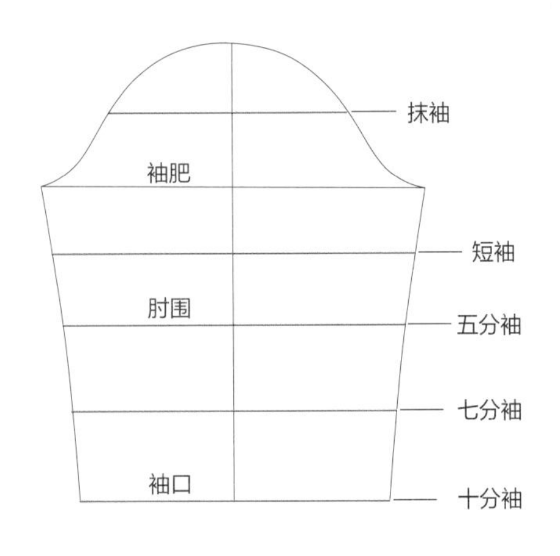

2. 上衣和袖子的连接

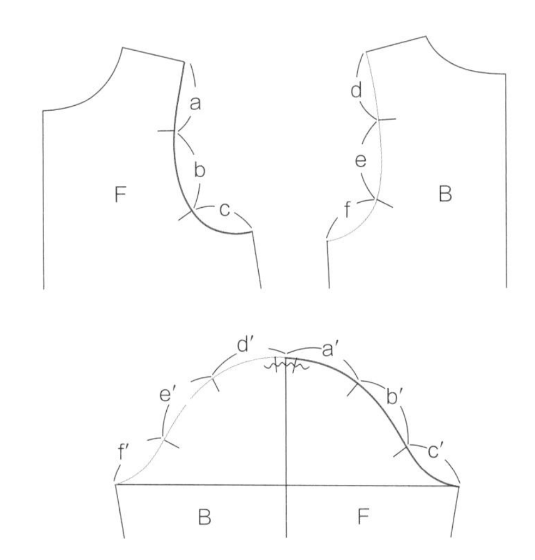

3. 袖子的缩缝

这是为了立体剪裁而将袖山绘制得比袖窿还长的方法。为了使肩部与袖子连接的曲线圆滑，便会在缝合时将袖山缩缝后再和上衣缝合。一般缩缝量等于袖窿和袖山的差量，如果缩缝量很大就会变成蓬蓬袖，缩缝量小，缝制时就必须将袖子布料拉伸开再缝。

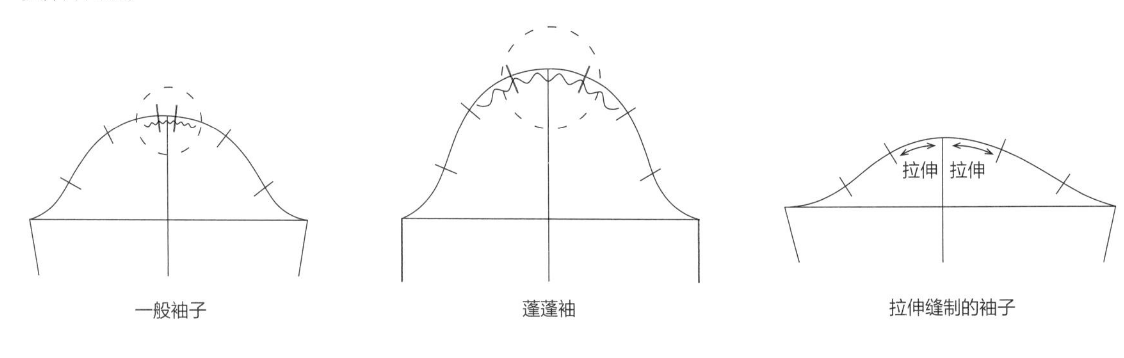

一般袖子　　蓬蓬袖　　拉伸缝制的袖子

4. 修改袖子板型的方法

修改袖口的方法

①**增加腕围**

往两侧外平均增加想要的长度。让两边顶端不要变成直角，袖口弧度画得向外凸一点。

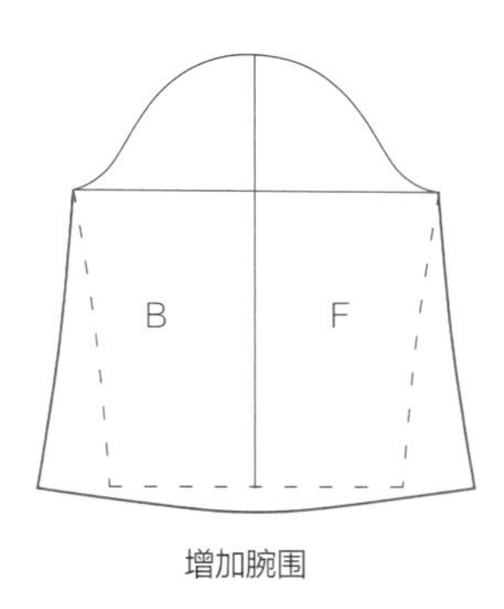

增加腕围

②**减少腕围**

往两侧内平均减掉想要的长度。让两边顶端不要变成直角，袖口弧度画得向内凹一点。如果娃娃的手很大，在这种情况下倘若袖口刚好符合腕围，手会穿不进去。所以袖口宽度要做得比腕围还宽，或是加上松紧带。

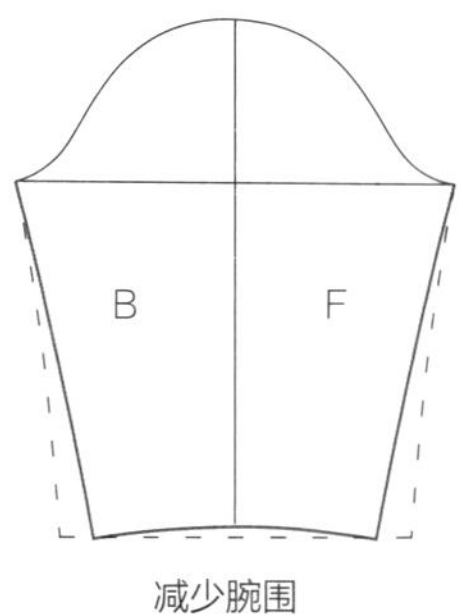

减少腕围

修改袖肥的方法

① **增加袖肥**

平均从袖肥线两端向外增加想加的量，将袖山降低至符合袖窿长度。

→ 增加袖肥的话，袖山就会降低。

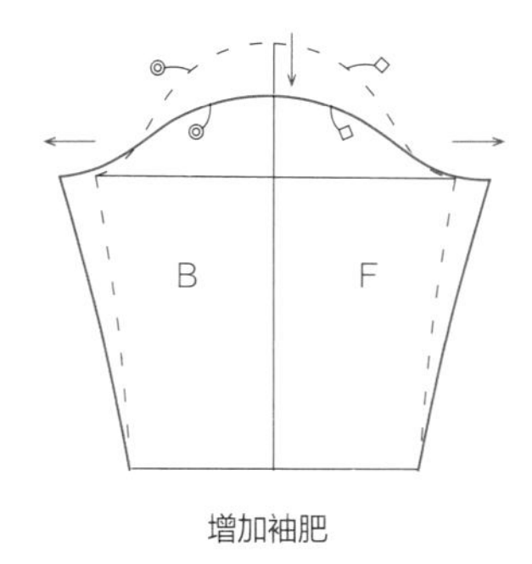

增加袖肥

② **减少袖肥**

平均从袖肥线两端向内减掉想减的量，将袖山升高至符合袖窿长度。

→ 减少袖肥的话，袖山就会升高。

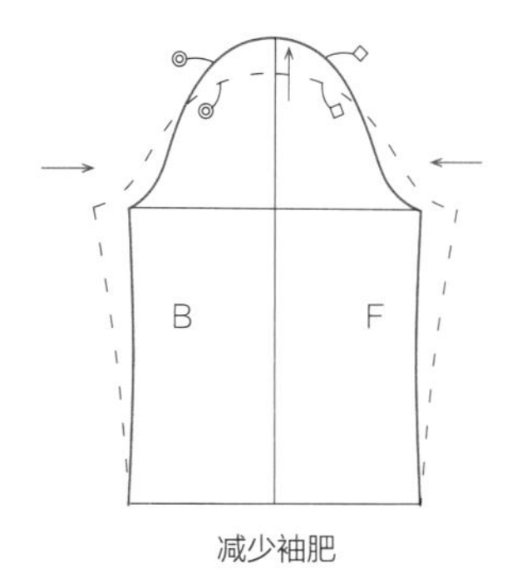

减少袖肥

使上衣和袖子的袖窿长度一致的方法

① **当袖窿比上衣长**

剪开袖子并重叠，缩减多余的部分。→袖山变低。

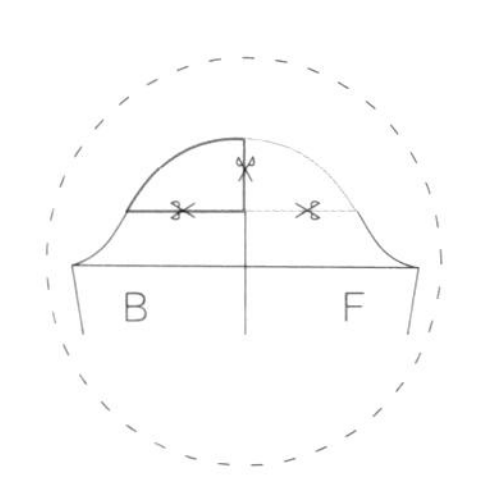

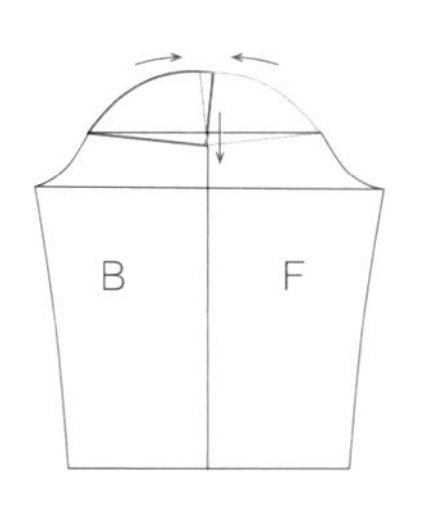

当袖窿比上衣长

② **当袖窿比上衣短**

剪开袖子并展开，增加不足的部分。→袖山变高。

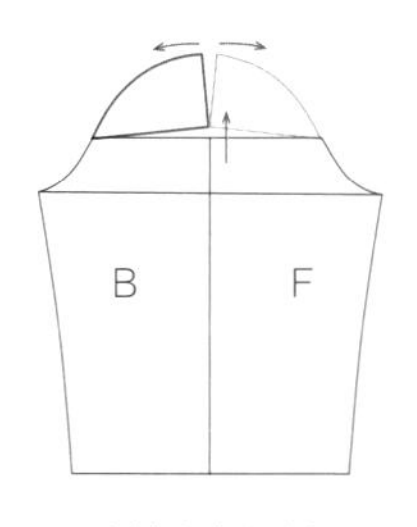

当袖窿比上衣短

01
无袖

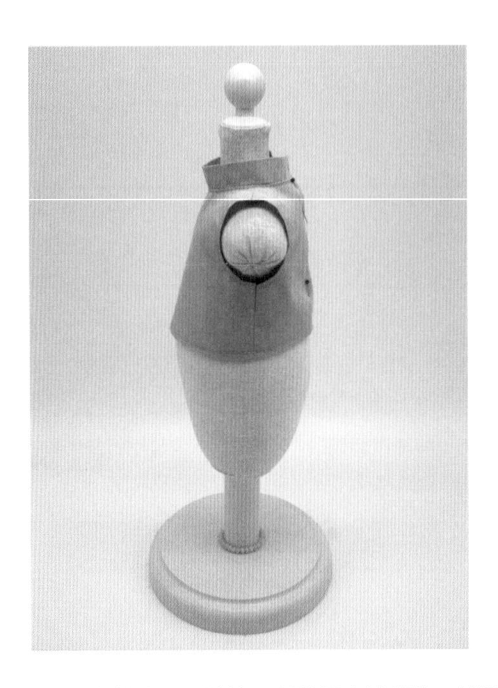

由于上衣原型是以有袖子为基准而设计的，所以没有袖子的无袖要提高腋下高度。

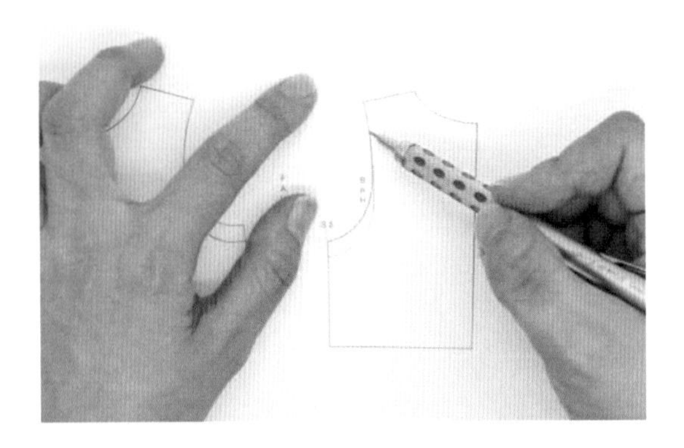

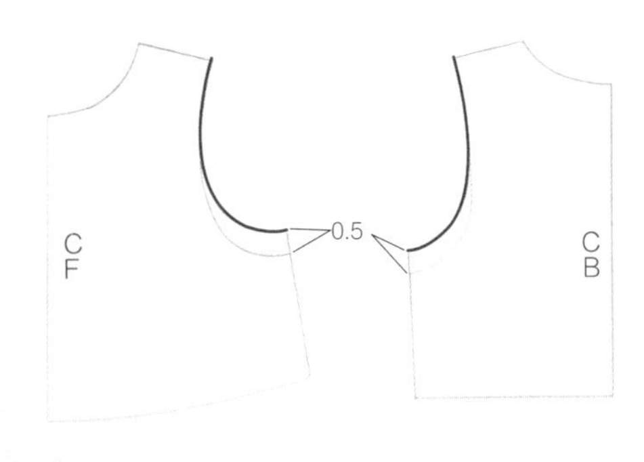

02

泡泡袖

在袖山或袖口加入缩褶，又称作公主袖、蓬蓬袖（puff sleeves）。

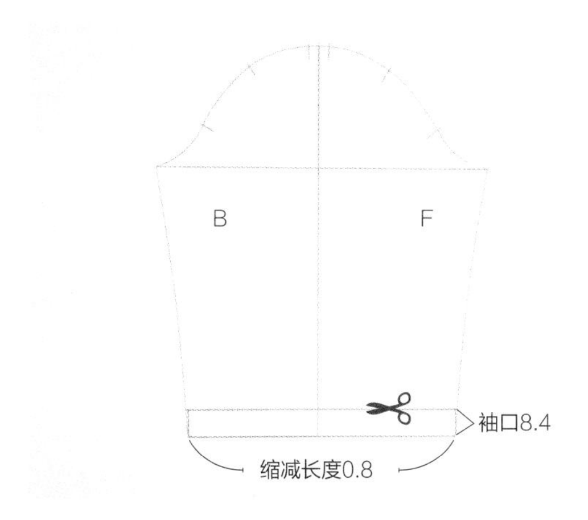

※ 将袖子原型的袖口向上缩减0.8cm并变形。

在肩膀加入缩褶的泡泡袖

1 如果想要维持原袖长

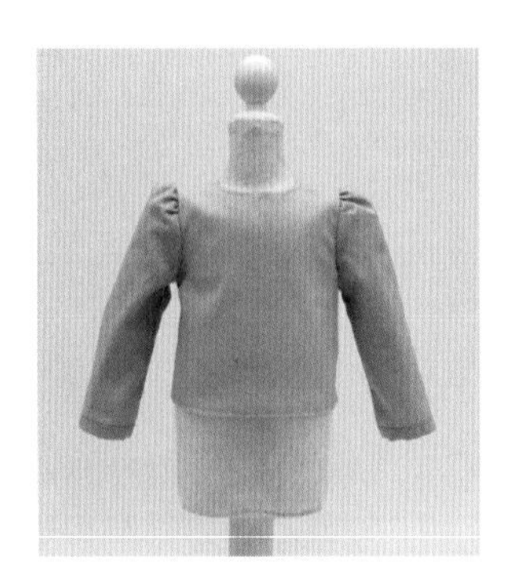

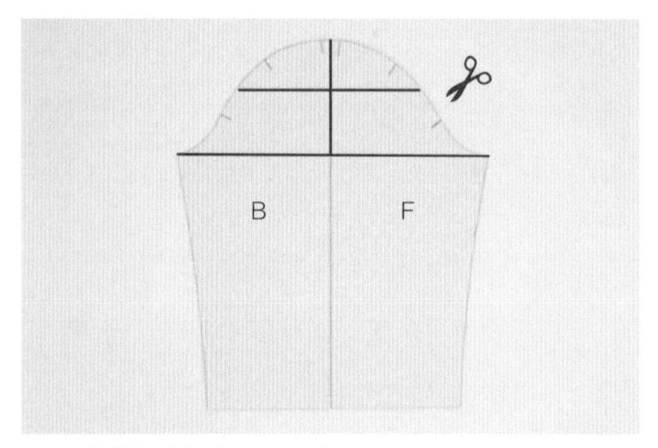

1　将分割线加在袖山和袖肥上。

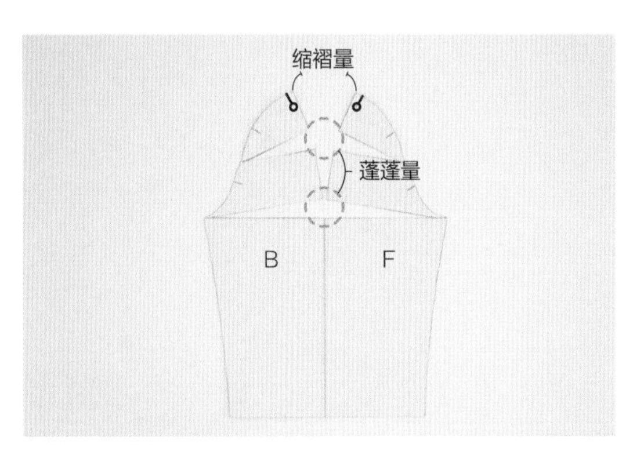

2　将分割线向上展开想要的尺寸。展开的尺寸就是缩褶的量，中间多出来的空间就是袖子隆起来的部分。

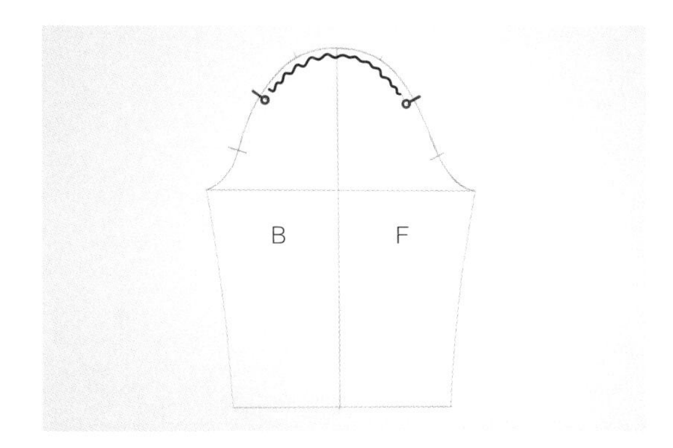

3　修顺成流畅的曲线，并标示出弧度位置。

2 如果想要增加袖长

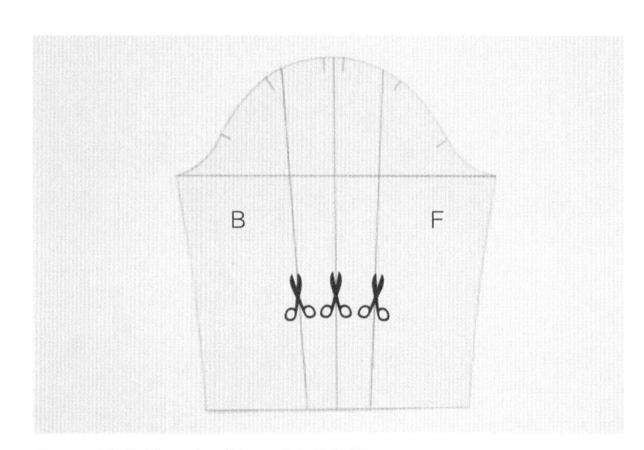

1　袖片从上向下加入长分割线。

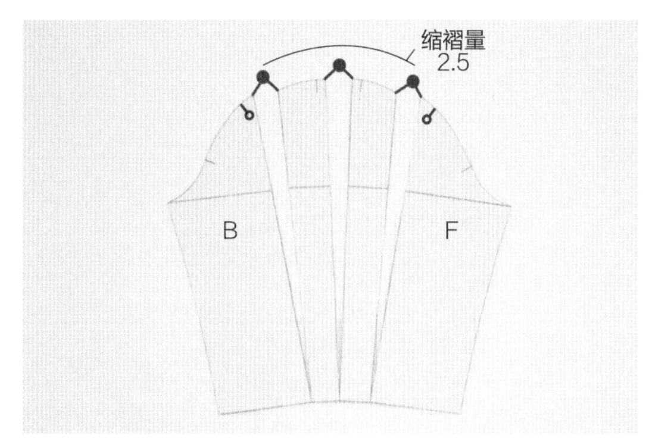

2 在上方展开想要的尺寸。

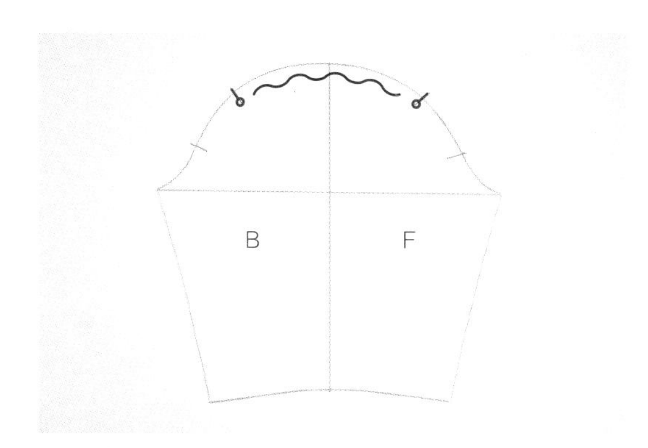

3 修顺成流畅的曲线，并标示弧度位置。

在袖口加入缩褶的泡泡袖

1 如果想要增加袖长

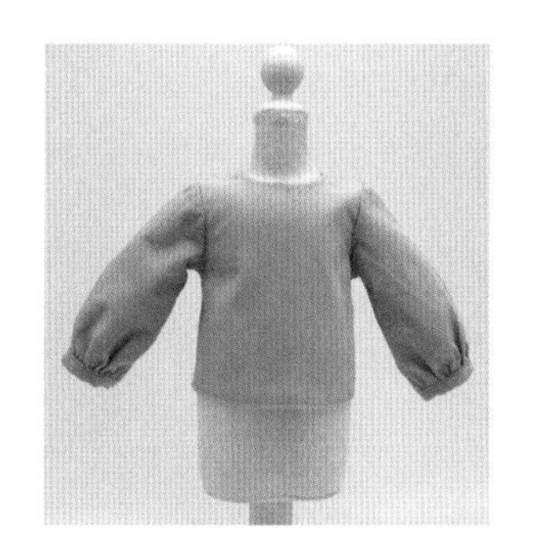

1 袖片从上向下加入长分割线。

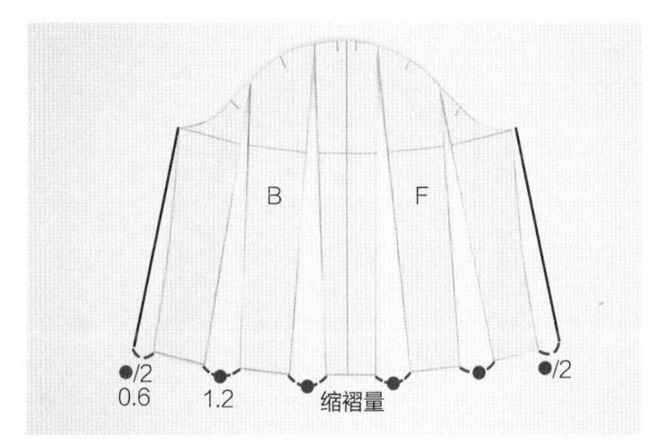

2 在袖口展开想要的尺寸。

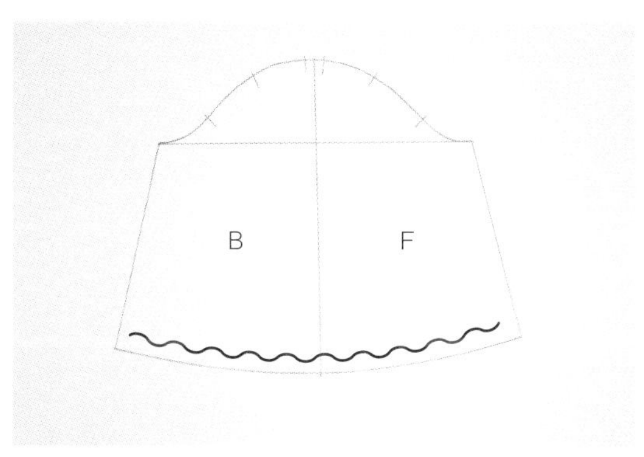

3 修顺成流畅的曲线。

2 如果想要维持原袖长

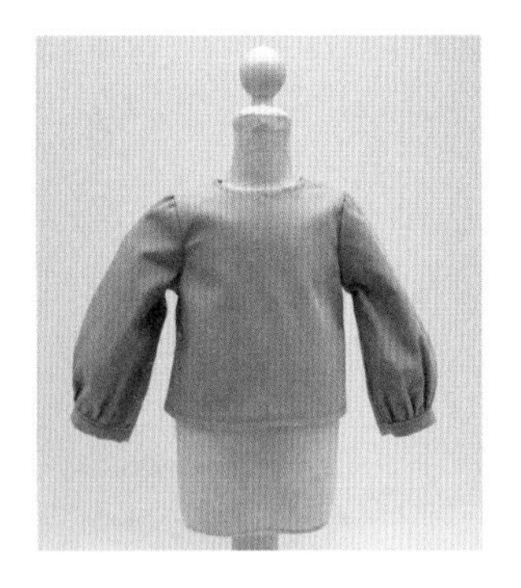

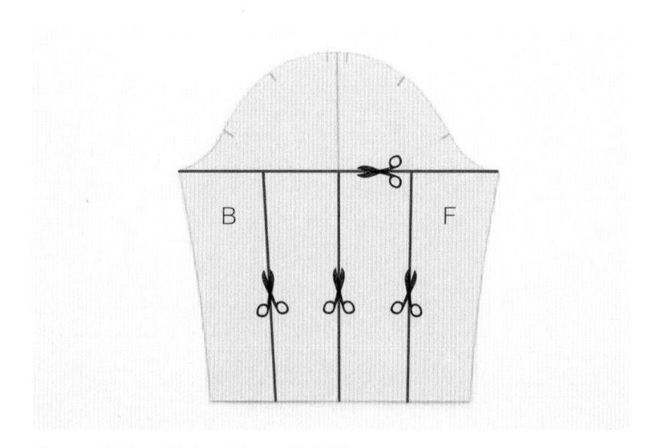

1 从袖肥线向下加入分割线。

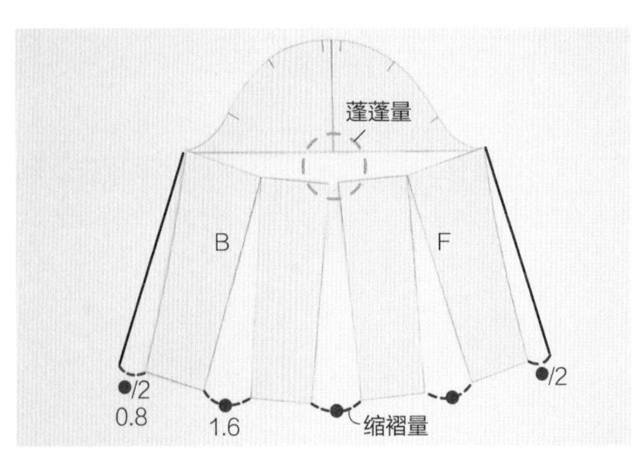

2 在下方展开想要的尺寸。袖口展开的尺寸即为缩褶的量，中间多出来的空间就是袖子隆起部分。

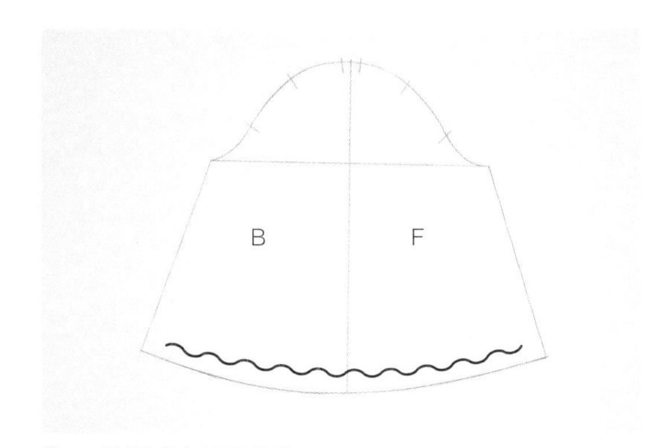

3 修顺成流畅的曲线。

在肩膀和袖口加入缩褶的泡泡袖

将袖子原型的袖长改短。长袖也要进行同样的步骤。

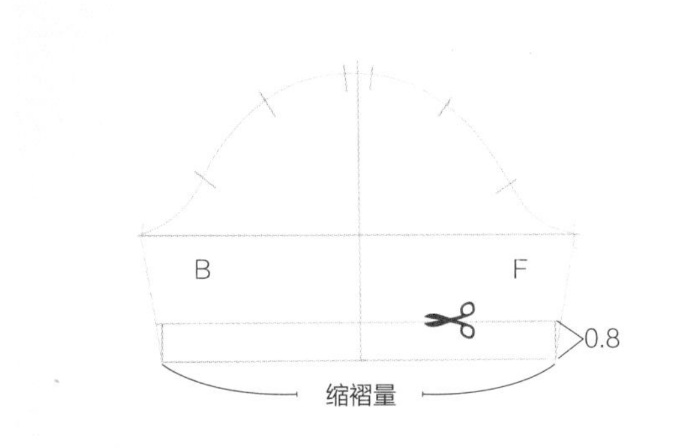

将袖子原型袖口向上缩减0.8cm并做变形。

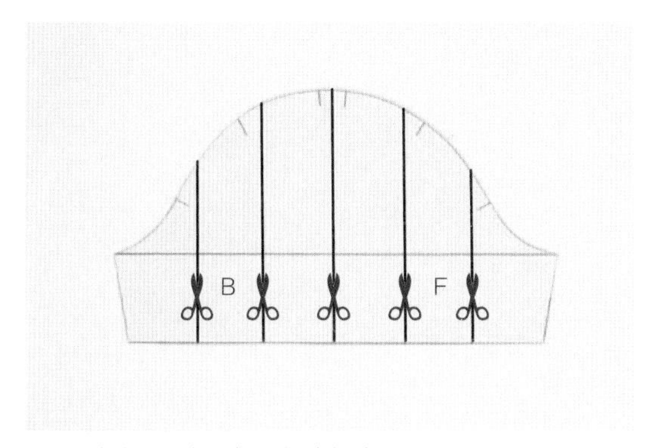

1　袖片从上向下加入长分割线。

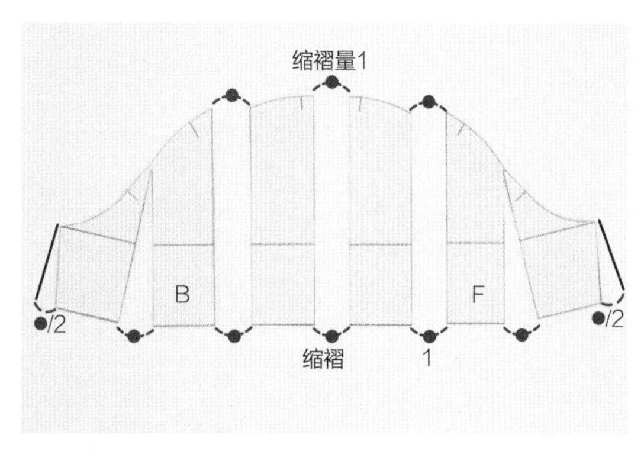

2　在上、下方展开所需尺寸。

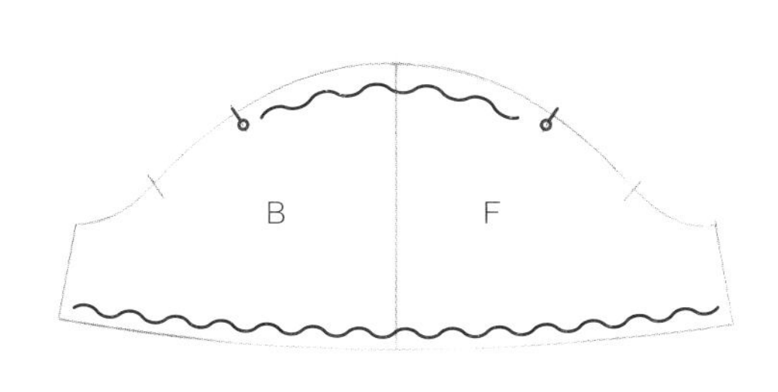

3　修顺成流畅的曲线，并标示出弧度位置。

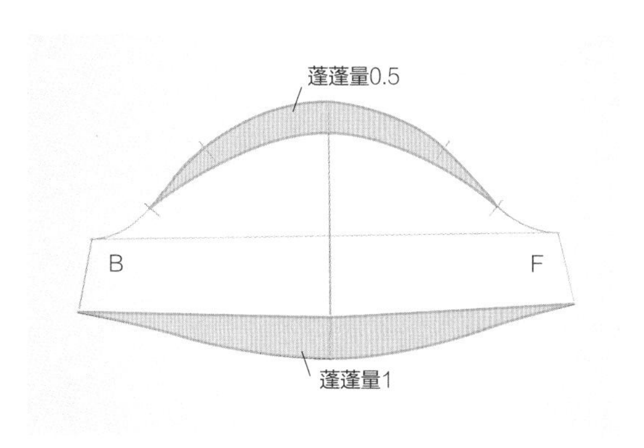

4　倘若想袖子变更蓬，上、下曲线就往外多画凸一点。

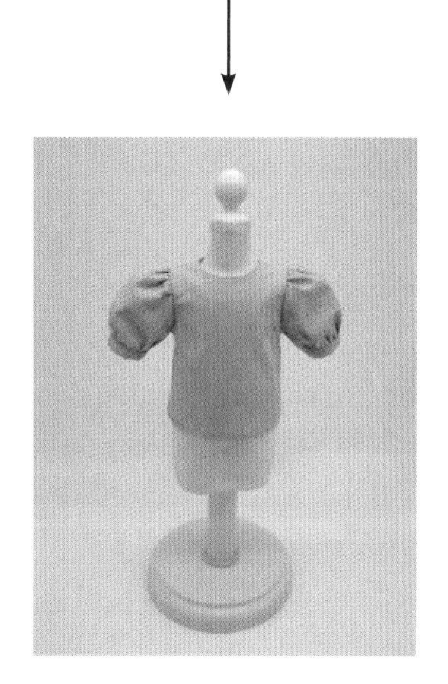

03 蝙蝠袖

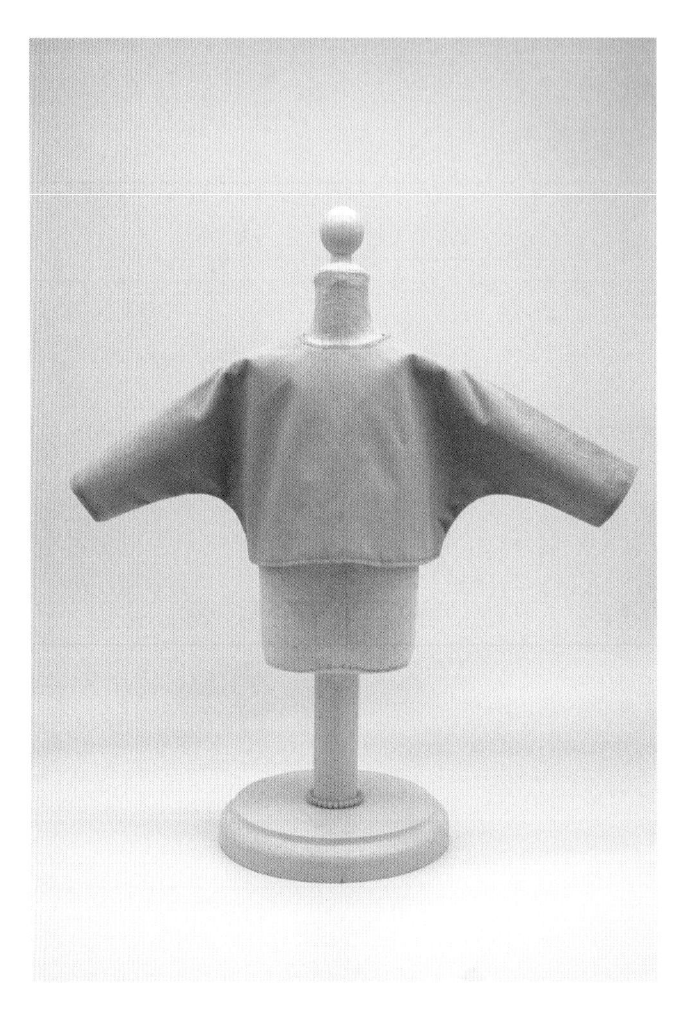

在肩袖连接处没有缝合线，衣身与袖连为一体的袖子被称为蝙蝠袖。
法国袖（French sleeves）跟和服袖（Kimono sleeves）都是蝙蝠袖的一种。
主要用于休闲服装上。
依照肩线形状又分为直线蝙蝠袖跟曲线蝙蝠袖，这里是以直线蝙蝠袖作为案例进行讲解。
在制作落肩休闲上衣（p.137）和雨衣（p.190）时会遇到曲线蝙蝠袖。

1 后片制图

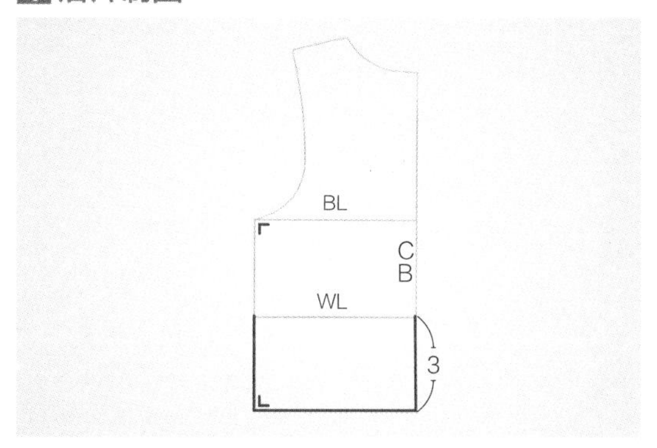

1 将上衣原型下摆向下延长3cm，增加至能盖住臀部的长度。

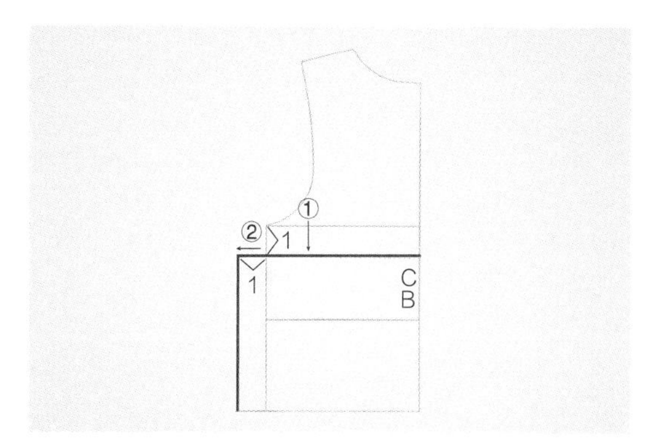

2 为了增加上衣的宽松度，①将腋下挖深1cm，②再向外增加相同的长度1cm。

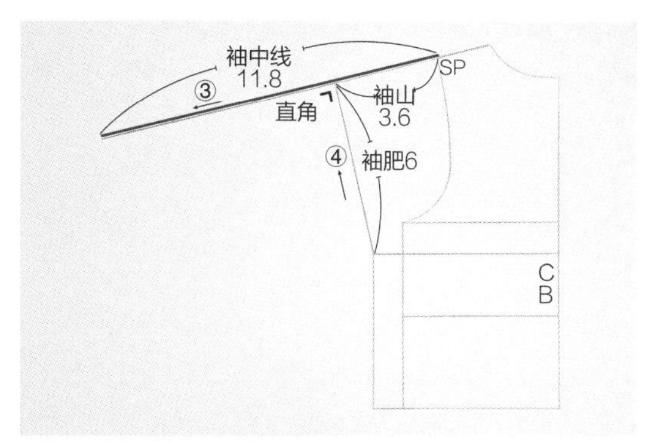

3 ③从肩点（SP）延伸画出一条与袖长（11.8cm）相等的直线，作为袖中线。④从腋下顶点以直角往袖中线画出袖肥，然后测量出袖山长。这里的袖山长是3.6cm，袖肥是6cm。

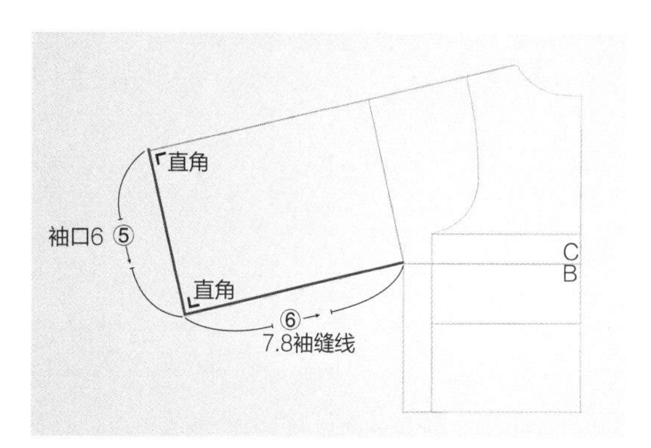

4 ⑤从袖中线顶点沿直角向下画出与袖肥同长的袖口。⑥连接袖口顶点跟腋下顶点，完成袖缝线。

2 前片制图

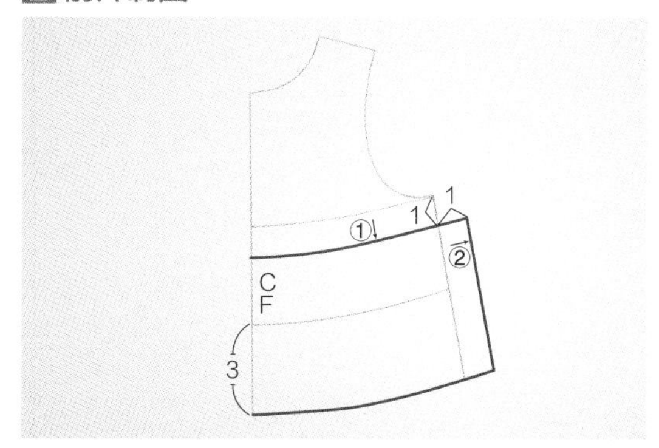

5 用与后片相同的方法，将上衣原型下摆向下延长3cm，增加至能盖住臀部的长度。①将腋下挖深1cm，②再向外增加相等的长度（1cm）。

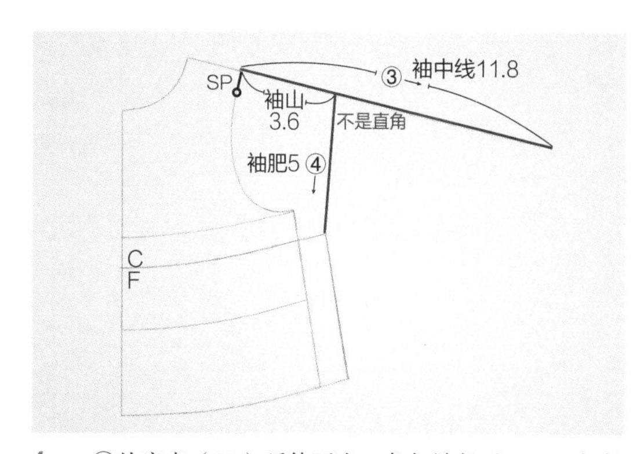

6 ③从肩点（SP）延伸画出一条与袖长（11.8cm）相等的直线，作为袖中线。④从后片袖中线与袖山（3.6cm）的交汇点到腋下顶点画出袖肥。袖肥线跟袖中线并非呈直角。

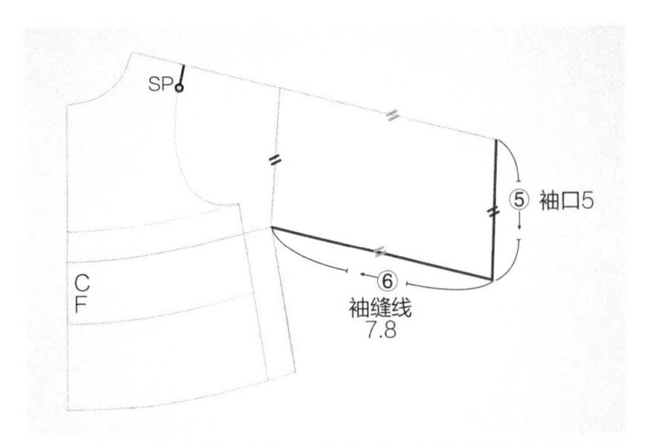

7 ⑤从袖中线顶点画出与袖肥平行且长度相等（5cm）的袖口。⑥连接袖口顶点跟腋下顶点，完成袖缝线。

3 袖子制图

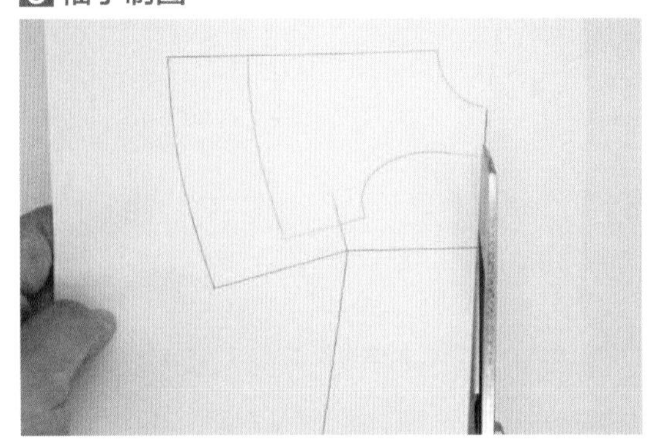

8 将画好的前、后片沿着袖中线剪下。

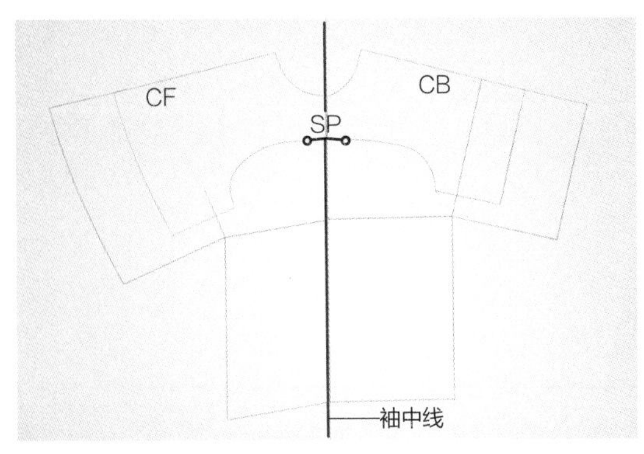

9 将剪下的前片和后片以袖中线对齐合并在一起。

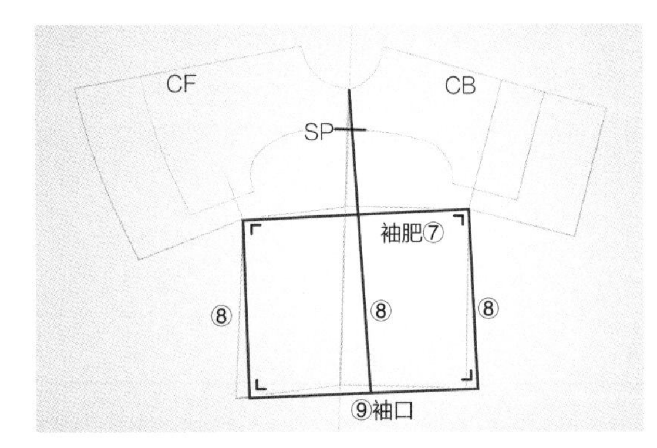

10 ⑦将前片和后片的腋下顶点用直线连接起来，画出袖窿线。⑧从袖窿线以直角画出袖中线和袖缝线。⑨完成袖口。

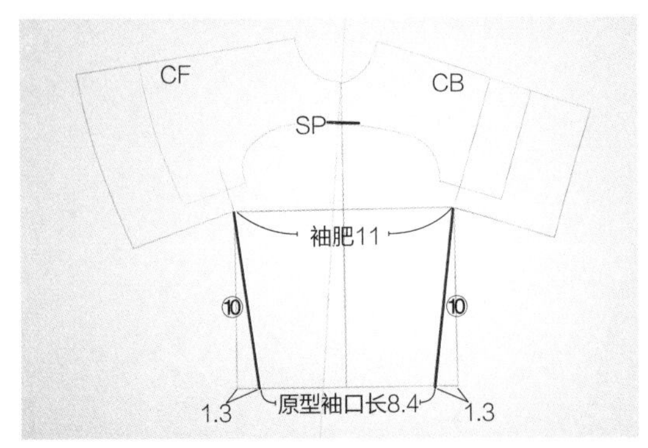

11 ⑩留下原型袖口的长度，从两侧平均减掉多余的长度。袖围（11cm）－原型袖口长（8.4cm）=需要减掉的宽2.6cm→两侧分别要减掉1.3cm。此处袖肥与袖口同宽，图中标注为袖肥

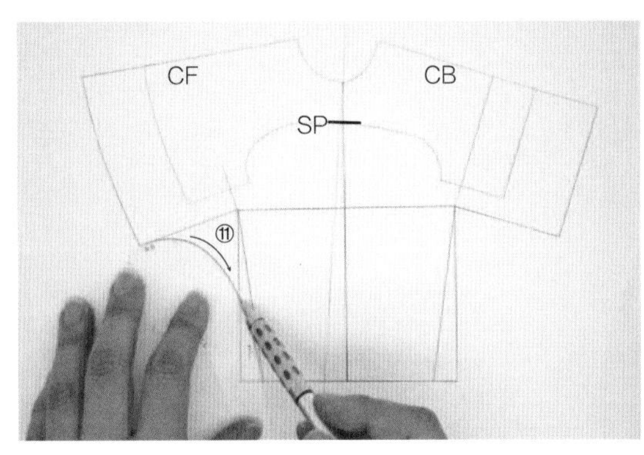

12 ⑪用曲线尺自然地画出袖缝线。

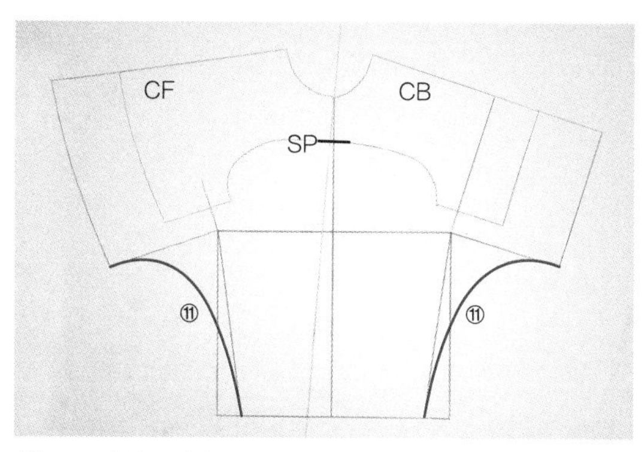

13 两边袖缝线都画好的完成图。

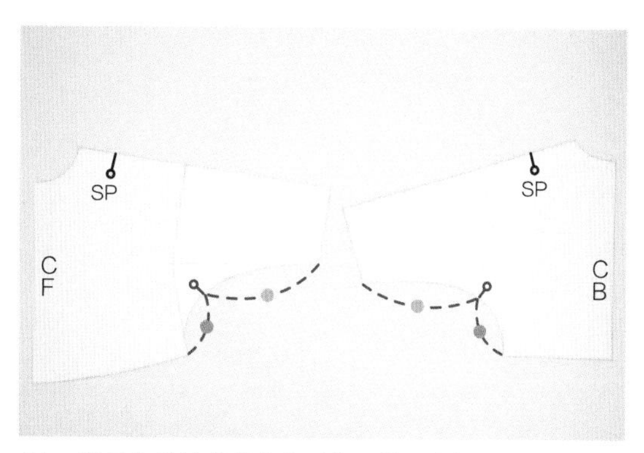

14 测量曲线长度并在合适位置做对位标示，确认前、后片对应的长度是否一致。

直线蝙蝠袖的外形调整

在肩线跟袖缝线间画分割线。重叠想要减少的尺寸来调整外形。

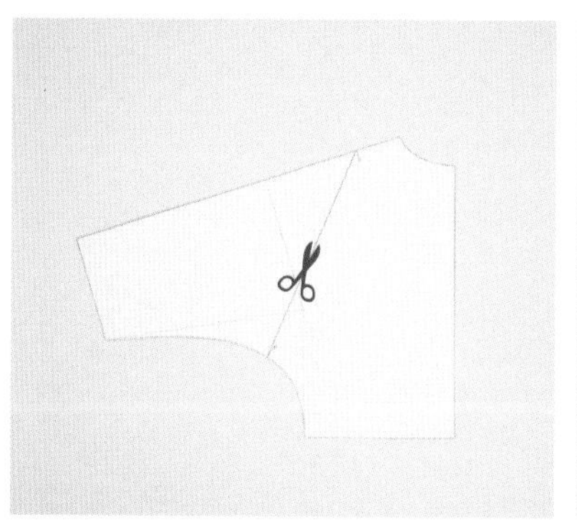

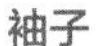

04

落肩袖

连接袖子的肩点向手臂方向下移的袖子就称为落肩袖。

如果是肩线稍微下移的情况，袖山向下移动到肩线要延长的尺寸就可以了，

如果肩线下移幅度较大，就要依据上衣板型绘制出袖子板型。

跟蝙蝠袖板型类似，主要用在休闲服装上。

依照肩线又分成直线跟曲线落肩袖，这里是以曲线落肩袖作为案例进行讲解。

1 后片制图

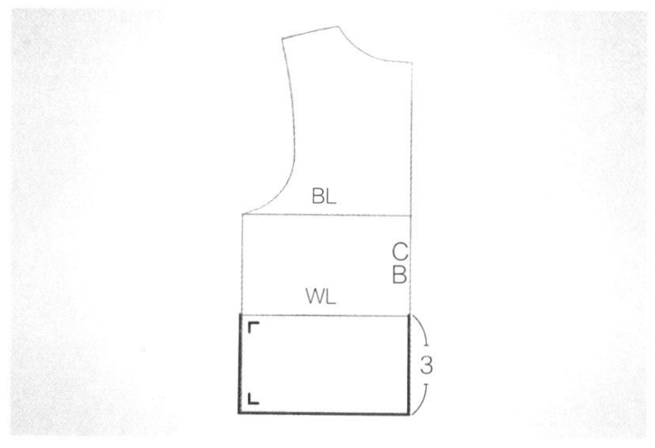

1　将上衣原型下摆向下延长3cm，增加至能盖住臀部的长度。

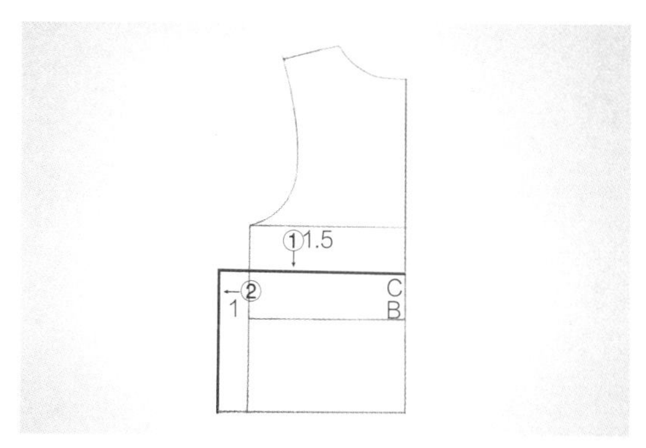

2　为了增加上衣的宽松度，①将腋下挖深1.5cm，②再向外加宽1cm。

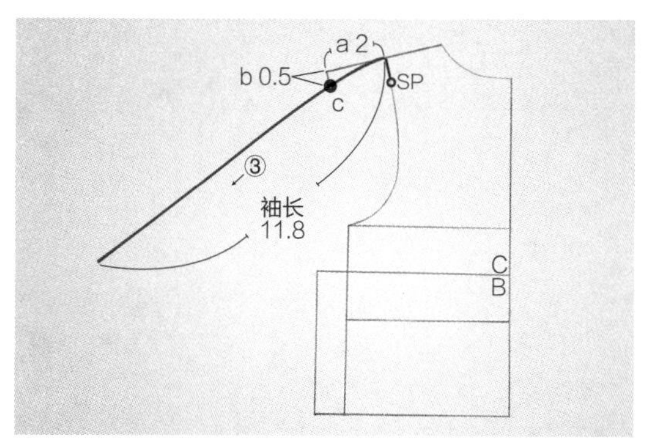

3　为了确定肩线的角度，从肩点（SP）延长出a（2cm）并以直角向下延伸出b（0.5cm），再定出c点。③将肩点（SP）用流畅的曲线连接至c点，再向下画出直线完成与袖长（11.8cm）同长的袖中线。

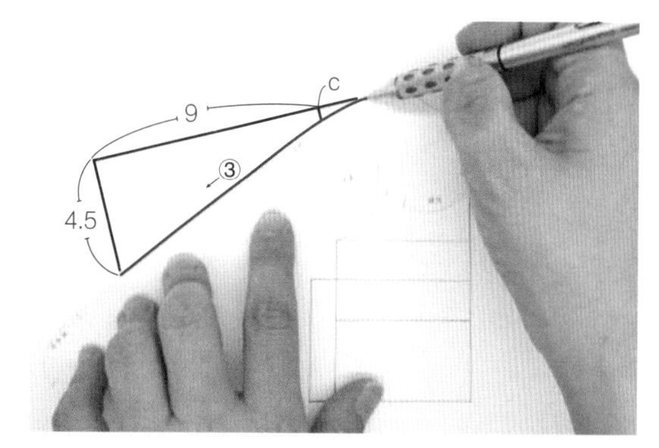

4　袖口顶点是肩线以直线延伸再沿直角向下延伸4.5cm的位置。

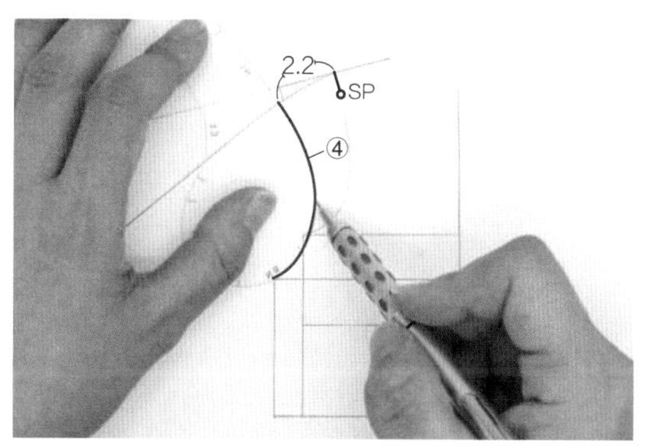

5　④从肩点向下2.2cm处定为新的袖窿线起点，接着绘制出新的袖窿线。

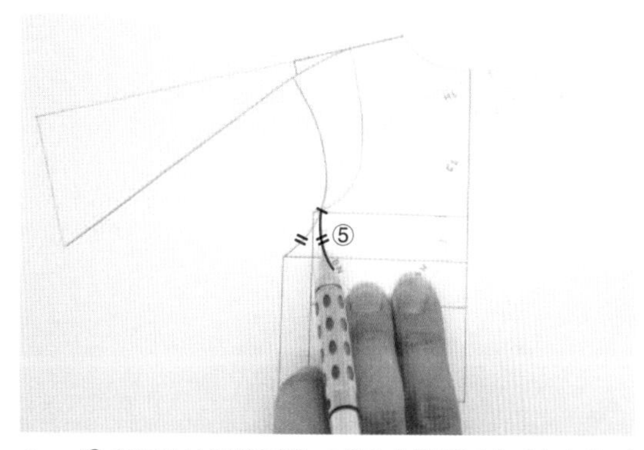

6　⑤在新的袖窿线下端1/3等分点附近画出反方向的对称曲线。

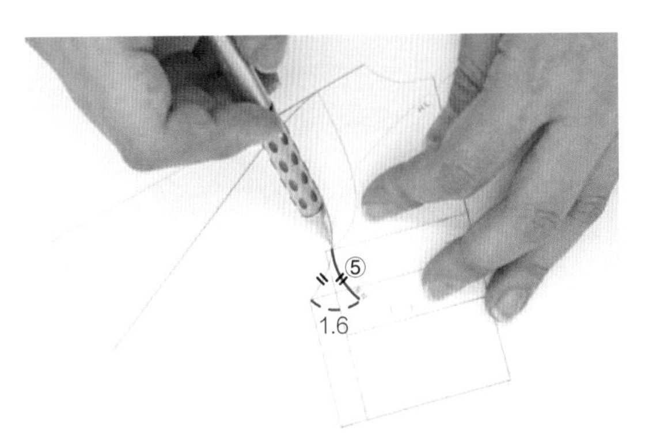

7 与原来的袖窿距离（虚线处）约为1.6cm，这个距离越长袖肥就越宽。

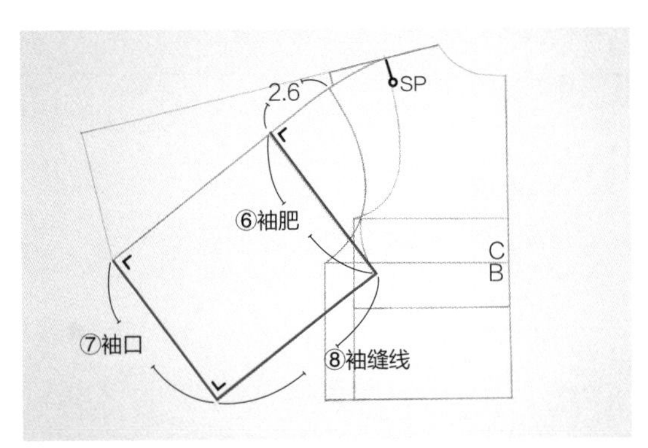

8 ⑥从新画的腋下点以直线向袖中线方向画出袖肥线（6cm）。接着测量出袖中线与袖肥交点的袖山长（2.6cm）。⑦从袖口顶点沿直角向下画出跟袖肥同长的袖口线。⑧再和腋下点连接起来，画出袖缝线。

2 前片制图

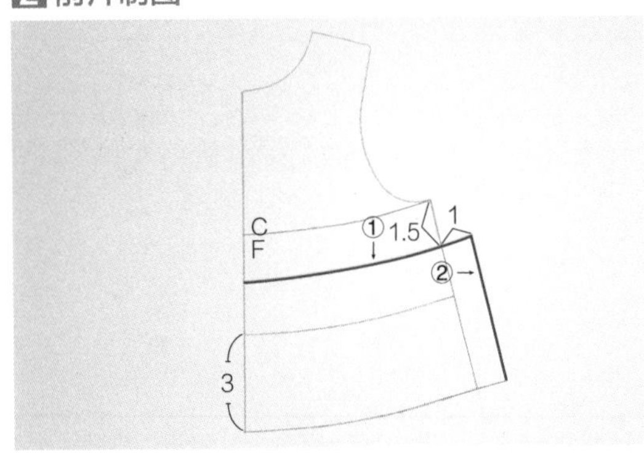

9 跟后片一样，将上衣原型下摆向下延长3cm。①将腋下加深1.5cm，②再向外加宽1cm。

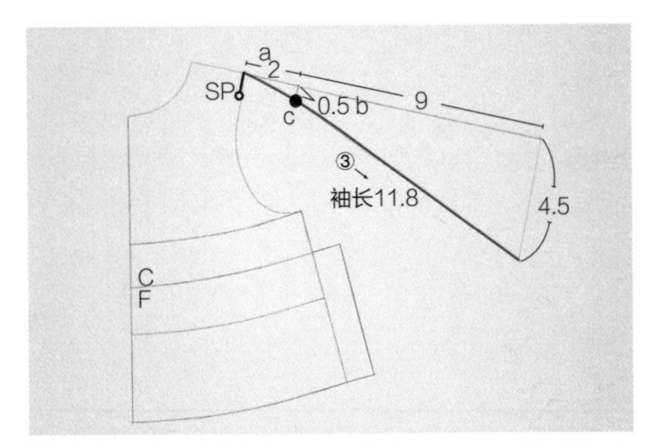

10 为了确定肩线的角度，延长出a（2cm）并沿直角向下延伸出b（0.5cm），再定出c点。③从肩点（SP）用流畅的曲线连接c点，再向下画出直线完成与袖长（11.8cm）同长的袖中线。袖口顶点是肩线以直线延伸再沿直角向下延伸4.5cm的位置。

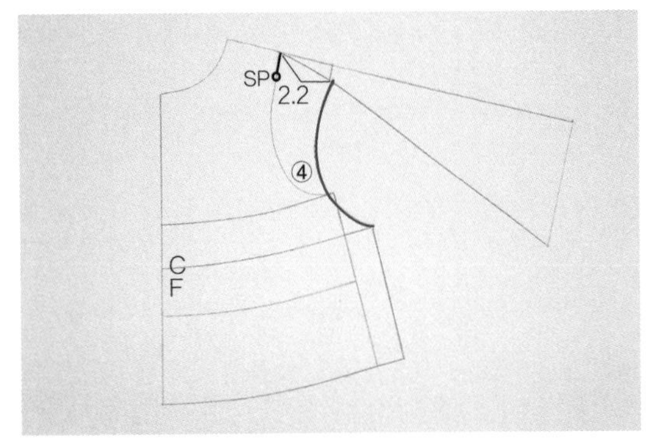

11 ④跟后片一样，从肩点向下2.2cm处定为新的袖窿线起点，接着画出新的袖窿线。

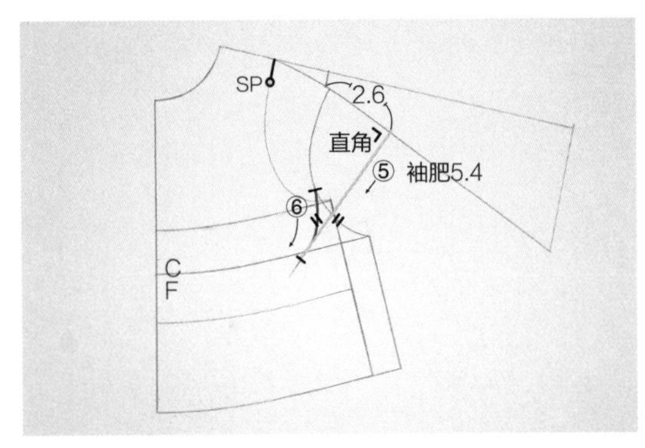

12 ⑤在和后片袖山同长（2.6cm）的端点沿直角向下画出袖肥线。⑥在新的袖窿线下端1/3等分点附近画出反方向的对称曲线，找出与袖肥线交点。这里大约是5.4cm左右。

3 决定袖口宽度

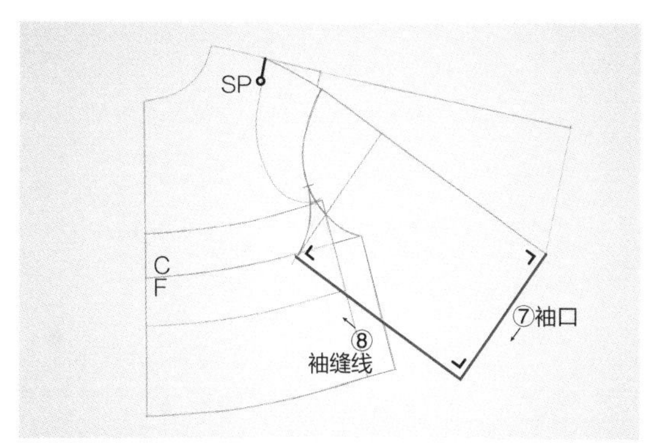

13 ⑦从袖口顶点沿直角向下画出跟袖肥同长的袖口线。⑧再跟上衣的腋下点连接起来，完成袖缝线。

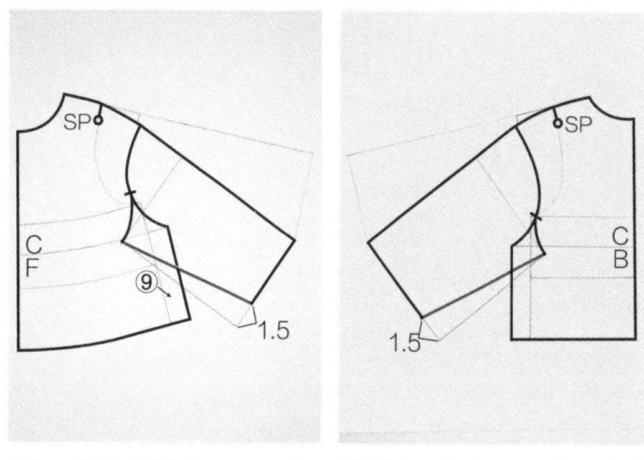

14 ⑨袖口宽（11.4cm）－原型袖口宽（8.4cm）=需要减掉的长（3cm）→两边的袖口宽分别减去1.5cm。

4 将上衣和袖子分开

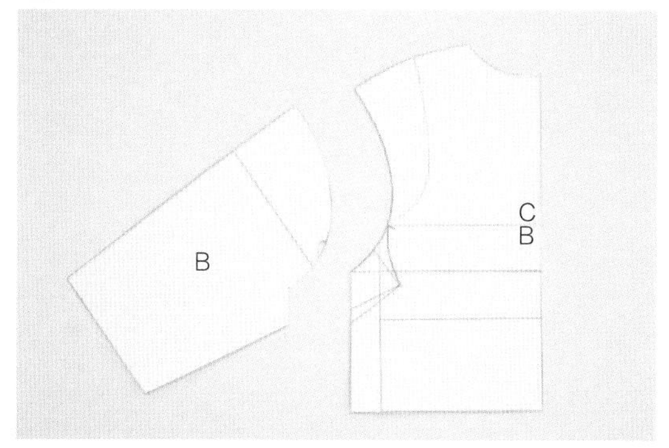

15 将前、后片都沿着袖窿线剪开。剪开后袖子板型会缺少一块和上衣重叠的地方，需要修改袖子板型补足这个部分。

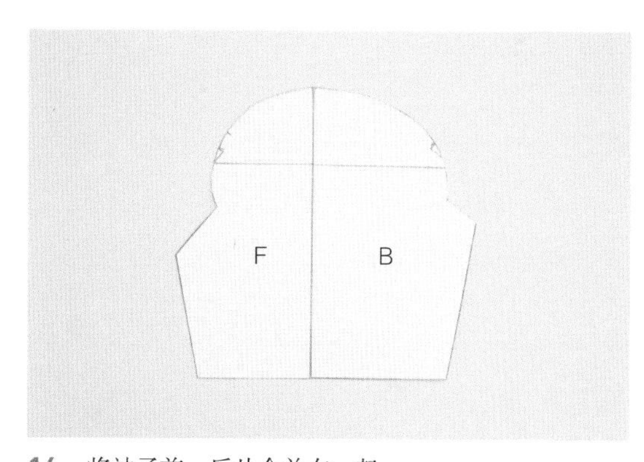

16 将袖子前、后片合并在一起。

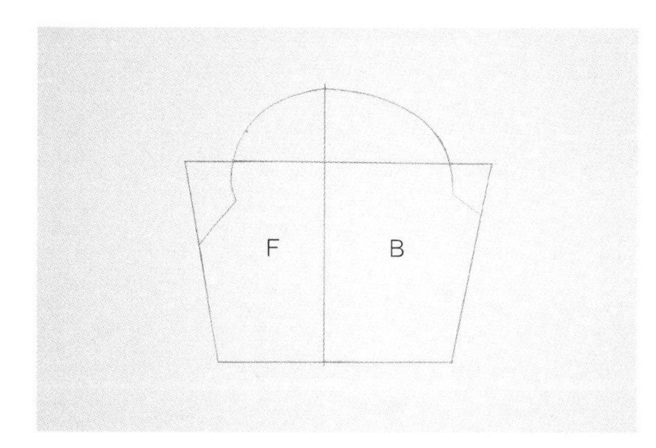

17 在新的描图纸上描图，并延长袖肥及袖缝线，直到两线交汇为止。

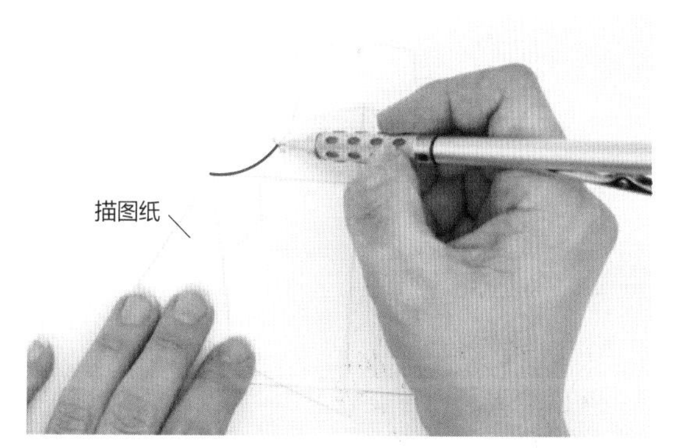

18 放上画有上衣的描图纸，补齐袖子所缺的部分。

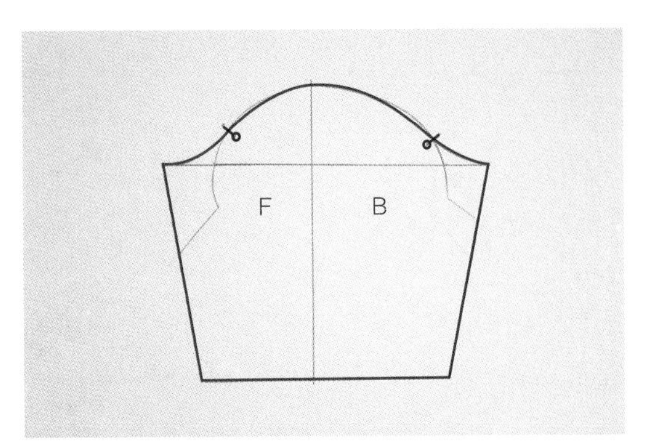

19 将不自然的地方用流畅的曲线连接起来。

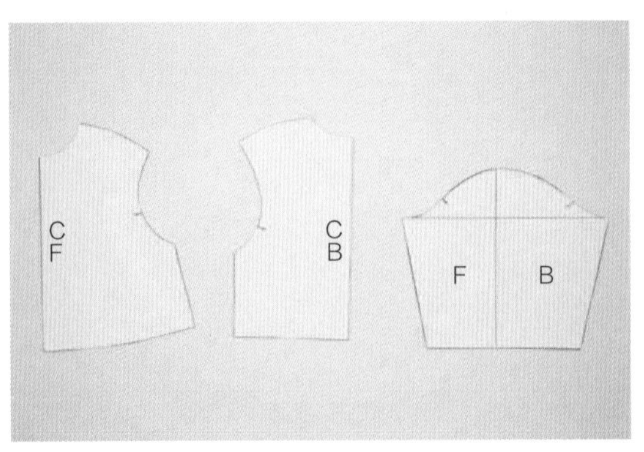

20 完成上衣和袖子的板型。

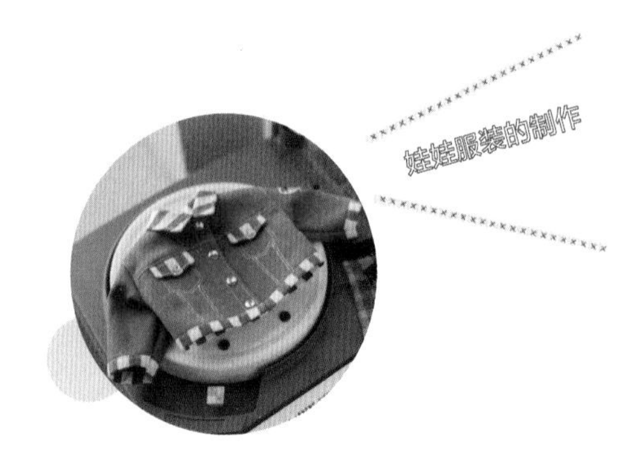

05

连肩袖

是将肩膀与袖子连在一起的袖型，只有从颈部连接到腋下的连肩线。

又称为插肩袖，这种袖型主要是用于打造休闲的风格。

和落肩袖一样，用直线延长或曲线延长的制作方法。

这里先尝试绘制曲线连肩板型，直线连肩板型将在插肩T恤（p.134）中一探究竟。

曲线连肩袖

1 后片制图

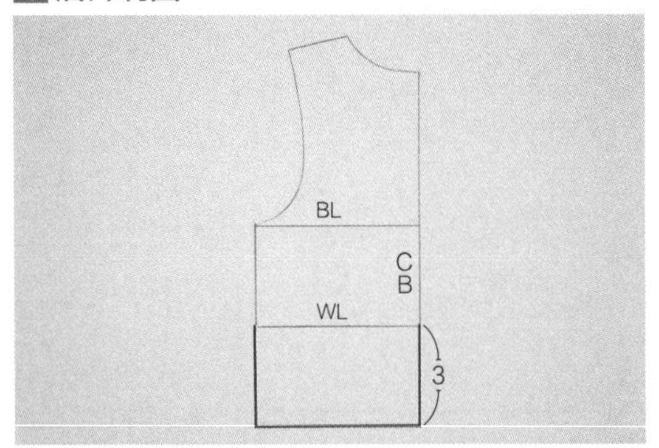

1 将上衣原型下摆向下延长3cm，增加至能盖住臀部的长度。

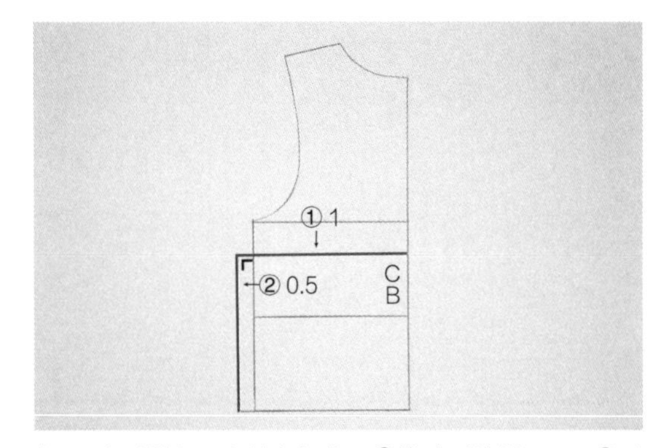

2 为了增加上衣的宽松度，①将腋下挖深1cm，②再向外加宽0.5cm。

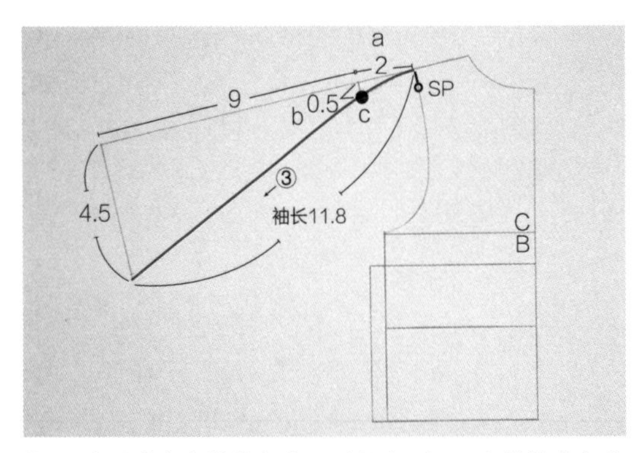

3 为了确定肩线的角度，延长出a（2cm）并沿直角向下延伸出b（0.5cm），再定出c点。③将肩点（SP）用曲线连接到c点，再向下画出直线完成与袖长（11.8cm）相等的袖中线。袖口顶点是肩线以直线延伸再向下延伸4.5cm的位置。

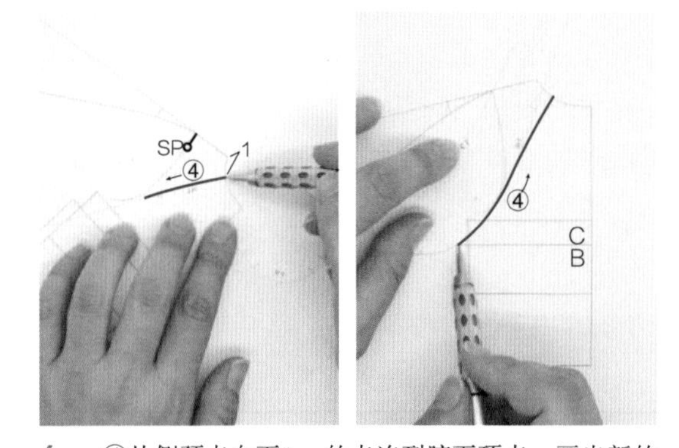

4 ④从侧颈点向下1cm的点连到腋下顶点，画出新的袖窿线。

窍门 需要绘制曲线时，请充分利用曲线尺，流畅地画出来。

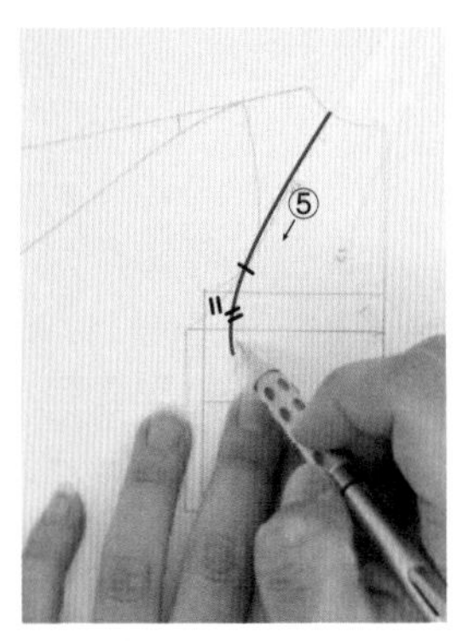

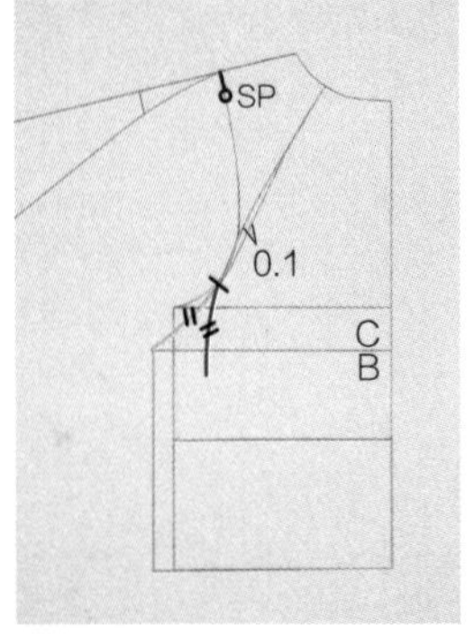

5 ⑤将曲线尺翻到背面，画出与袖窿线下段反方向的曲线。

窍门 这时袖窿线和袖缘边线之间会产生0.1~0.2cm的空隙，这样画出的曲线会更自然流畅。跟在下装的腰围加入腰省（锥形省）是相同的原理。

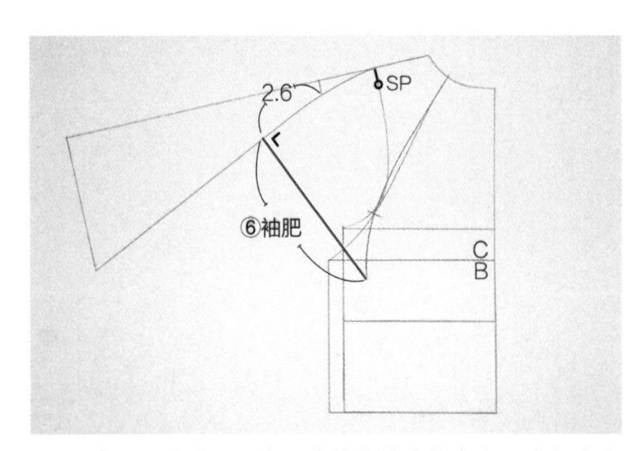

6 ⑥找出从腋下顶点以直线向袖中线方向画出长度为6cm的袖肥线。

2 前片制图

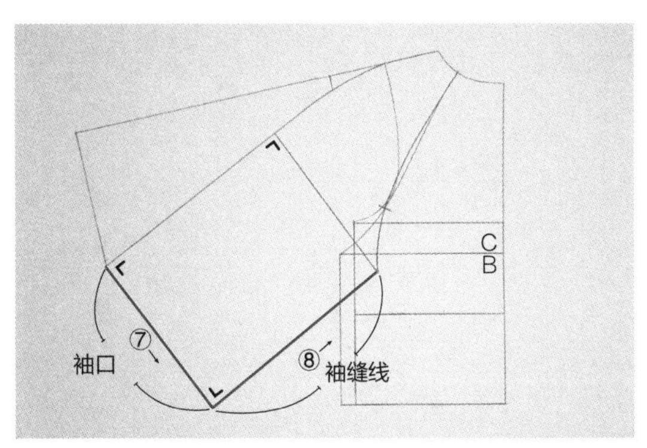

7 ⑦从袖口顶点沿直角向下画出跟袖肥长度相等的袖口线。⑧再和腋下点连接起来，画出袖缝线。

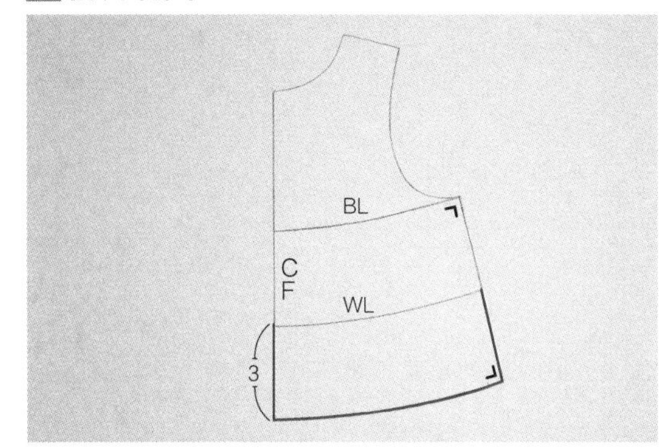

8 跟后片一样，将衣长向下延长3cm。

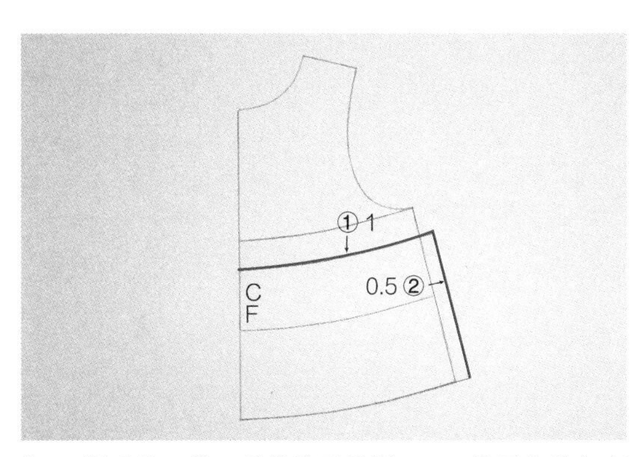

9 跟后片一样，①将腋下挖深1cm，②再向外加宽0.5cm。

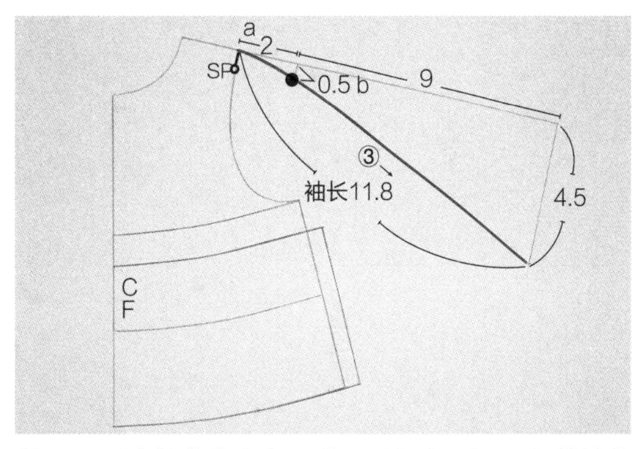

10 跟后片的肩线角度一致，延长出a（2cm）并沿直角向下延伸出b（0.5cm），再定出c点。③将肩点（SP）用曲线连接到c点，再向下画出直线完成与袖长（11.8cm）同长的袖中线。袖口顶点是肩线以直线延伸再向下延伸4.5cm的位置。

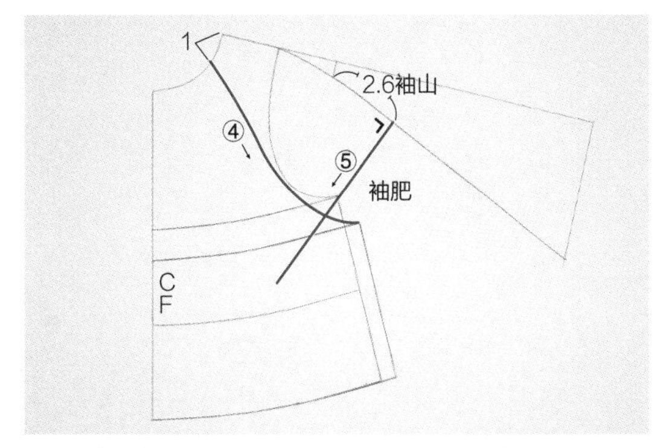

11 ④从侧颈点向下1cm的点连至腋下顶点，画出新的袖窿线。⑤从跟后片一样的袖山等长的端点，沿直角向下画出袖肥线。

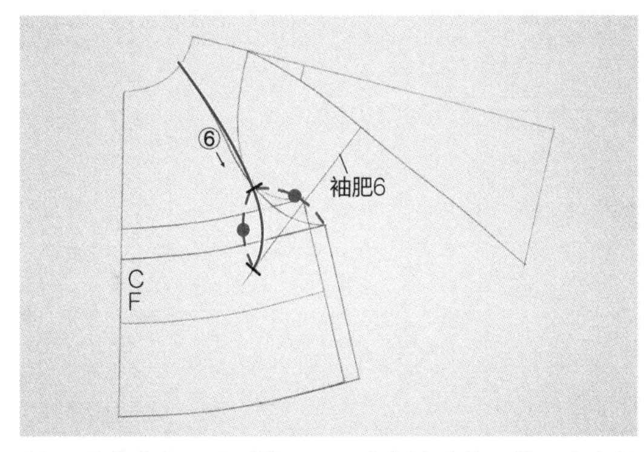

12 ⑥将曲线尺翻到背面，画出与袖窿线下端反方向的曲线，并找出与袖肥线交汇的点。让袖窿线和袖缘边线间产生0.1~0.2cm的空隙。

3 决定袖口宽度

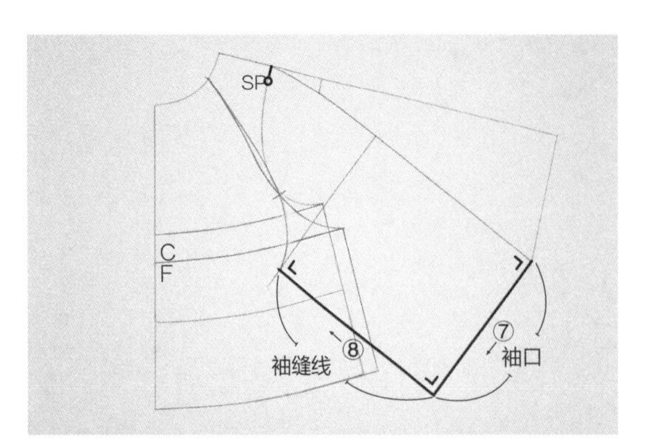

13 ⑦从袖口顶点以直角向下画出跟袖肥同长的袖口线。⑧再跟上衣的腋下点连接起来，画出袖缝线。

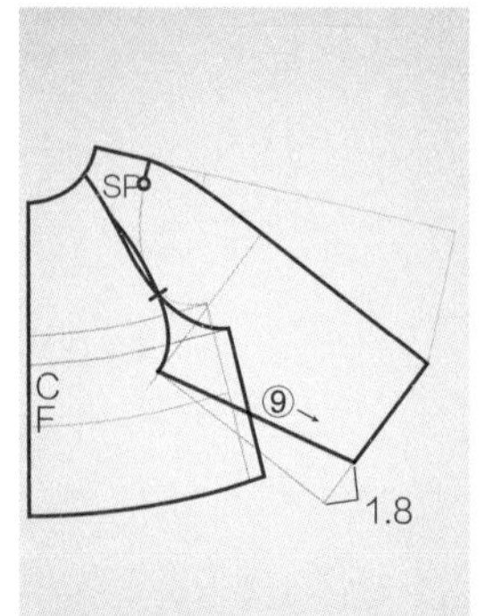

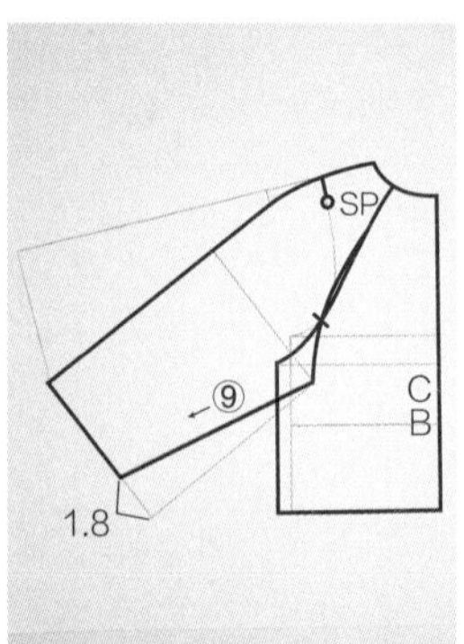

14 ⑨缩减袖口宽度。
袖口宽（12cm）－原型袖口宽（8.4cm）=需要减掉的宽度（3.6cm）→两边的袖口宽分别减掉1.8cm。

4 将上衣和袖子分开

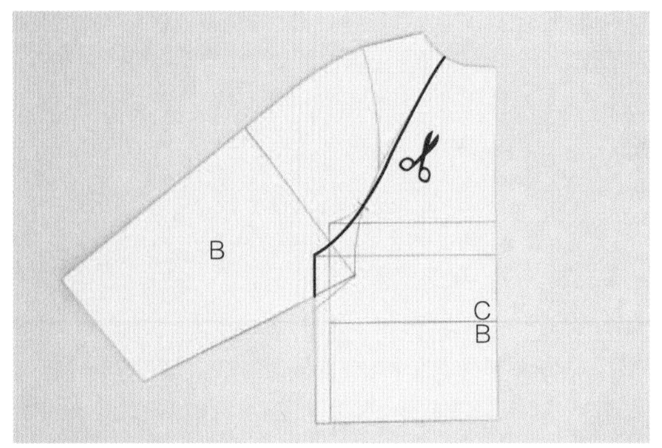

15 将前、后片都沿着袖窿线剪开。剪开后袖子板型会缺少一块和上衣重叠的地方，需要修改袖子板型补足这个部分。

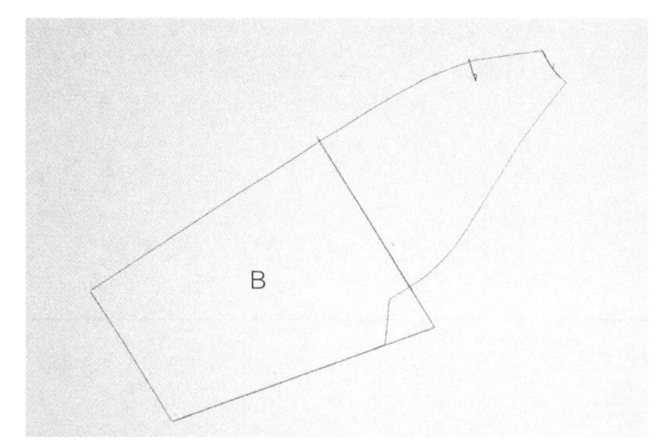

16 在新的描图纸上描图，延长袖肥及袖缝线，直到两线交汇为止。

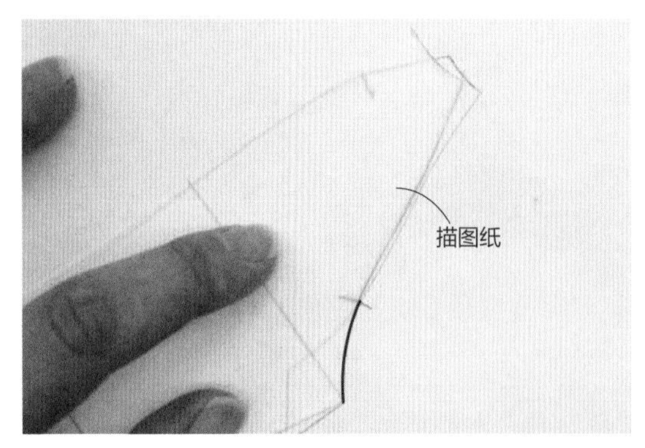

17 放上描绘有上衣的描图纸，补齐袖子缺少的部分。

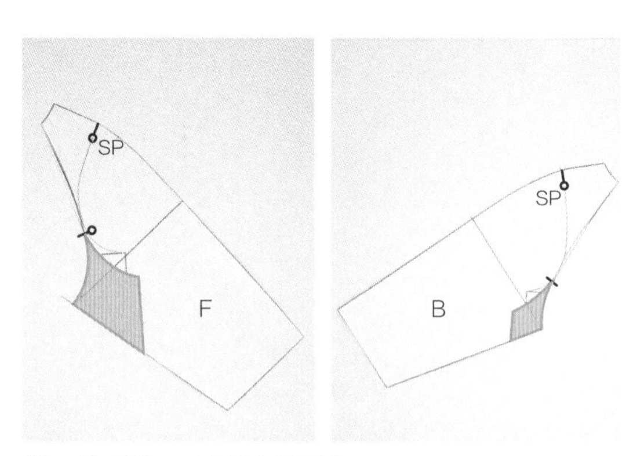

18 袖子前、后片补上的部分。

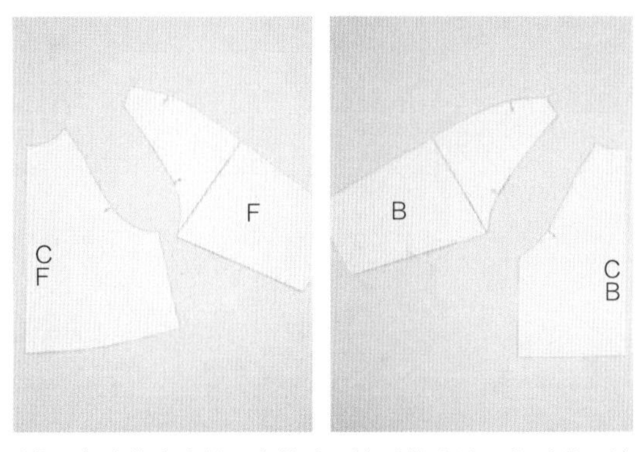

19 完成的连肩袖上衣前片、袖子前片及上衣后片、袖子后片板型。

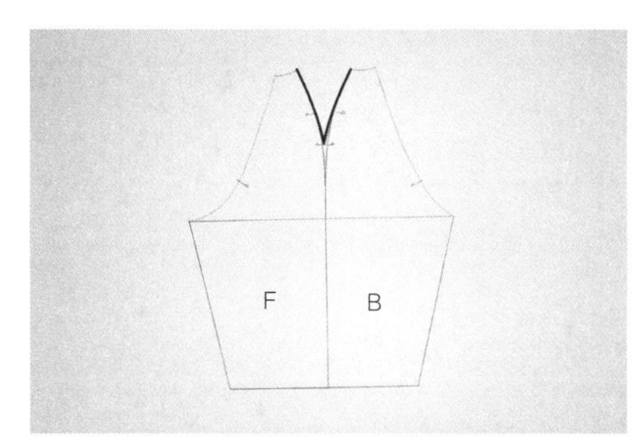

20 在连肩袖前、后片合并后，要从肩点（SP）画出肩省（锥形省）。

服装制板
实战操作

STEP UP
LESSON

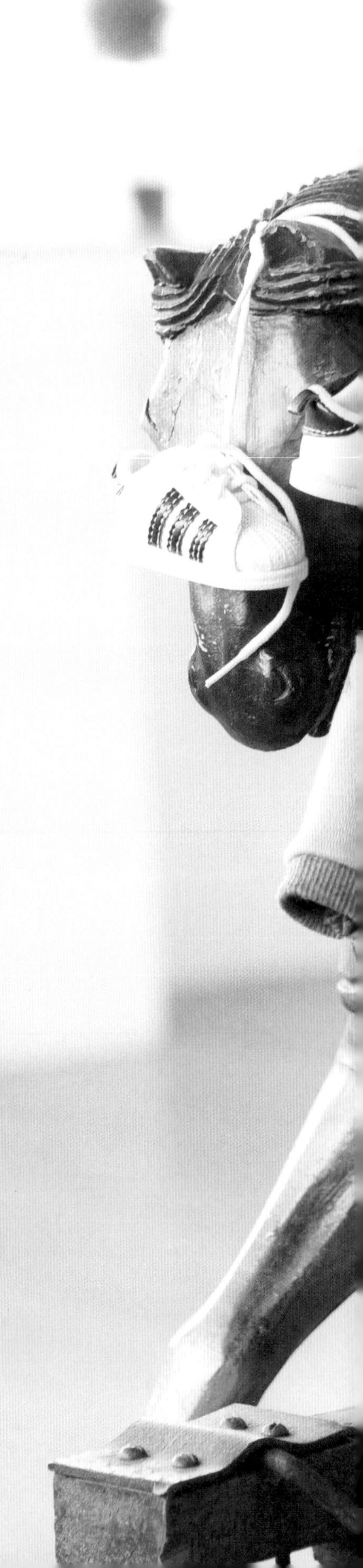

第4部分

流行的娃娃服饰

★ <制作板型> —— 活用原型的方法

这个部分展示的是如何将绘制好的原型应用到单品款式上。
如果是初学者，可以略过这个部分，直接跳到 <制作方法>。
但是如果对原型应用及设计感兴趣，建议仔细地阅读此部分。

★ <制作方法> —— 服饰完整的制作过程

这个部分介绍了布料裁剪完成后的缝制过程。
即使对板型不了解，只要按照步骤做，都能轻易地做出衣服和配件！

裙子

01 打褶裙
02 网球裙
03 缩褶裙
04 荷叶边裙

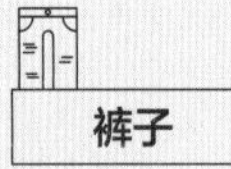

裤子

01 灯笼裤
02 紧身牛仔裤
03 热裤
04 背带裤

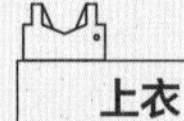

上衣

01 插肩T恤
02 落肩休闲上衣
03 西装背心
04 抽褶宽松袖罩衫
05 衬衫
06 饰结领衬衫
07 荷叶露肩上衣
08 娃娃领衬衫

连衣裙

01 海军领连衣裙
02 波浪摆连衣裙
03 长款连衣裙
04 背带连衣裙
05 立领连衣裙

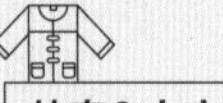

外套&大衣

01 牛仔外套
02 单排扣外套
03 雨衣
04 插肩袖大衣
05 风衣

配饰

01 袜子
02 斜挎包
03 系带软帽
04 围裙

01
打褶裙

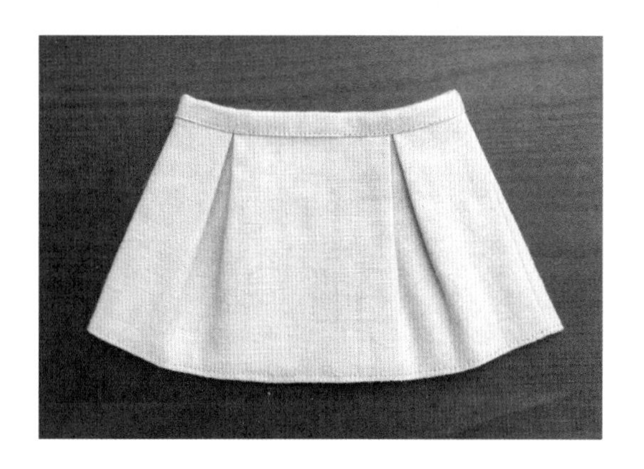

材料 表布30cm×30cm、子母扣3对

※布料边缘用锁边液处理

※**实物等大**纸样p. 212

制作板型

请参考利用A字裙绘制的打褶裙制图方法（p.54~ 55），后片中心线缝份为1cm，其他缝份均为0.5cm。

1 将A字裙长度缩短1cm。

2 在前、后片中间要打褶的位置画出分割线。

3 画出上宽1cm、下宽0.5cm的对褶，后片中心线向外移动0.5cm，留出子母扣的位置。

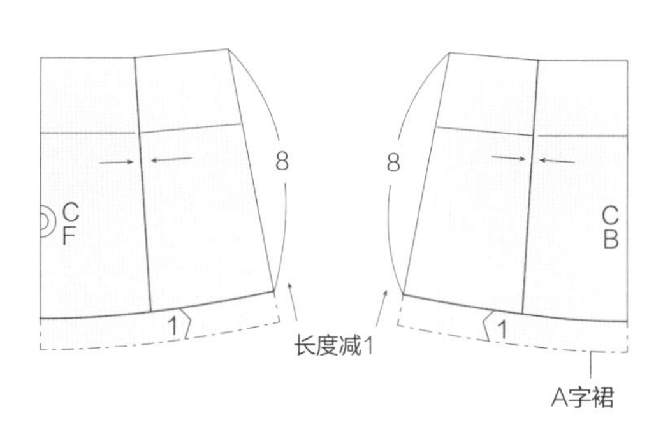

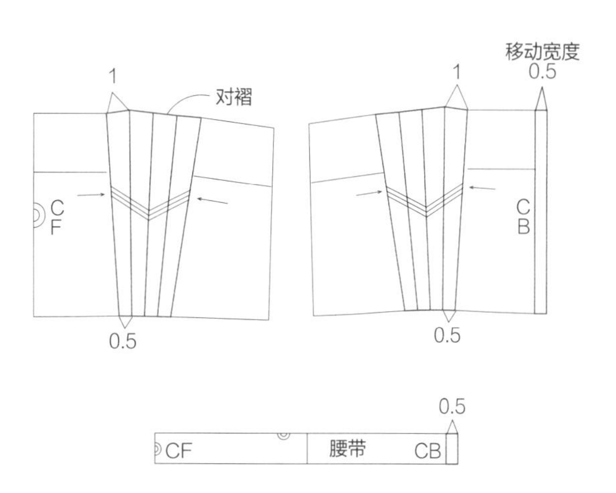

1 将正面折出对褶并用珠针固定。

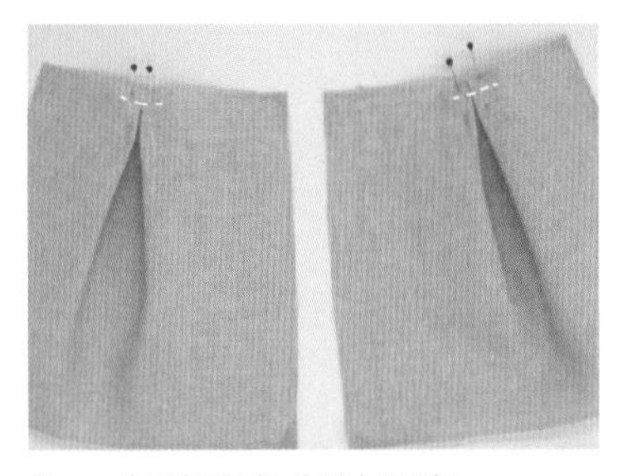

2 将对褶的部分缝好固定。

3 前片也折出对褶并缝好固定。

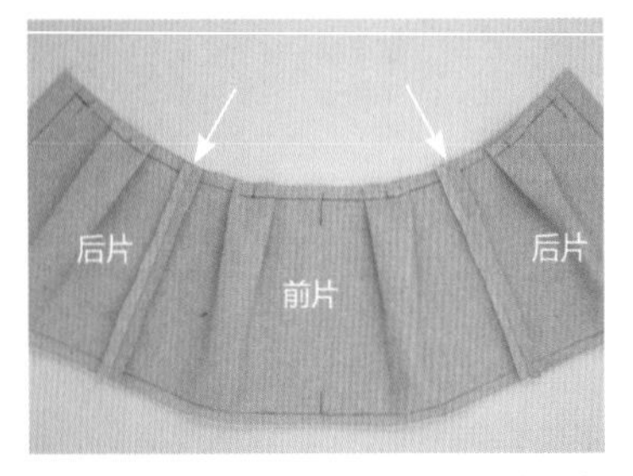

4 将前片和后片的正面相对并缝合侧缝，缝完将缝份分开。

5 下摆折好缉缝。

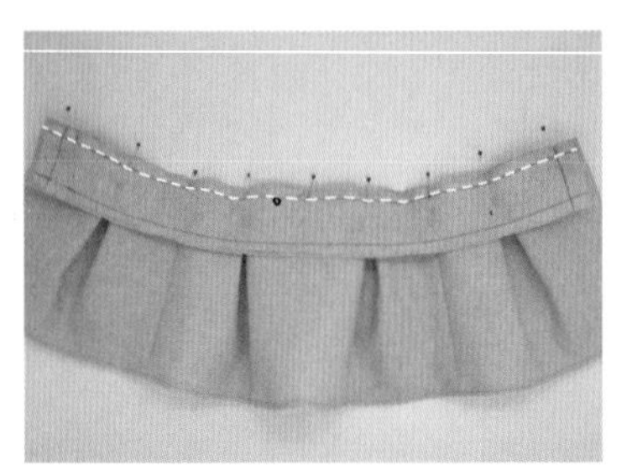

6 腰带和裙子的正面相对并沿着腰围线缝合。

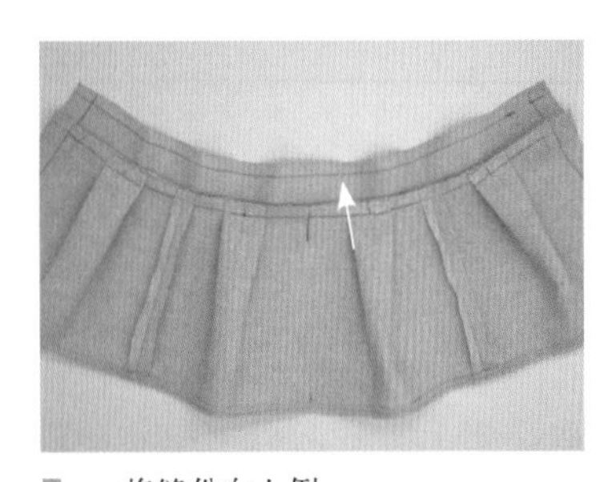

7 将缝份向上倒。

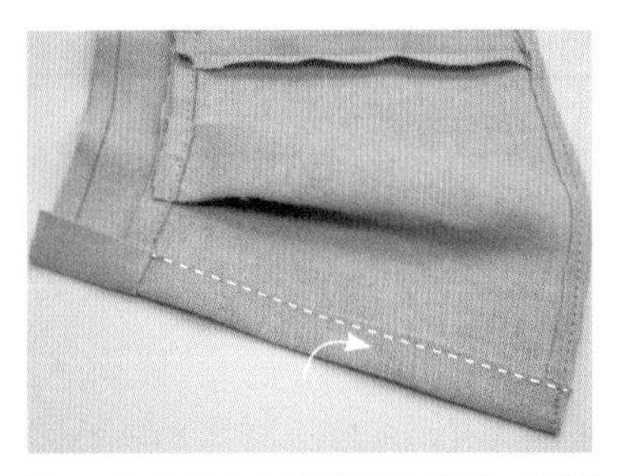

8 将后片中心线的缝份内折，除腰带位置外，将其余部分缉缝好。

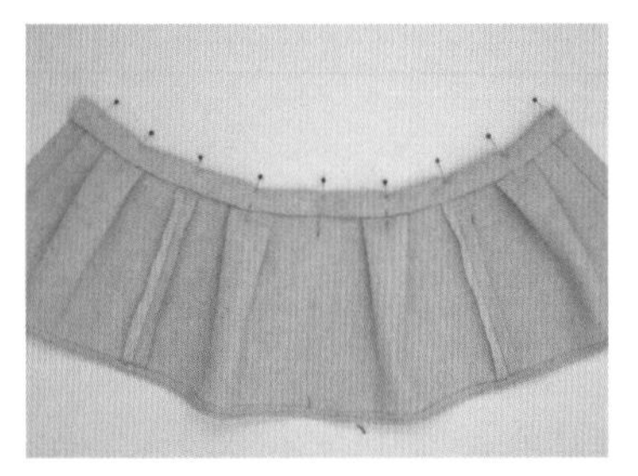

9 将腰带的缝份向内折，接着再对折并用珠针固定。

10 将腰带下缘缉缝。

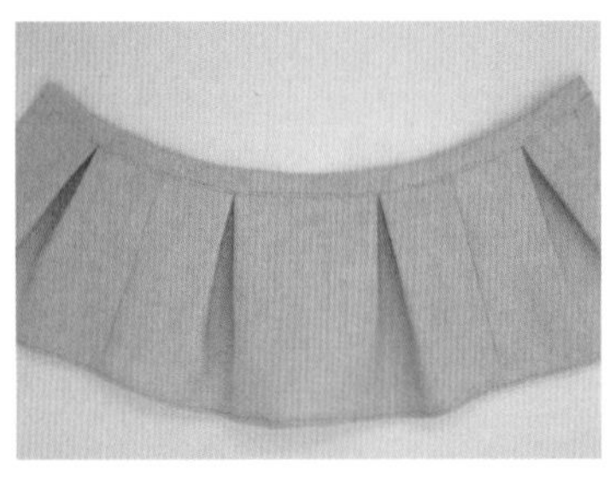

11 缝合腰带，正面完成。

12 缝上子母扣，打褶裙完成。

02

网球裙

材料 表布80cm×20cm、子母扣2对

※布料边缘用锁边液处理

※**实物等大**纸样p. 213

制作板型

请参考百褶裙的制图方法（p.48~51），后片中心线缝份为1cm，其他缝份均为0.5cm。

1 将百褶裙长度缩短1cm，褶裥间距为1.5cm。

2 每个褶裥线之间加2格宽1.5cm的里褶，后片中心线需向外移动0.5cm，为了留出子母扣的位置。

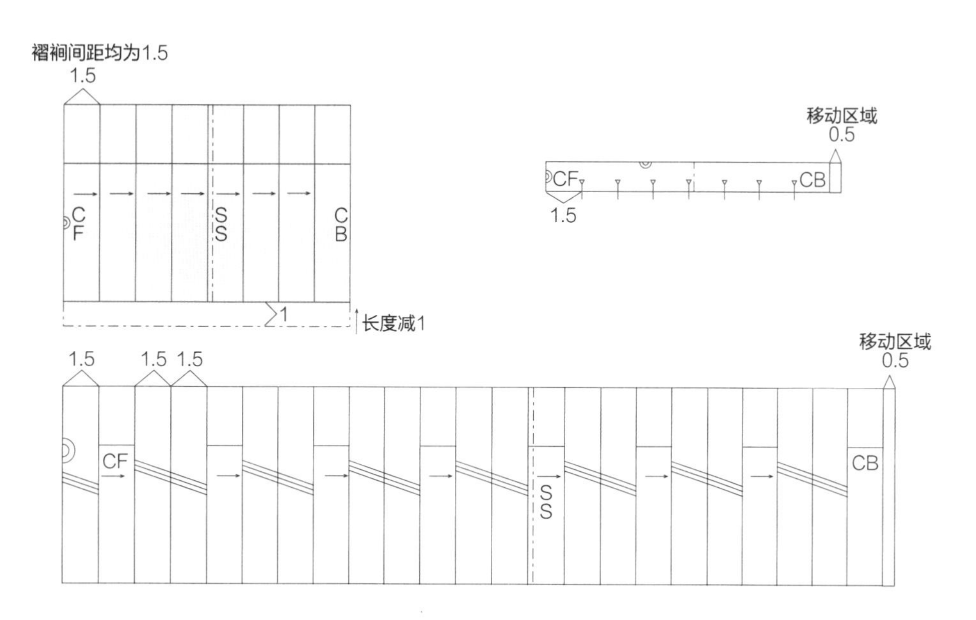

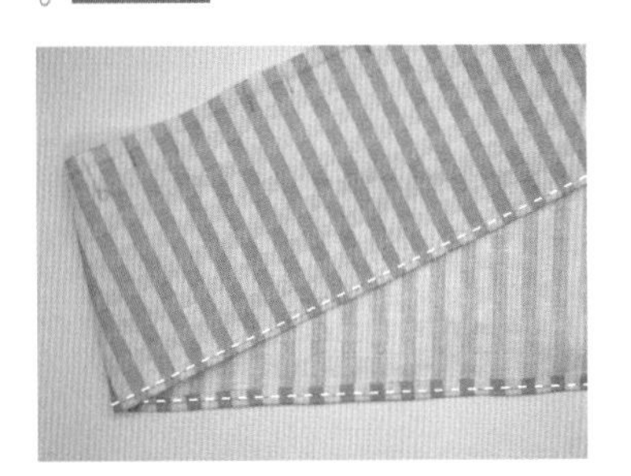

1 将裙摆缝份折好再缝。

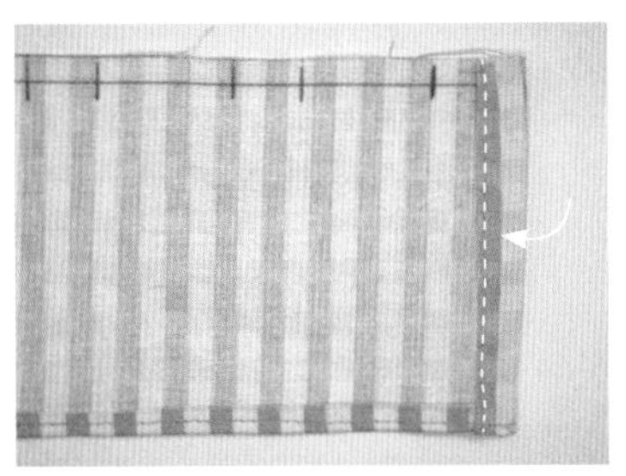

2 后片中心线分2次以0.5cm、1cm折好后再缝合。

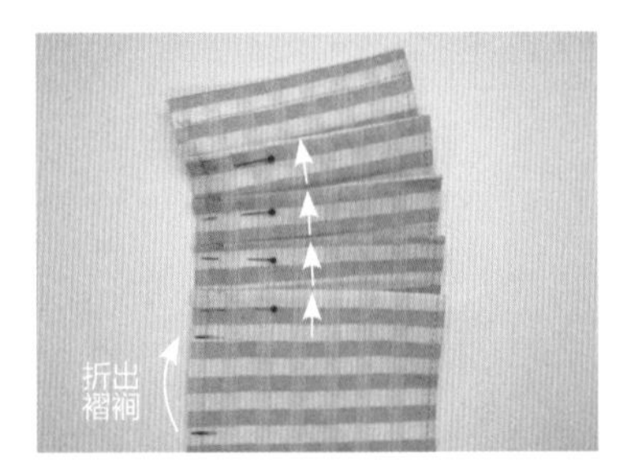

3 依照褶裥间距标记，从正面折好并用珠针固定。

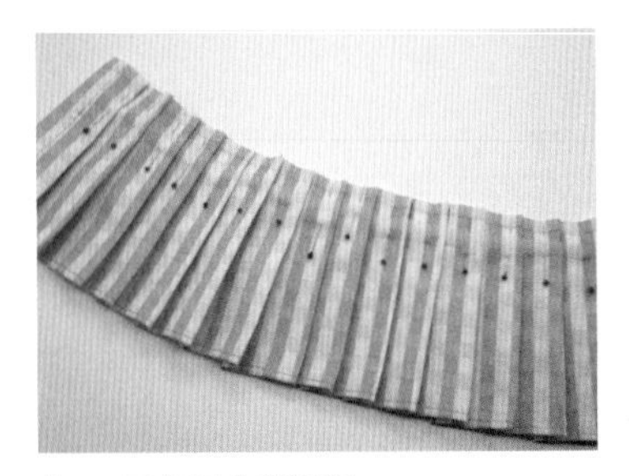

4 固定好全部褶裥。

5 在板型标记的位置缝合褶裥上半部分。

如果不缝上面的部分，会变成向外散开的裙子。

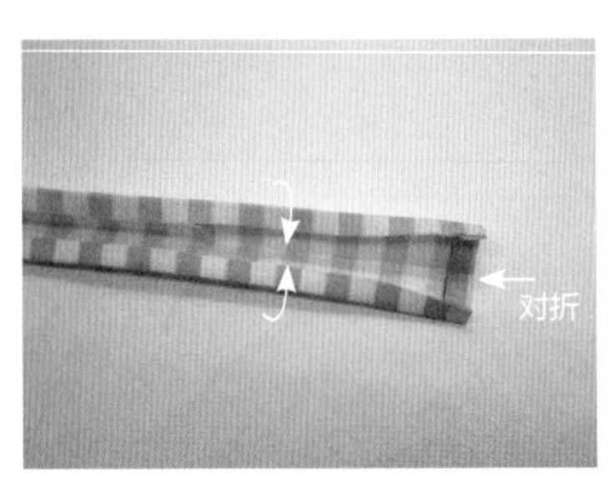

6 将腰带上、下两侧的缝份折起来，熨烫后再对折。

7 用腰带将裙子腰围缝份包裹住，然后用珠针固定。

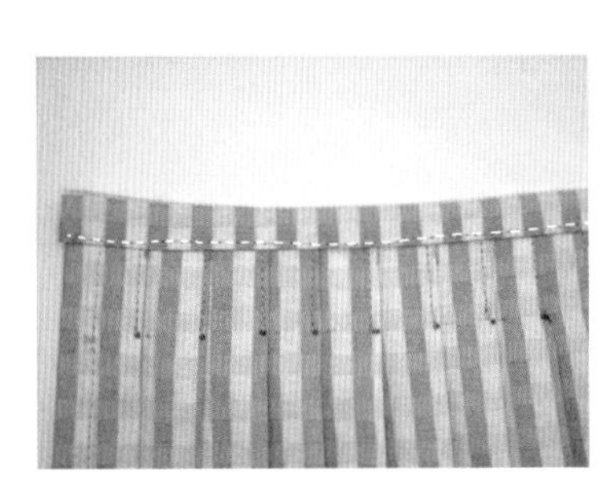

8 压着腰带上端缝合。

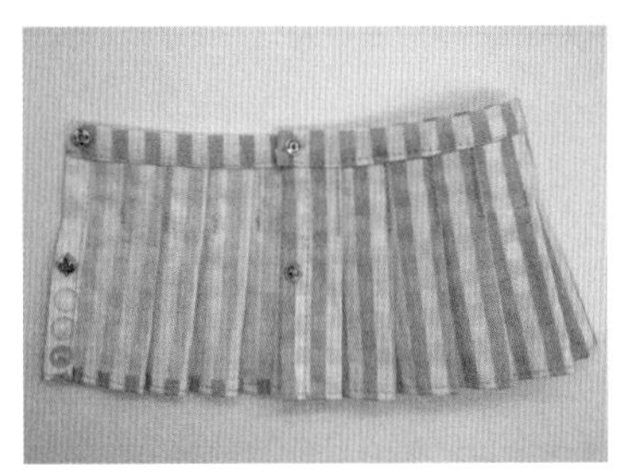

9 分别在腰带上和裙子中间缝上子母扣，裙子完成。

03

缩褶裙

材料 表布80cm × 20cm、里布80cm × 20cm、网纱110cm × 30cm、蕾丝60cm、松紧带19cm、宽1cm的斜纹带200cm

※布料边缘用锁边液处理

※**实物等大**纸样p. 214~215

制作板型

请参考缩褶裙制图方法（p.45~47），腰围缝份1.5cm、加层的网纱裙摆缝份为0，其他缝份均为0.5cm。

1 将基本裙长度增加3cm，依照不同的款式决定腰部育克、网纱1、网纱2及里布的长度。

2 在腰部育克、网纱1、网纱2及里布加入想要的缩褶量。

这款作品腰部育克是原型的2倍，网纱1和网纱2是腰部育克的2倍，里布是腰部育克的1.5倍，以此来决定缩褶量。

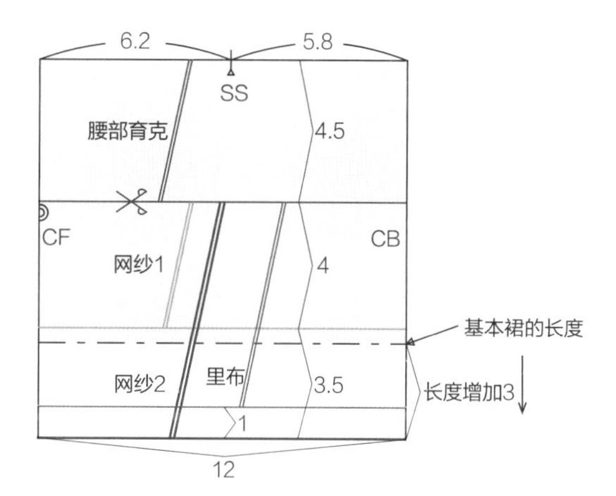

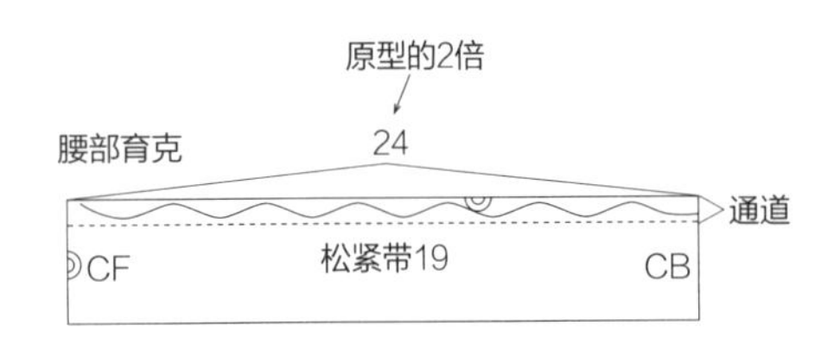

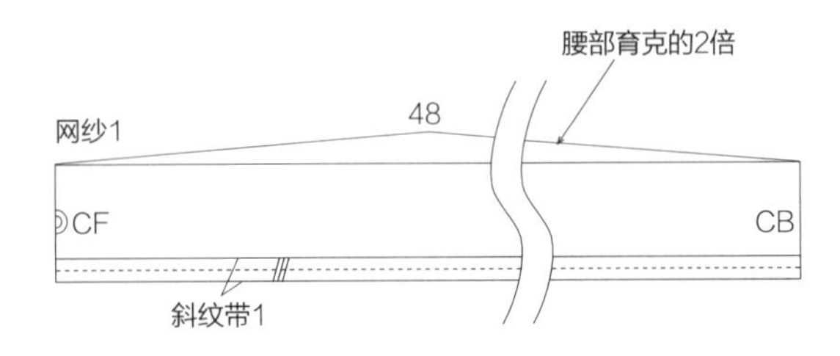

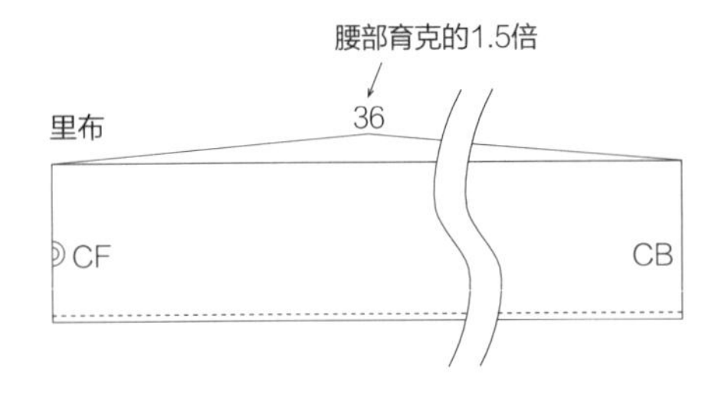

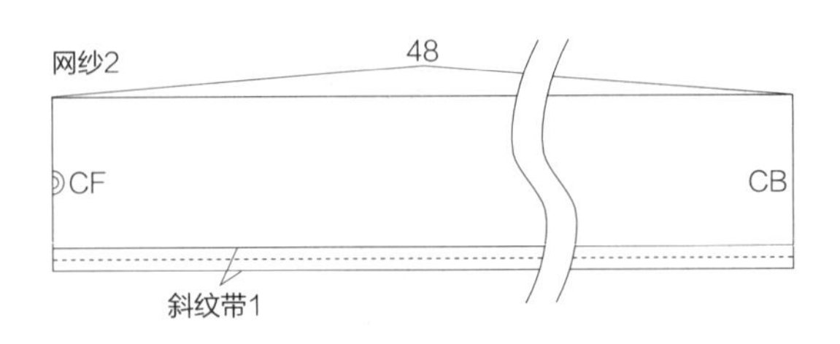

制作方法

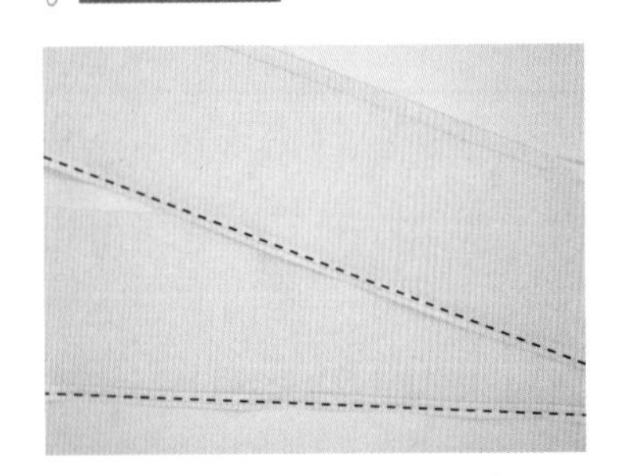

1 将里布下摆缝份折起来缝合。

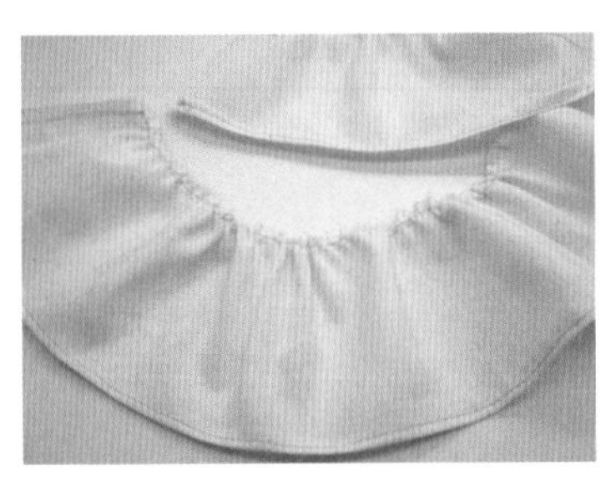

2 用平针缝缝里布上方，拉紧线做出缩褶。

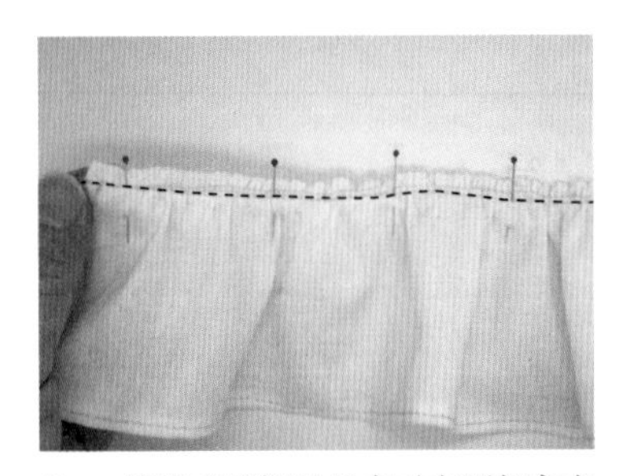

3 将做出缩褶的里布对齐腰部育克的长度，然后正面相对再缝合。

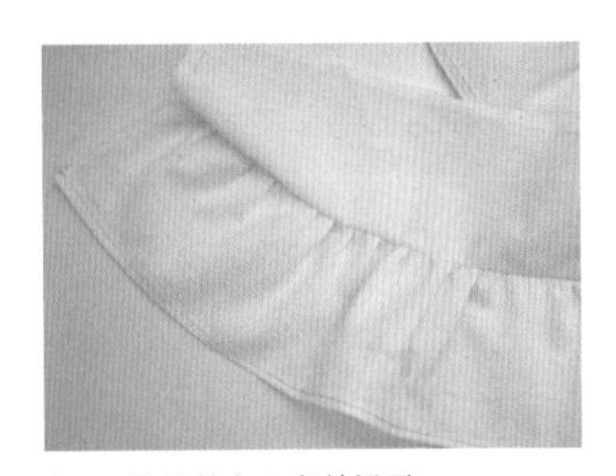

4 将缝份向上翻并烫平。

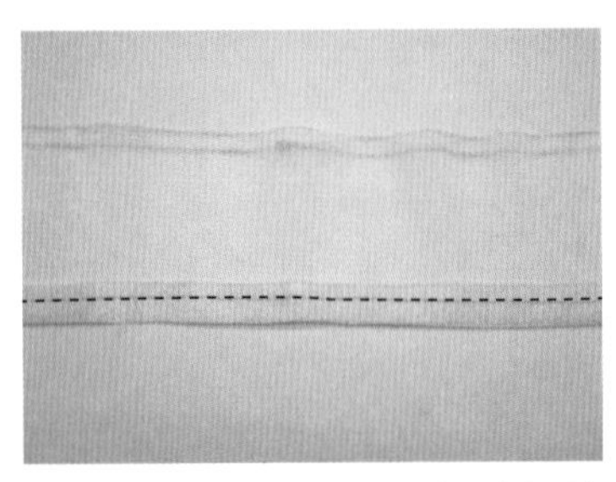

5 将1cm宽的斜纹带分别叠放在2块网纱下摆上，然后缝合。也可以改用蕾丝。

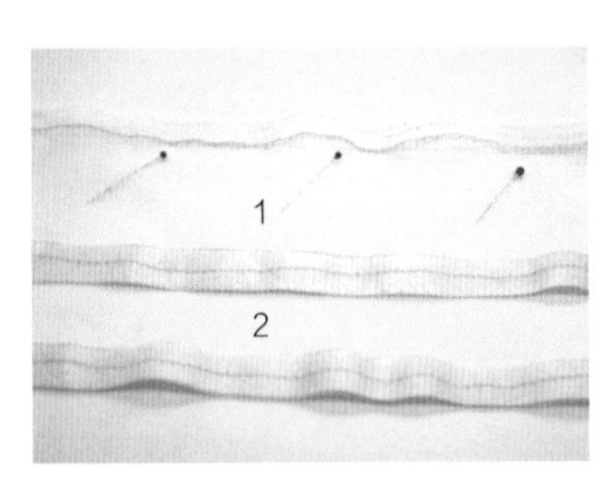

6 用珠针固定网纱1和2并将上方用平针缝合，接着把线拉紧做出缩褶。

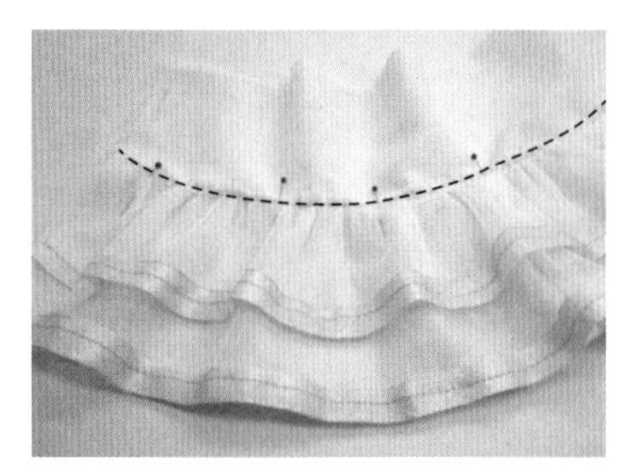

7　将做好缩褶的网纱缝合在连接腰部育克跟里布的缝合线上。

8　将蕾丝叠放在网纱上端的缝份之后再缝合。

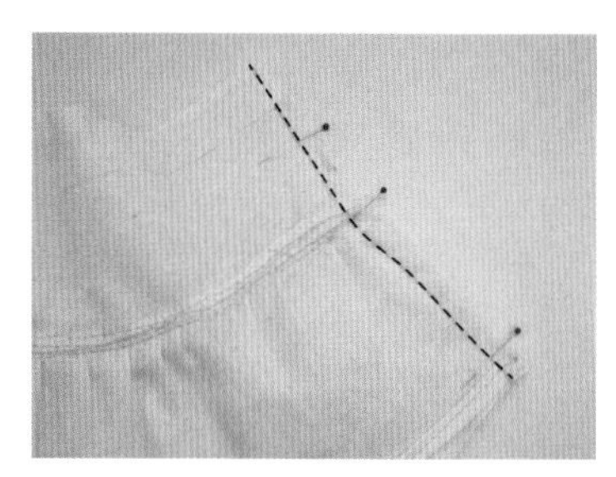

9　将两边侧缝正面相对后缝起来，并将缝份分开。

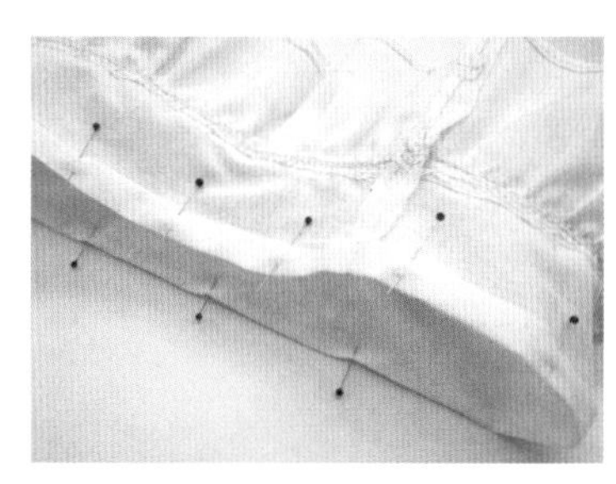

10　腰围缝份以0.5cm、1cm分2次折叠并熨烫，并用珠针固定。

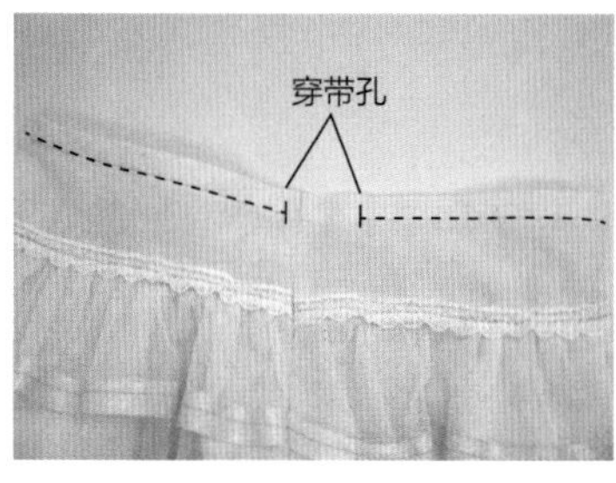

11　留出2~3cm的穿带孔位，再将腰围下方缝合，形成穿松紧的位置。

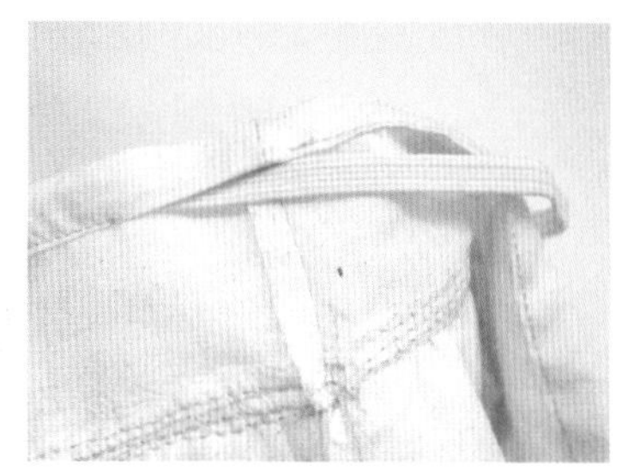

12　足够长的松紧带上预留缝份和标示19cm的位置，接着从穿带孔穿进去并将松紧带两端缝合。

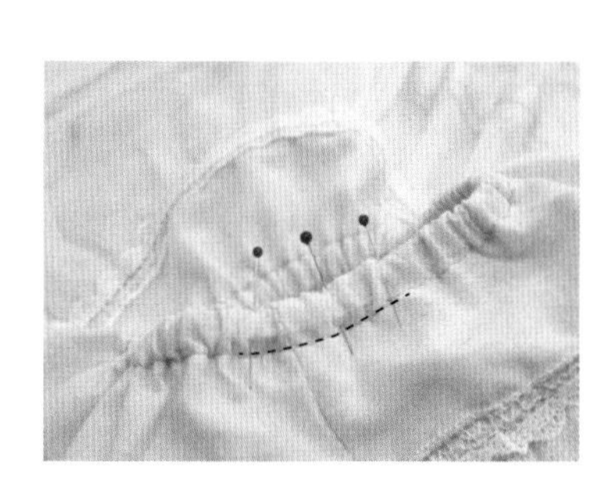

13　缝合穿带孔，完成。

04

荷叶边裙

材料 表布60cm×30cm、子母扣3对、纽扣4个

※布料边缘用锁边液处理

※**实物等大**纸样p. 216

制作板型

请参考缩褶裙制图方法（p.45~47），前片中心线缝份为1cm，其他缝份均为0.5cm。

1 将基本裙长度缩短1.4cm。裙摆宽增加0.5cm，前、后片分别追加1cm的缩褶量。

2 在下摆向上1.3cm加细褶的位置画线，并追加0.6cm的细褶量。

3 腰带以1cm为宽，前片中心线为了预留子母扣的位置，需要向外移动0.5cm。

4 裙子的前片中心线也需向外移动。确定腰带上的细褶区间，将缩褶位置标示到侧缝。

5 绘制出1.5cm宽的荷叶边下摆。长度为裙摆长度的1.6倍。前片中心线部位画成逐渐缩小的圆弧线。

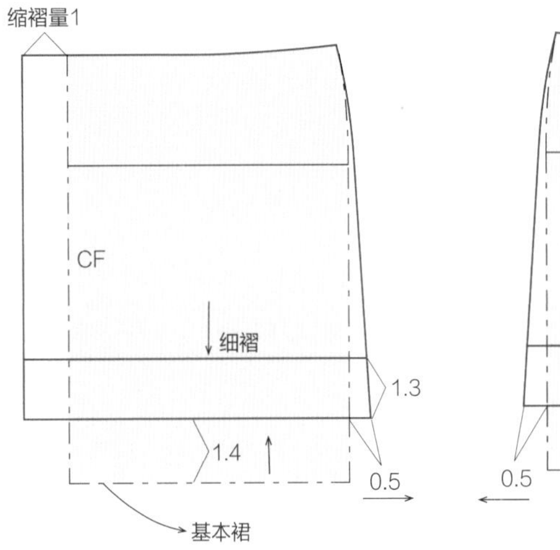

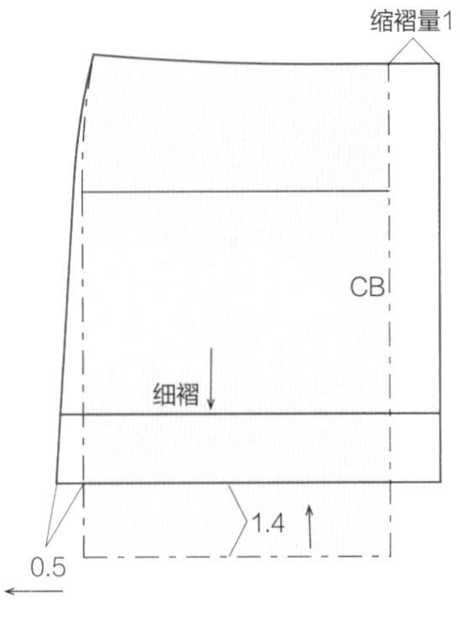

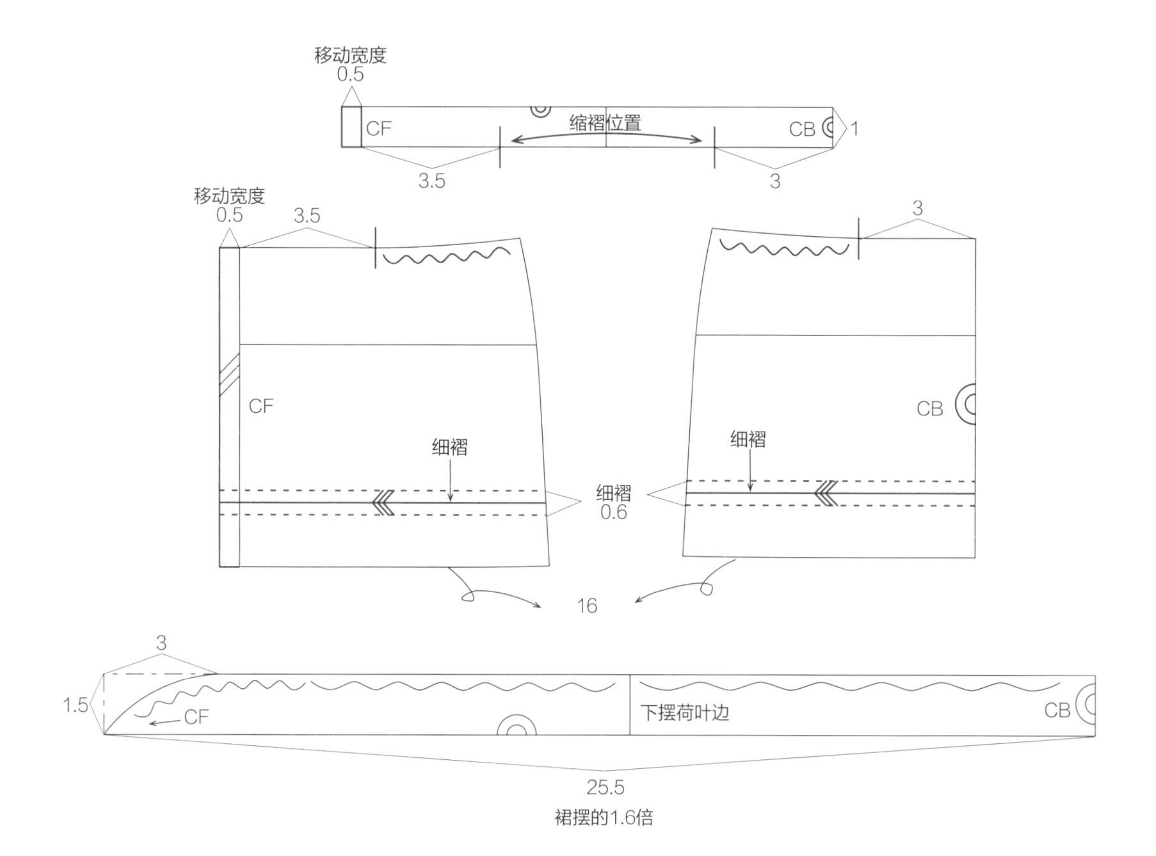

制作方法

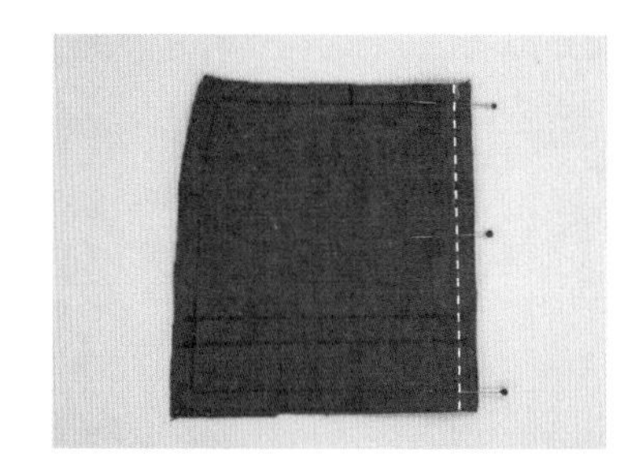

1 将2片后裙片正面相对，缝合后片中心线。

2 将后片和前片的正面对合，缝合侧缝。

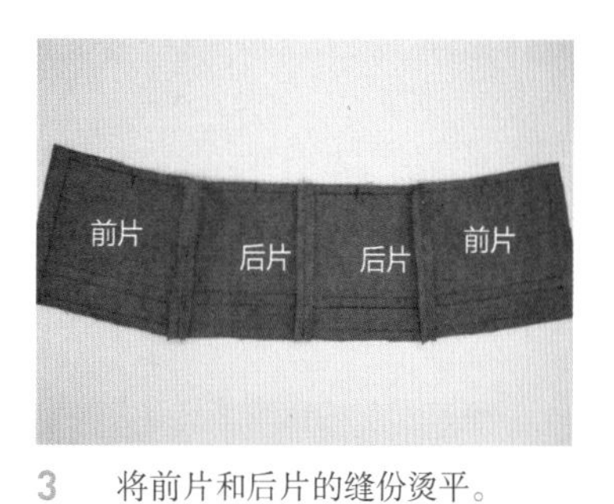

3 将前片和后片的缝份烫平。

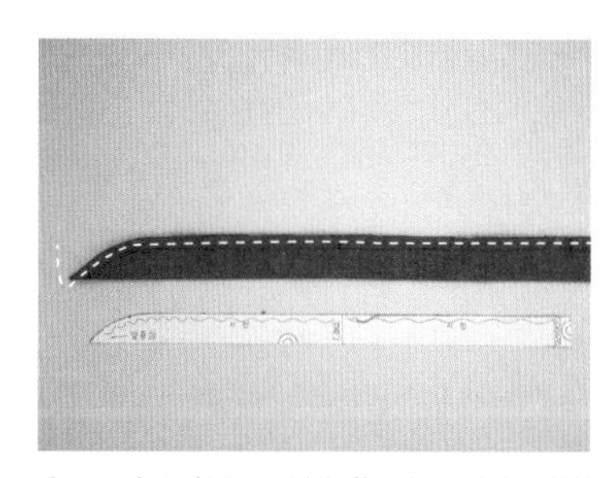

4 为了在正面露出荷叶边下摆，对折之后在缝份上做平针缝。

5 拉紧平针缝的缝线做出缩褶。如果是使用缝纫机的话，只要拉紧面线或底线即可。

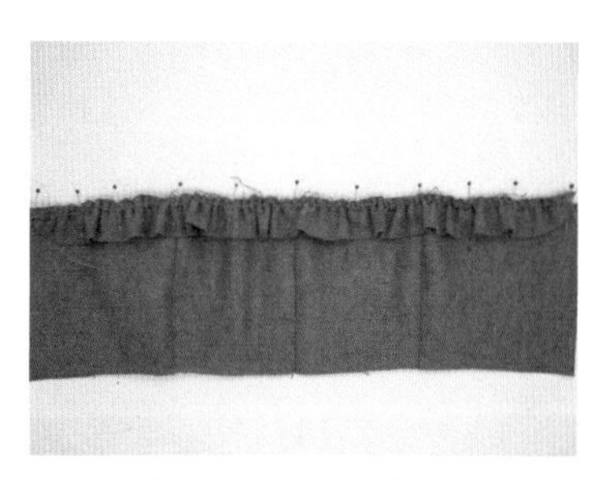

6 在裙子正面下摆的前片中心线两边留下1cm缝份，放上荷叶边下摆，用珠针固定后缝合。

7　将缝份向上倒，并从正面在裙摆上缉明线固定缝份。

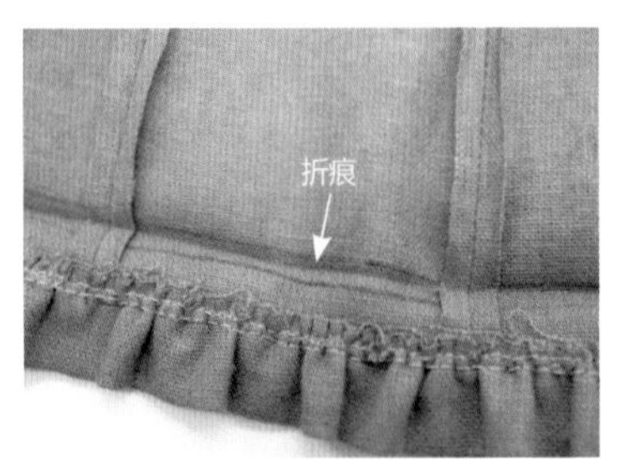

8　在要缝细褶的位置标示2条线，并从两线中间对折。

9　折好之后，从正面缝细褶的部分。

10　将细褶向下折并熨烫，确认样式。

11　在腰围要做缩褶的地方平针缝。

12　拉紧线做出缩褶。

13　将裙子跟腰带的长边对齐，然后正面相对，沿着腰围线缝合。

14　将缝份向上倒并烫平。

15　将前片中心线缝份折起并烫平。也可以不缝缝份，改用布用强力胶固定。

16　先将腰带的缝份向下折0.5cm再对折，用珠针固定后缝合下边。

17　依次钉缝3对子母扣。

18　在前片中心线缝上纽扣，裙子完成。

01
灯笼裤

材料 表布30cm×30cm、松紧带19cm 1条（腰部）及11cm 2条（下摆）、蕾丝60cm、饰结 1个

※布料边缘用锁边液处理

※**实物等大**纸样p. 217

制作板型

请参考短裤制图方法（p.62~64），腰围缝份为1cm，其他缝份均为0.5cm。

1 将裤子原型前片中心线下移1.3cm、侧缝及后片中心线下移1cm。

2 剪开前片及后片的裤裆并分别重叠0.5cm。

3 将裤裆线向下及侧边移动得宽松一些，然后用流畅的曲线连接起来。

4 下裆线和侧缝均沿直角向下画，将前、后片的侧缝合并在一起。

5 前、后片分别加入分割线及2.8cm的缩褶宽度，并用流畅的曲线连接起来。

6 在裤摆线向上1.5cm处及腰围标示出符合娃娃大小的松紧带长度。

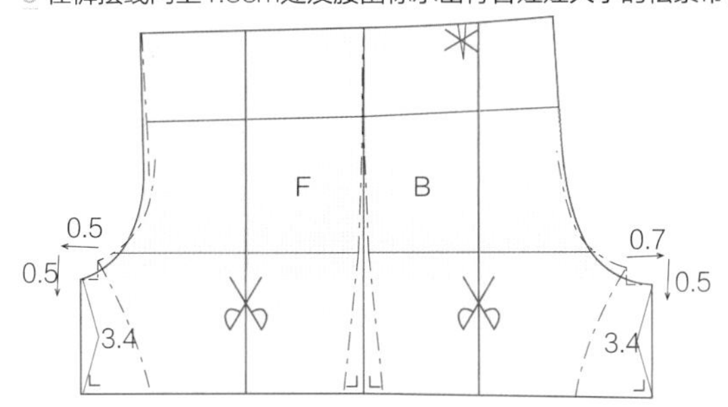

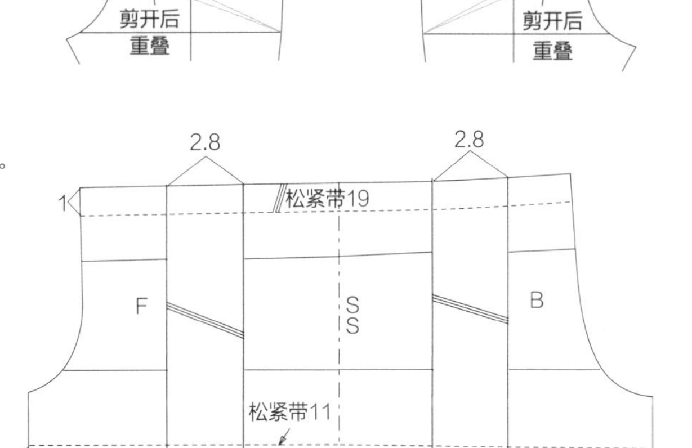

1 剪一段和裤摆线同长的蕾丝，和裤摆的正面相对后缝合。

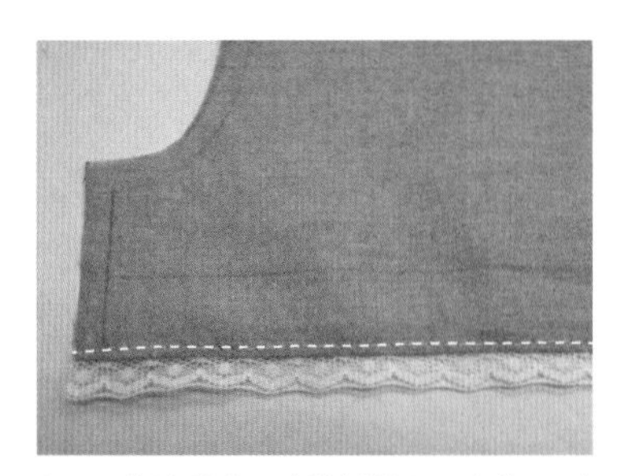

2 将缝份向上倒并熨烫，让蕾丝露出来，接着从裤口正面缉明线固定。

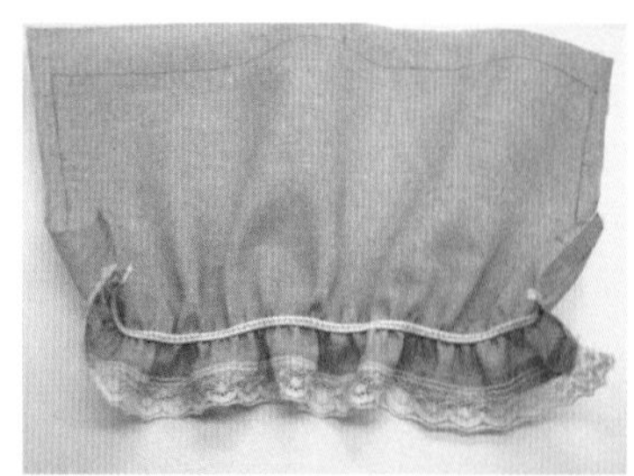

3 在足够长的松紧带上标示11cm的位置，然后在裤摆反面的松紧带位置上缝合。由于松紧带长度比裤摆还要短，需要拉伸后再缝合。

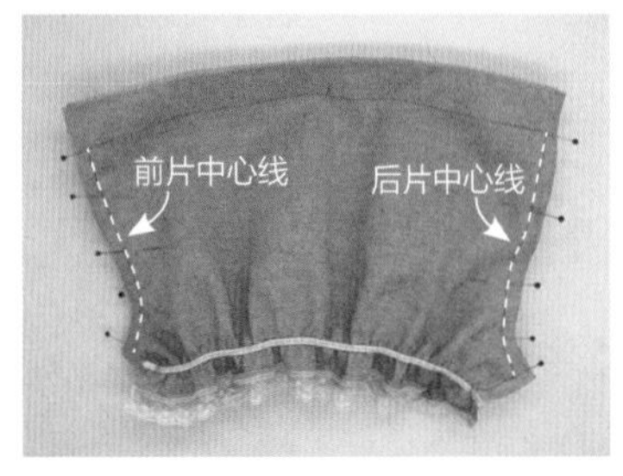

4 左右2片完成后，再正面相对并将前片中心线和后片中心线缝合。

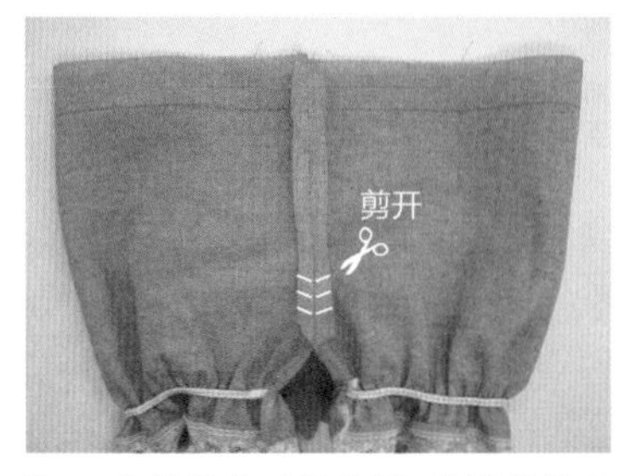

5 将缝份分开并烫平，曲线部分必须用剪刀剪，避免拉伸。

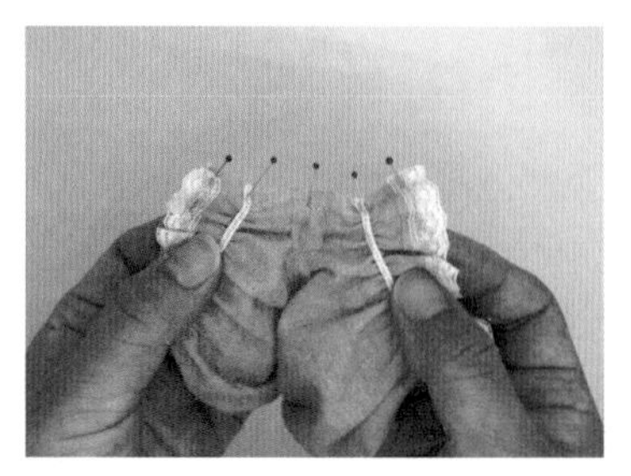

6 前片和后片的正面相对，下裆用珠针固定后缝合。

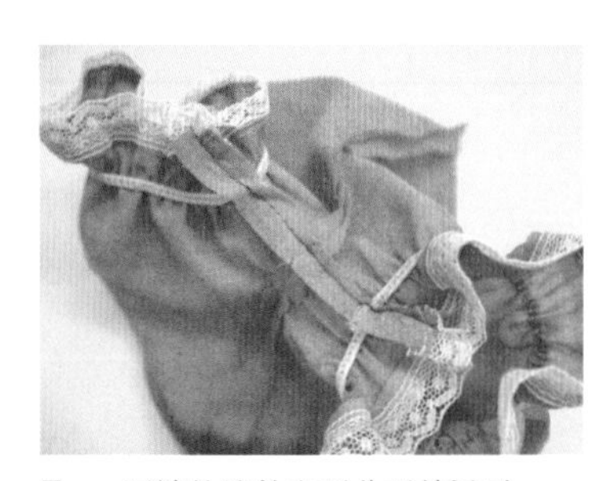

7 下裆的缝份也要分开并烫平。

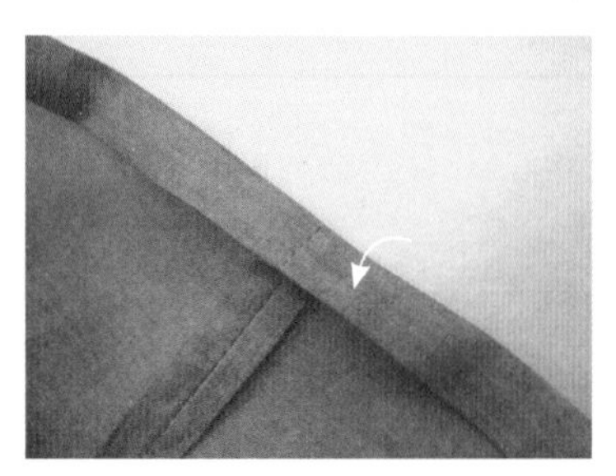

8 腰围缝份以0.5cm、1cm分2次折好。

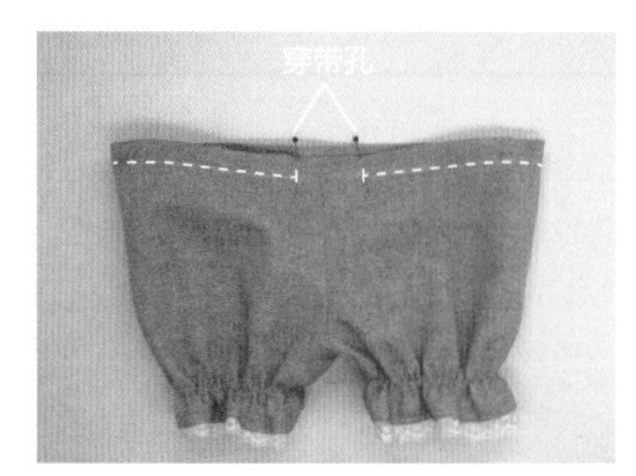

9 后面留下2~3cm的穿带孔再缝制出穿松紧带位。

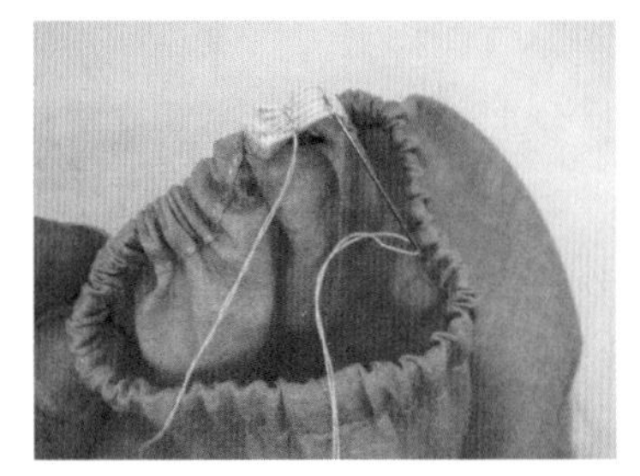

10 在足够长的松紧带上预留缝份并标示19cm的位置，然后把松紧带从穿带孔穿入并将两端缝合。

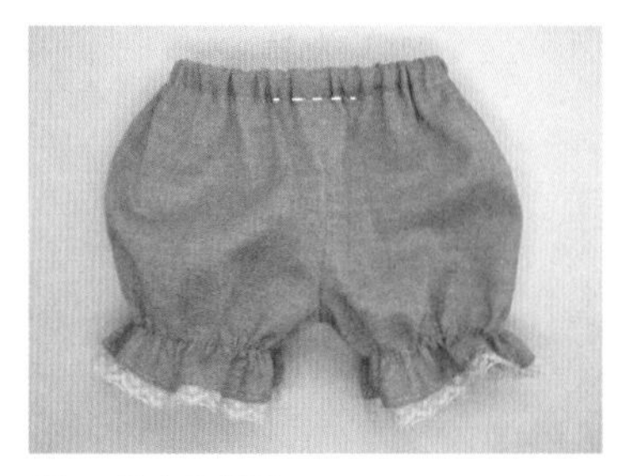

11 缝合穿带孔。

12 缝上饰结区分前、后，灯笼裤完成。

02

紧身牛仔裤

材料 表布50cm×40cm、松紧带19cm

※布料边缘用锁边液处理

※**实物等大**纸样p. 218

制作板型

请使用窄管裤板型（p.59~61）,前后口袋上边缝份为0.8cm，其他缝份均为0.5cm。

1 剪开装饰的前口袋，将拉链、口袋开口处、侧缝等都缉上明线。

2 绘制口袋板型并在后片标示位置。

3 按照对折线符号绘制好腰带后剪开一边的侧缝。

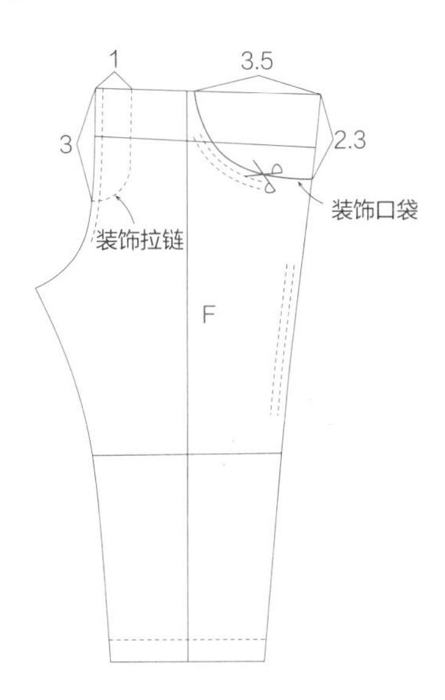

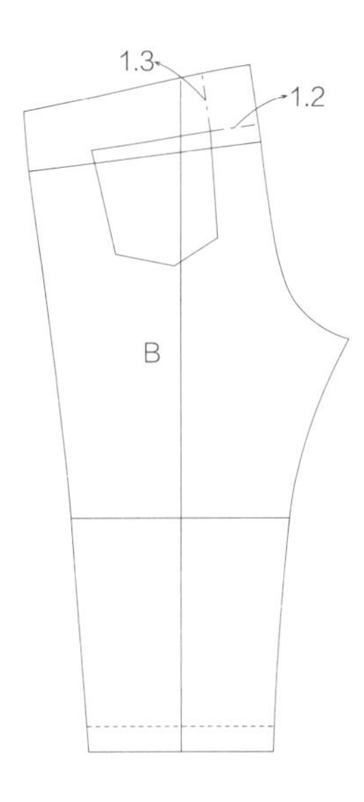

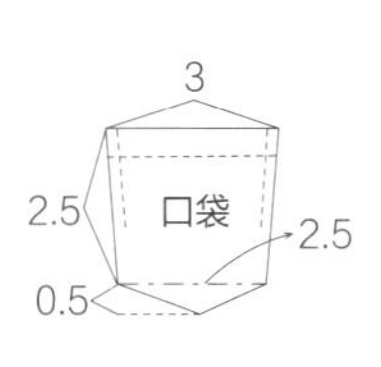

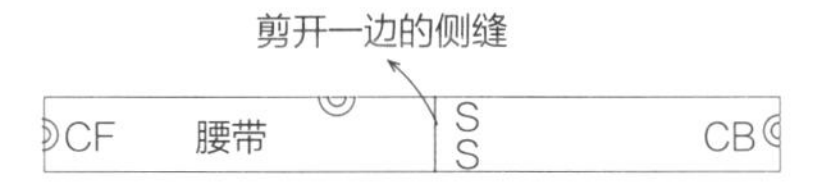

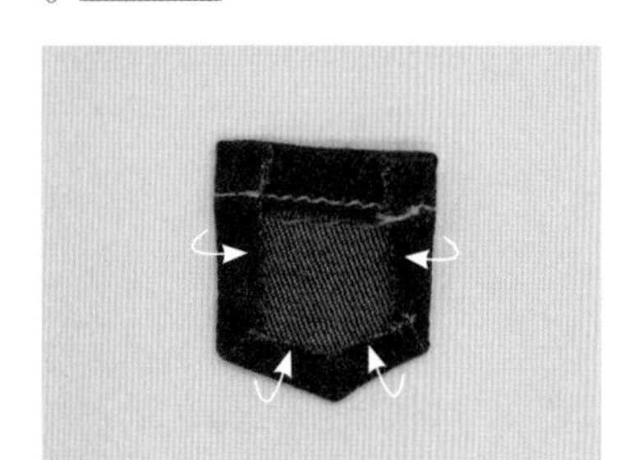

1 先将口袋上方的缝份扣折并缝合，再将其他缝份折起并烫平。

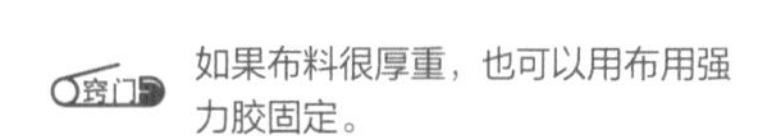

如果布料很厚重，也可以用布用强力胶固定。

2 在后片标示出口袋缝合的位置，将口袋涂上布用强力胶并固定上去，然后缝合侧边和下方。

3 将前片的口袋开口处缝份剪开，向反面折并烫平。

4 将前片袋口叠放在垫袋布上，并缉上1~2条明线。

5 将前片和后片的正面相对并缝合侧缝。

6 将侧缝缝份分开并烫平，然后在前片正面缉上1~2条明线。

7 将裤口缝份折起来，再于裤摆向上0.5cm处缝合。

8 缝合下裆后将缝份分开并烫平。

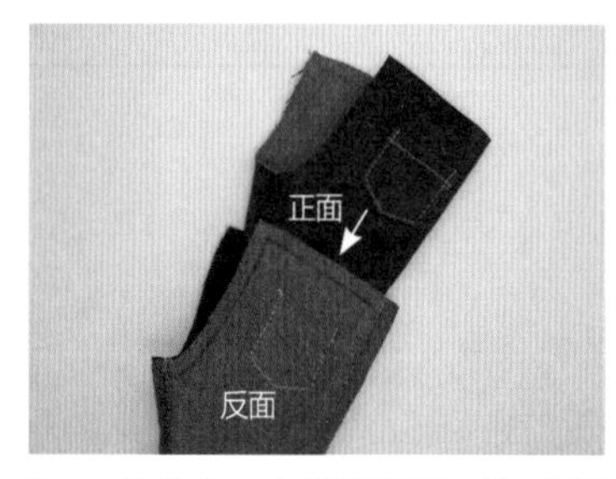

9 将其中一个裤腿翻面，让2个裤腿正面相对并塞在一起。

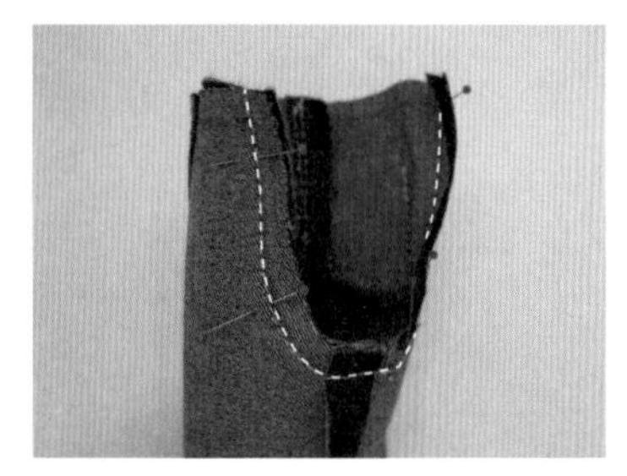

10 对齐裤裆，沿前、后片中心线缝合。

11 将塞进去的裤腿拉出，分开缝份并烫平。剪开曲线部分的缝份使之可以平展。

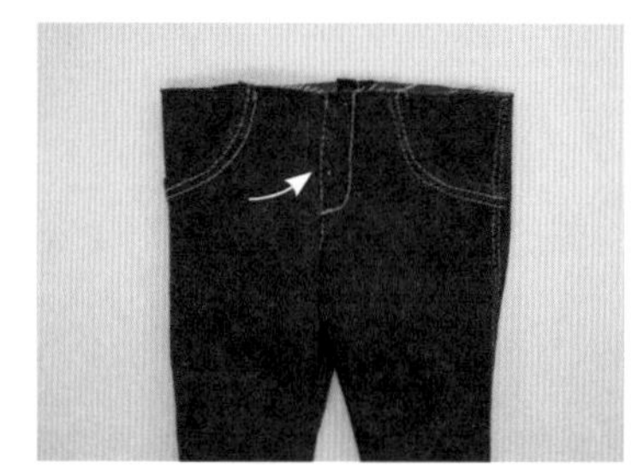

12 翻面后缉1条中心线，再缝上装饰的拉链线。

13 将腰带两边连接缝合，然后将缝份分开。

14 将腰带和裤子的正面相对并缝合。

15 折起腰带剩余的缝份，再对折并覆盖住裤子的缝份，预留穿带孔后绕圈缝出松紧位。

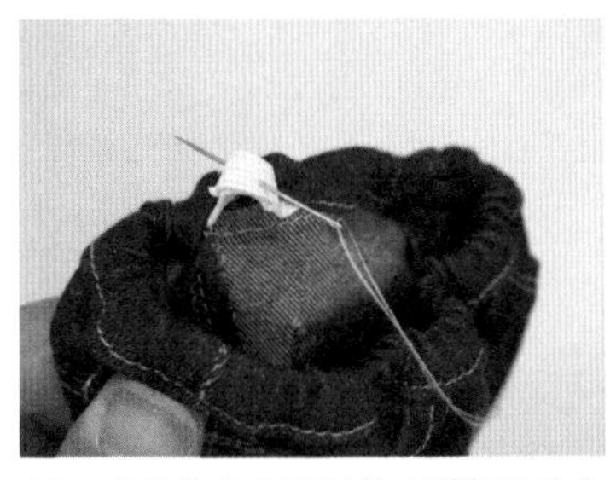

16 在足够长的松紧带上预留缝份并标出19cm的长短位置，然后从穿带孔穿进去并将两端缝合。

17 缝合穿带孔。

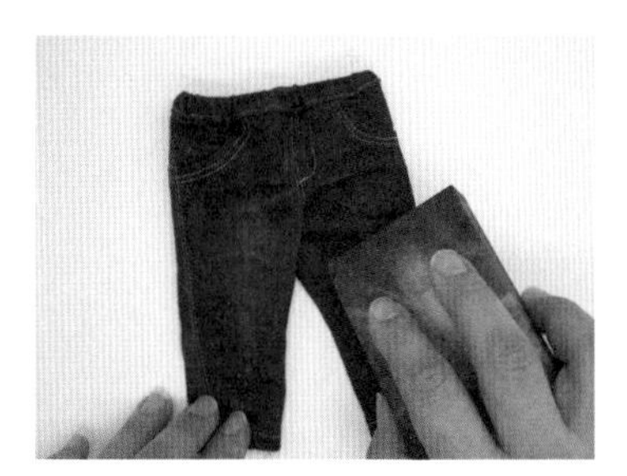

18 用砂纸磨出水洗牛仔裤的感觉，完成。

03

热裤

材料 表布50cm × 30cm、松紧带19cm、纽扣4个

※布料边缘用锁边液处理

※**实物等大**纸样p. 219

制作板型

请使用窄管裤板型（p.59~ 61），裤裆缝份为0，其他缝份均为0.5cm。

1 为了有紧身的感觉，窄管裤板型的裤裆要提高0.7cm、后腰围线要下降0.2cm。

2 侧缝长度定为5cm并向外移动0.5cm。下裆线长度定为1.5cm。

3 在前片中间及口袋开口处画出分割线，后片画上拼缝线。

4 绘制后口袋板型并在后片上标示位置。

5 照对折线符号绘制腰带后剪开一边的侧缝。

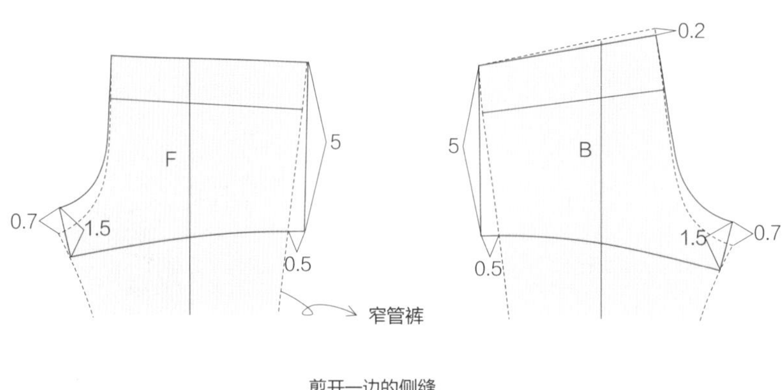

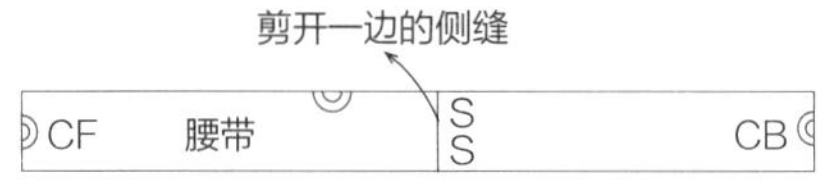

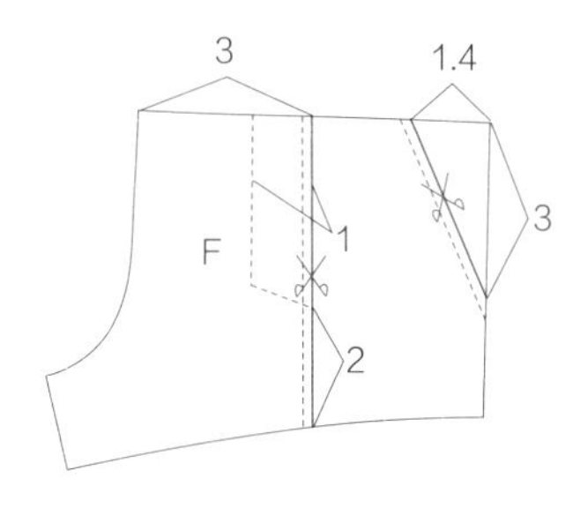

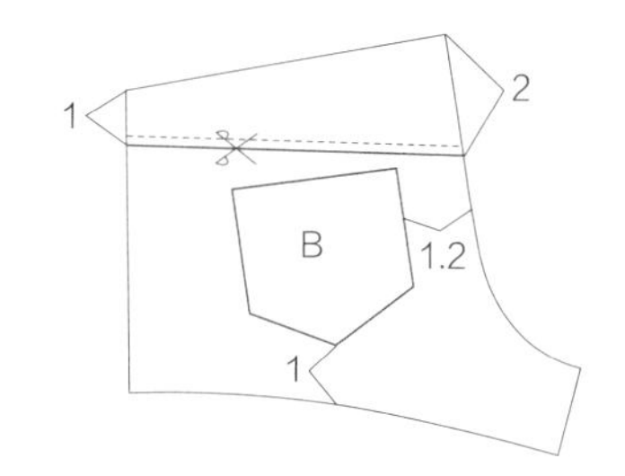

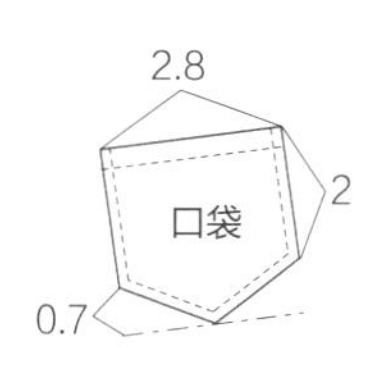

制作方法

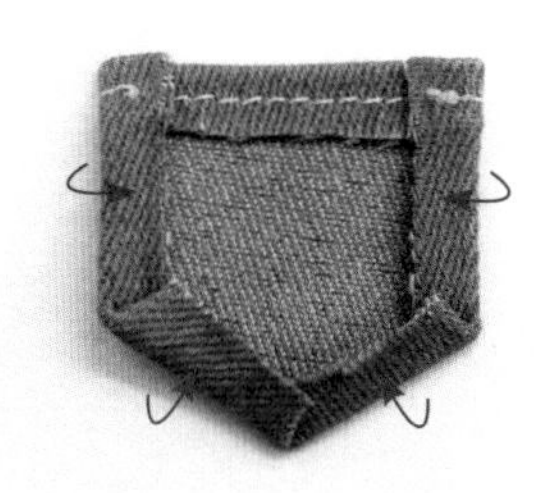

1 先将口袋上方的缝份扣折并缝合，再将其他缝份扣折并烫平。

如果布料很厚重，也可以用布用强力胶固定。

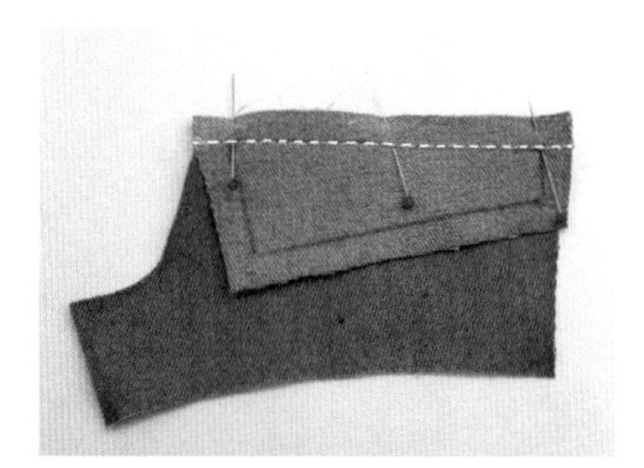

2 将后腰育克正面和后片的正面相对并缝合，将缝份分开或朝腰部育克折好后烫平。

3 在腰部育克正面缉1条明线，并在后片标示出口袋的位置。

4 将口袋涂上布用强力胶并固定在标示的位置，然后压着侧边和下方缝合。

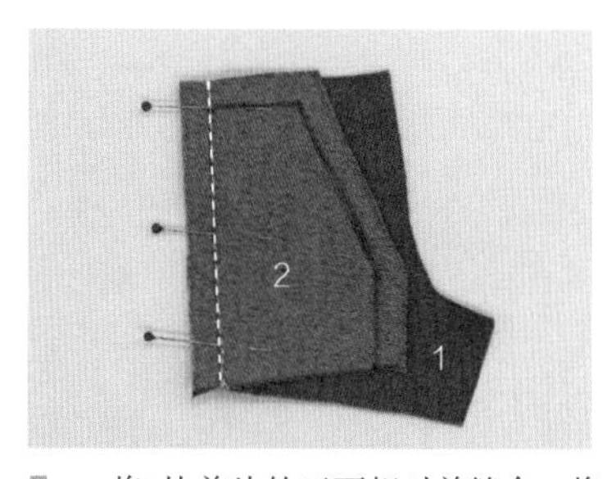

5 将2块前片的正面相对并缝合。将缝份分开或向布块1折好后烫平。

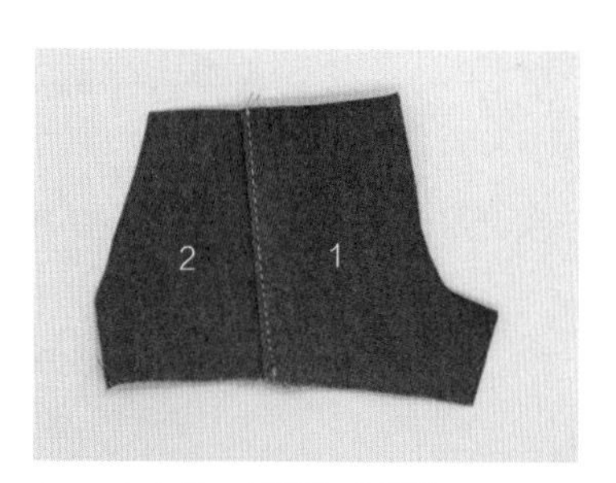

6 在布块1正面缉1条明线。

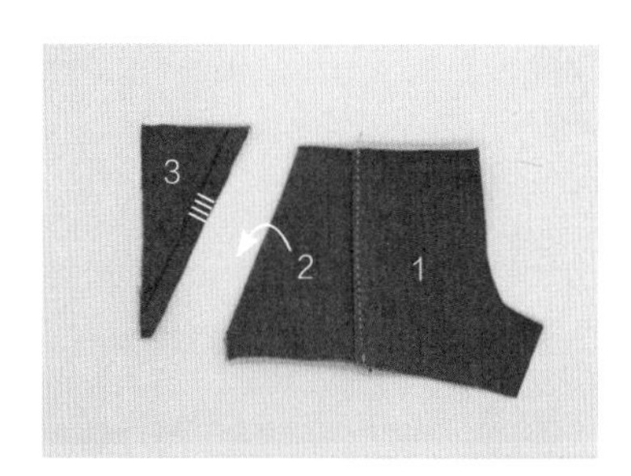

7 将布块2的缝份向反面折好烫平，然后放到装饰口袋的布块3上面。

8 在布块2正面缉1条明线。

窍门 由于明线增加了立体感，变成好像是真的口袋。

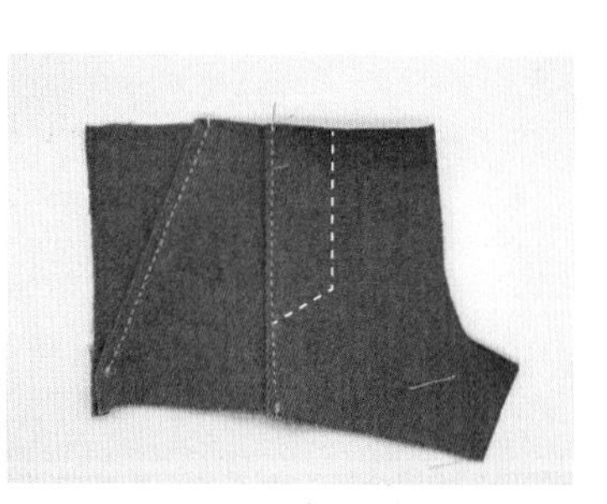

9 在要缝纽扣的位置，也缉上明线。

10 将前片和后片的正面相对并缝合侧缝，然后将缝份分开并烫平。

11 将下裆也缝合，再将缝份分开并烫平。

12 将其中一个裤腿翻面，让2个裤腿正面相对套合在一起。

13 对齐裤裆，沿前、后片中心线缝合。

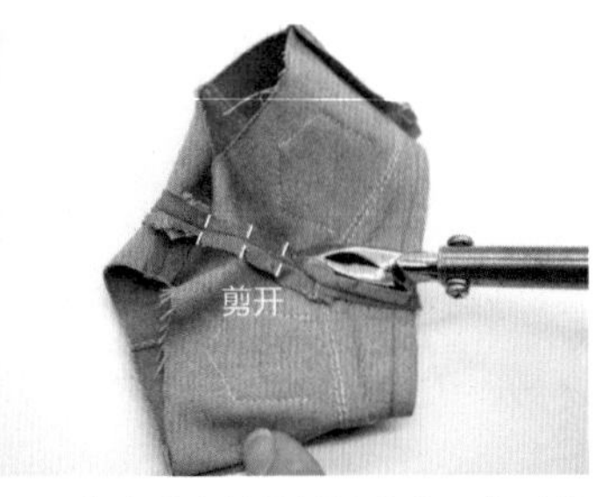

14 将塞进去的裤腿拉出来，分开缝份并烫平。剪开曲线部分的缝份使之平展。

15 翻到正面后缉缝1条中心线。

16 将腰带两边连接缝合，然后将缝份分开。

17 将腰带和裤子腰围的正面相对并缝合。

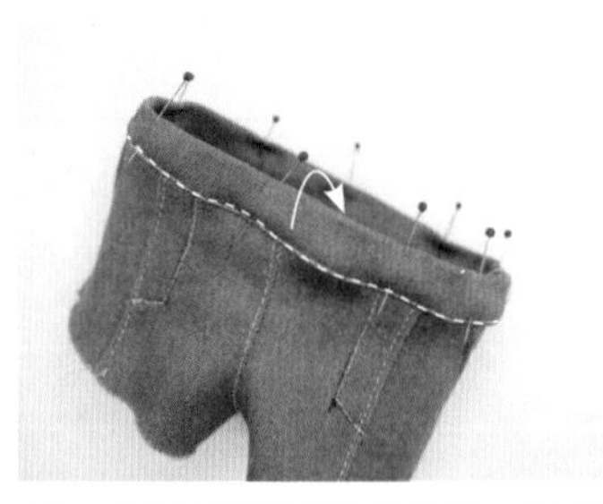

18 先折起腰带剩余的缝份，再对折并覆盖住裤子的缝份，预留穿带孔后绕圈缝出松紧位。

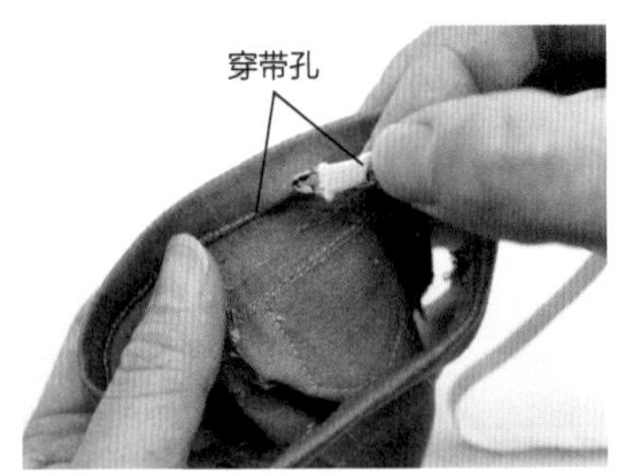

19 在足够长的松紧带上预留缝份并标示19cm的位置，然后从穿带孔穿进去并将两端缝合。

20 缝合穿带孔。

21 缝上纽扣并用锥子将裤口做出毛边，热裤完成。

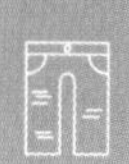

04

背带裤

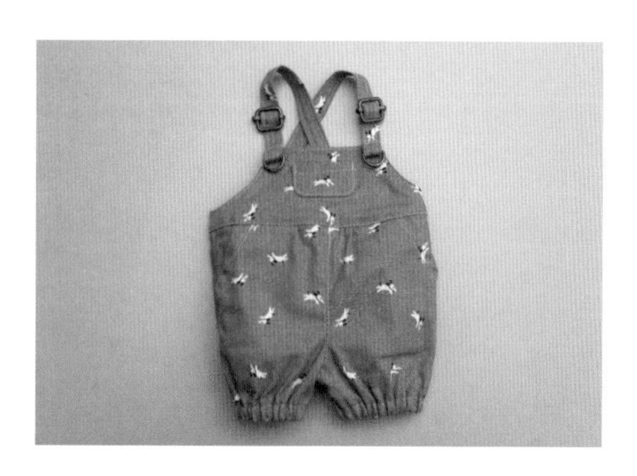

材料 表布50cm×50cm、口袋里布20cm×10cm、松紧带9cm 2条、D形环 2个、方形环 2个、子母扣 2对

※布料边缘用锁边液处理

※**实物等大**纸样p. 220~221

制作板型

裤子下摆缝份为2cm，前、后口袋上方缝份为1cm，其他缝份均为0.5cm。

[上衣]

1 将上衣原型长度增加1.4cm。

2 从前片前颈点向下3cm处画出3.5cm的宽，并用曲线画出侧缝。

3 在后片上画出与前片相接的肩带，并将前片的腰围长度延长7cm，定出腰带的长和宽。

4 绘制出前片的口袋板型并标示位置。

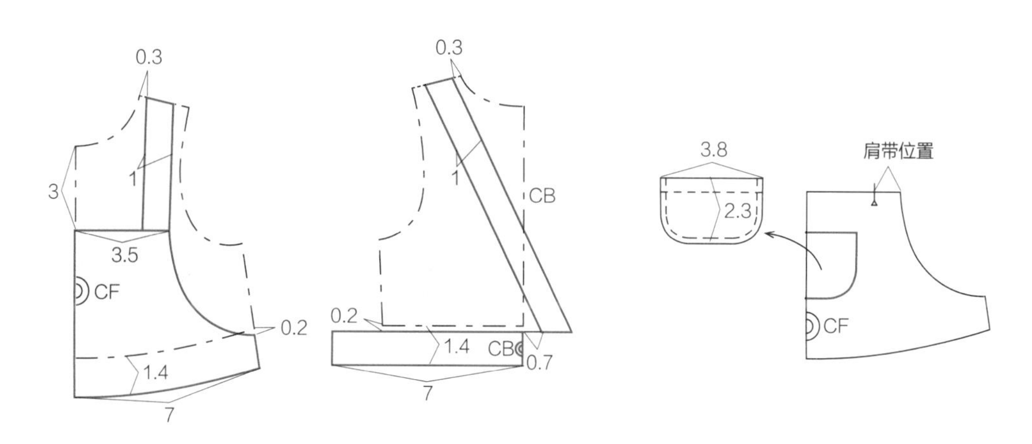

[肩带及腰带]

1 从肩线连接前、后片肩带并在前片留下放置D形环的位置。

2 在腰带上标示出缝合X形肩带的位置。

[裤子]

1 在裤子原型上减去上衣增长的1.4cm。

2 前片腰围要包含缩褶量，所以画得比上衣宽一点，后片腰围则跟上衣相同长度。

3 侧缝长度定为11cm并分别增加裤裆长度。

4 为了在裤口加入松紧带，裤口线要画对齐直角的直线。

5 确定口袋、拉链明线、放置松紧带的位置。

6 为了能够做出有里布的口袋，要剪开前片、口袋表布、口袋里布的板型。

7 后片腰围也要剪开并加入0.7cm的放松量，和腰带缝合时就会产生轻微的缩褶。

8 绘制后口袋并在板型上标示位置。

9 裤摆的松紧带长度要根据娃娃的大腿围来决定。

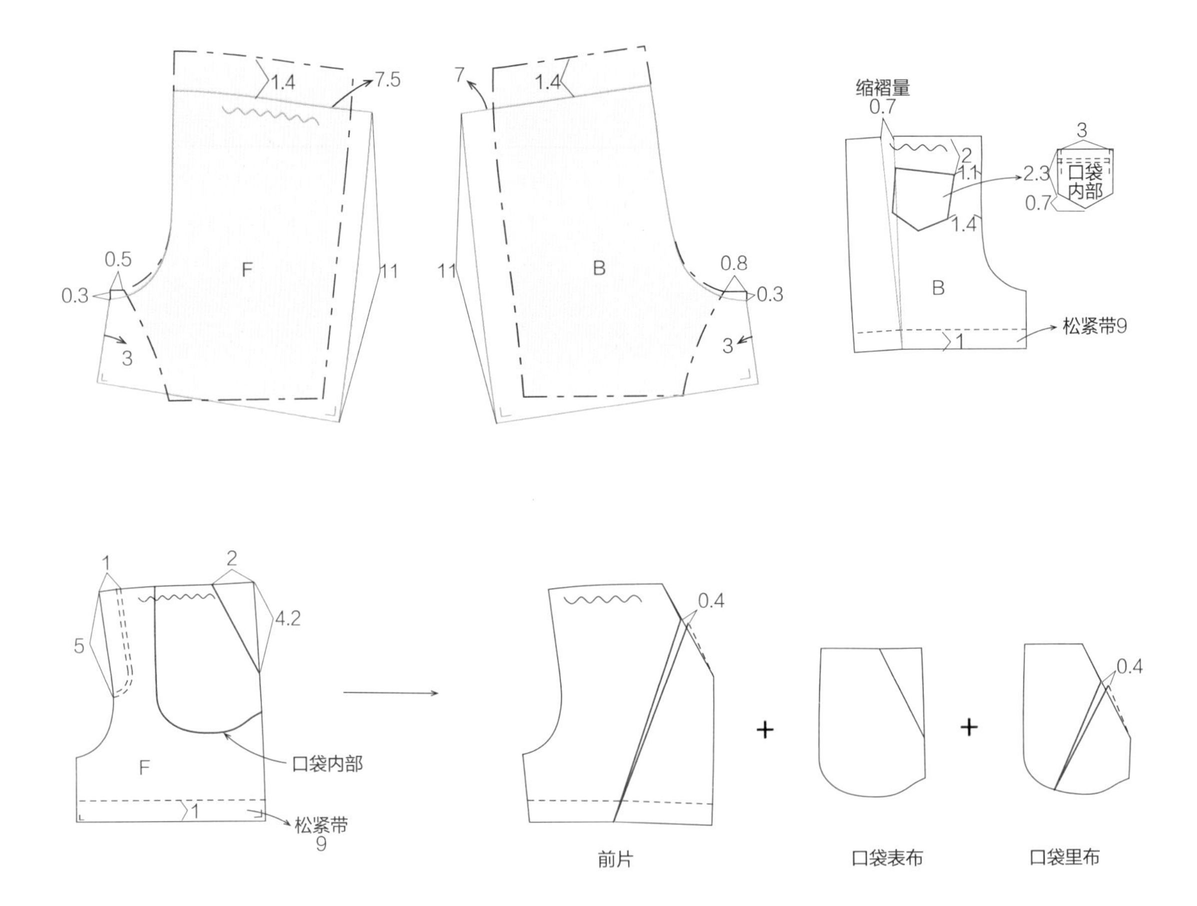

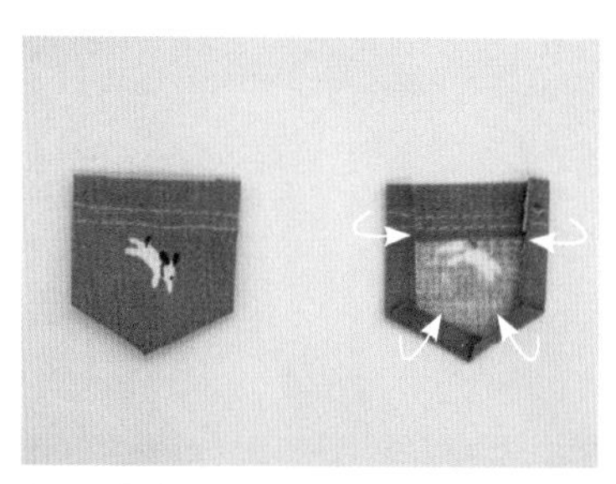

1 先将2片后口袋上方的缝份向内折并缝1~2条明线，再将其他缝份折起烫平。

2 在两边裤腿的后片上标出口袋位置，并缝合口袋的侧边跟下方。

3 在其中一边的前片裤裆上缉出拉链的明线。

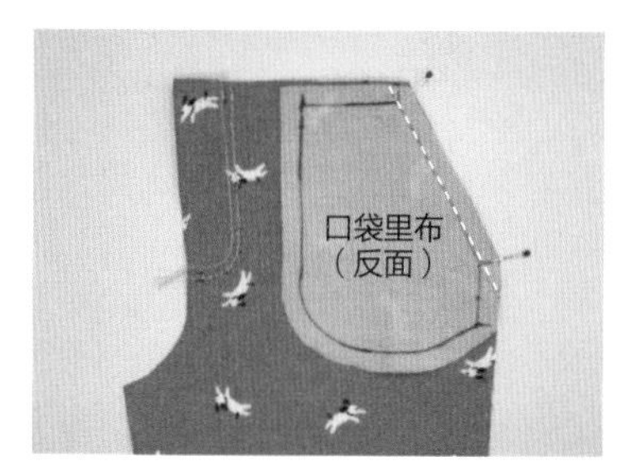

4 两边的前片都缝上口袋。先将口袋里布正面相对并缝合开口处。

5 将口袋里布上翻到后面去，沿着缝线折叠好，然后在开口处缉1~2条明线。

6 将口袋表布跟前片临时固定。

7 沿着口袋表布跟里布边缘缝合。

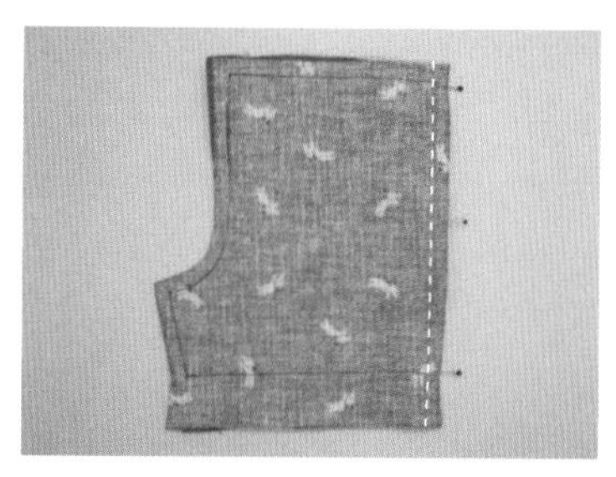

8 将前片和后片的正面相对缝合侧缝。

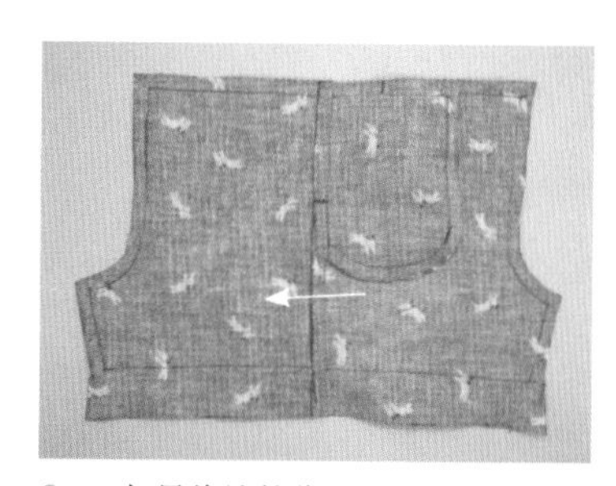

9 如果将缝份分开，由于口袋的原因，前面会变很厚，因此一般缝份都会向后叠放并烫平。

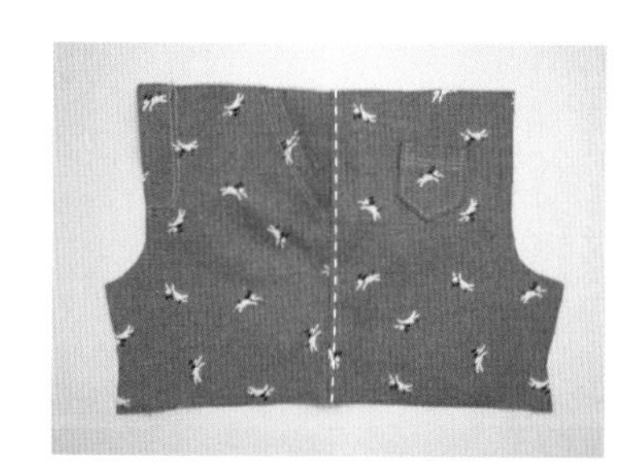

10 在后片正面沿侧缝缉明线，将缝份固定。

11 将裤摆缝份以0.2cm、1.2cm分2次折叠并烫平，然后从正面缝合，做出穿松紧带的位置。

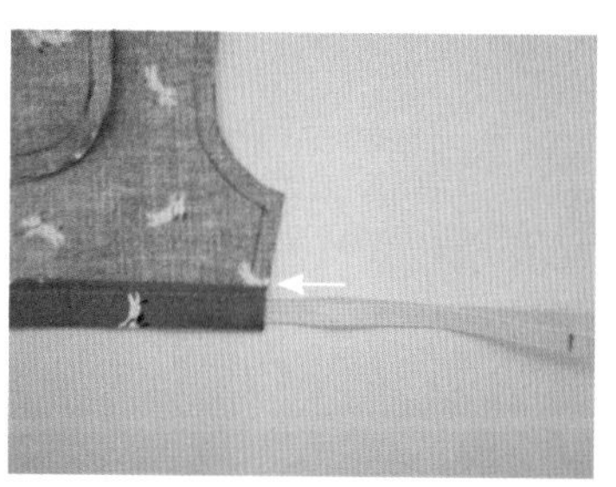

12 在足够长的松紧带上预留缝份并标示9cm的位置，然后穿上松紧带。

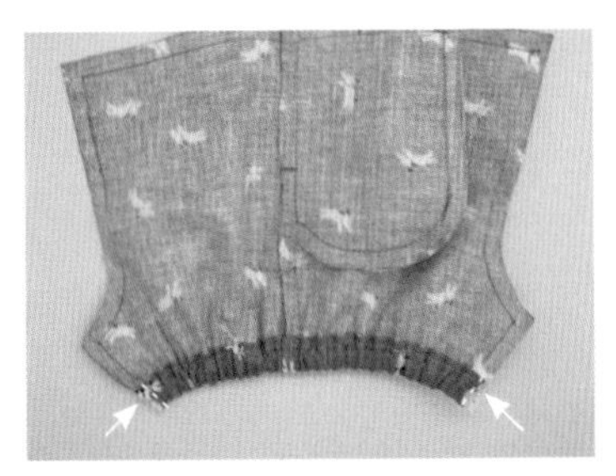

13 将松紧带两端固定在裤摆两边。

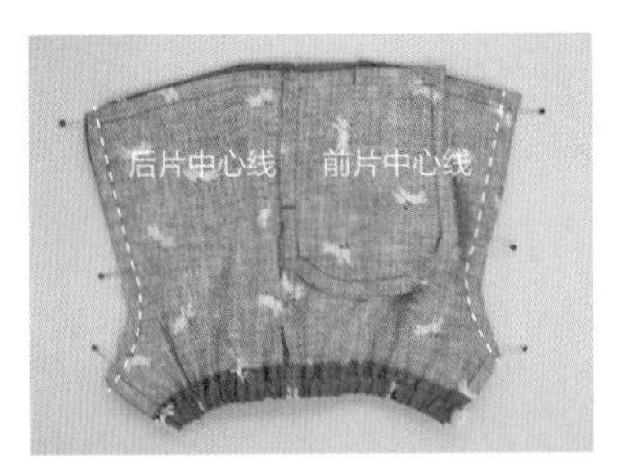

14 将左右两边裤腿的正面相对并缝合前、后片中心线。剪开缝份，将缝份分开并烫平。

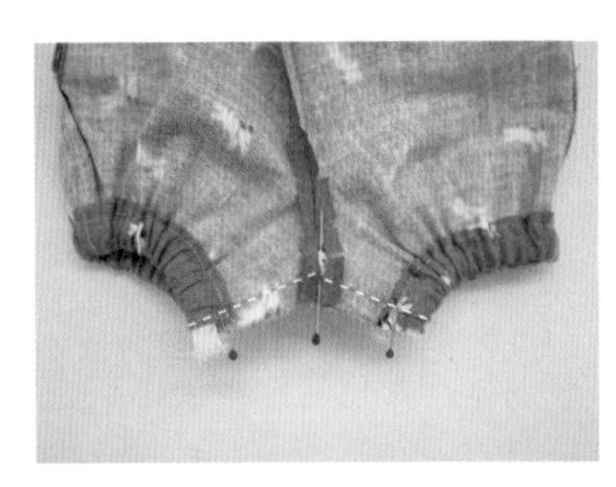

15 将前片和后片的正面相对后缝下裆。

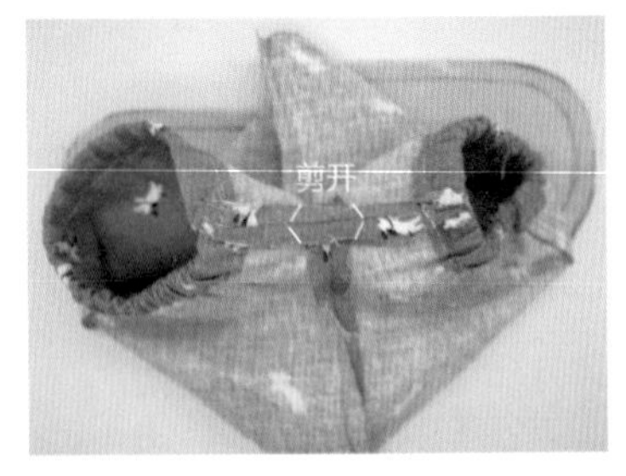

16 用剪刀剪开，再将缝份分开。

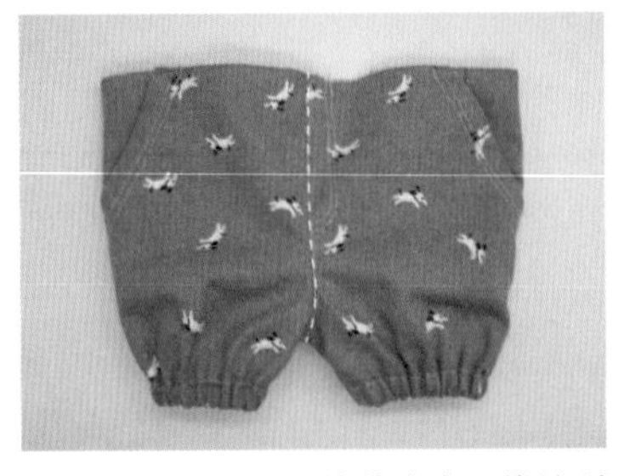

17 翻到正面后，从前片中心线缝到后片中心线。

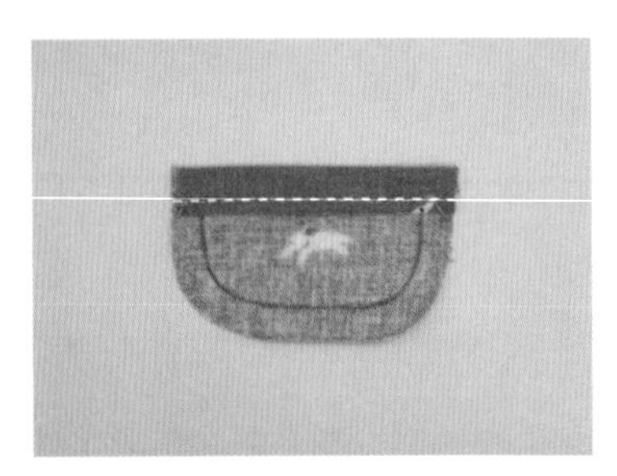

18 将上衣的前口袋缝份折好并缝1条线。

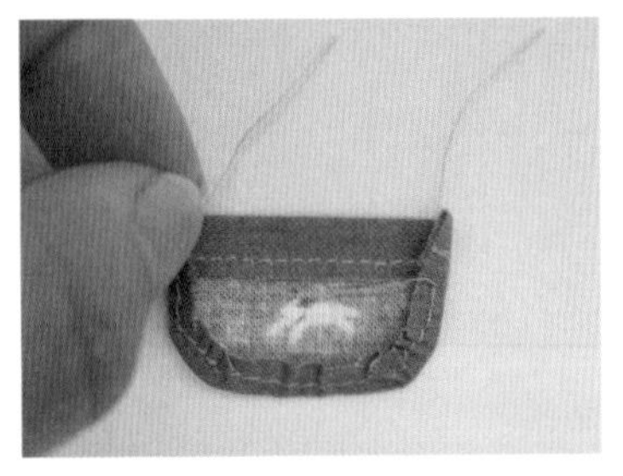

19 用疏缝或用平针法缝口袋剩余部分的外侧缝份。留长两端的线头且不要打结，一边拉一边折叠缝份。

为了更好的固定形状可以将板型放在里面熨烫定。

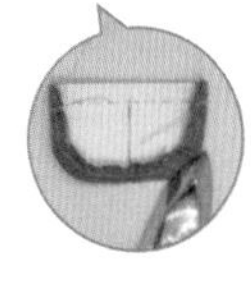

20 将完成的口袋放在上衣表布标记的位置并缝合侧边和下边。

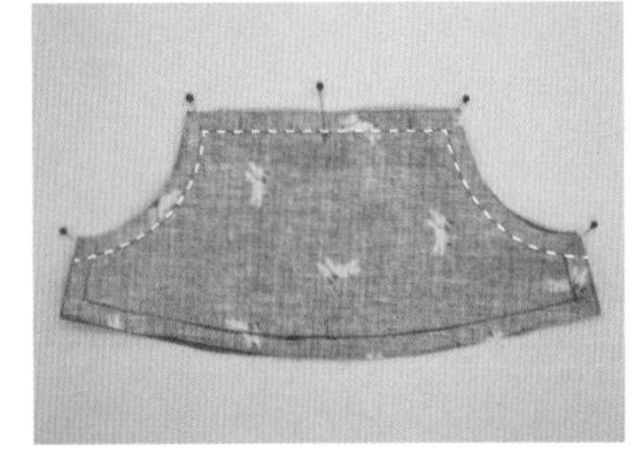

21 将上衣的里布和表布正面相对，并缝合上边。

22 剪掉前片缝份的棱角，并剪开曲线部分的缝份。将前片里布向上折并和后片的腰带正面相对，再缝合侧缝。

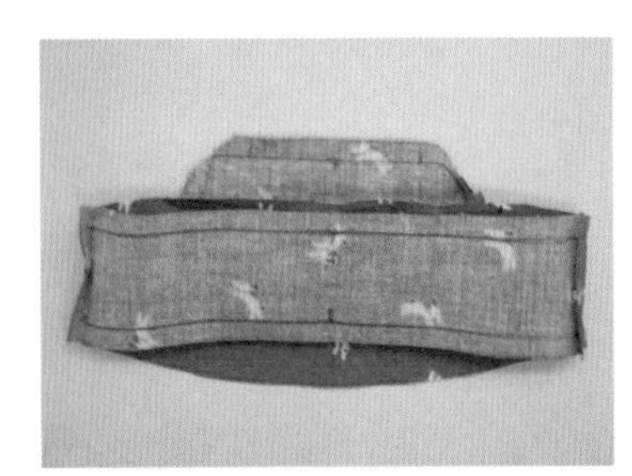

23 将缝份分开并烫平。

24 另一边也和侧缝缝合并将缝份分开。

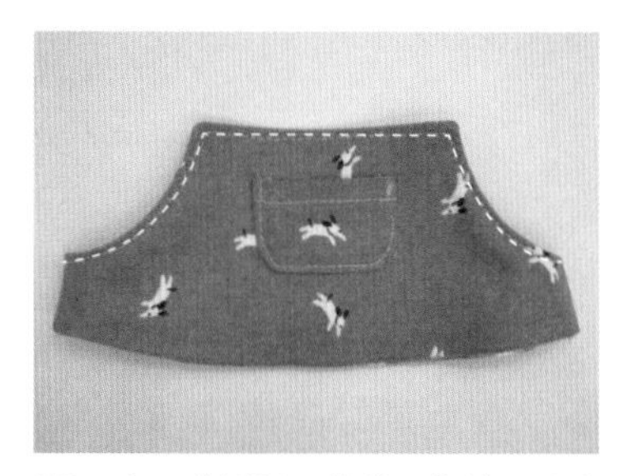

25 翻面并熨烫，接着压住前、后片上方缉明线。

26 为了连接上衣跟裤子，需要在裤子上方做缩褶。用平针缝在缝份上缝1~2条线，并拉紧上方的线即可。

窍门 如果缝2条线，拉的时候会比较牢固且平整。

27 将上衣套在裤子上，使其两边正面相对，只将上衣表布的那一层沿着裤子腰围缝合。

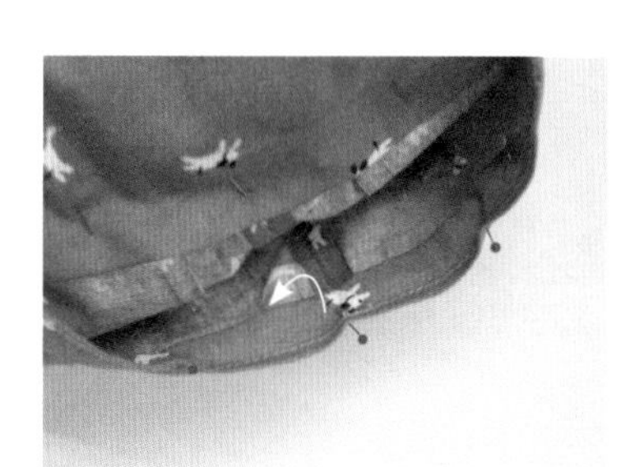

28 折叠夹里的缝份包裹住裤子缝份，用珠针固定。

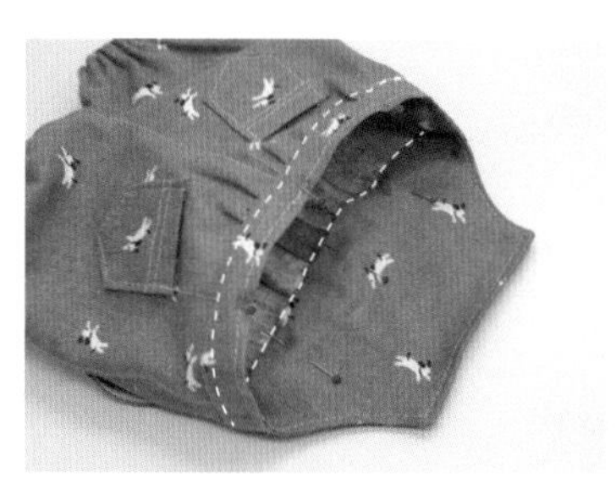

29 沿着腰围缝一圈。

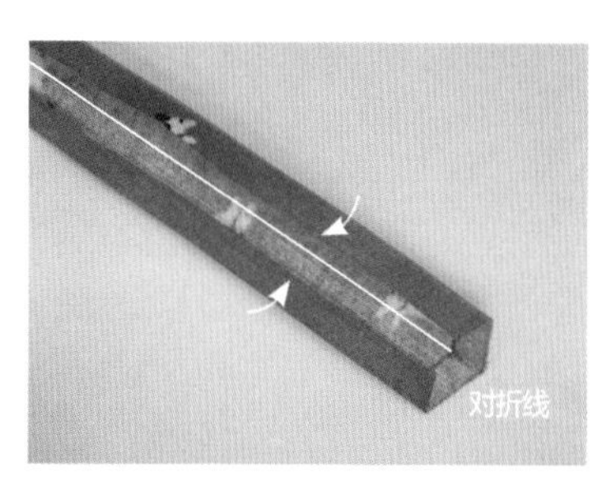

30 将肩带的缝份向内折，然后再对折。

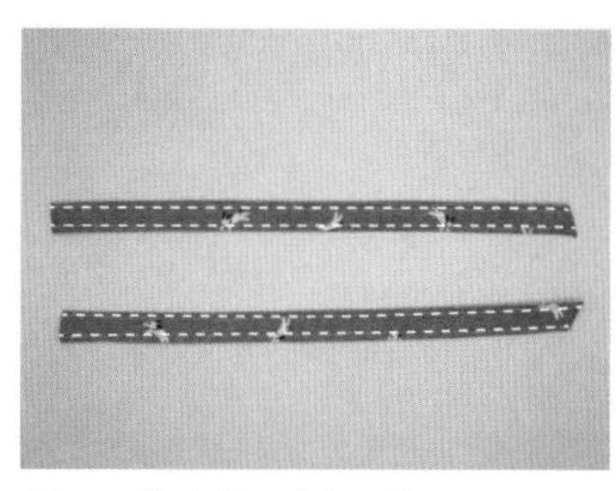

31 压住肩带两边缉明线。

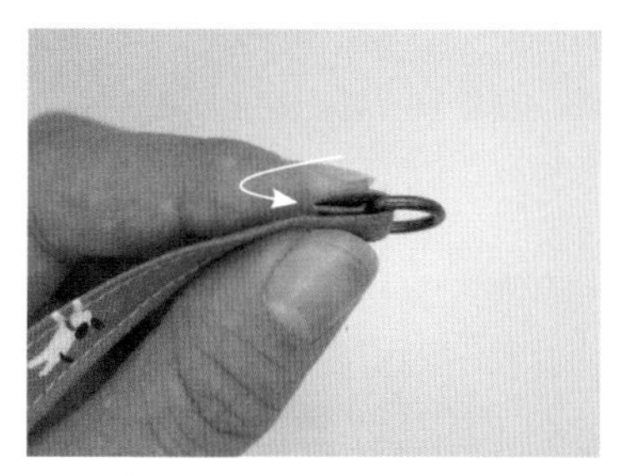

32 穿过1.2cm的D形环，并将尾端对折2次。

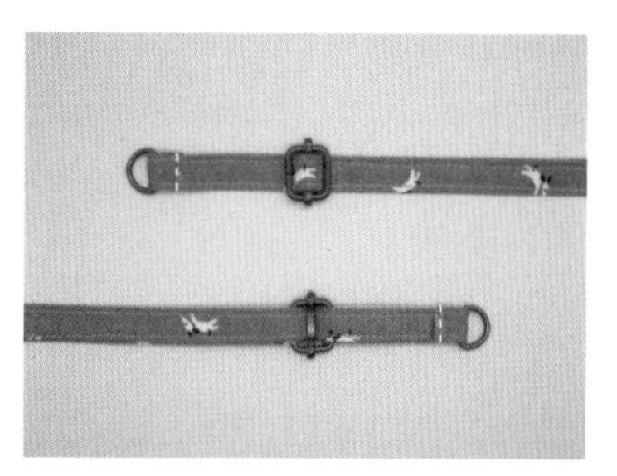

33 缝合肩带尾端固定D形环，并将肩带装饰也穿上去。

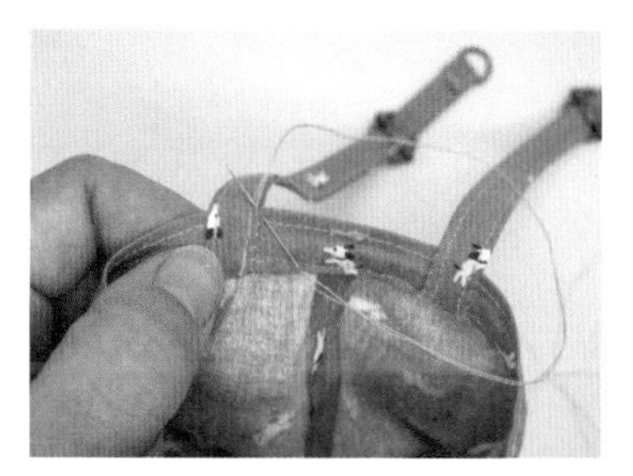

34 将肩带固定在腰带背面。

35 将子母扣缝在上衣和肩带上，背带裤完成。

01

插肩T恤

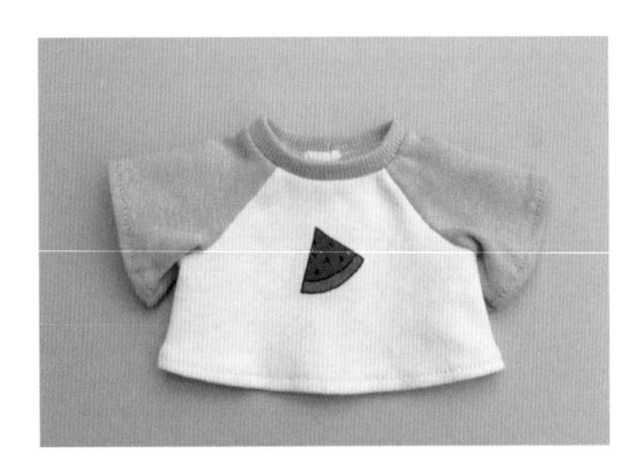

材料 表布45cm×15cm、配色布35cm×15cm、罗纹布5cm×20cm、子母扣 2对、转印贴纸或布贴 1个

※布料边缘用锁边液处理

※**实物等大**纸样p. 222

制作板型

后片中心线、衣摆、袖口缝份为1cm，罗纹布两端缝份为0，其他缝份均为0.5cm。

[上衣变形1]

1 将上衣原型胸围向外加宽0.5cm，再将腋下向下挖深0.5cm。

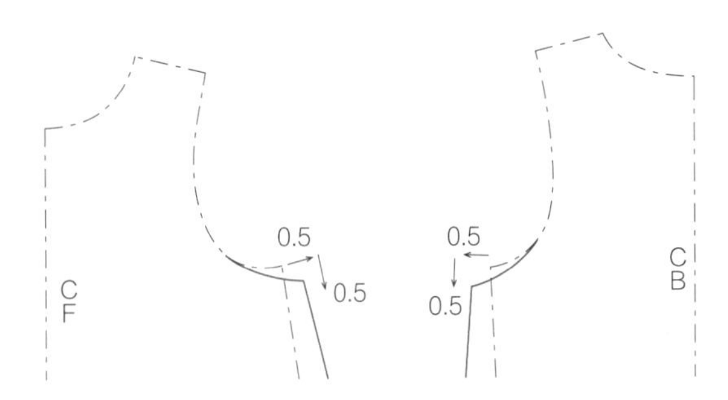

[罗纹布]

1 参考并绘制立领制图（p. 68~69）。

2 配合前、后片颈围长度的上半部分（a、b）进行绘制。

使用弹性大的布料时，需要画得比上衣领口短，而且要拉伸缝制。

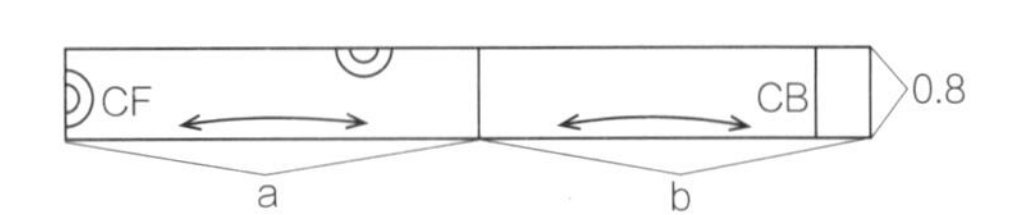

[上衣变形2]

1 将前、后片领口挖深，领口罗纹布宽度定为0.8cm。

2 衣长延长2.1cm并将侧缝变形成A形线条。

3 请参考连肩袖板型（p.103~107）并绘制连肩短袖。

如果肩线角度不变且以直线来绘制，这样也可以不加分割线和肩省。

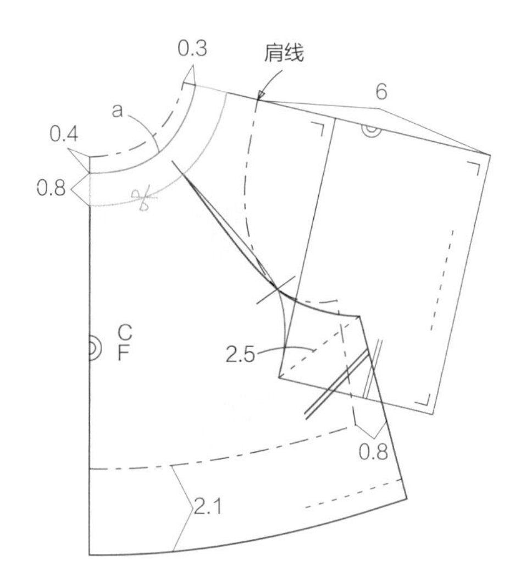

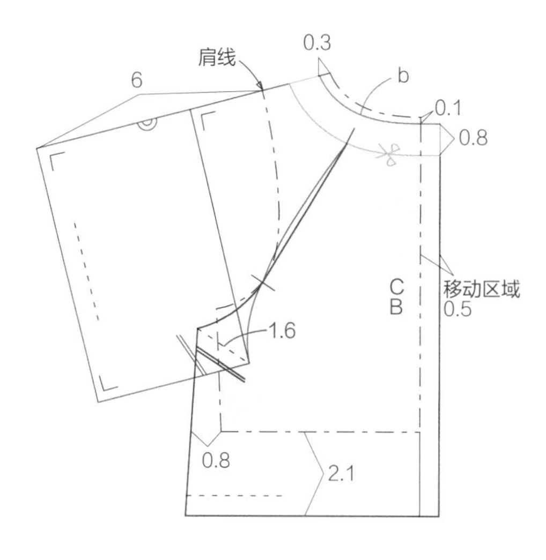

制作方法

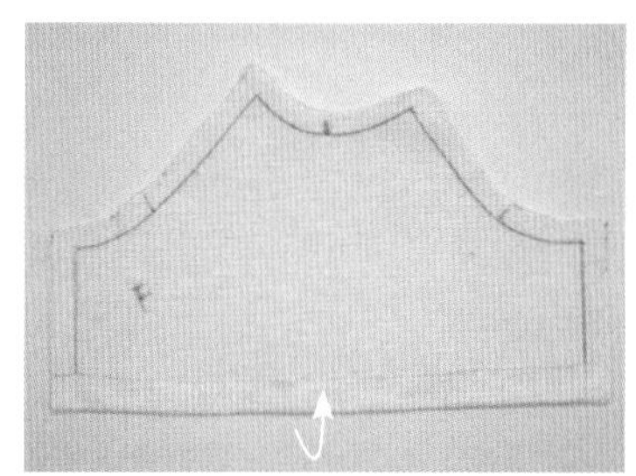
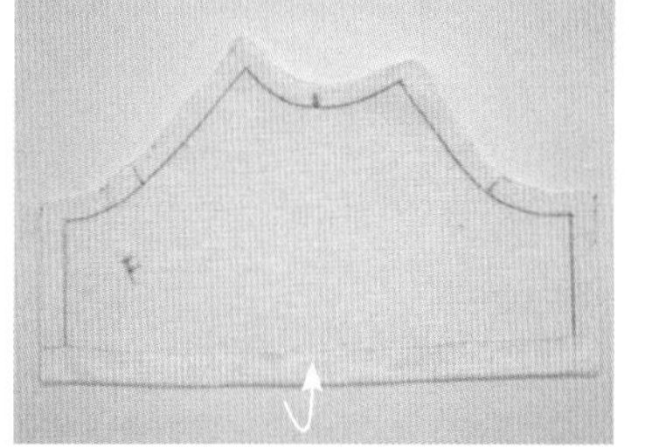

1 袖口向上折并烫平。

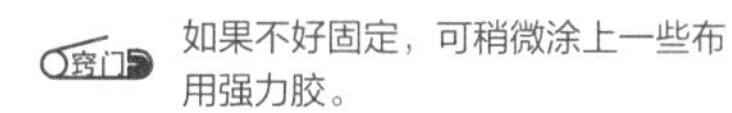

如果不好固定，可稍微涂上一些布用强力胶。

2 将袖口缝合固定。

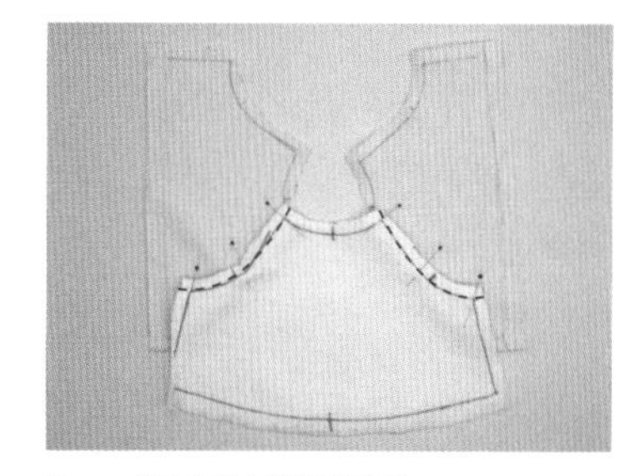

3 将2片袖子连接前片。

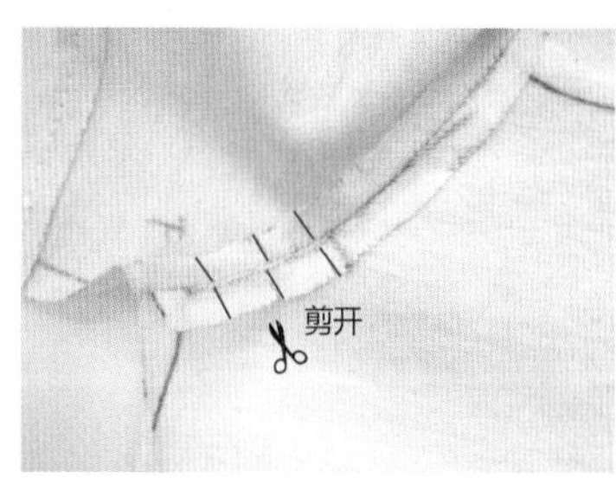

4 当缝份向两边翻开时，为了让袖子服帖，需将袖窿部位的缝份上剪几个开口。

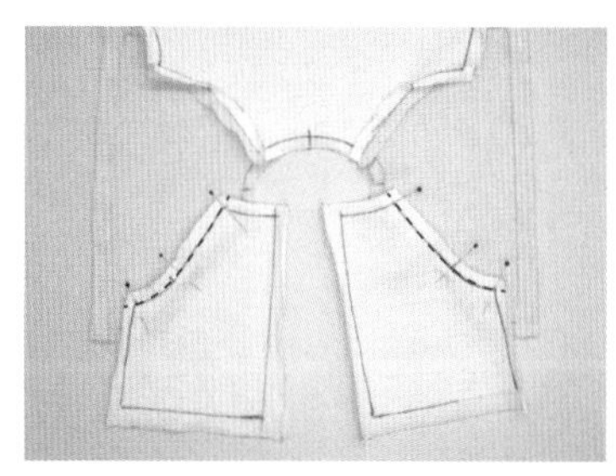

5 将袖子连接到后片。跟前片一样，也要整理缝份。

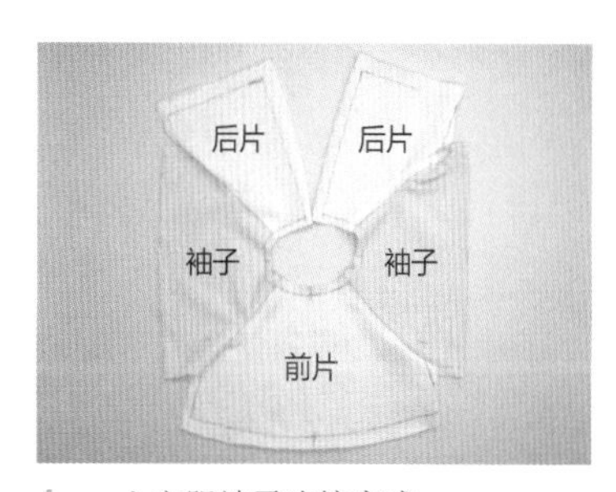

6 上衣跟袖子连接完成。

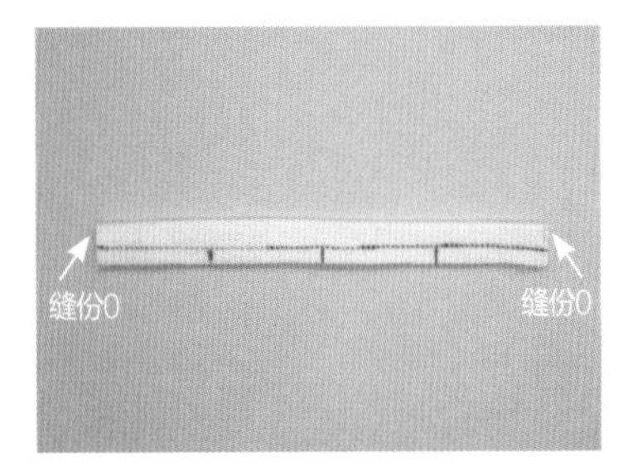

7 将领口的罗纹布对折，两端不要有缝份。

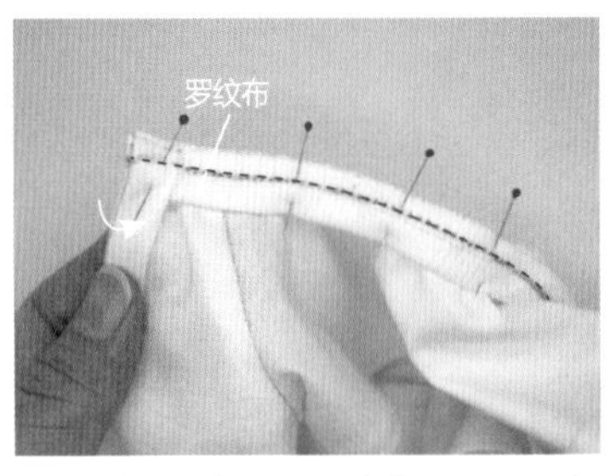

8 将对折好的罗纹布与上衣正面相对，将后片中心线缝份朝上衣正面折并盖住罗纹布，接着沿领口缝合。

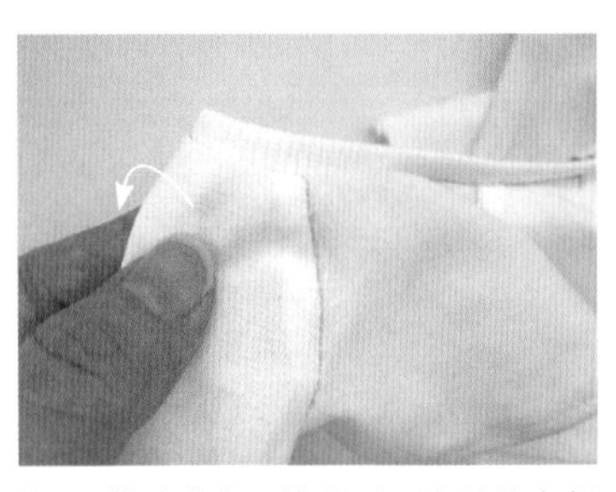

9 将后片中心线翻面，让罗纹布朝上露出来。

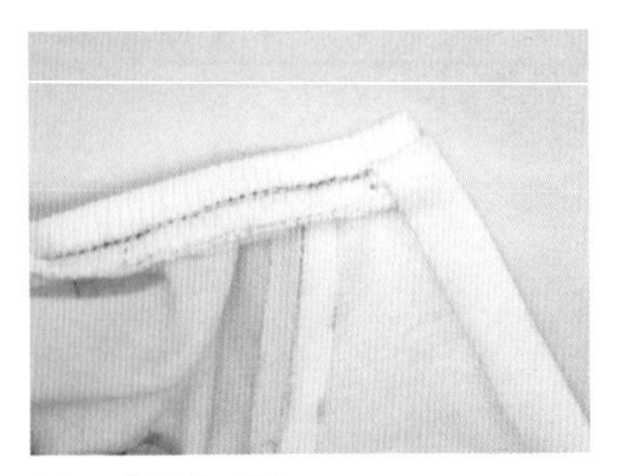

10 背面完成图。

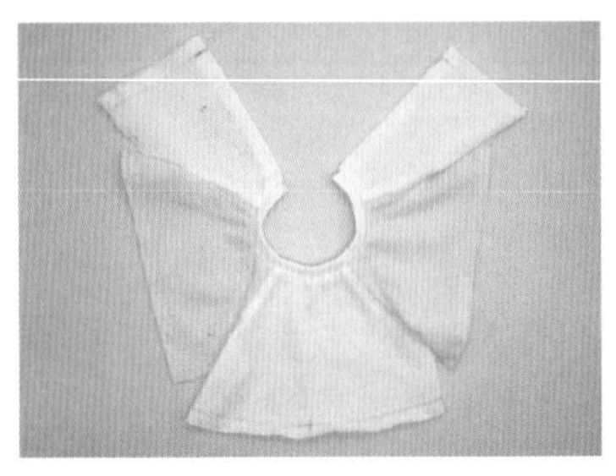

11 整理两边的后片中心线。

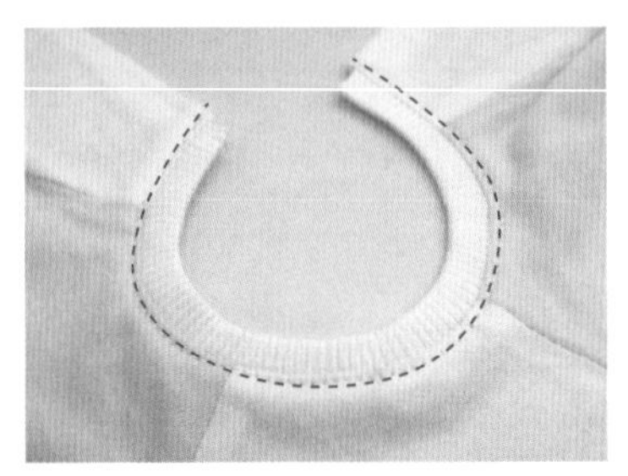

12 将领口的缝份倒向衣身并烫平，从正面沿领口缉明线固定。

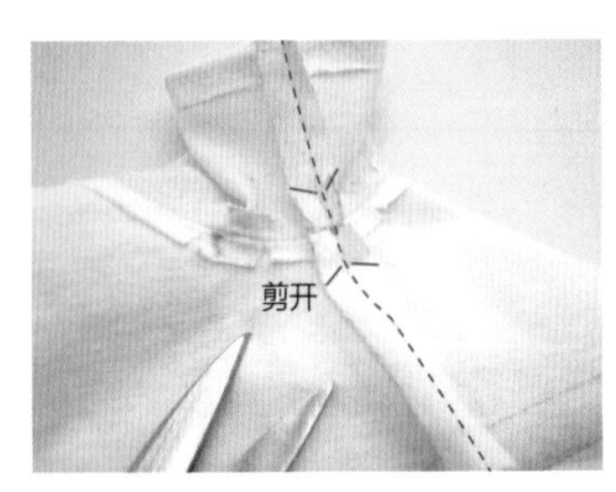

13 从袖口到上衣下摆将侧缝一次性缝合，将缝份分开并用剪刀剪口。

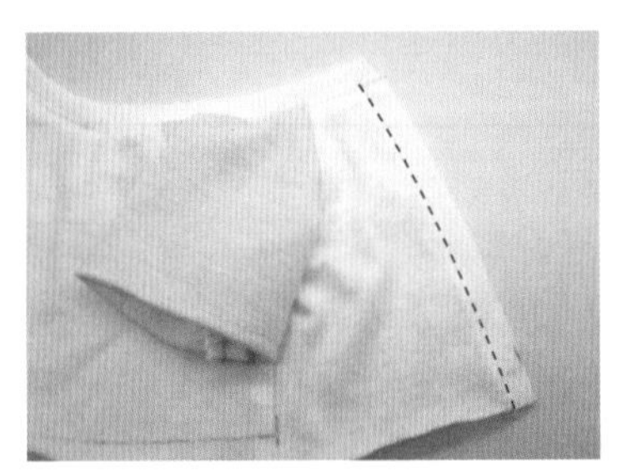

14 从正面压着后片中心线缉明线固定。

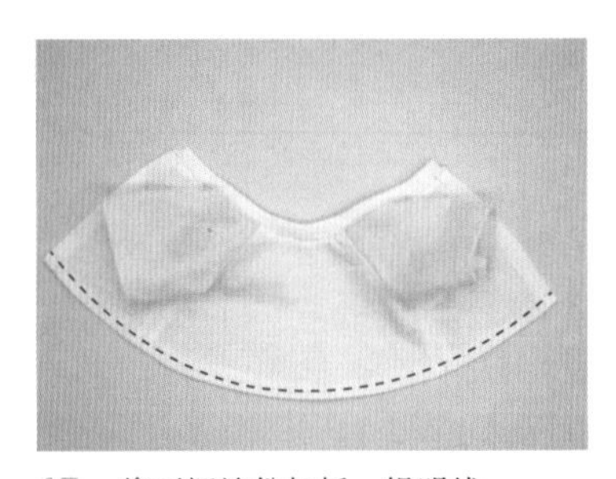

15 将下摆缝份扣折，缉明线。

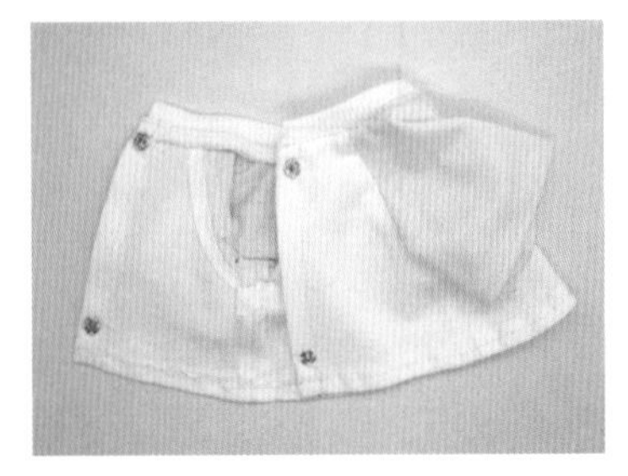

16 将子母扣缝在后片中心线的上、下两处。

17 在前片贴上转印纸或是布贴，完成。

02

落肩休闲上衣

材料 表布40cm×35cm、罗纹布30cm×20cm、子母扣3对、布贴1个

※布料边缘用锁边液处理

※**实物等大**纸样p. 223~224

制作板型

领口、下摆的罗纹布两端缝份为0，后片中心线缝份为1cm，其他缝份均为0.5cm。

[上衣变形1]

1 这是蝙蝠袖板型（p. 94~97）的变形。减小上衣板型的肩线角度，画出想要的样子。

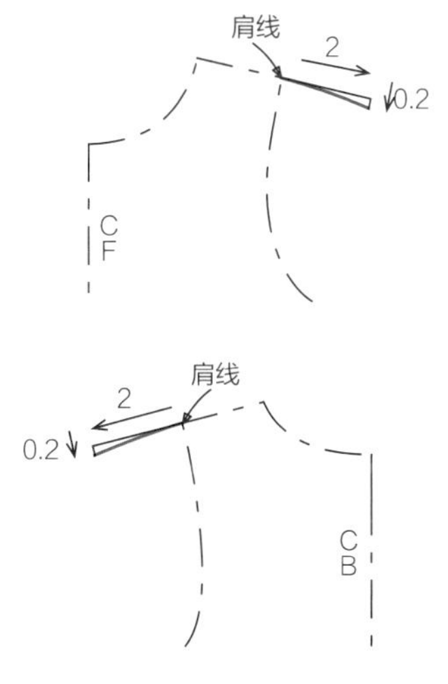

[上衣变形2]

1 将前、后片领口挖深，领口罗纹布宽度定为0.8cm。

2 将胸围向外加宽1.6cm，再将袖窿向下挖深2.8cm。

3 袖长延长4.8cm，侧缝向内移动0.3cm。

4 延长袖长并画上分割线。

5 由于这个款式衣身设计成前短后长式，所以前片中心线要缩减0.5cm。

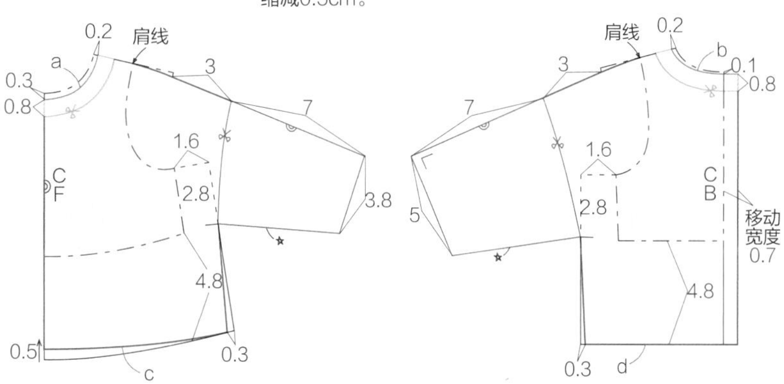

[下摆罗纹布]

1 因为下摆罗纹长度比衣身底边c和d短，所以需要拉伸缝制。

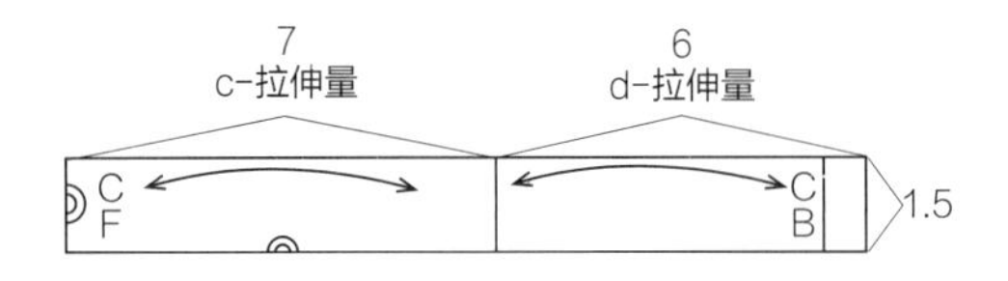

[领口罗纹布]

1 领口罗纹布的a+b的长度要比上衣领口a+b短，所以需要拉伸缝制。

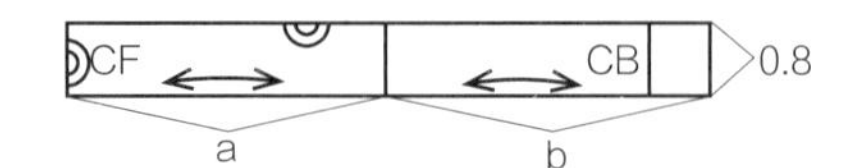

[袖子]

1 将上衣前、后片袖子剪下，并将肩线缝合。为了在制作时可以拉伸着缝，腋下部分要重叠0.4cm再做缝合。

2 袖子罗纹布也是为了在制作时拉伸缝制，长度要画得比袖口短。

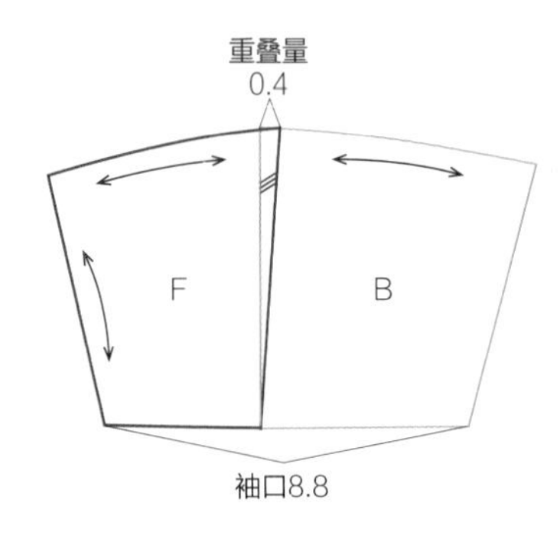

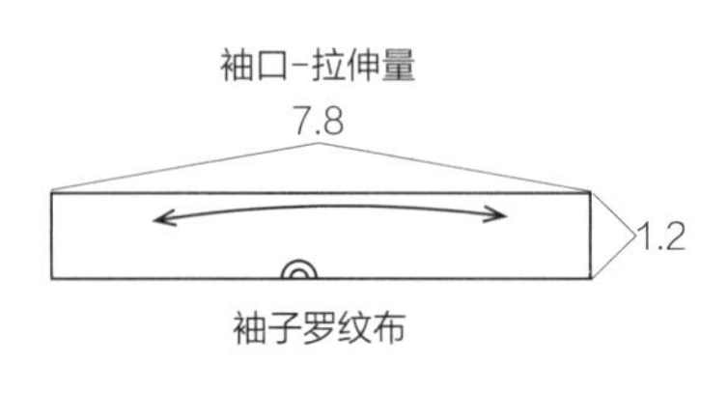

制作方法

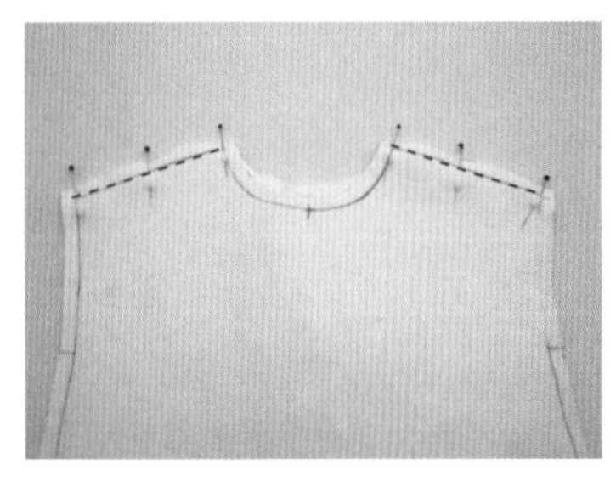

1 将前后片的正面相对，缝合肩线，并将缝份分开烫平。

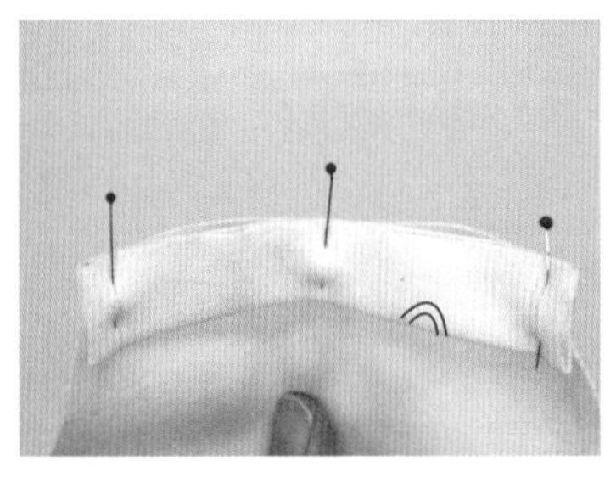

2 将袖口与对折的罗纹布正面相对，用珠针固定。

3 由于罗纹布长度较袖口短，所以要轻轻拉伸后缝合。

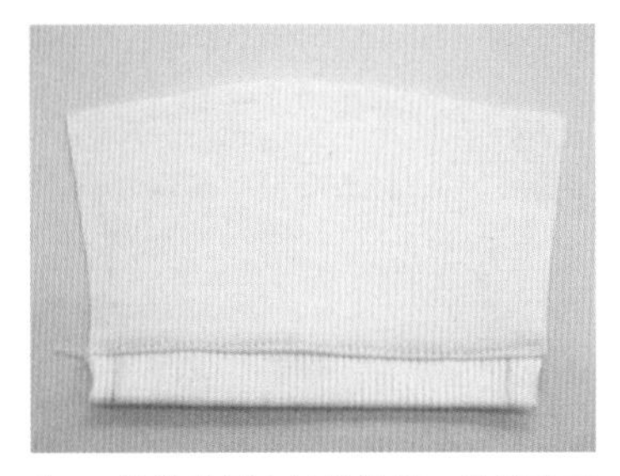

4 将缝份倒向袖片烫平，然后从正面缉明线。

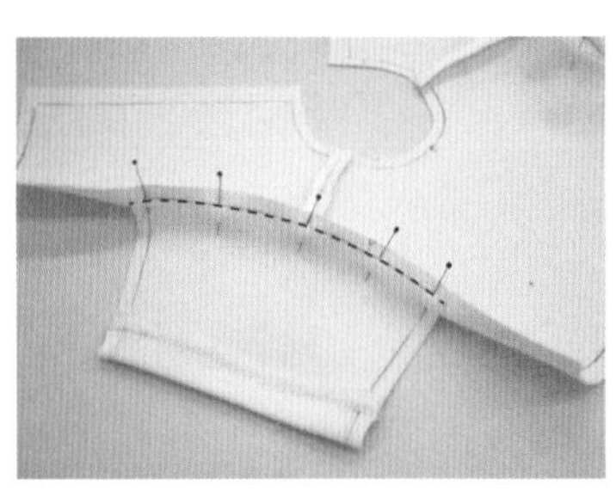

5 确认袖子的前、后位置与上衣袖窿缝合。

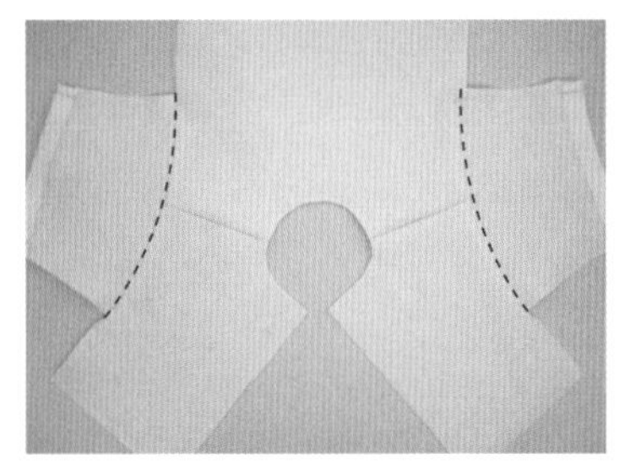

6 将缝份倒向衣片并烫平，再从正面缉明线，将缝份固定。

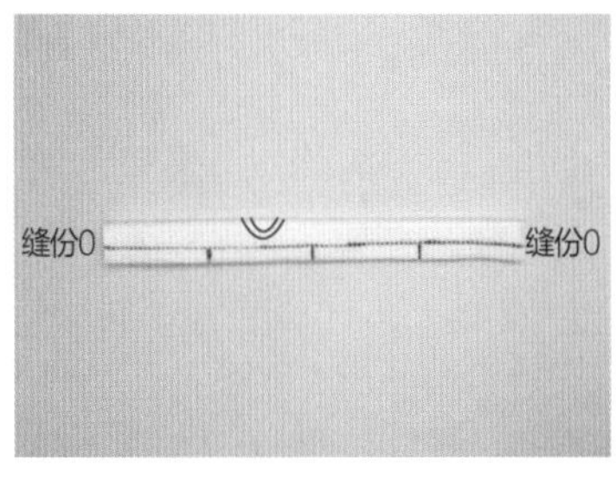

7 将领口的罗纹布对折，两端不要留缝份。

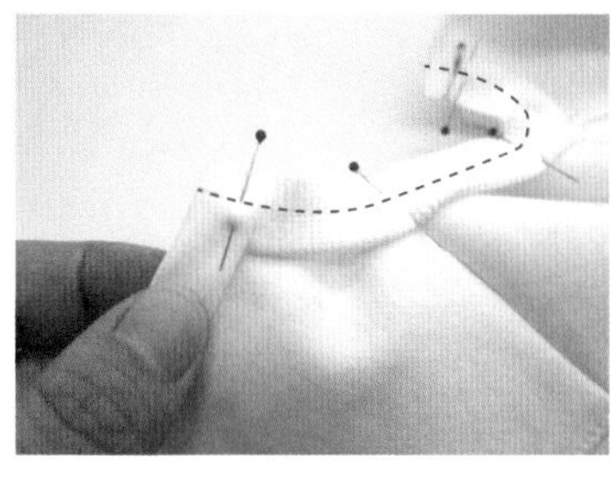

8 将衣片与折好的领口罗纹布正面相对，用珠针固定。将后片中心线缝份向上衣正面折叠，并包住罗纹布，接着沿着领口缝合。因罗纹布领口较短，必须拉伸缝制。

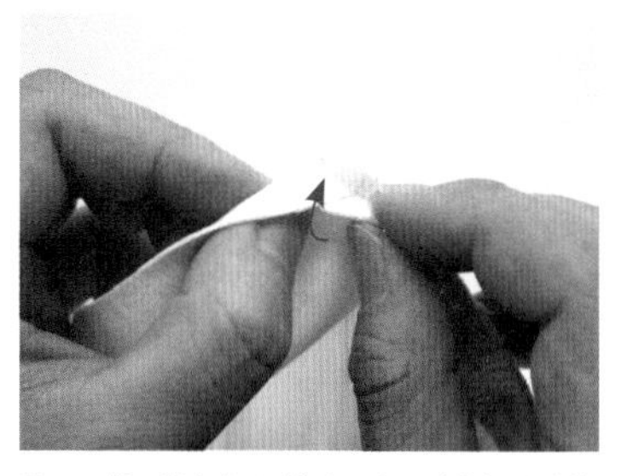

9 将后片中心线翻面，让领口罗纹布露在上面。

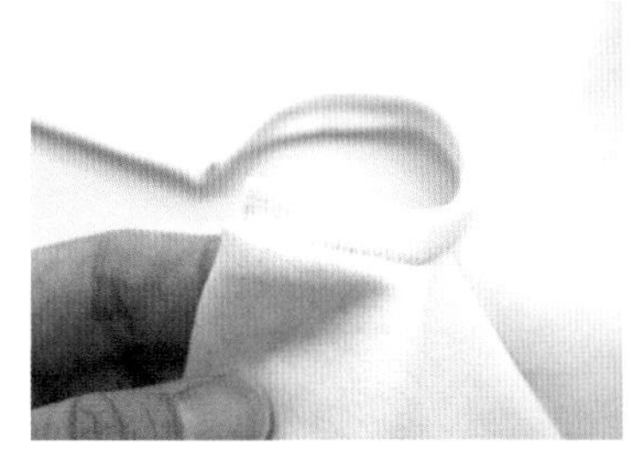

10 将两边罗纹布都露出，使缝份倒向衣片并烫平。

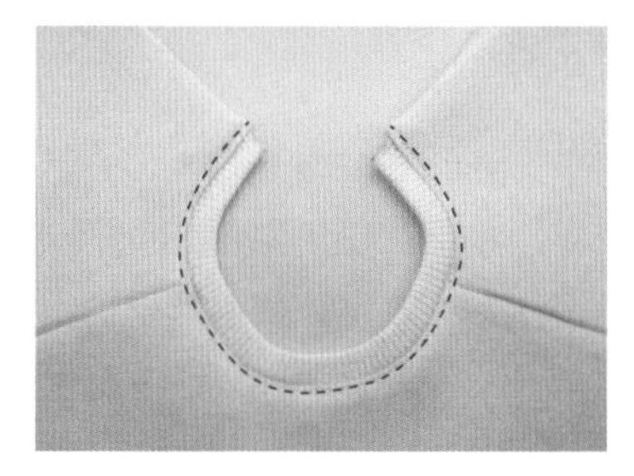

11 从正面缉领口明线。

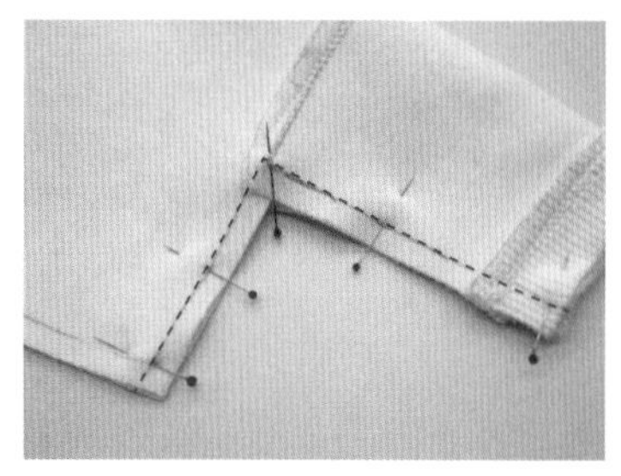

12 将前、后片正面相对，缝合袖口、侧身及下摆。

13 剪开侧缝缝份，分开缝份并烫平。

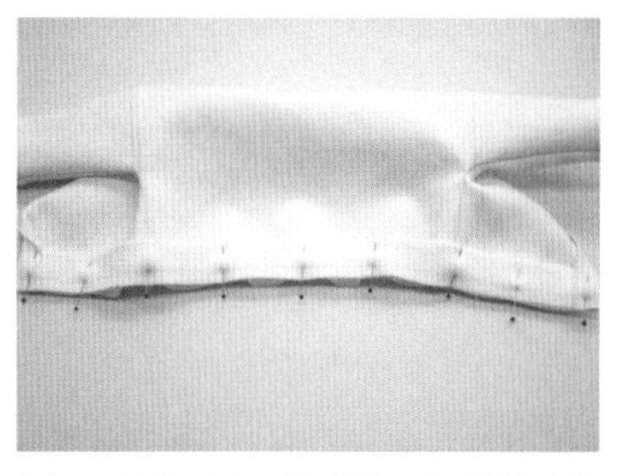

14 翻到正面，将两端无缝份的下摆罗纹布对折，放在衣片正面，用跟领口罗纹布一样的方式固定。

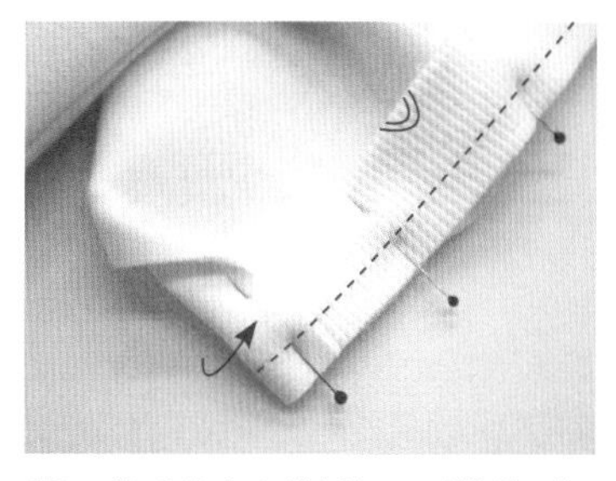

15 将后片中心线折好，再沿着下摆缝合。

16 将后片中心线翻面，让罗纹布露出来，从衣片正面沿着下摆缉明线。

如果缝份整理得很好，也可以省略压缝的步骤。

17 从正面沿后片中心线缉明线，将缝份固定。

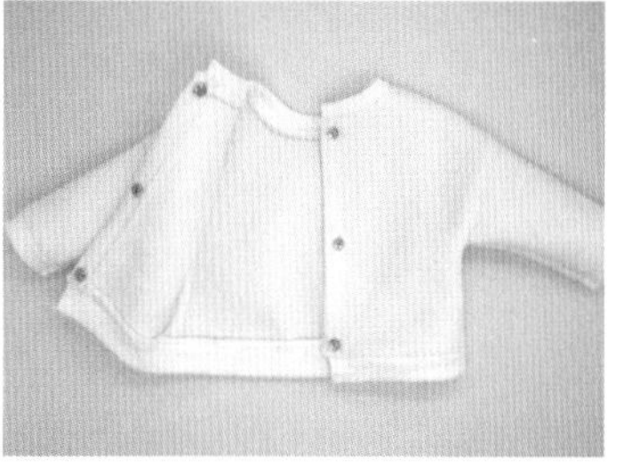

18 将子母扣缝在后片中心线上，并在前片贴上布贴，落肩休闲上衣完成。

03

西装背心

材料 表布40cm × 35cm、罗纹布35cm × 35cm、子母扣1对、纽扣4个

※布料边缘用锁边液处理

※**实物等大**纸样p. 224~225

制作板型

缝份全部为0.5cm。

1 将上衣原型衣长延长3cm并将侧缝变形成A形线条。在前片中心线增加1.3cm的门襟宽度。

2 挖出宽松的领口位，胸围向外加宽0.6cm，再将袖窿挖深1cm。

3 将原型腰围向上0.3cm的地方作为腰线的位置，然后画出公主线（princess line）。

后片中心线也要加入锥形省。为了加大后片下摆松量，后片公主线下段重叠交叉放出。

4 如果想要在有锥形省的地方标示口袋位置，在前片展开的公主线下段交会处画上口袋板型。

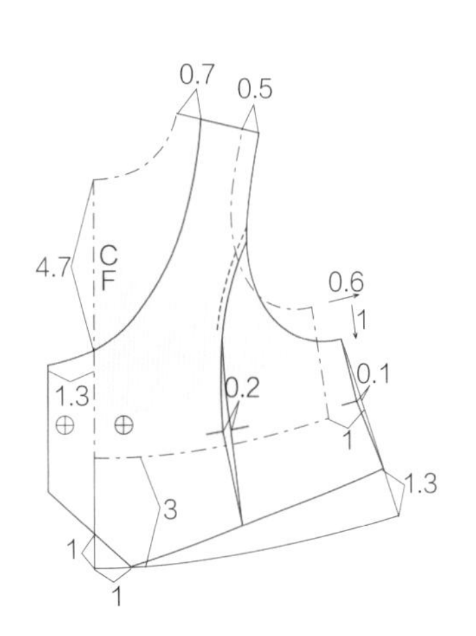

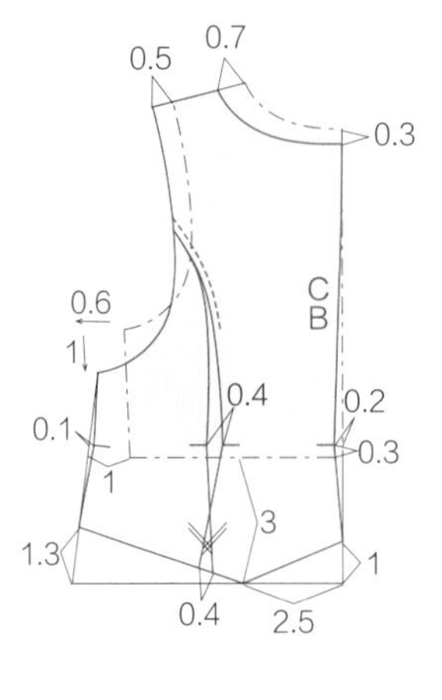

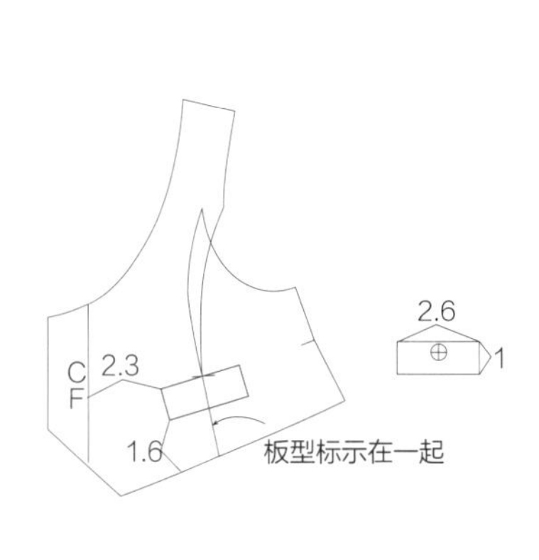

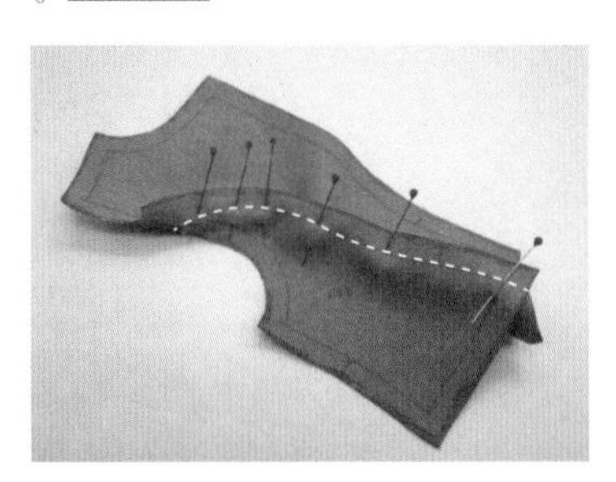

1 将后片的2块面料正面相对缝合。由于省道不是直的，可以用珠针固定或做疏缝，然后再沿曲线缝合。

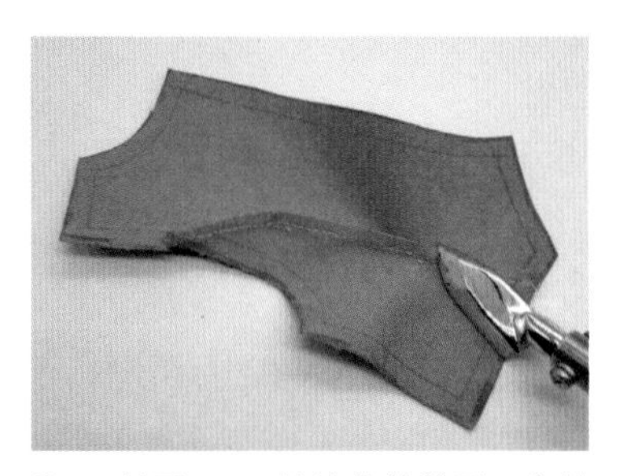

2 留下0.3cm的缝份并剪开，将缝份倒向后片中心线烫平。

3 从正面沿省道曲线缉明线，固定缝份。

如果缝份整理得很好，也可以省略压缝。

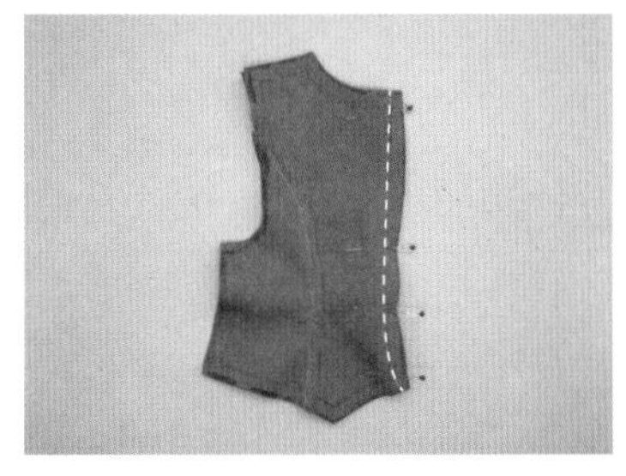

4 将两片后衣片中心线正面相对缝合。

5 将缝份倒向一边，从正面缉明线固定。

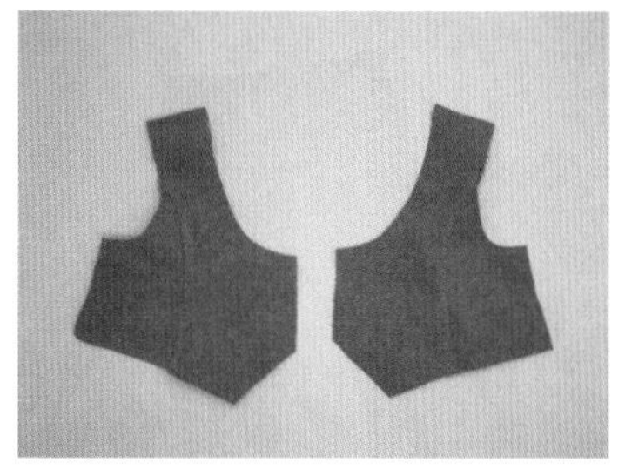

6 前片也像后片一样将两边缝合。

7 将前、后片的肩线正面相对缝合。将缝份分开并烫平。

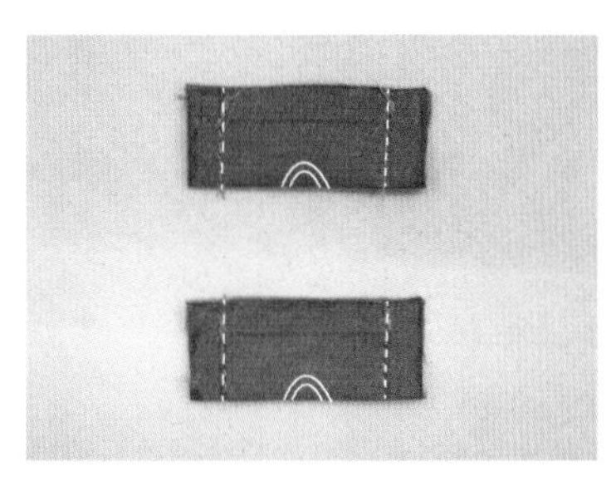

8 让口袋的反面朝外对折，接着缝合两侧后翻到正面，烫平。

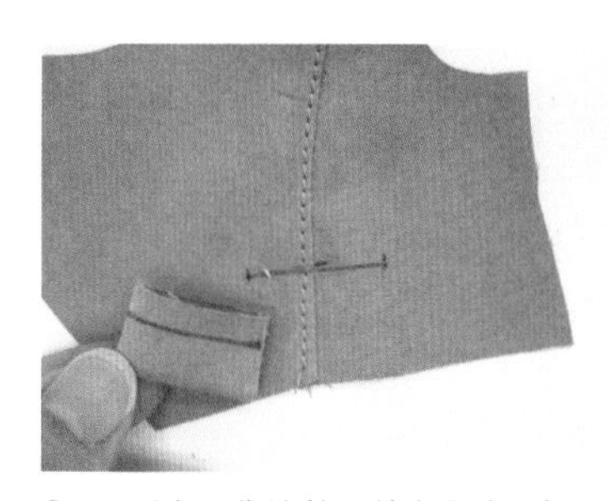

9 画出口袋缝份，并在衣片上标示口袋缝合的位置。

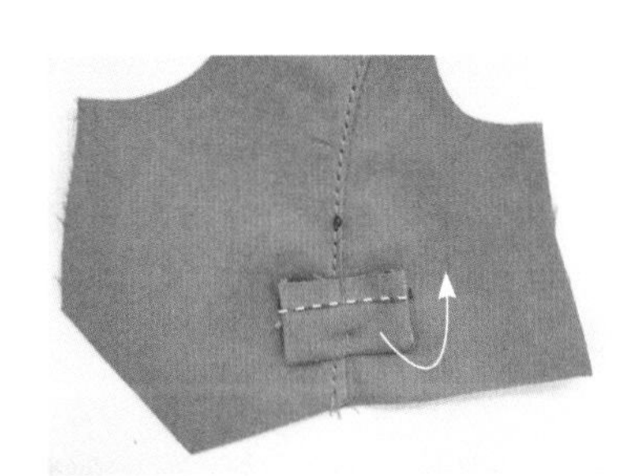

10 将口袋缝在衣片上，然后向上折。

11 利用纽扣将口袋固定在衣服上。

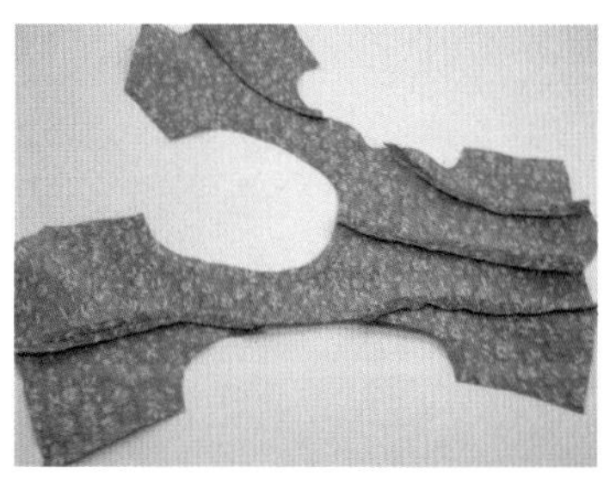

12 将里布的各个部分缝合并将缝份分开并烫平。

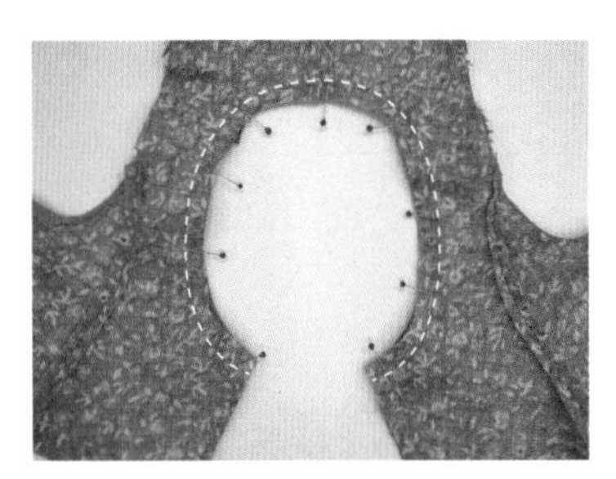

13 将里布和表布正面相对，缝合领口，接着剪开缝份。

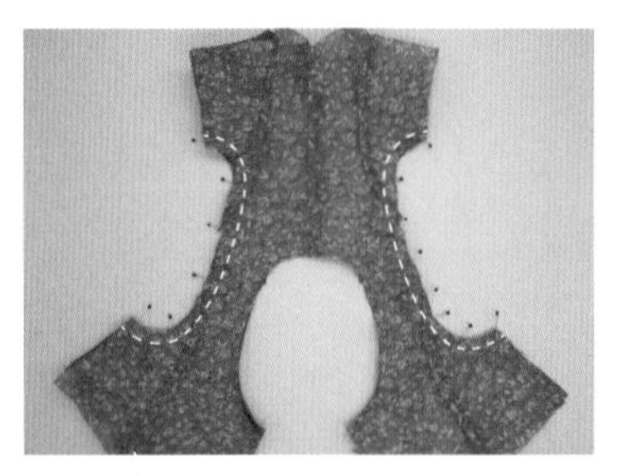

14 也将袖窿线缝合，然后剪开缝份。

15 用翻里钳从肩线处进行翻面。

窍门 如果没有翻里钳可以用镊子翻面。

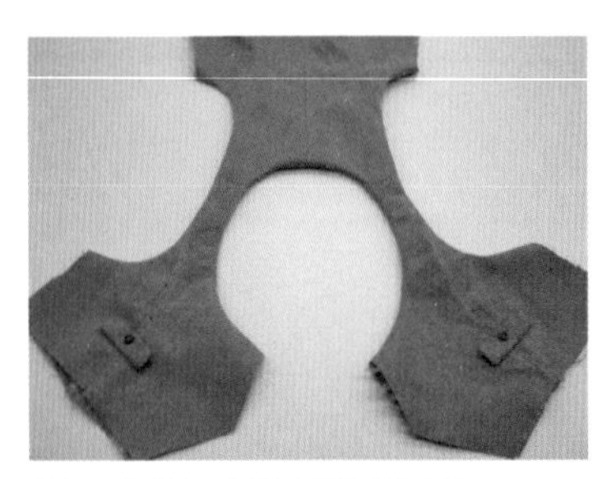

16 将领口和袖窿烫平整理好。

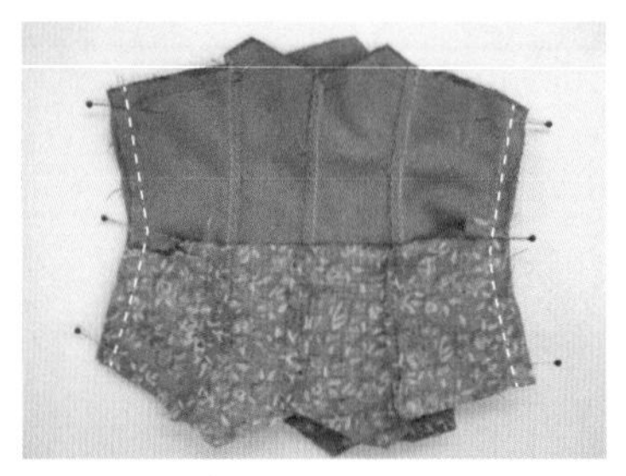

17 将表布、里布各自的侧缝用珠针固定后缝合。

18 将缝份分开并烫平。

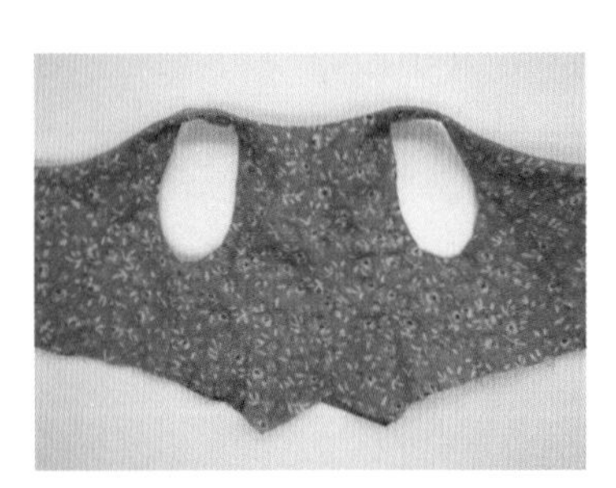

19 将表布和里布熨烫后再整形。

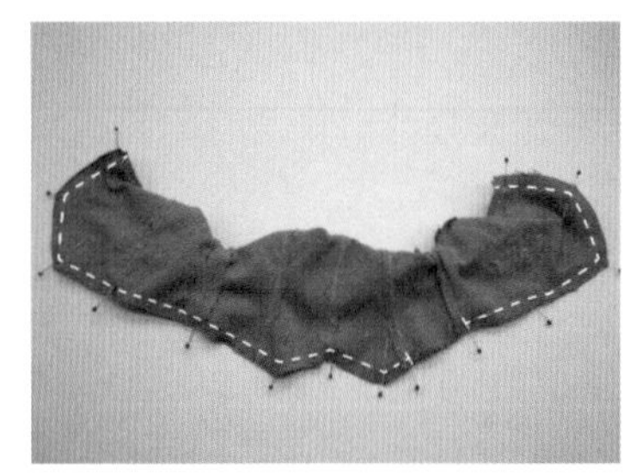

20 重新将衣片翻面，让表布、里布正面相对，留下一个开口后将底边缝合。

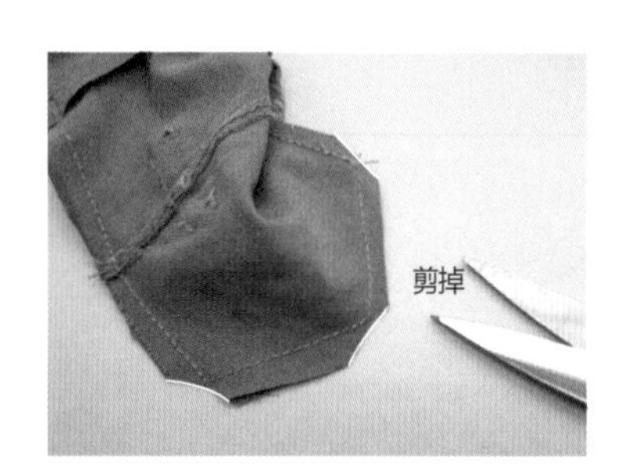

21 翻面前先剪掉边角。

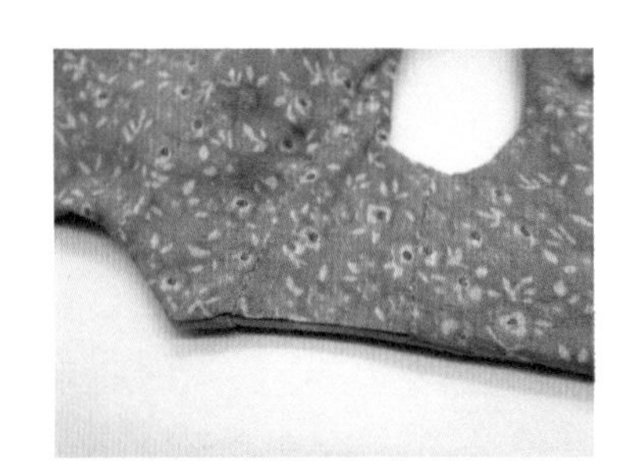

22 从开口处翻面，接着用藏针法缝合。

23 前门襟钉缝子母扣。

24 给口袋和衣服缝上纽扣，西装背心完成。

04
抽褶宽松袖罩衫

材料 表布50cm×40cm、子母扣3对、布贴1个

※布料边缘用锁边液处理

※**实物等大**纸样p. 227

制作板型

全部缝份为0.5cm。

[上衣变形1]

1 请参考上衣原型中的落肩袖制图法（p. 98~102），确定肩线角度。

2 胸围向外加宽0.5cm，再将袖窿挖深0.3cm。

[上衣变形2]

1 挖出宽松的领口位，衣长延长5cm。

2 参考落肩袖制图法（p. 98~102）并改为短袖。

3 后片中心线向外移动0.6cm，并从中心线向内画出宽为1.2cm的后门襟分割线。

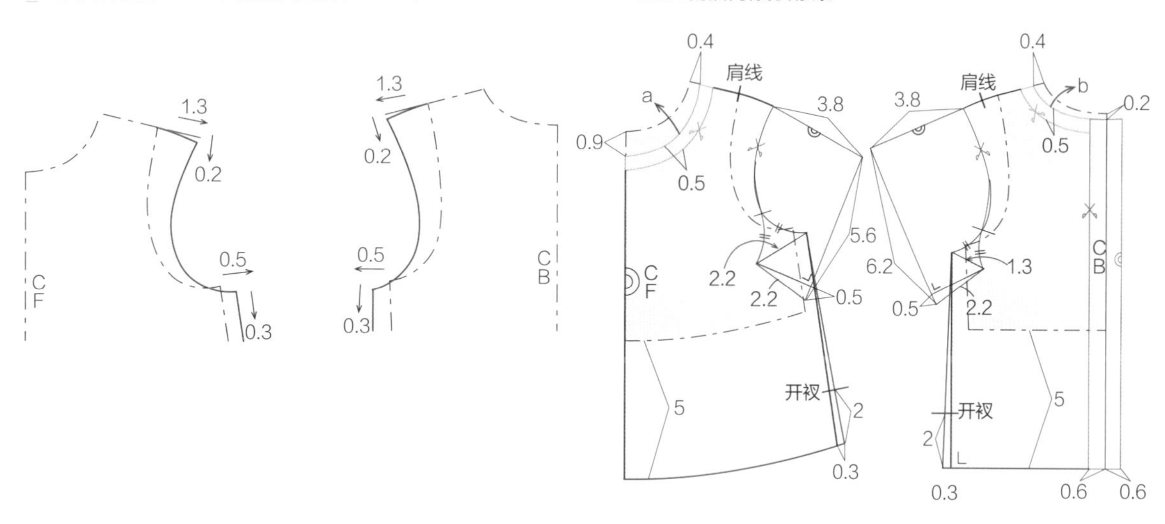

[领子]

1 请参考立领制图法（p. 68~69）进行绘制。

2 由于斜丝方向的伸缩性很好，所以领口上围应加上余量。

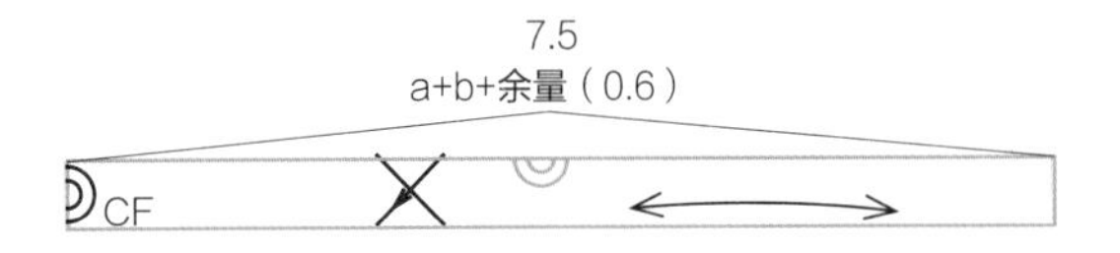

[袖子]

1 请将上衣前、后片的袖子剪下来，对齐袖中线合并成一个袖子板型。

2 在要抽褶的位置加入分割线，并展开想要的褶量。

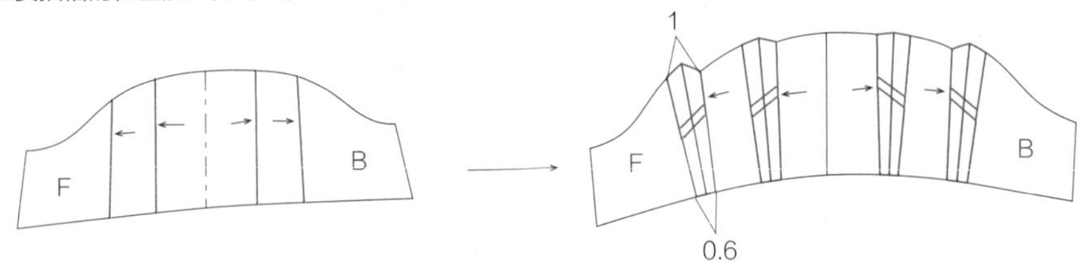

制作方法

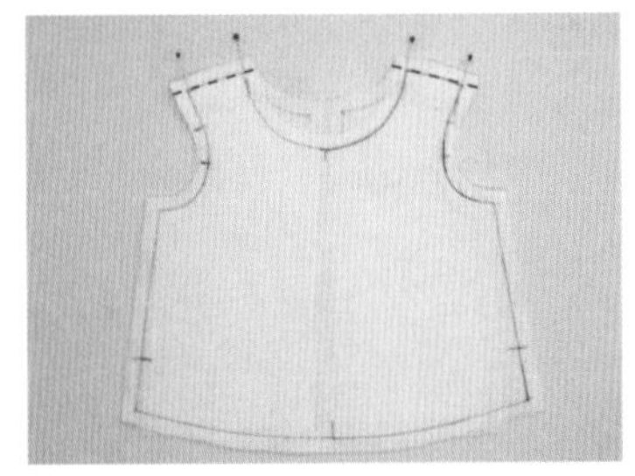

1 将前、后片的正面相对缝合肩线。

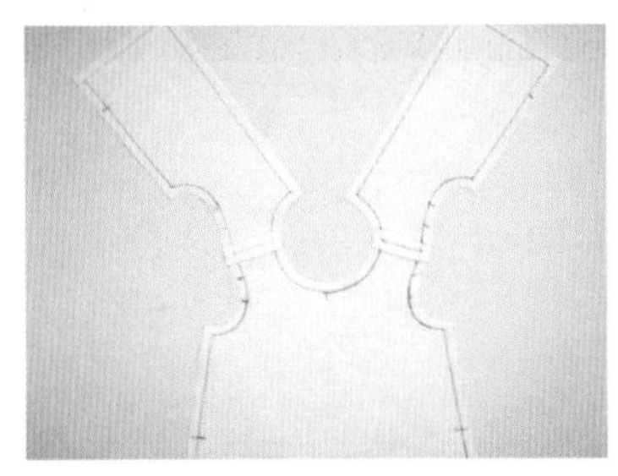

2 将肩线缝份分开并烫平。

3 以斜丝方向剪出领子，将领子对折且正面朝外。

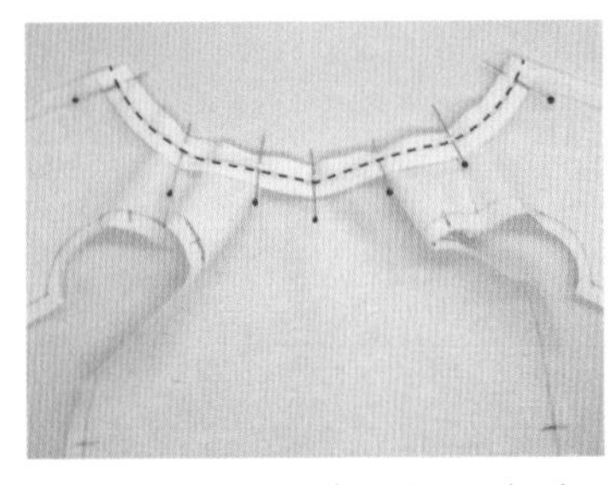

4 将对折的领子与上衣正面相对，并缝合领口。

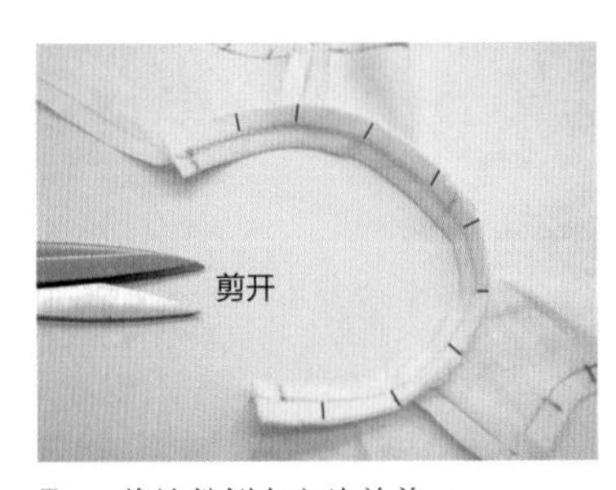

5 将缝份倒向衣片并剪口。

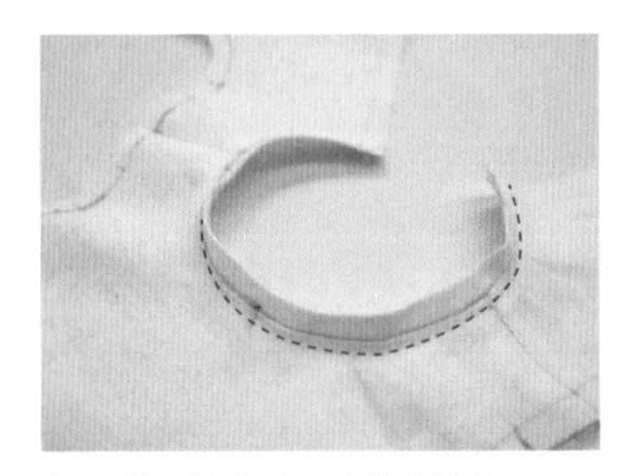

6 从正面缉明线将领子固定。

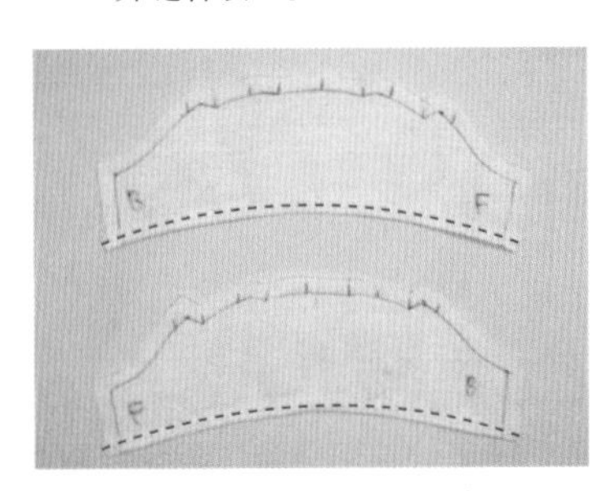

7 将袖口缝份折起来并缝合。

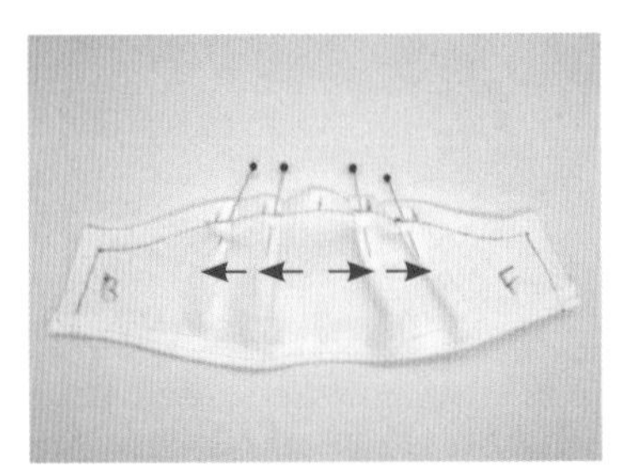

8 按照板型从袖子正面折出褶裥。

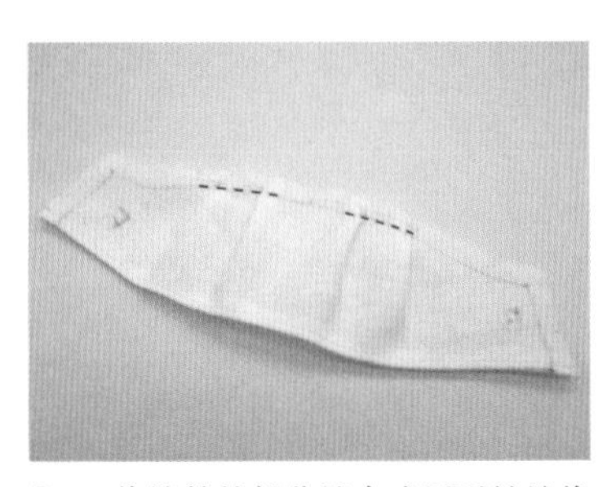

9 将缝份的部分缝合或用平针缝将褶裥固定。

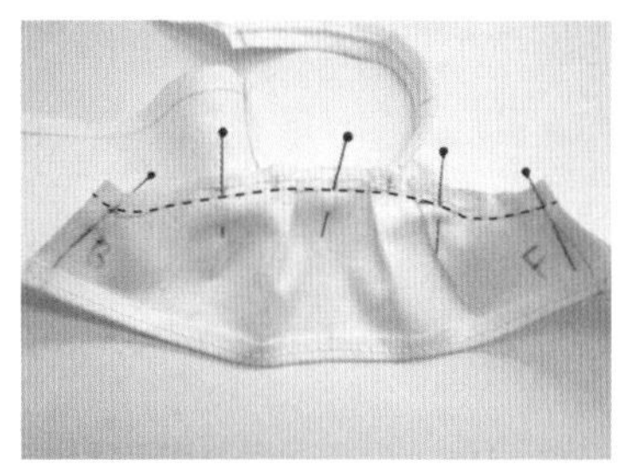

10 确认袖子的前、后片位置，用珠针或疏缝固定袖窿，对齐曲线后缝合。

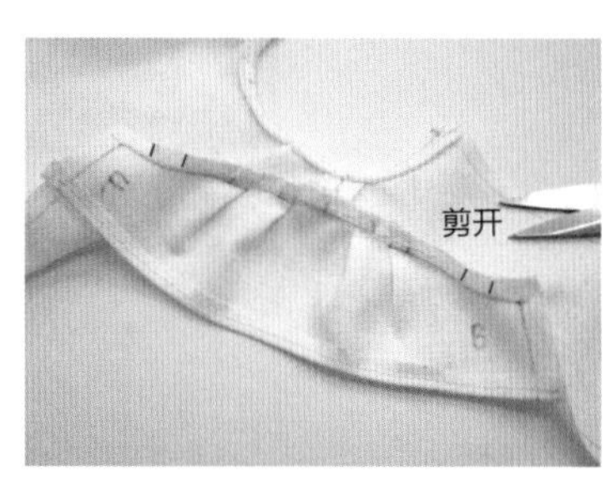

11 将缝份倒向衣片并烫平。

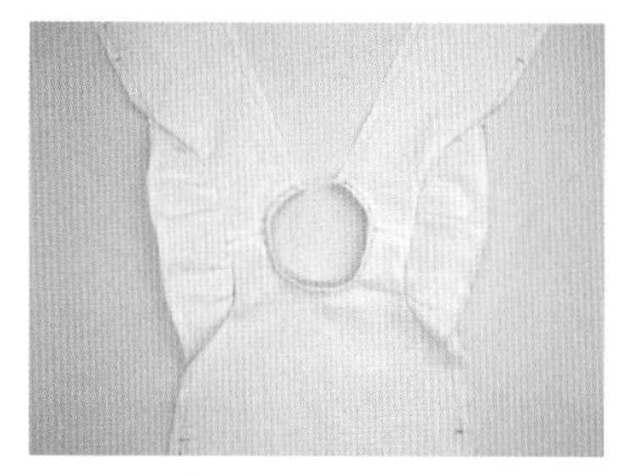

12 两边都缝上袖子，正面的样子。

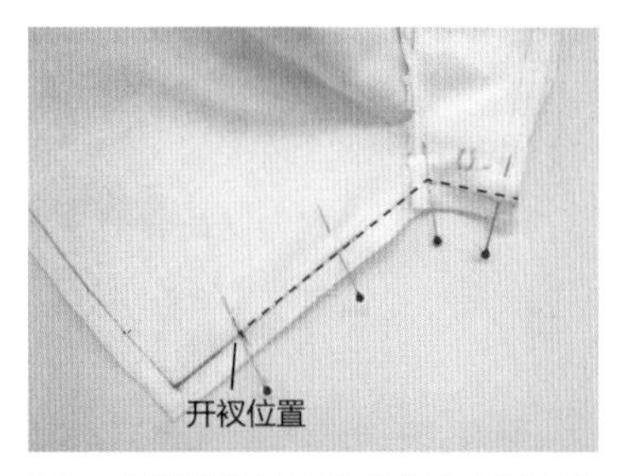

13 侧缝要从袖子缝到衣片的开衩位置，将缝份分开烫平并剪口。

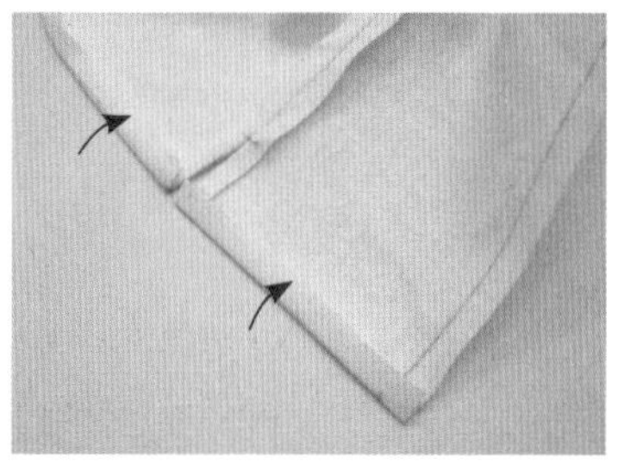

14 将底边折好缝份并烫平。

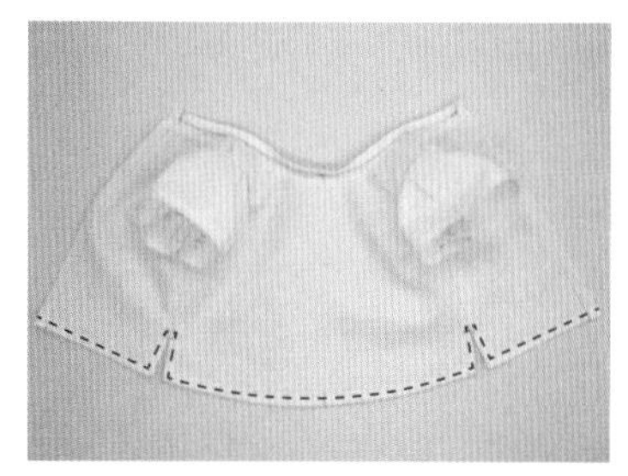

15 从正面沿着底边和开衩线缉明线，将缝份固定。

16 将后门襟裁片的缝份先朝内折，再对折一次，折好后烫平。

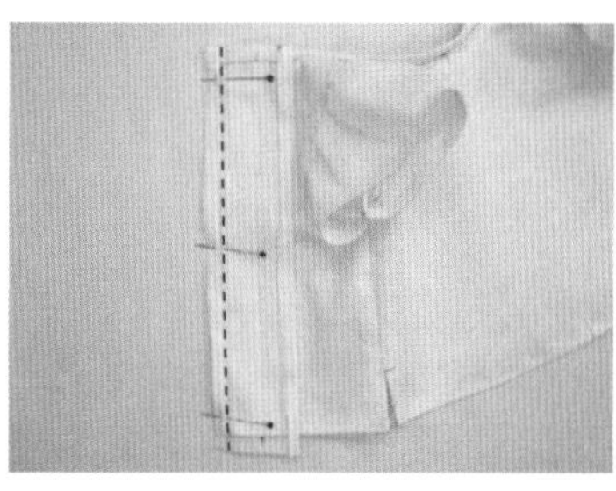

17 将后门襟裁片的其中一边的缝份展开，和衣片正面相对后缝合。

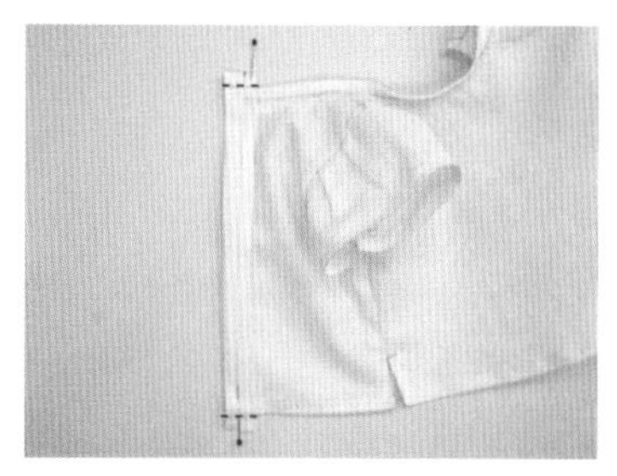

18 从缝合线将后门襟裁片朝缝份方向折，接着从对折线朝反方向折，让后门襟裁片的反面和没有缝合那边的缝份朝外，再将上、下两端缝合。

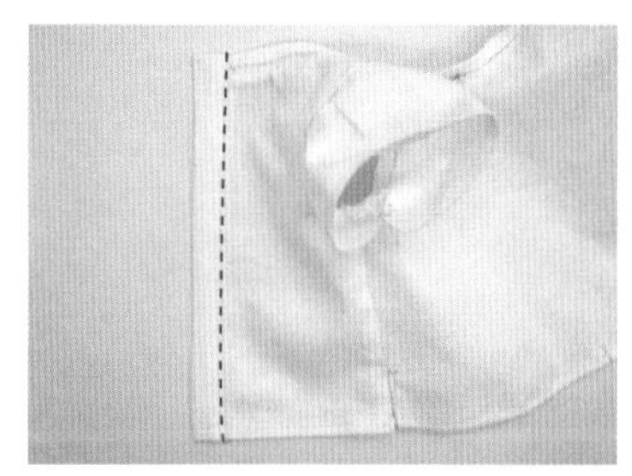

19 将后门襟裁片翻面，整理缝份并烫平，从正面缉明线固定在衣片上。

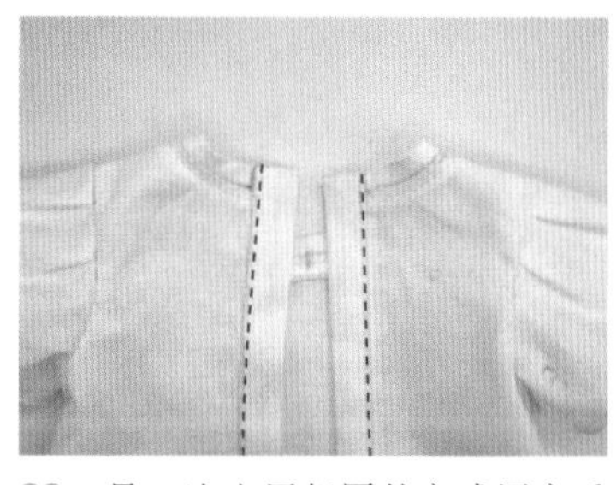

20 另一边也用相同的方式固定后门襟。

21 将子母扣缝在后门襟上，前片贴上布贴，抽褶宽松袖罩衫完成。

05
衬衫

材料 表布50cm×50cm、子母扣3对、纽扣7个
※布料边缘用锁边液处理
※**实物等大**纸样p. 226

制作板型

前片中心线缝份为1.5cm，口袋下边缝份为0.8cm，其他缝份均为0.5cm。

[上衣变形1]

1 将上衣原型衣长加长5cm并将侧缝画成A字形，然后将底边改成圆弧形。
2 挖出宽松的领口位，胸围向外加宽0.3cm，将袖窿挖深0.3cm。
3 在前、后片上画出肩部育克线。
4 将前片中心线向外移动0.5cm作为前门襟，并标出纽扣位。

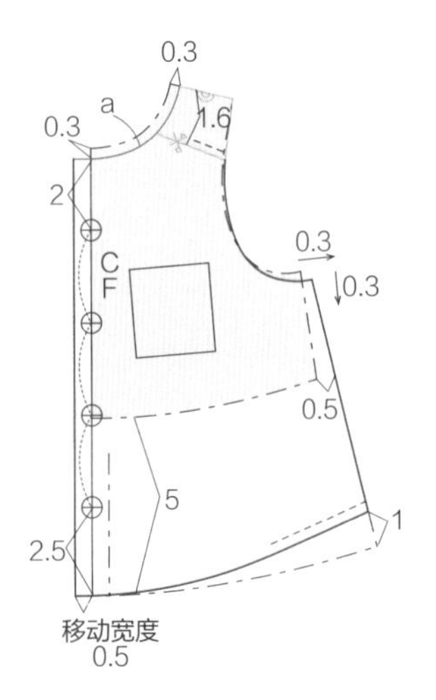

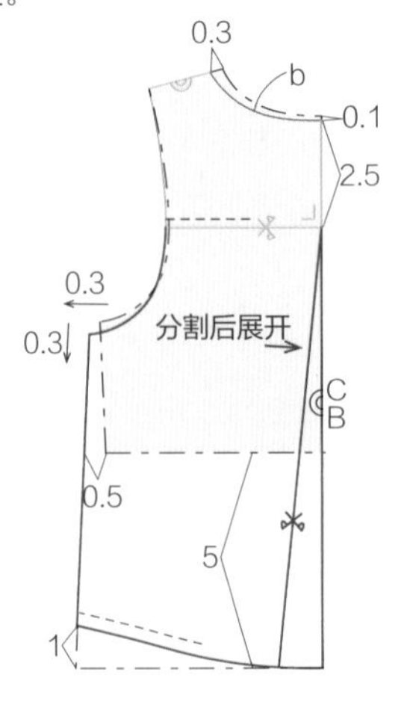

[上衣变形2]

1 画出前口袋并在衣片上标出位置。

2 将肩部育克从前、后片上剪下，对齐肩线拼合在一起。

3 在后片中心线加入分割线并加入1cm宽的褶裥。

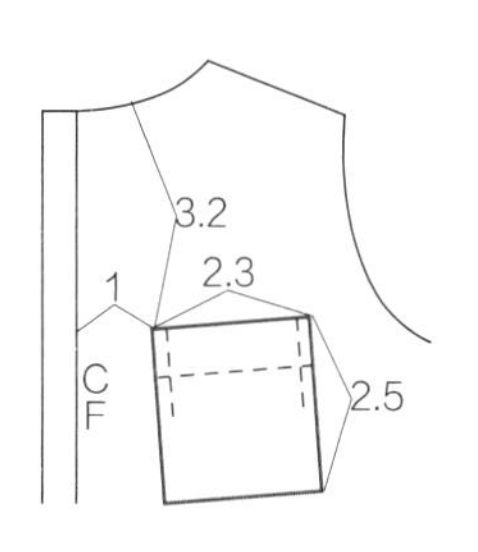

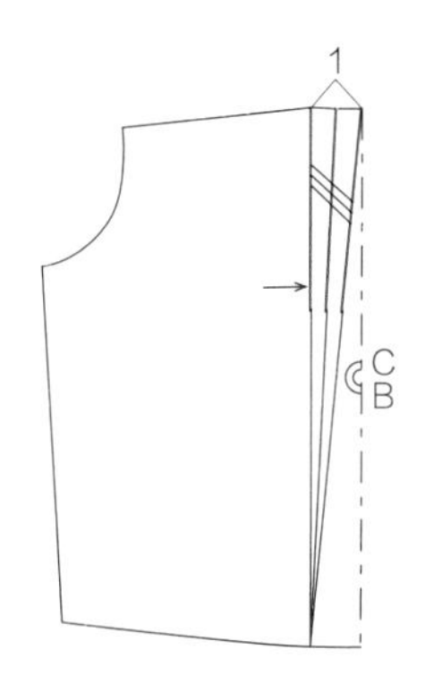

[领子]

1 参考衬衫领制图法（p. 74~77）进行绘制。

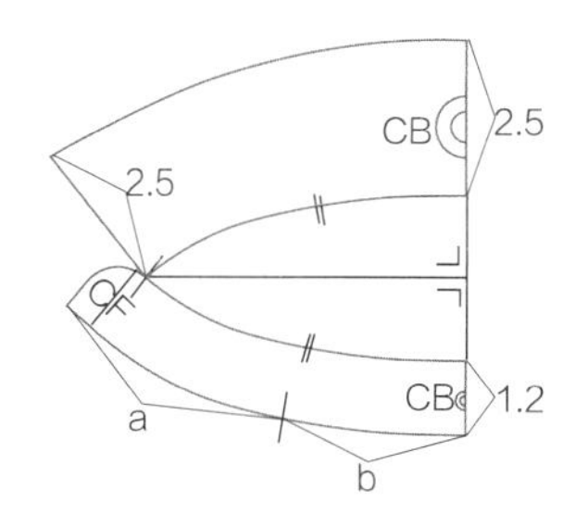

[袖子]

1 从袖子原型上剪下0.8cm的袖克夫（cuff）并另外绘制板型。

2 对齐衣片并调整袖窿长度，标出袖口想要加入的（塔克）褶量，然后将（塔克）褶量平均增加到两侧。

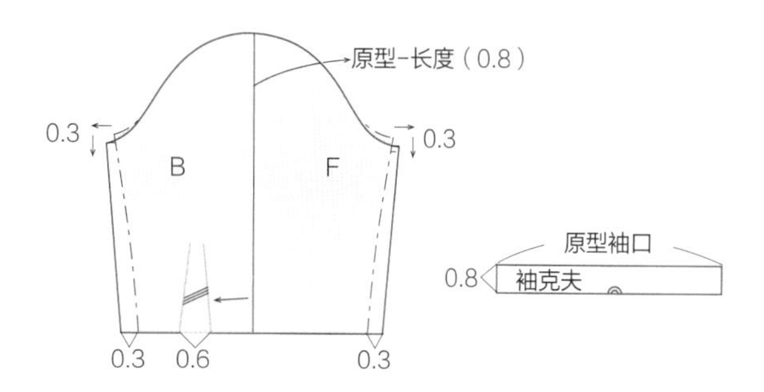

制作方法

1 在后片中心线折出对褶，将缝份的部分缝合固定。

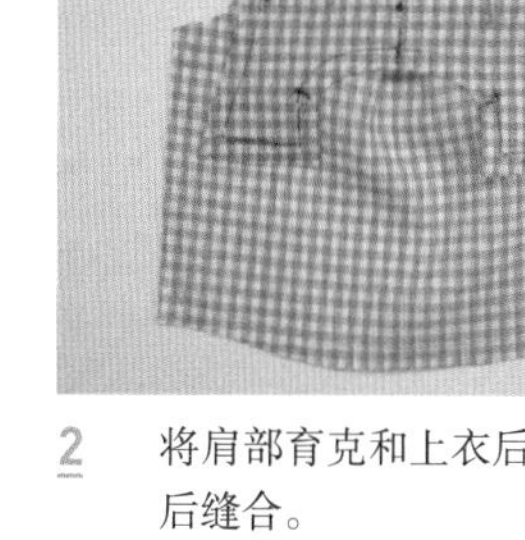

2 将肩部育克和上衣后片正面相对后缝合。

3 将缝份向上倒，从正面缉明线将缝份固定在肩育克上。

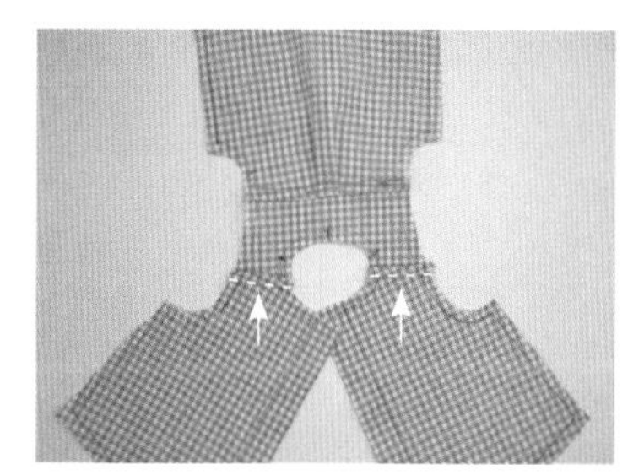

4 将上衣前片和肩育克的正面相对缝合肩线，然后将缝份向后片倒。

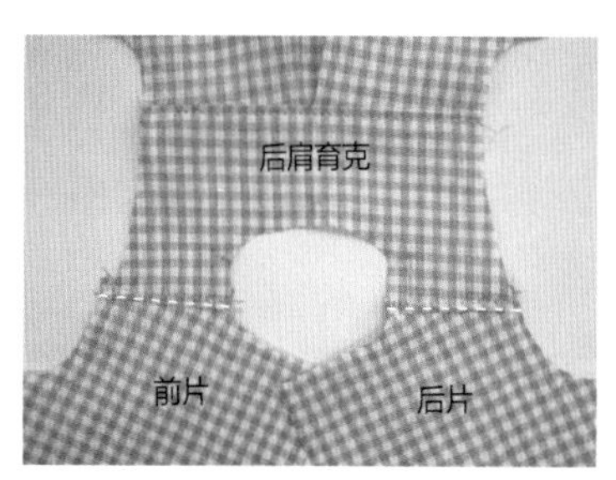

5 从正面缉明线将缝份固定在肩育克上。

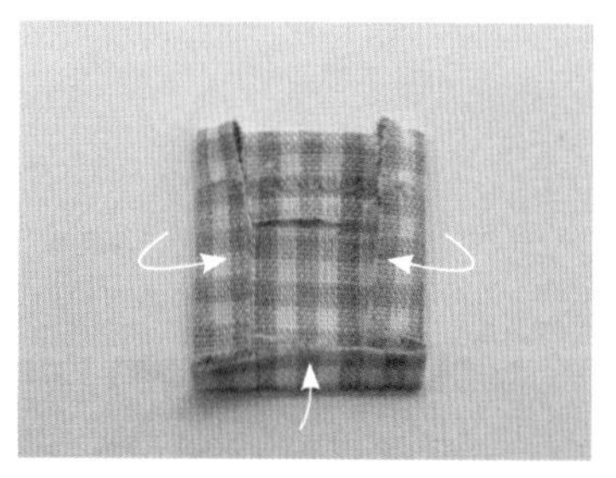

6 先将前片口袋袋口缝份内折并缉明线，再将其他缝份折好烫平。

7 在上衣右前片上标出口袋位置，然后放上口袋，缉明线缝合侧边及底端。

8 折好并固定袖口的塔克褶。

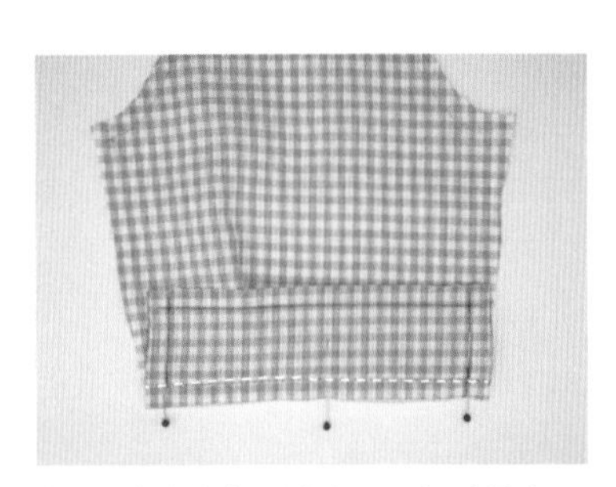

9 将袖克夫和袖片正面相对缝合。

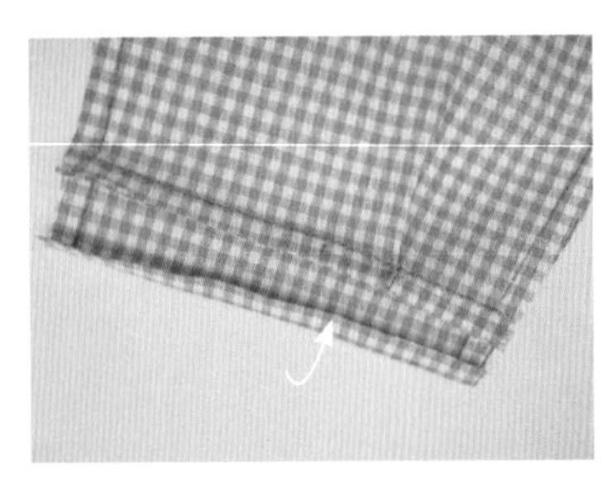

10 将缝份倒向袖克夫内侧烫平，再将袖克夫的另一边缝份折好，然后再对折。

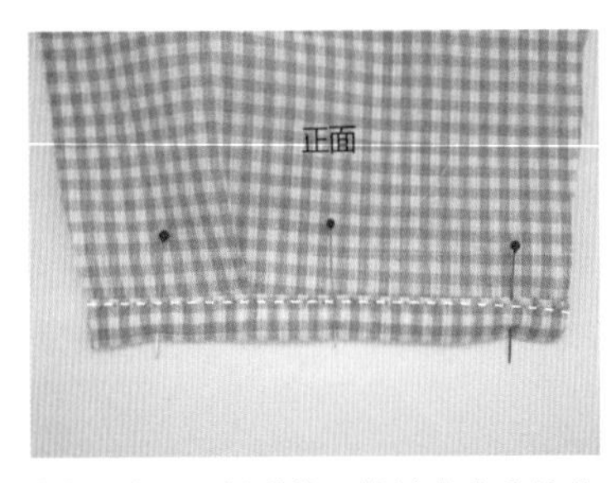

11 从正面缉明线，将袖克夫和袖片固定。

12 将两边的袖片上方缝平针缝，轻抽缝线做出缩褶。

请注意不要用粗的线来做缩缝。

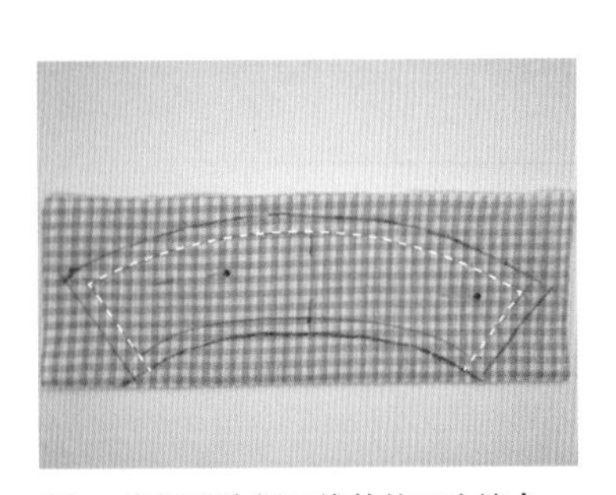

13 将领子除领口线外的三边缝合。

窍门 如果是薄面料，请重叠2层再缝合，然后配合缝份剪裁会比较方便。

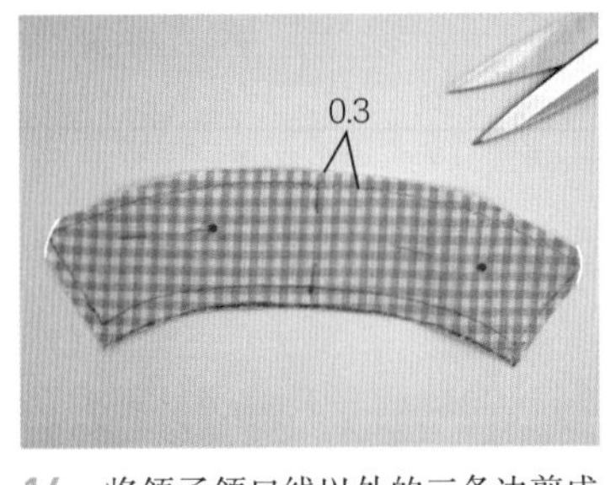

14 将领子领口线以外的三条边剪成只留下0.3cm的缝份。将棱角修剪掉。

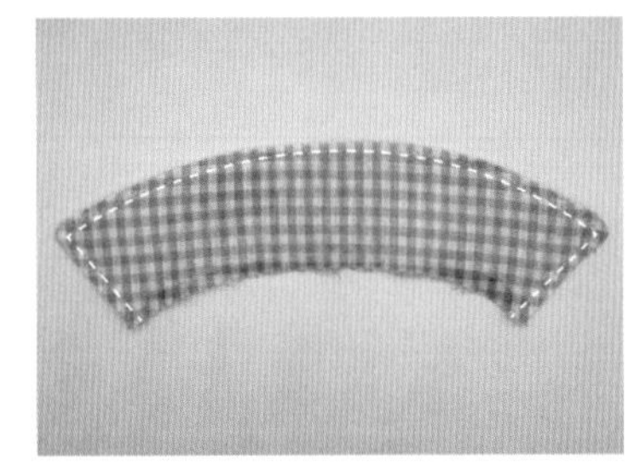

15 将领子翻正并整理好缝份后，从正面缉明线。

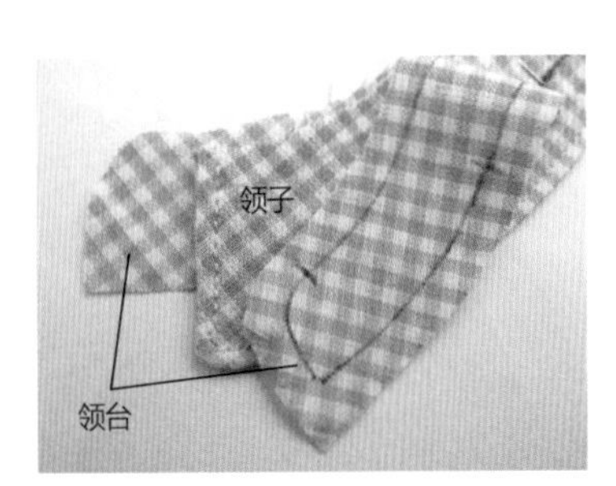

16 将领子夹在2片领台的正面和正面之间。

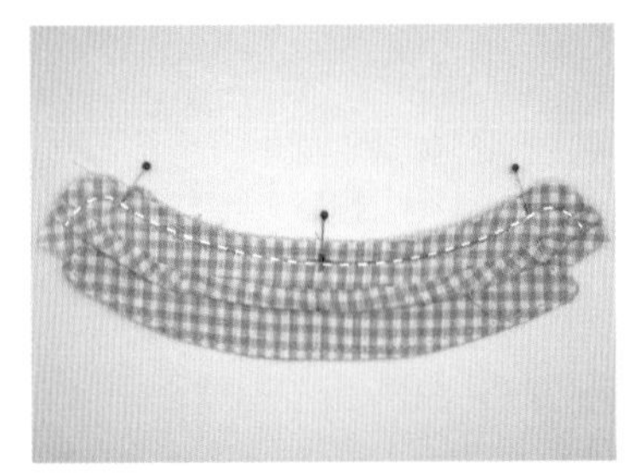

17 只将其中1片领台的缝份折好，并绕着缝合领口之外的部分。

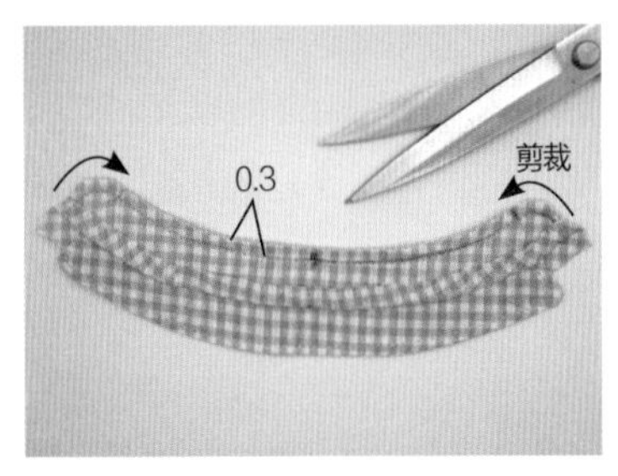

18 留下0.3cm的缝份后剪裁。

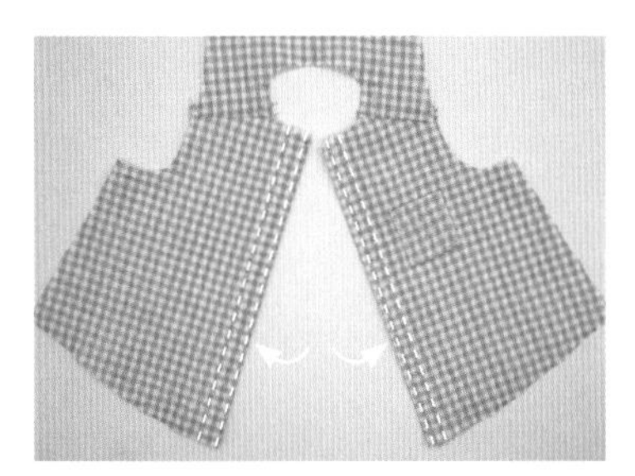

19　将上衣前片中心线的缝份以0.5cm、1cm分2次折叠，然后从正面缉明线。

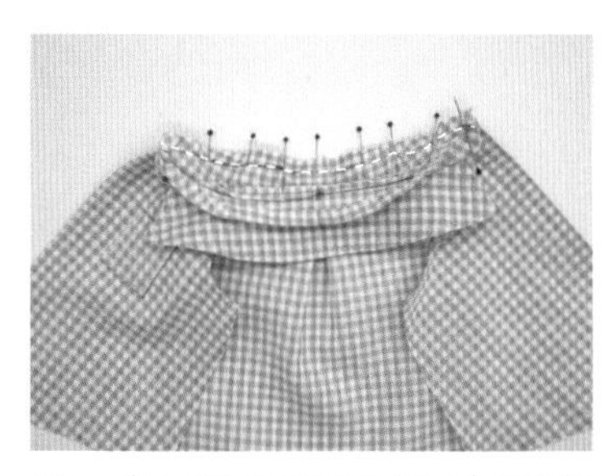

20　将上衣领口的正面与领台没有折叠的缝份正面相对缝合。

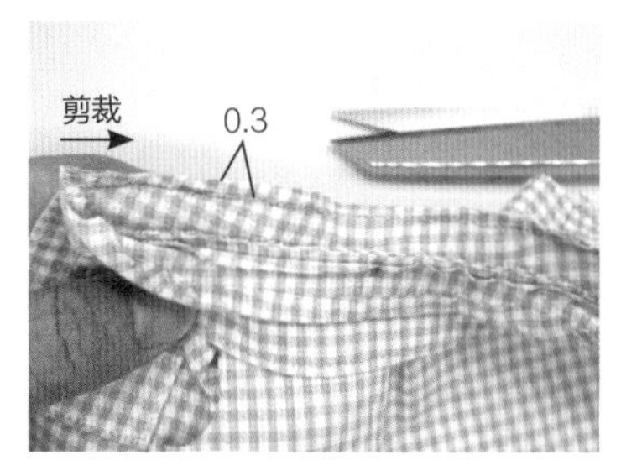

21　留下0.3cm的缝份后剪裁。

22　将缝份倒向领台内侧并烫平。

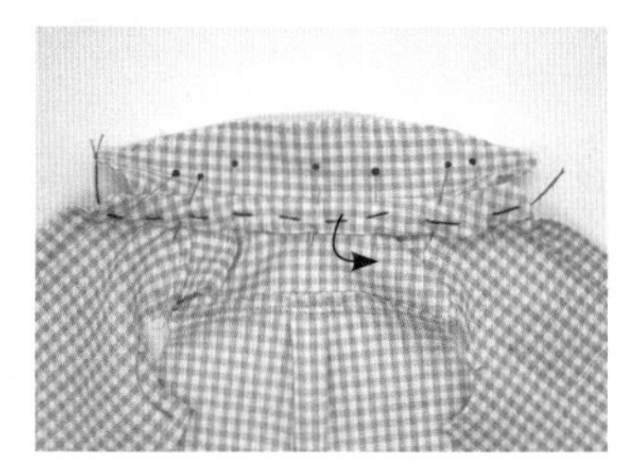

23　将未缝合的一边领台的边缘盖住领口缝合线，为了不让它移动，需要疏缝。

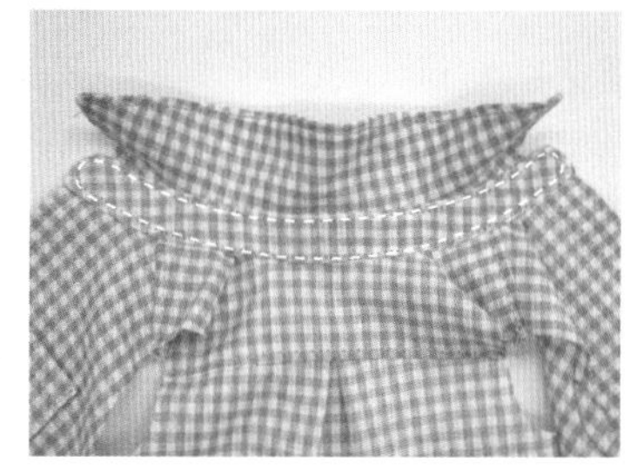

24　沿着领台的四边缉明线，让它固定在衣片上。

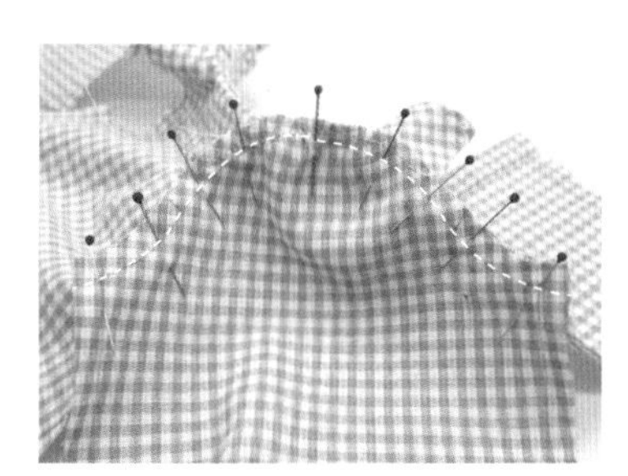

25　确认好已经做好的袖片前、后位置，再和衣片缝合。

窍门　曲线很难一次缝好。可以用珠针或疏缝固定后再缝合。

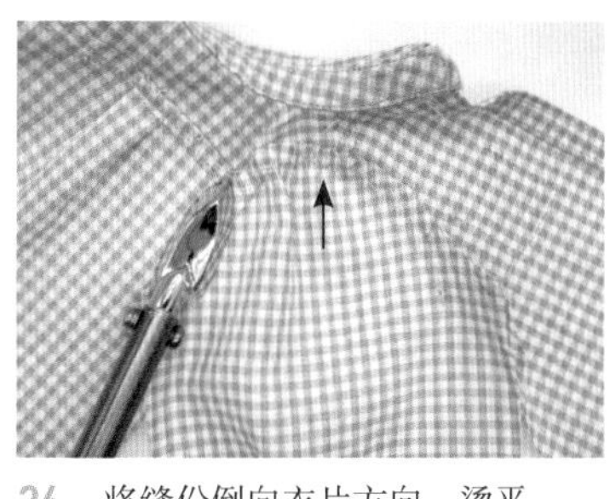

26　将缝份倒向衣片方向，烫平。

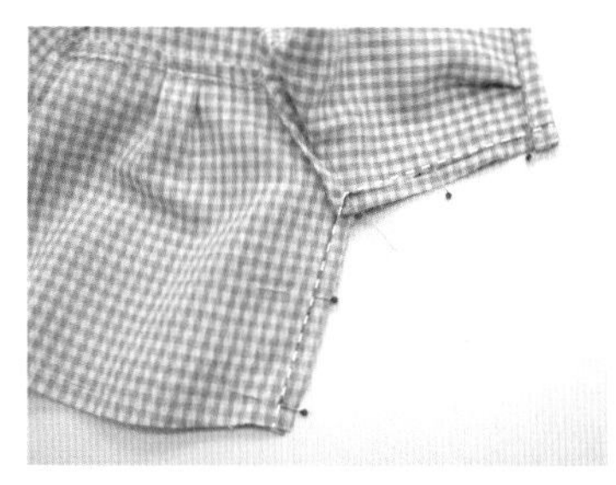

27　将袖口到衣片下摆的侧缝缝合。给缝份剪口，再将缝份分开后烫平。

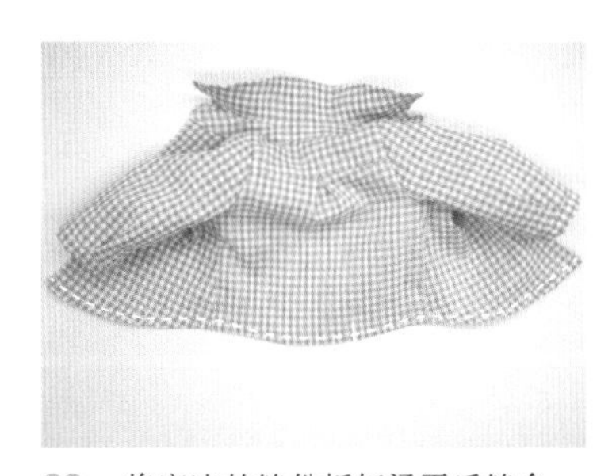

28　将底边的缝份折好烫平后缝合。

29　将子母扣缝在前门襟上。

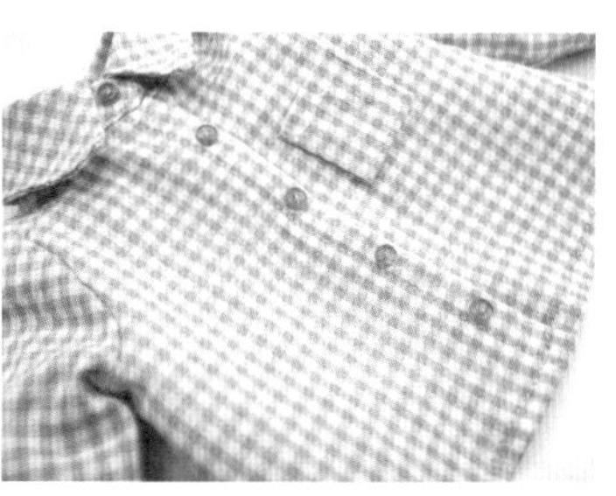

30　将纽扣缝在领子、前片门襟和袖克夫上，完成。

06

饰结领衬衫

材料 表布60cm×40cm、子母扣3对、纽扣3个、布贴1个

※布料边缘用锁边液处理

※**实物等大**纸样p. 228~229

前片中心线缝份为2cm，其他缝份均为0.5cm。

[上衣变形1]

1 请参考落肩袖制图法（p. 98~102），确定肩线角度。

2 胸围向外加宽1.3cm，再将袖窿挖深1.4cm。

→ 下接p.151 [上衣变形2]

[领子]

1 请参考饰结领原型制图法（p. 78~79）进行绘图。

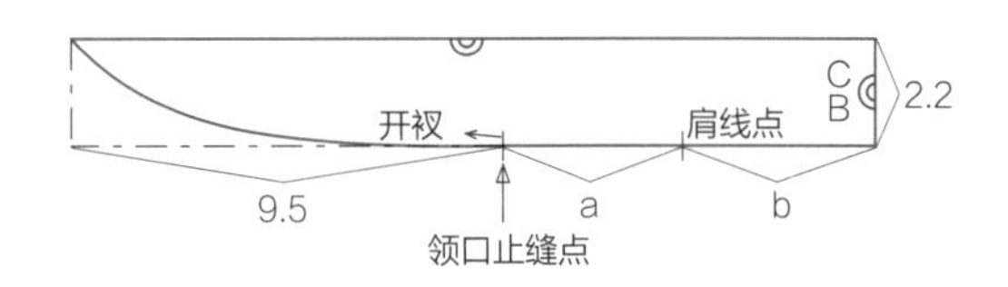

→ 上接p.150 [上衣变形1]

[上衣变形2]

1 将前领口挖成V字形并标示出饰结的位置。后领口则挖成U字形。

2 侧缝从开衩处画出流畅的曲线。

3 袖子参考落肩袖制图法（p. 98~102），以娃娃的肘围长度进行绘制。

4 前片中心线的门襟须向外移动并标出纽扣位。

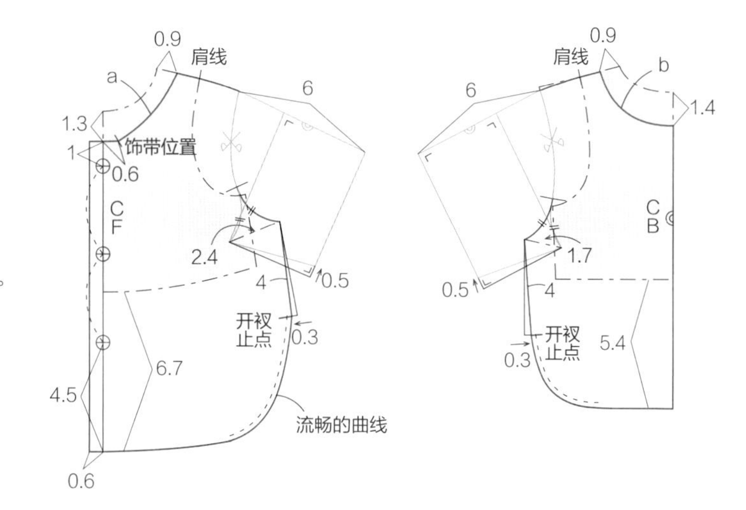

[袖子]

1 将前、后衣片的袖子剪下，对齐袖山曲线后合并成一片袖子板型。

2 参考泡泡袖制图法（p. 89~93），并在上、下位置展开所需缩褶量。

3 在袖子后片添加开衩用的分割线并标出开衩位置。

4 在袖口两侧加上要打结的系带长度并画出系带的板型。

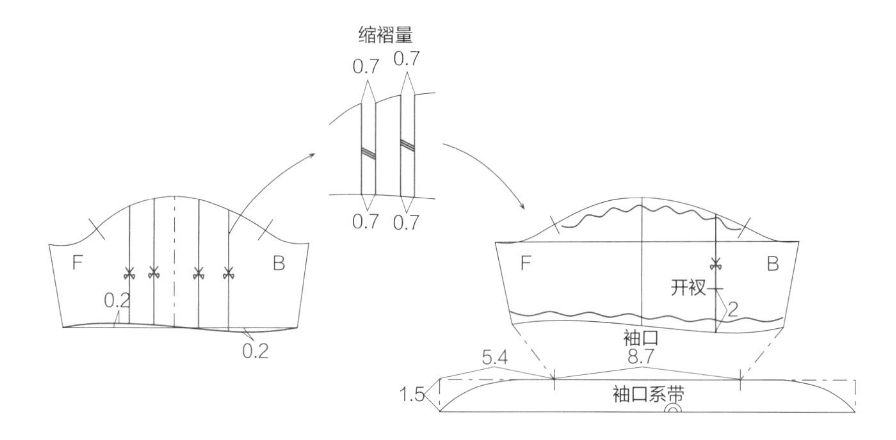

制作方法

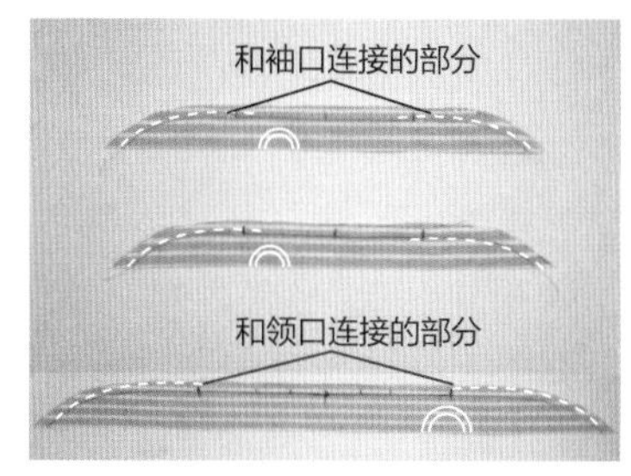

1 将袖口系带对折并缝合到标出的止缝点位置。将领子对折并留下与领口缝合的部分不缝，再缝合剩余部分到止缝点。

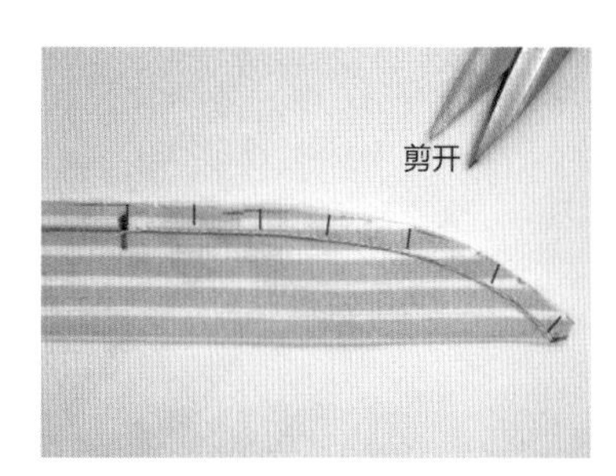

2 将曲线部分的缝份剪开。

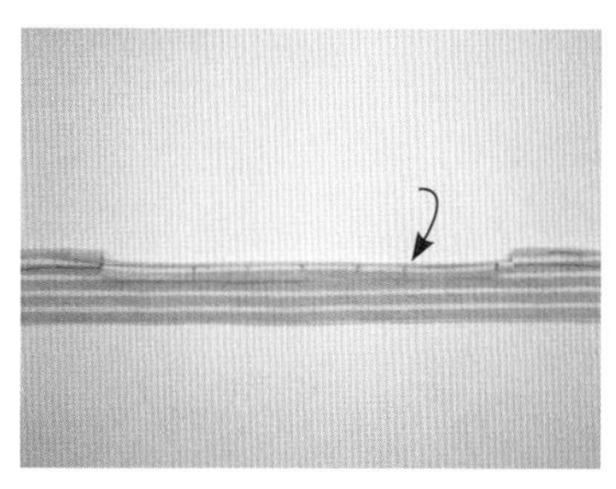

3 将留着不缝的部分缝份折好烫平，然后翻面。

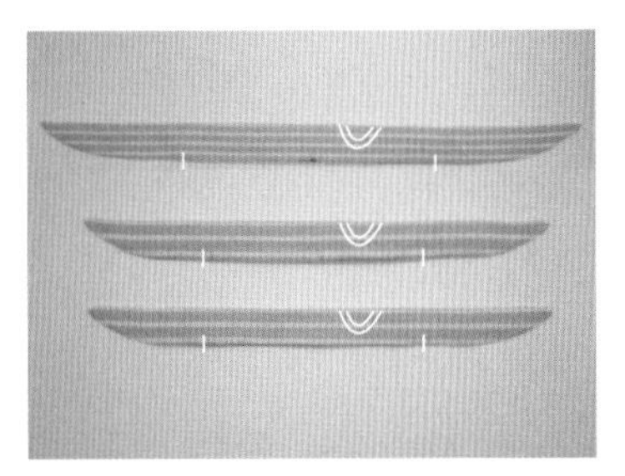

4 完成领子和袖口的系带。

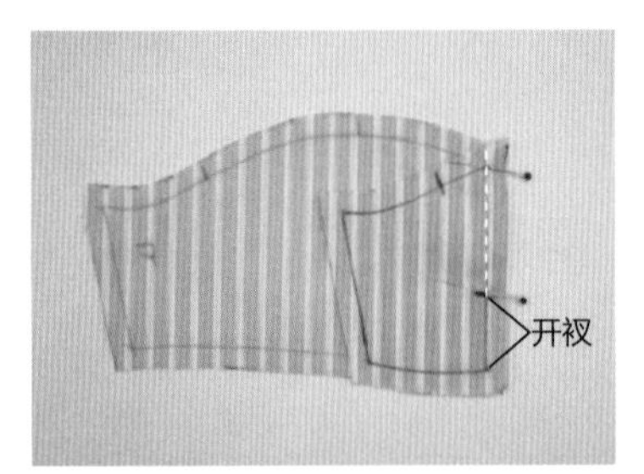

5 将小袖和大袖正面相对并缝合。只缝合上端留下开衩的部分。

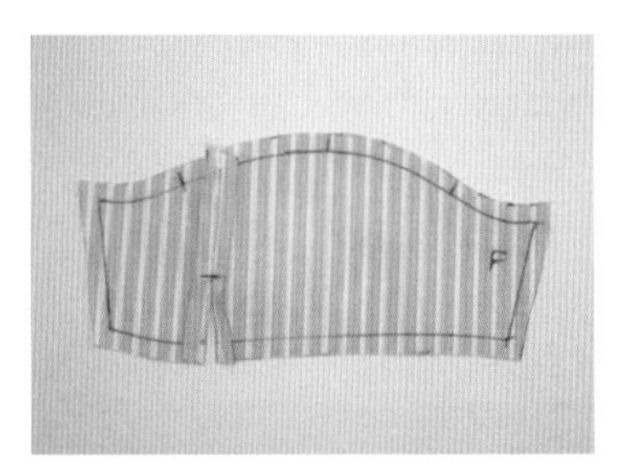

6 将袖子分割线的缝份剪开。为了让开衩部分更大，缝份要稍微折宽一点。

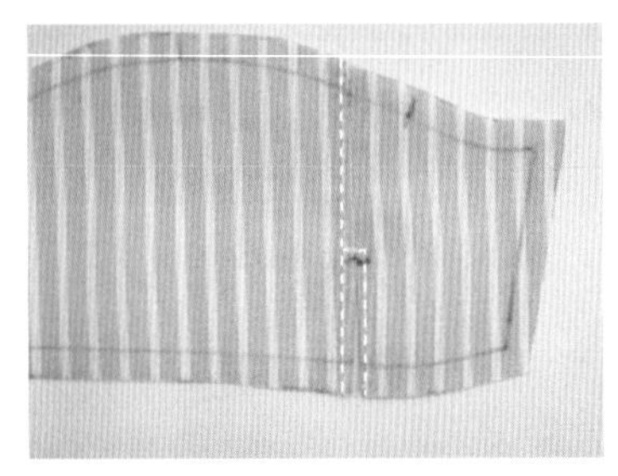

7 从正面延着缝合线缉明线。

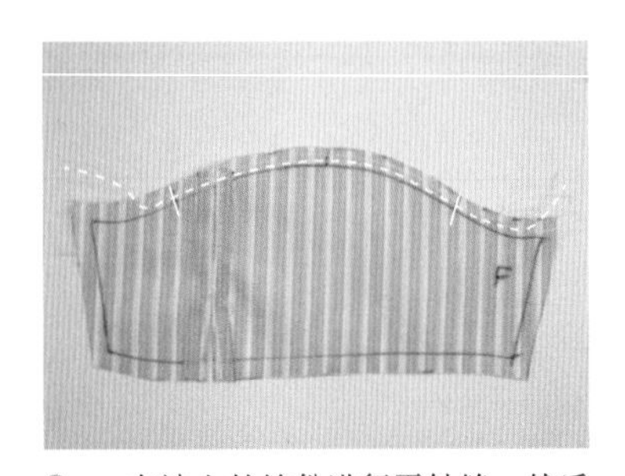

8 在袖山的缝份进行平针缝，然后轻抽缝线做出缩褶。

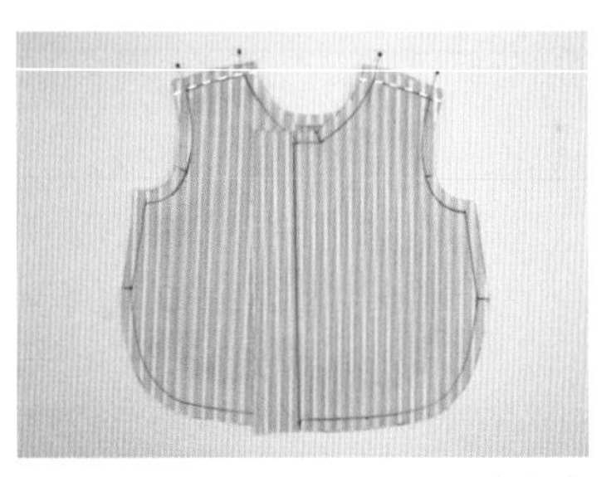

9 将前片和后片正面相对缝合肩线。

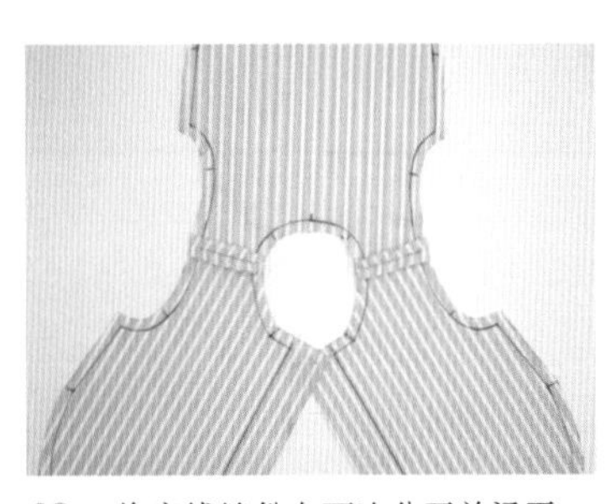

10 将肩线缝份向两边分开并烫平。

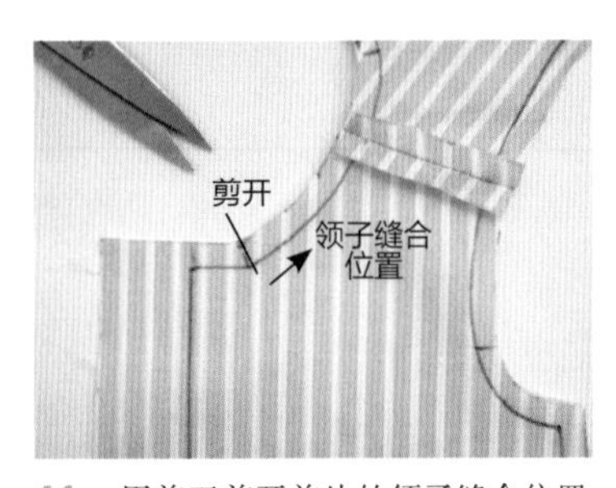

11 用剪刀剪开前片的领子缝合位置。

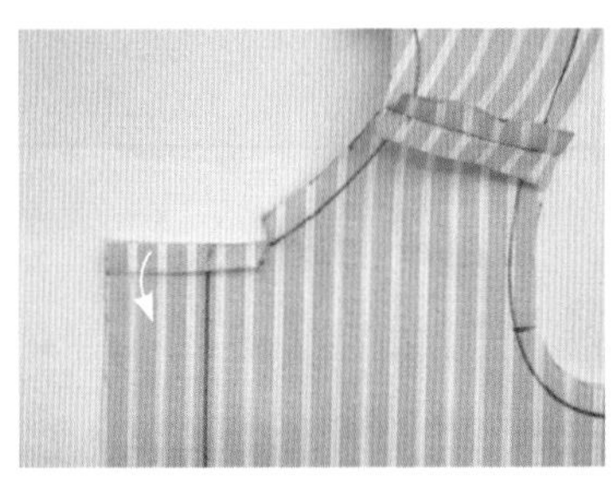

12 将剪开的前段缝份折好后烫平。

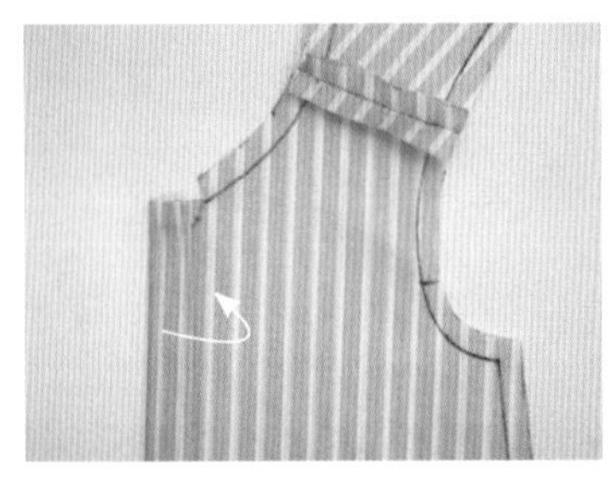

13 将左右两边的前片门襟对折2次并烫平。

为了不让折好的缝份展开，可以插上珠针固定。

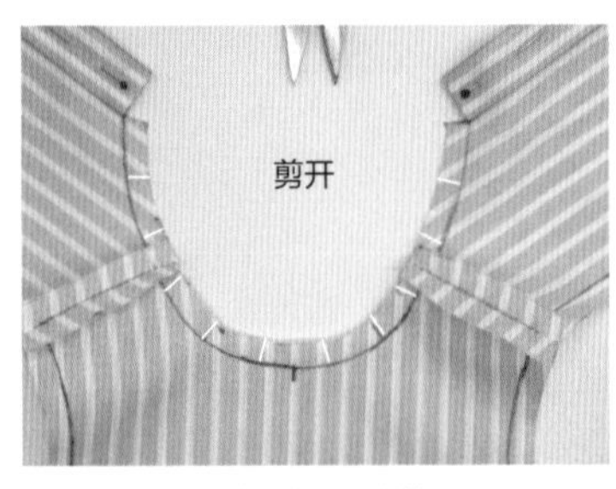

14 用剪刀剪开领口缝份。

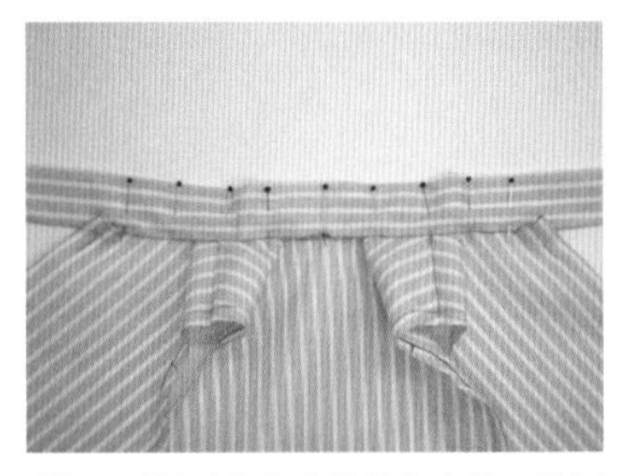

15 用领子将衣片缝份包裹住，并用珠针固定。

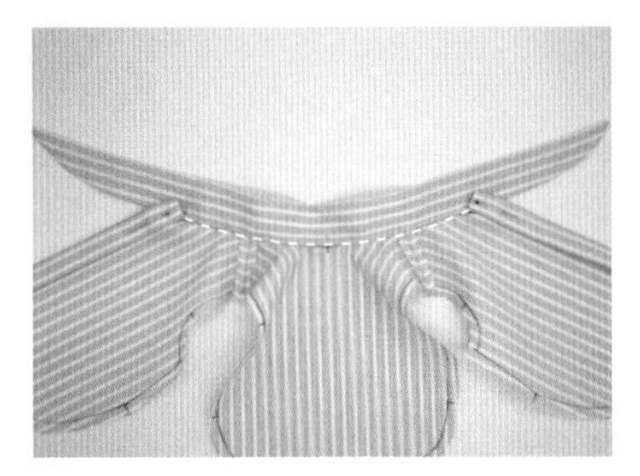

16 沿着领口缝合领子。

17 将做好缩褶的袖子和衣片的正面相对并缝合。

窍门 确认袖子的前、后片。

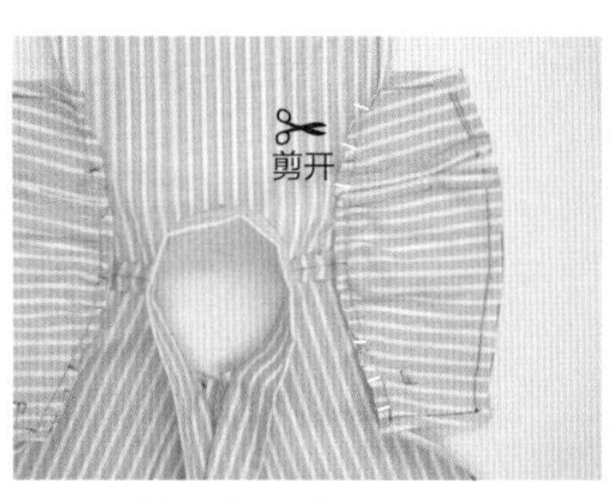

18 用剪刀剪开缝份。

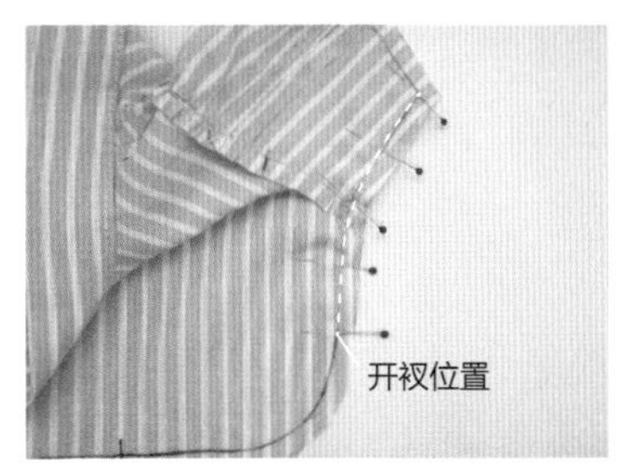

19 将前片和后片的正面相对，从侧缝的开衩位置缝到袖口顶端。

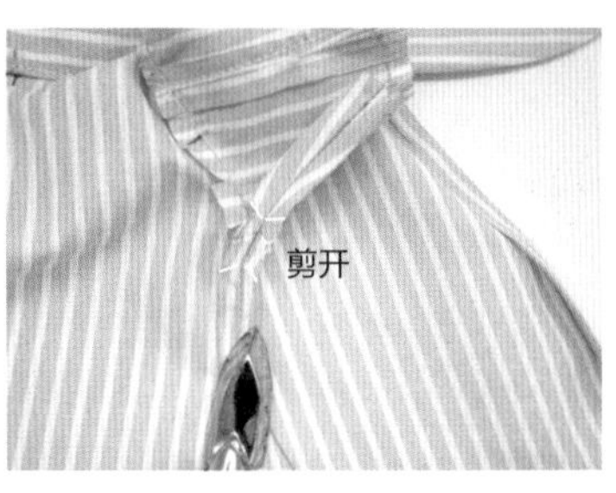

20 将侧缝缝份分开并用剪刀剪开腋下部分的缝份。

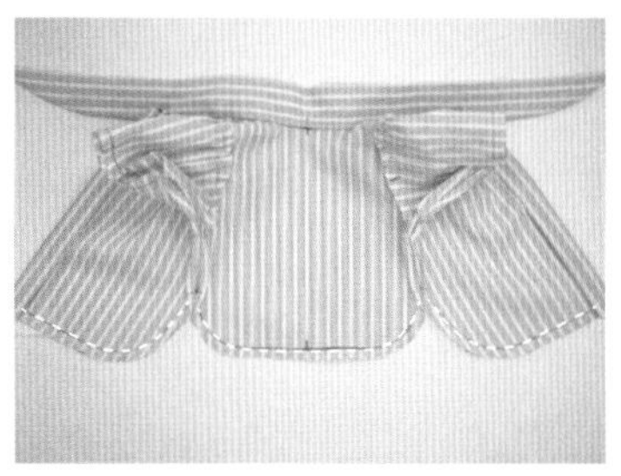

21 为了使底边扣折缝份后保持曲线部分的缝份流畅，需在缝份上进行平针缝。

22 将缝份折好后用熨斗烫平。一边将曲线部分平针缝的线拉紧，一边整理熨烫。

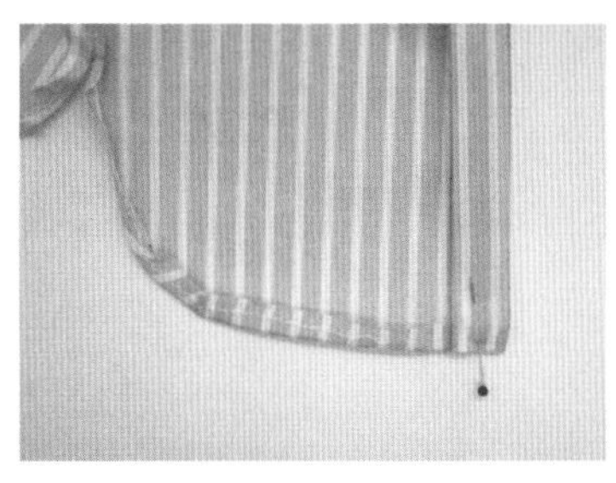

23 将底边缝份折好后，覆盖上前片门襟的缝份。

24 依照前领口→前门襟→底边的顺序从正面将所有部分缉明线缝合。

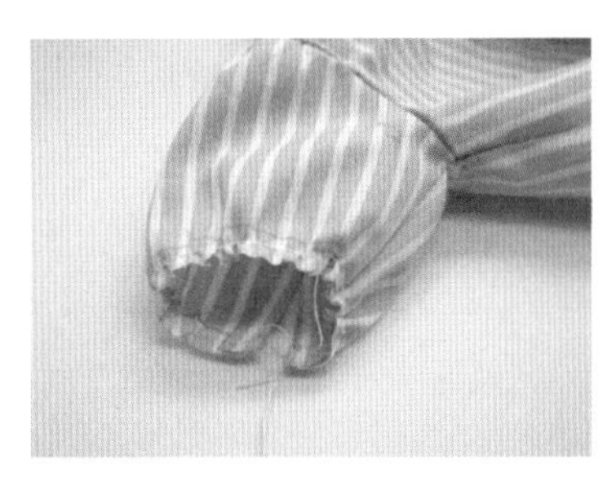

25 袖口留下开衩的部分后进行平针缝，轻抽缝线做出缩褶。

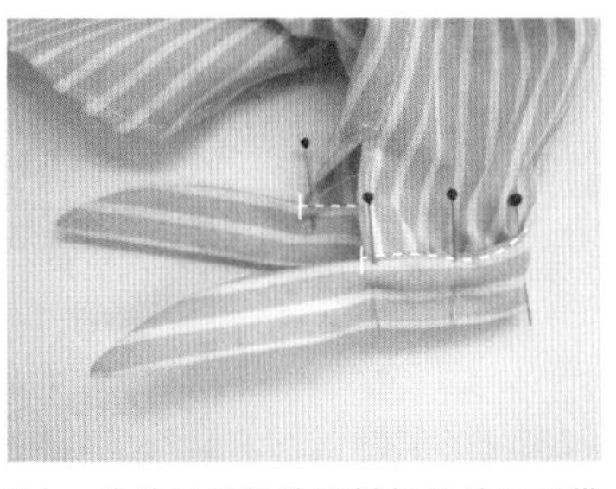

26 将袖口缝份放进做好的袖口系带内，从正面缉明线缝合固定。

27 将子母扣缝在前门襟、纽扣也缝在正面，贴上布贴，完成。

07

荷叶露肩上衣

材料 表布70cm×35cm、子母扣2对、蕾丝120cm、松紧带20cm、胸针1个

※布料边缘用锁边液处理

※**实物等大**纸样p. 229~230

制作板型

后片中心线缝份为1cm，其他缝份均为0.5cm。

[上衣变形1]

1 上衣原型衣长延长0.5cm，底摆向侧边增加0.7cm变形成A字形。

2 挖出宽松的领口，参考无袖制图法（p. 88）并将袖窿提高0.5cm。

3 将后片中心线向外移动0.5cm用作门襟。

[上衣变形2]

1 为了画出底摆展开的形状，需在前、后片分别添加分割线并展开成想要的板型。

2 分别标出肩部荷叶边和松紧带缩褶的位置。

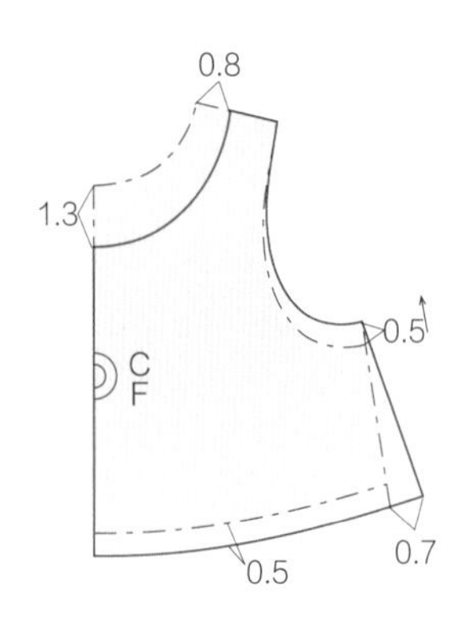

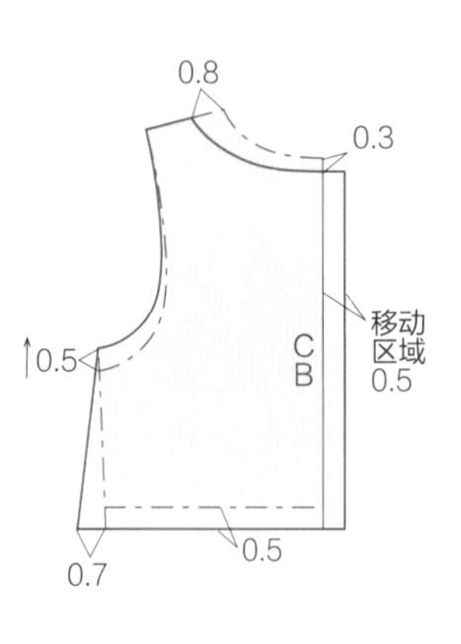

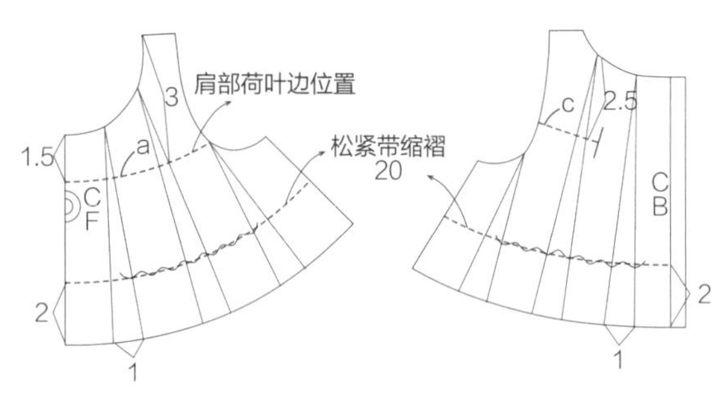

[肩部荷叶边]

1 如图测量娃娃的胸（a）、手臂（b）、背（c）的一圈长度，制图时加上想要的缩褶量。

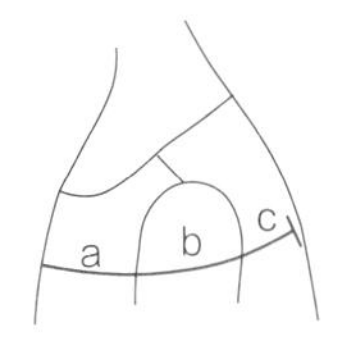

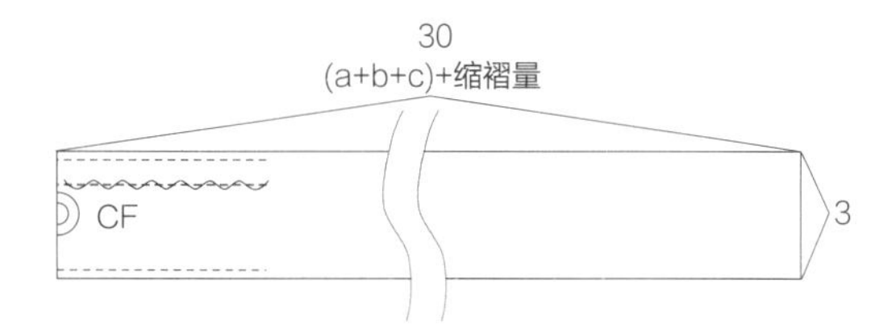

制作方法

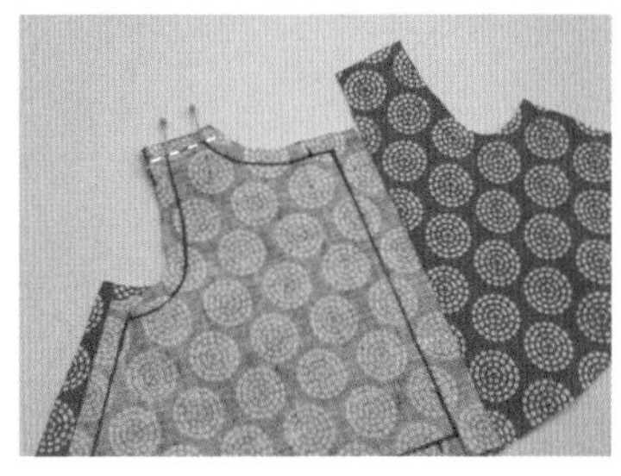

1 将上衣前、后片的正面相对并缝合肩线。

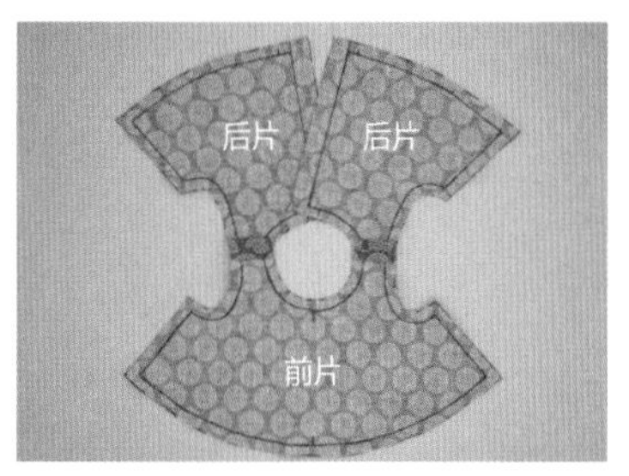

2 将肩线缝份分开并烫平。

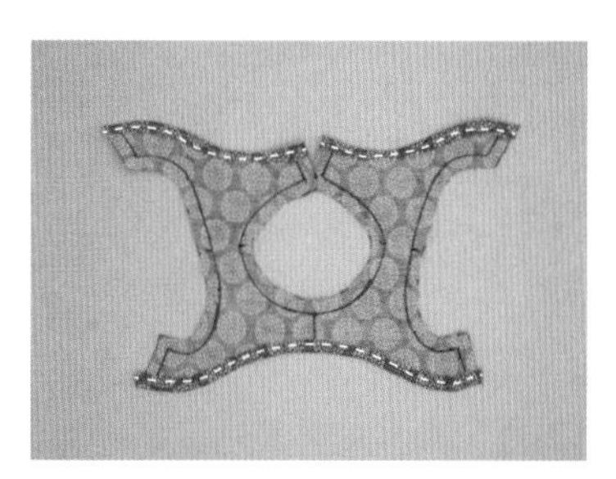

3 给内贴边表布缝份剪口，将上、下边缝份折好并缝合。

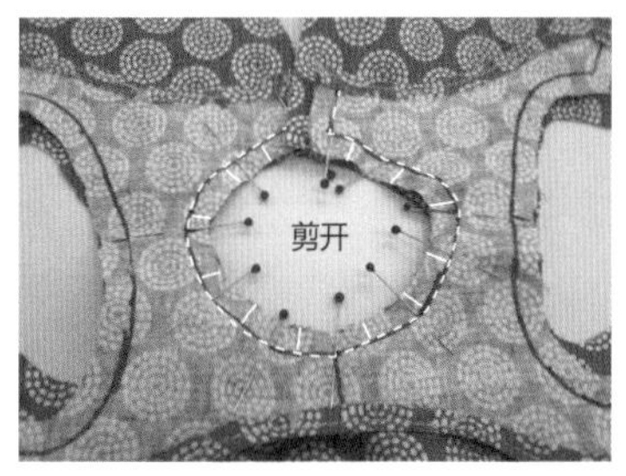

4 将衣片和内贴边的正面相对并沿领口缝合。剪开曲线部分的缝份并将棱角的缝份剪掉。

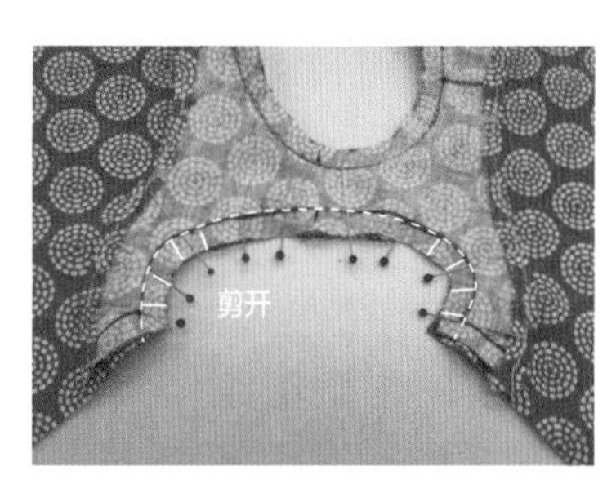

5 将内贴边和衣片的袖窿缝合。用剪刀剪开曲线部分的缝份。

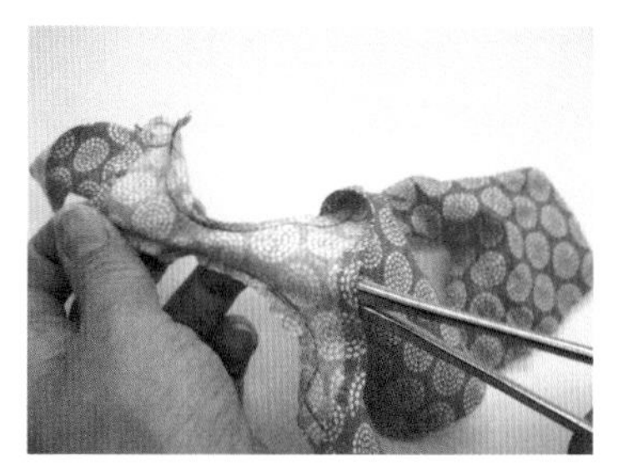

6 用翻里钳穿过肩线做翻面，调整形状并烫平。

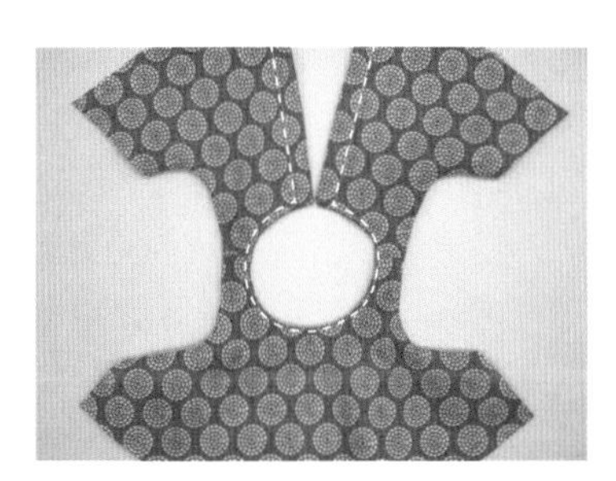

7 从正面沿着领口和后中心线缉明线缝合。

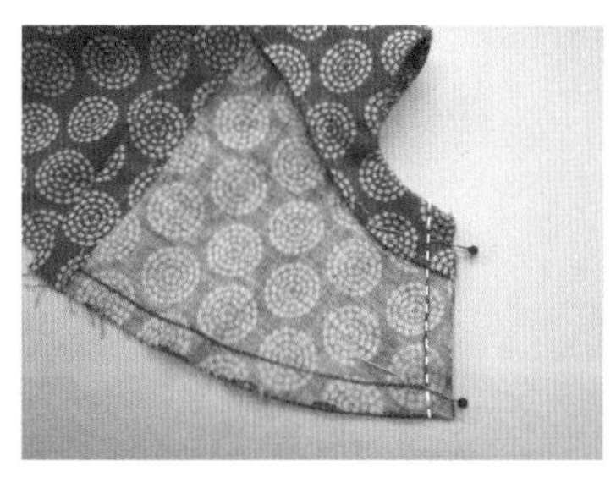

8 将前片和后片正面相对并缝合侧缝。

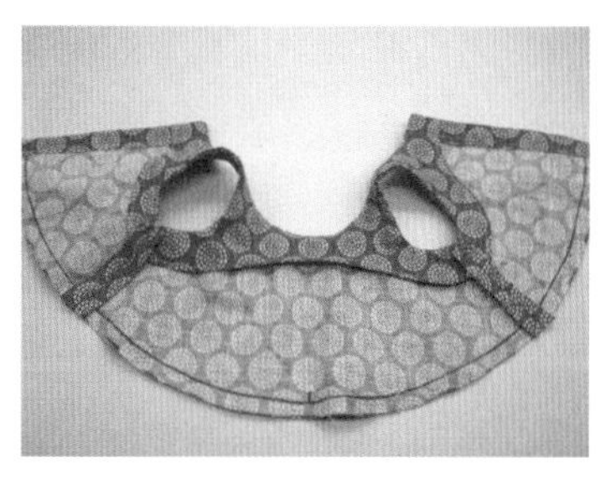

9 将侧缝缝份分开并烫平。

10 将衣片和蕾丝的正面相对并沿完成线做缝合。

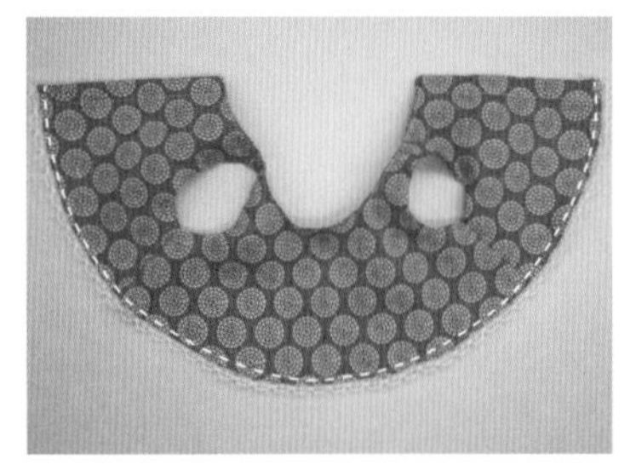

11 缝份向内倒并从正面缉明线，将蕾丝和缝份固定。

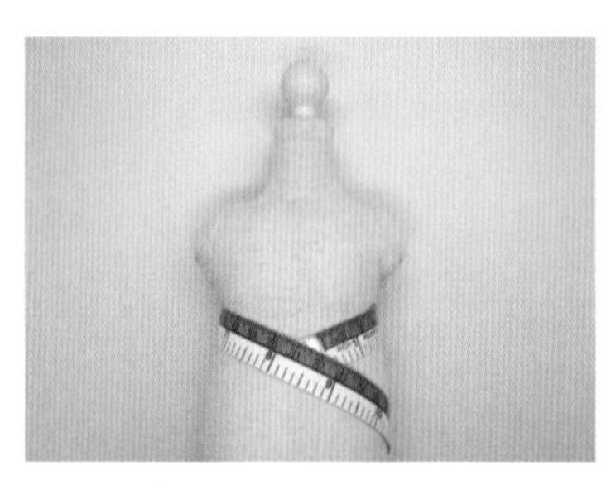

12 准备宽2~3mm的松紧带，长度须小于娃娃腰围1~2cm。

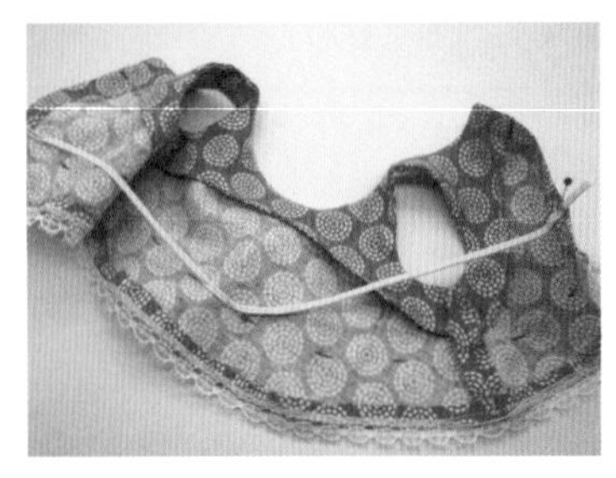

13 在衣片标出缝合松紧带的位置并用珠针固定。

14 一边拉伸松紧带，一边将它缝合在衣片上。

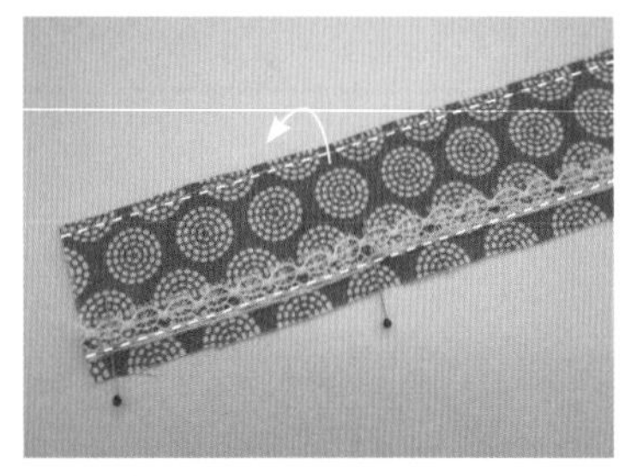

15 将肩部荷叶边的上端缝份折好后缝合，下摆则跟上衣底摆一样缝上蕾丝。

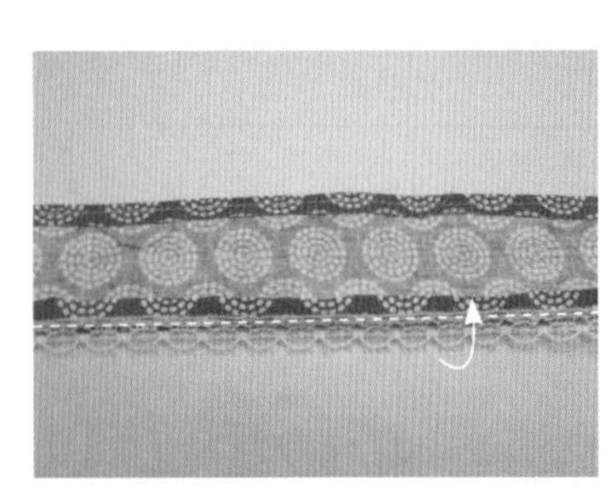

16 将下摆缝份向内倒，再缉明线固定。

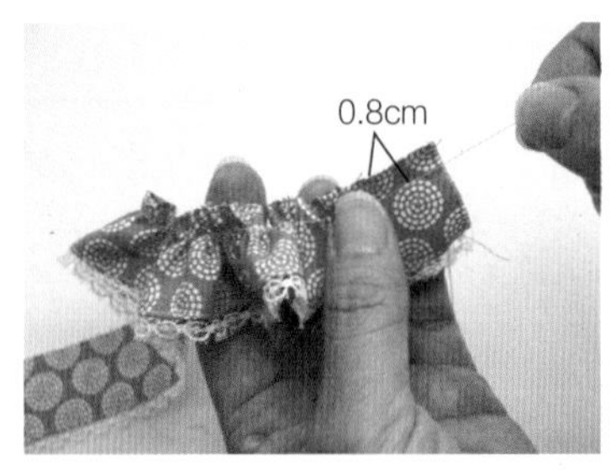

17 从上向下约0.8cm左右的位置进行平针缝并拉出缩褶。

18 抽出缩褶后的长度到可以包裹娃娃手臂的程度（约2.5cm）。

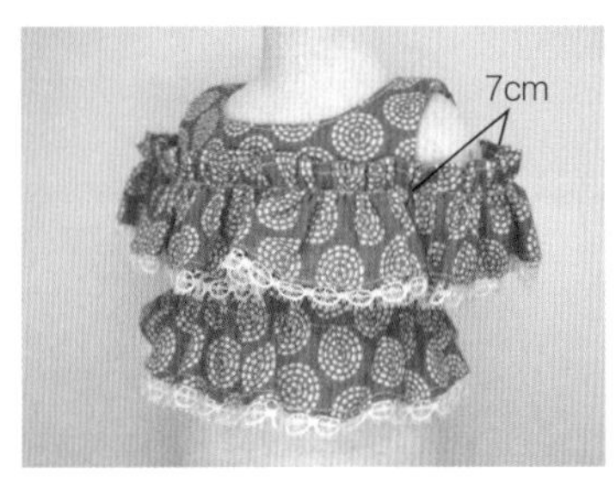

19 将肩部荷叶边固定在衣服上。手臂通过的位置要符合娃娃的手臂尺寸（约7cm）。

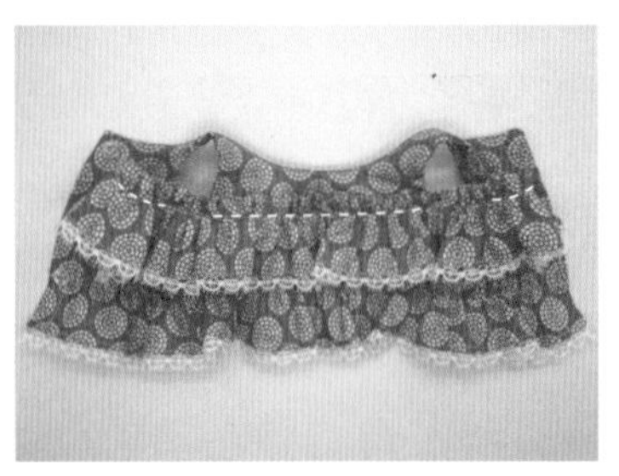

20 除了手臂的部分，其余的部分从正面再缉明线缝合一次。

21 将子母扣缝在后片门襟上，再将胸针别在胸部，完成。

08

娃娃领衬衫

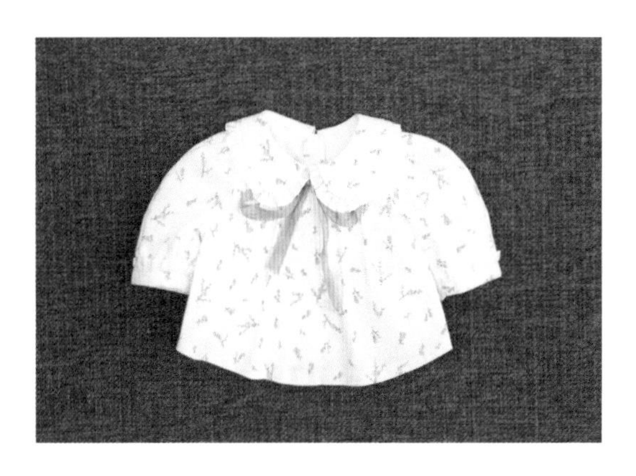

材料 表布60cm×40cm、里布20cm×20cm、子母扣3对、蕾丝70cm、饰结丝带1条

※布料边缘用锁边液处理

※**实物等大**纸样p. 231~232

制作板型

后片中心线缝份为1.5cm，里布下摆缝份为0，其他缝份均为0.5cm。

[上衣变形]

1 将上衣原型前、后片领口挖深，并标出领子的缝合位置。

2 胸围向外加宽0.3cm，将袖窿挖深0.3cm。

3 衣长延长5cm并将侧缝变形成A字形。为了使侧缝上提，需将下摆绘制成曲线。

4 在上衣前片画出加入细褶的位置，分割后上下均展开0.4cm。

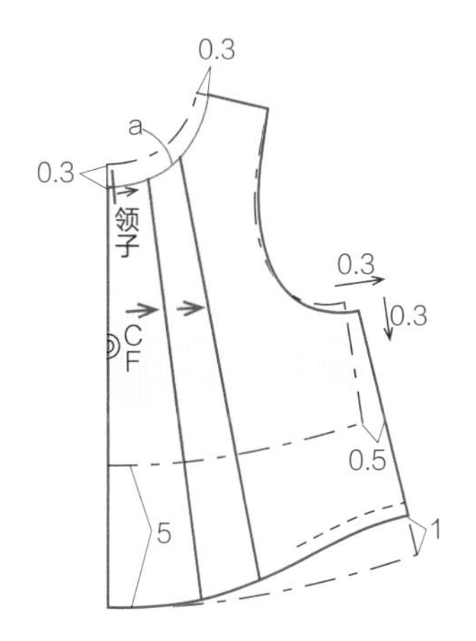

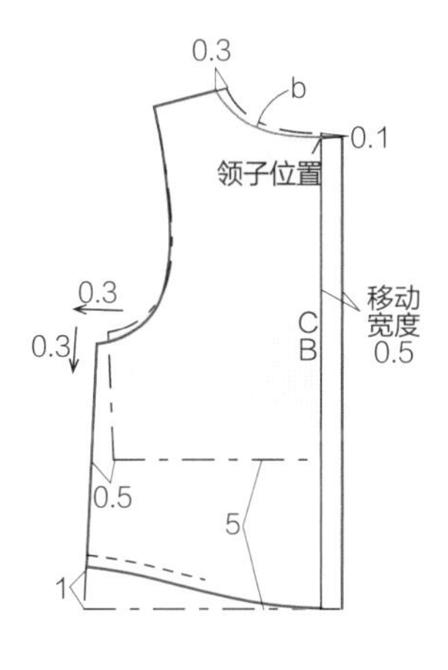

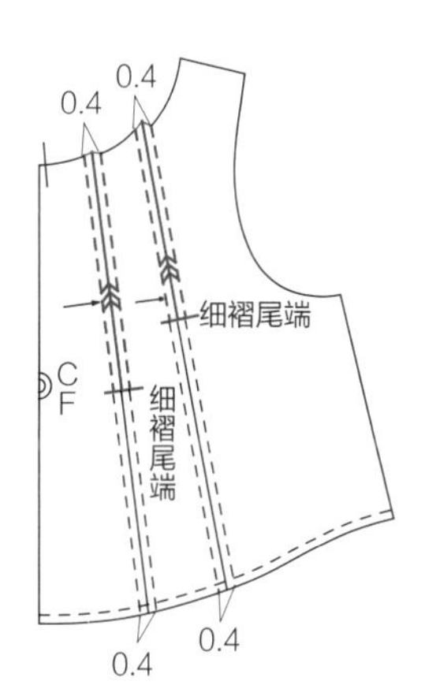

[领子]

1 参考扁领原型制图法（p. 70~73）并画出领子。

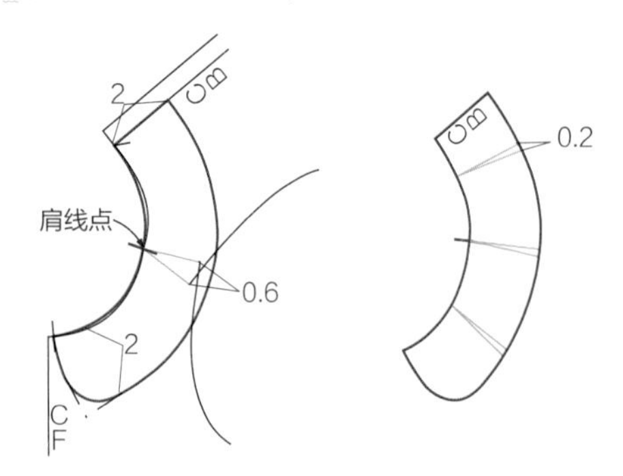

[袖子]

1 依据上衣调整袖子原型的宽度，并参考泡泡袖制图法（p. 89~93）于袖山上、下加入缩褶及放松量。分别在衣片和袖上标出缩褶位置。

2 画出想要的袖口尺寸和宽度。

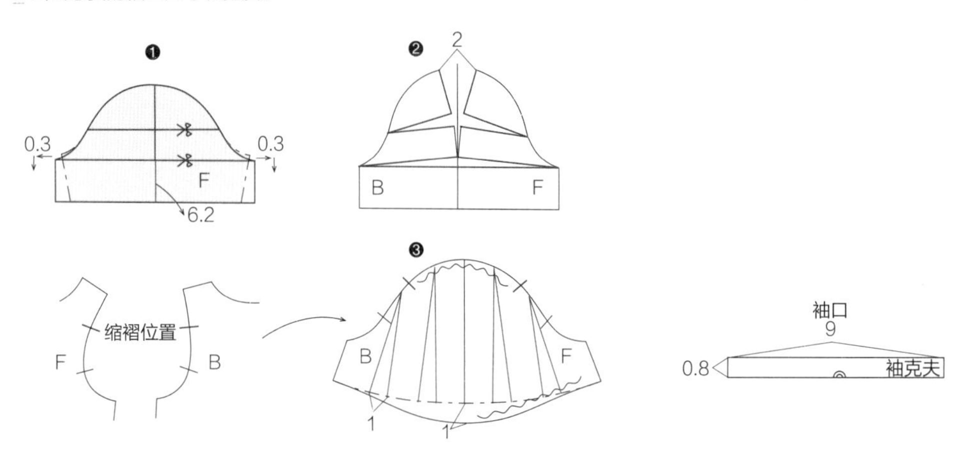

制作方法

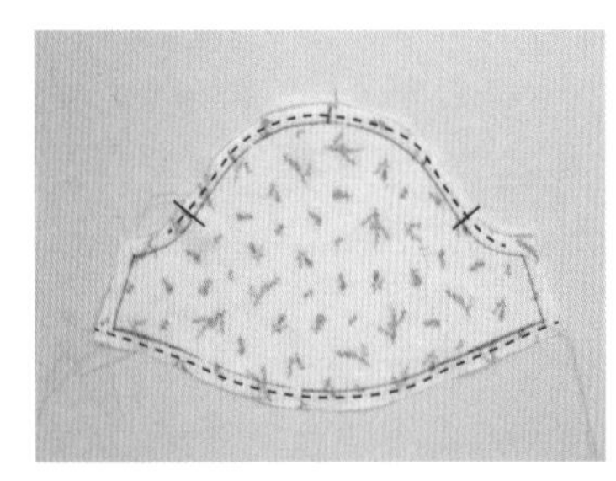

1 用平针缝在两边袖子袖山及袖口的位置进行缩褶，线头留长。

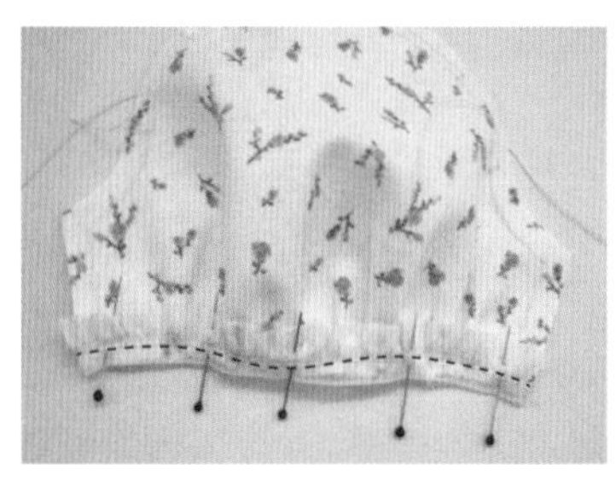

2 轻抽袖口的线，再叠上与袖口等长的蕾丝，并让蕾丝正面朝外。

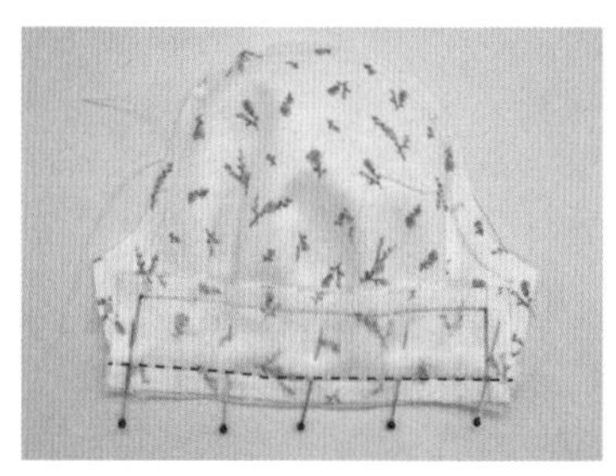

3 缝上蕾丝的袖口跟袖克夫正面相对，一次性缝合袖片、蕾丝和袖克夫。

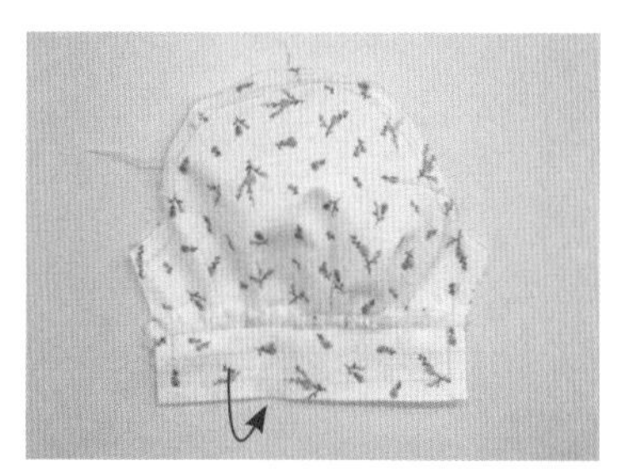

4 将袖克夫向下倒并烫平，然后将另一边的缝份折起再对折。

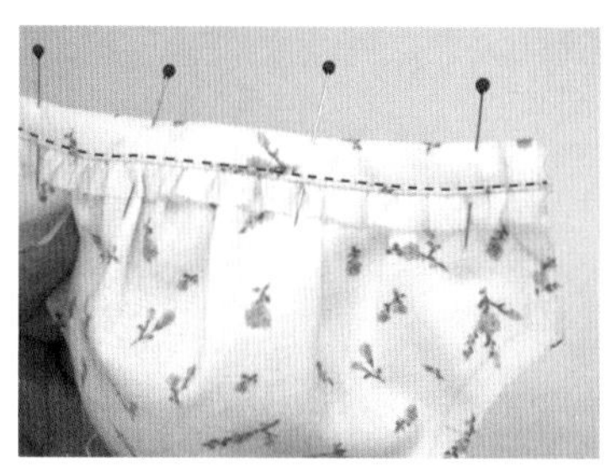

5 用珠针固定袖克夫并缉明线固定。

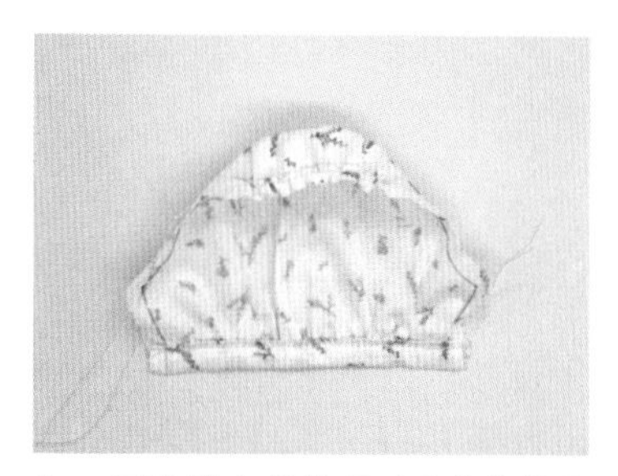

6 两边袖山都拉紧下边的线做出缩褶。

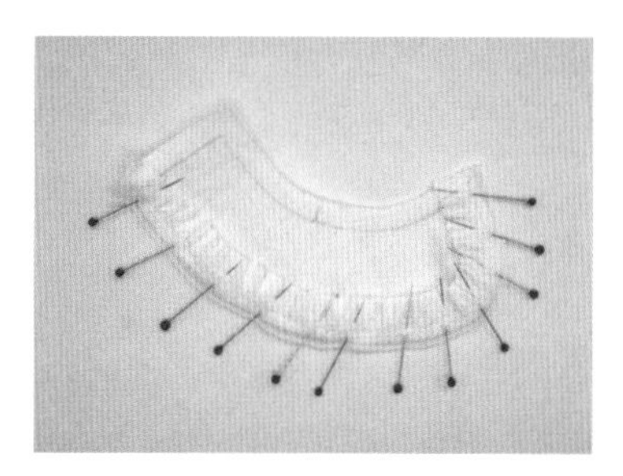

7 在领子里布正面放上正面的荷叶边，接着缝合或用平针缝作为临时固定。

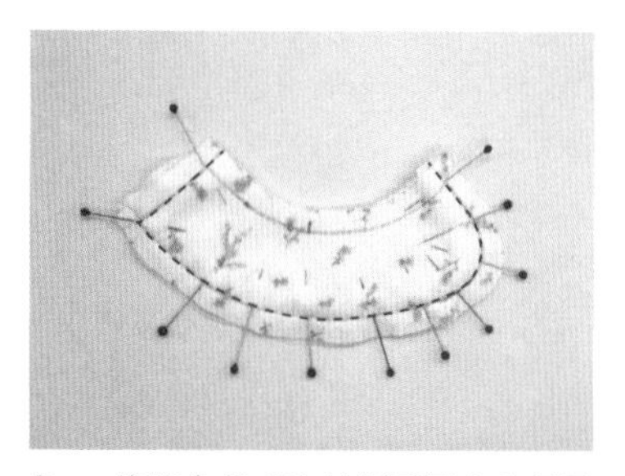

8 将缝合荷叶边的领子里布和领子表布正面相对，并缝合除领口外的其他三个边。

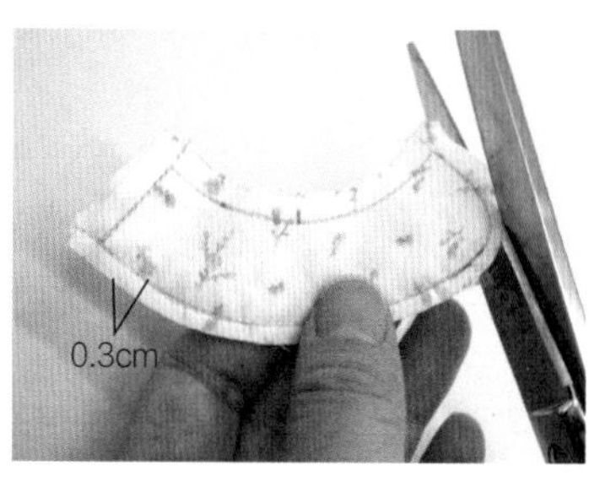

9 领子曲线缝份剪成0.3cm宽，并用剪刀剪口。将缝份的棱角剪掉。

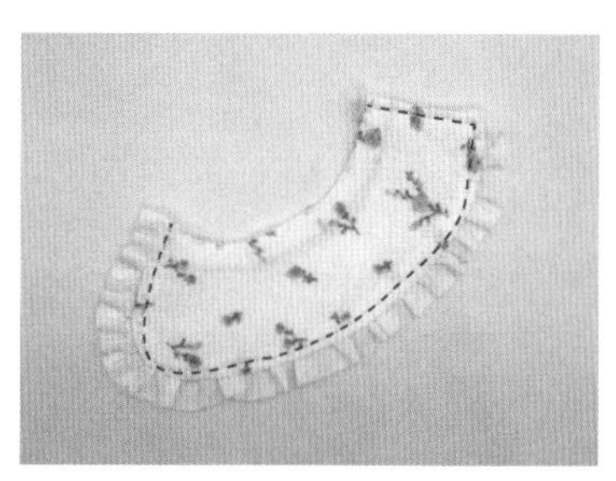

10 将领子翻面并烫平，再从正面缉明线。

11 为了缝出上衣的细褶，必须在领口位置留出足够的布料。

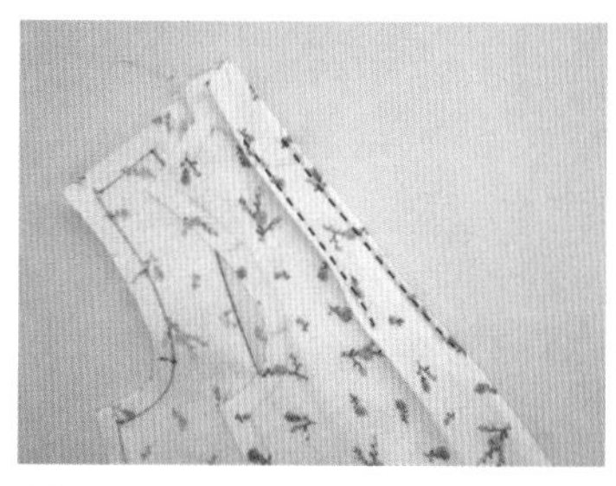

12 从正面沿着细褶标出的位置缝合，做出细褶。

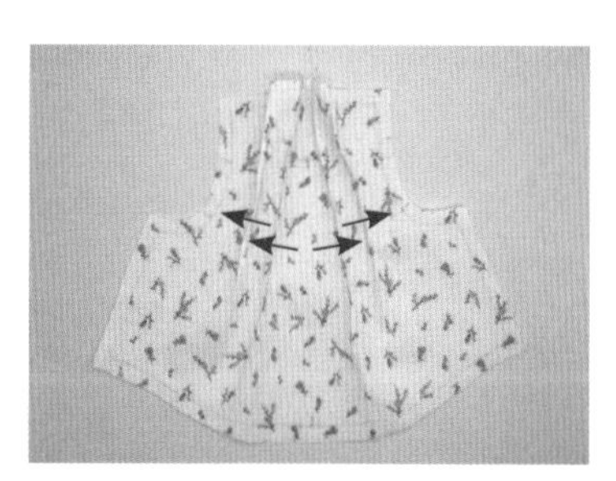

13 按照板型方向将细褶烫平。将领口缝份剪成0.5cm宽。

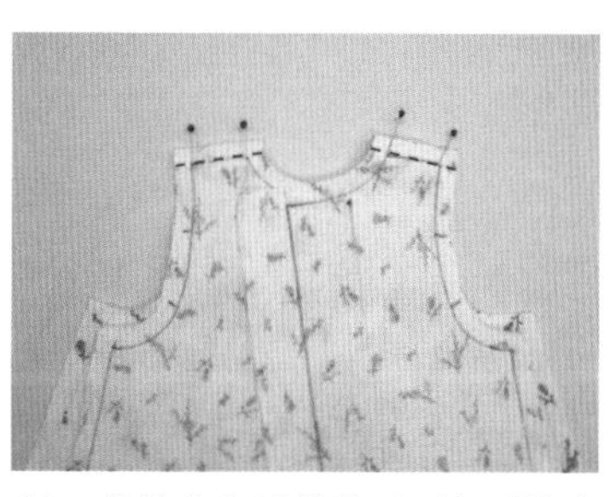

14 将前片和后片的正面相对缝合肩线。

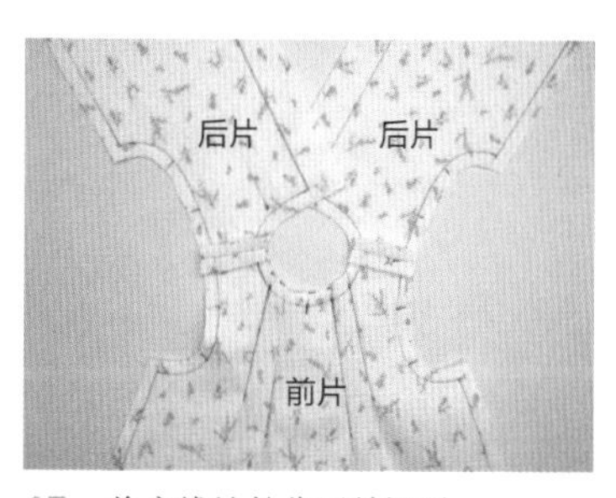

15 将肩线缝份分开并烫平。

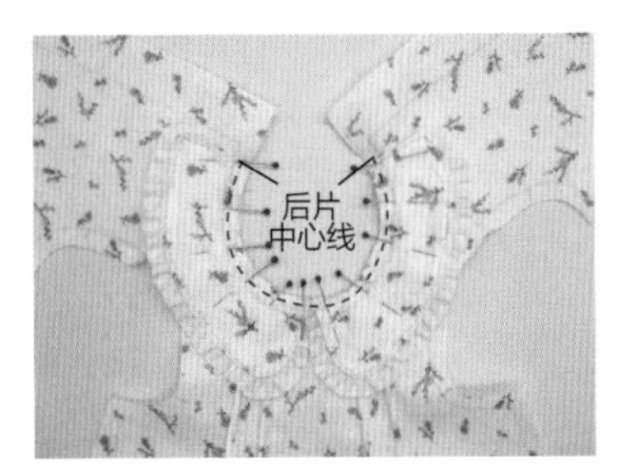

16 将领子沿领口的前片中心线至后片中心线位置放置，用珠针别好并用平针缝固定。

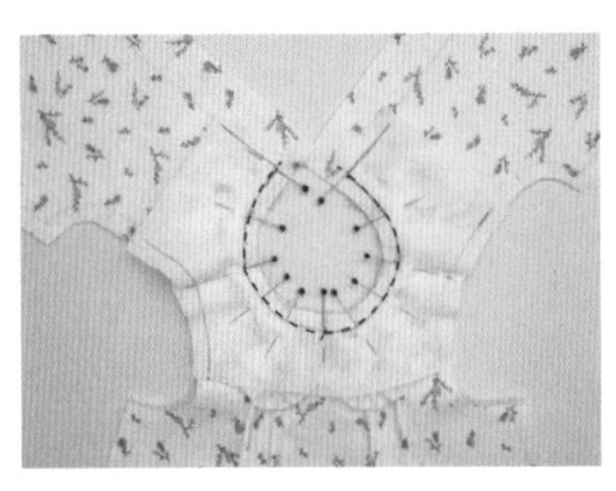

17 将里布的正面贴合领子正面，沿着领口线缝合。

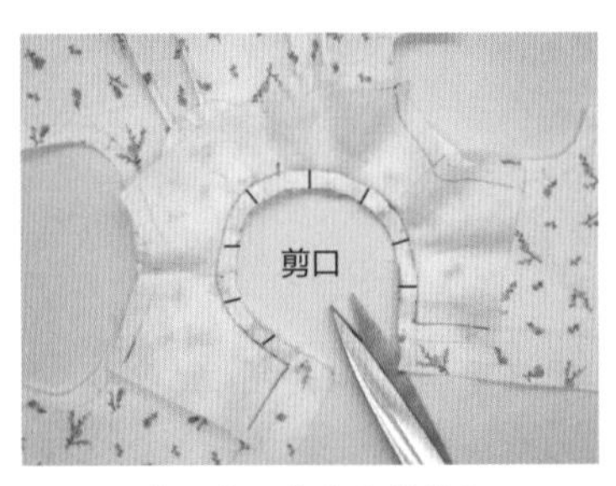

18 用剪刀剪开曲线缝份并翻面。

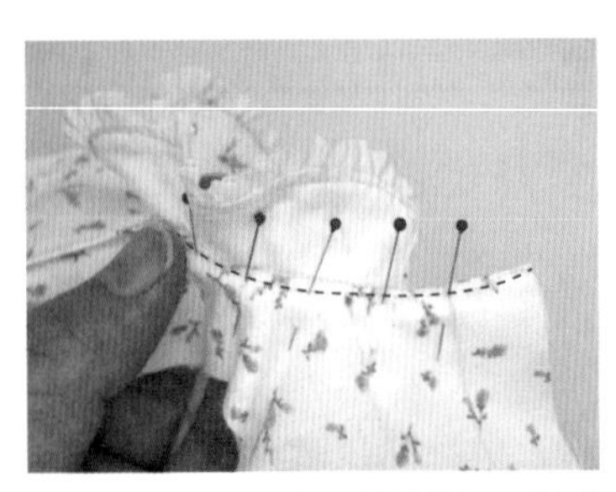

19 熨烫后确认位置并沿着领口缉明线缝合。

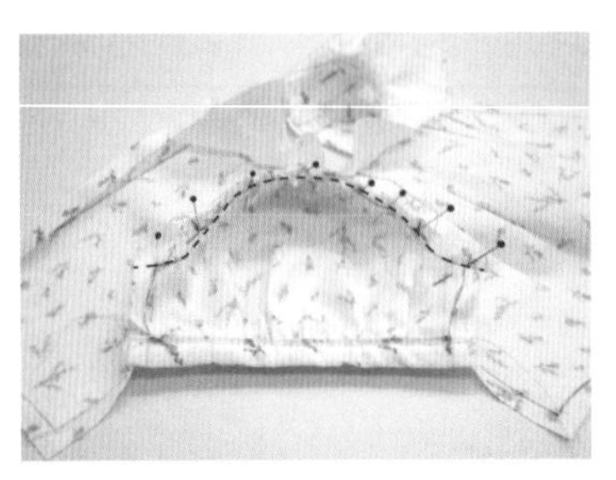

20 用疏缝将袖子缝在衣服上，接着配合袖山缝合完成。

窍门 确认袖子的前、后片。

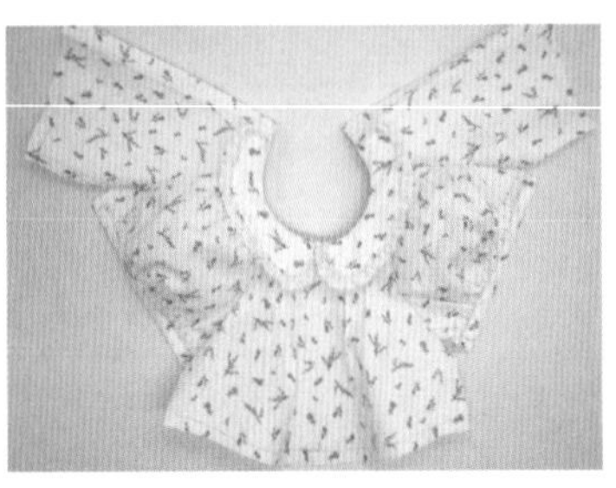

21 将袖子缝份倒向衣片并烫平，再用剪刀剪开。

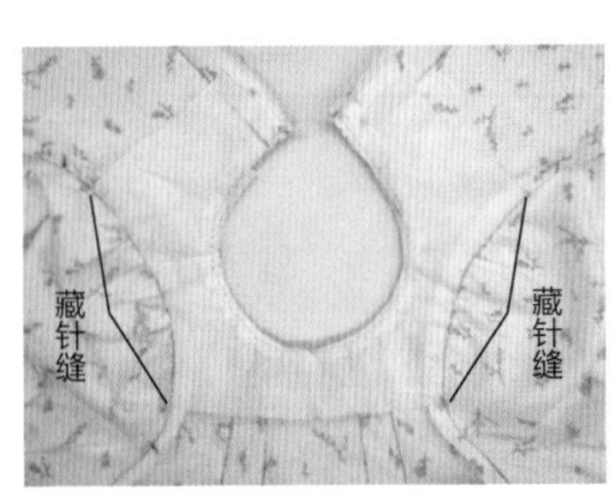

22 将里布的袖窿缝份折好并用珠针固定袖子缝份，然后用藏针缝缝合。

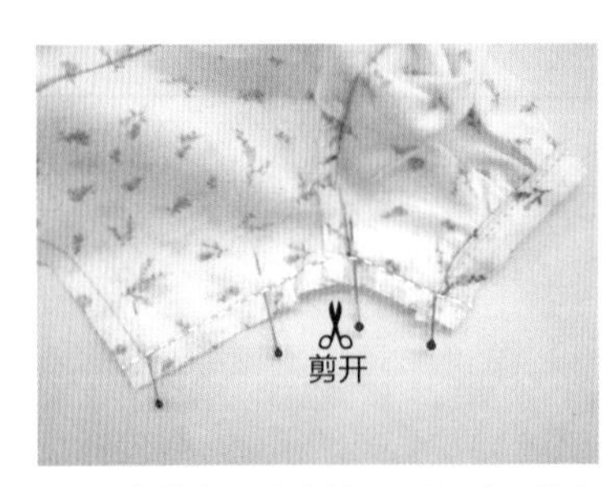

23 将前片和后片的正面相对，从底摆到袖口缝合侧缝。用剪刀剪开缝份。

24 将侧缝的缝份分开烫平后翻面。

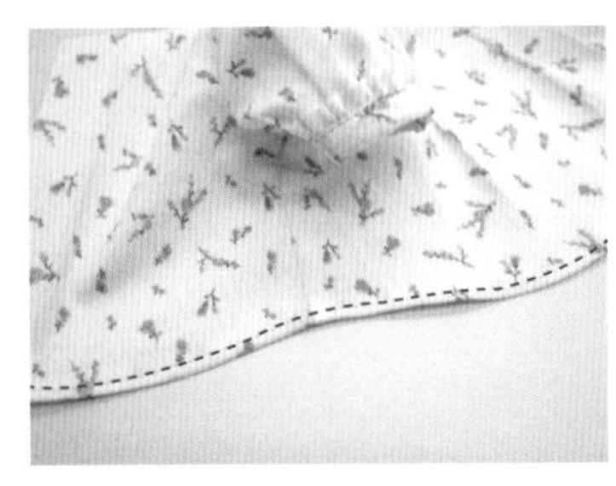

25 将底摆缝份折好缉明线。

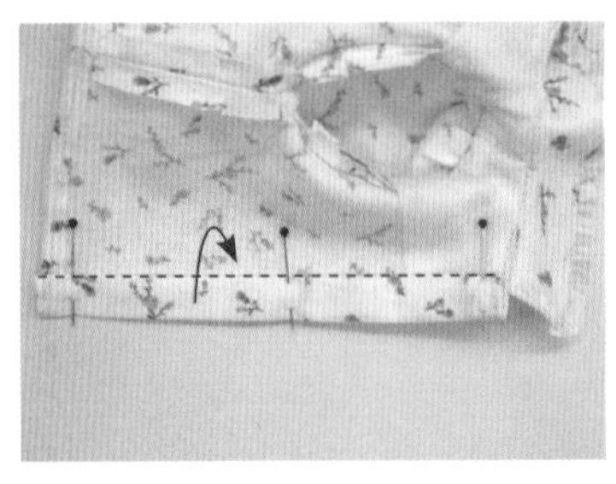

26 将后片中心线的缝份以0.5cm、1cm为间距分2次折叠并缉明线缝合。

27 将子母扣缝在后门襟，再将饰结丝带缝在前片领子下方，完成。

01

海军领连衣裙

材料 表布50cm×30cm、配色布90cm×30cm、里布20cm×30cm、装饰丝带0.3cm×90cm、0.6cm×90cm、子母扣3对

※布料边缘用锁边液处理

※**实物等大**纸样p. 233~234

制作板型

裙子下摆底边缝份1cm，裙子后片中心线缝份为1.5cm，其他缝份均为0.5cm。

[上衣]

1 将上衣原型前、后片领口依照需要的款式变形。

2 胸围向外加宽0.5cm，再将袖窿挖深0.5cm。

3 衣长延长1.8cm并画出腰部的分割线。

[裙子]

1 配合上衣的下摆宽度，绘制出横向长为a+b、纵向长为7cm的长方形，再绘制出以每3cm为间距的分割线。

2 分割线之间分别加入4个1.5cm宽度的对褶褶裥。

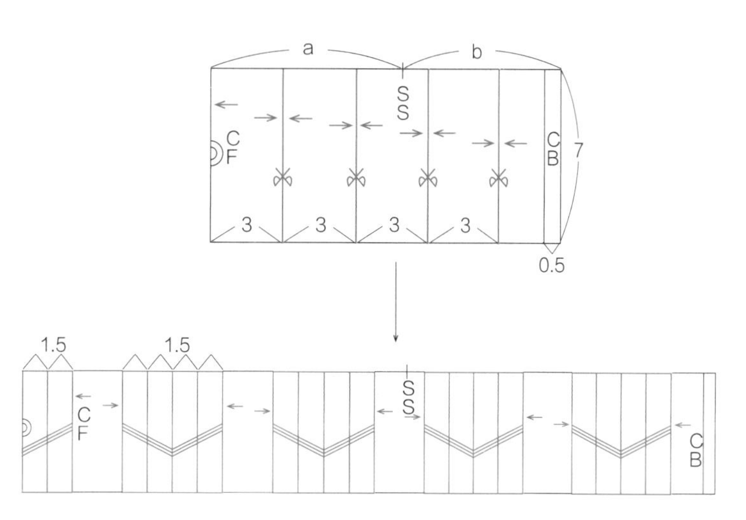

[领子]

1 将上衣前、后片的肩点重叠0.6cm，并参考海军领制图法（p. 72~73）进行绘制。

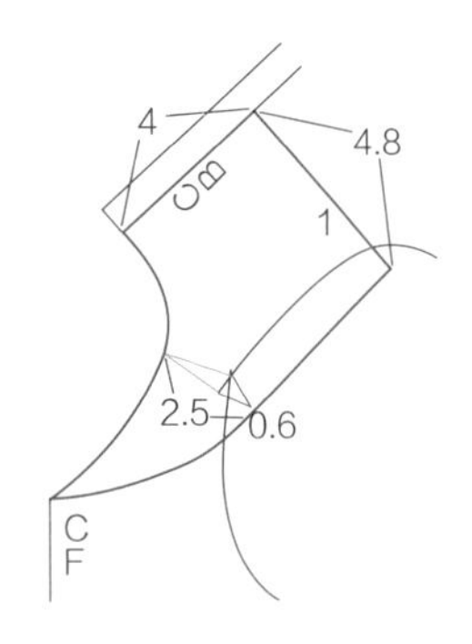

[袖子]

1 根据上衣调整袖子原型的宽度，并剪成短袖的长度。

2 为了增加袖口宽度须加入分割线并展开想要的放松量。

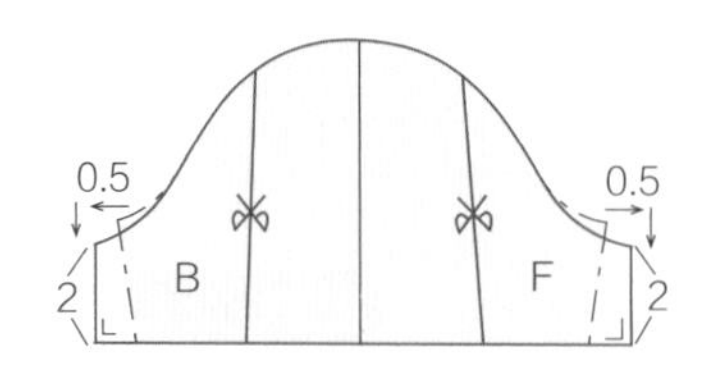

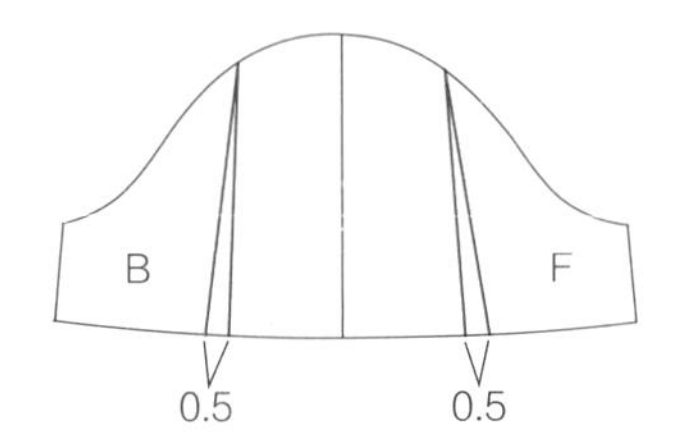

制作方法

1 将裙口缝份折好并缝合。

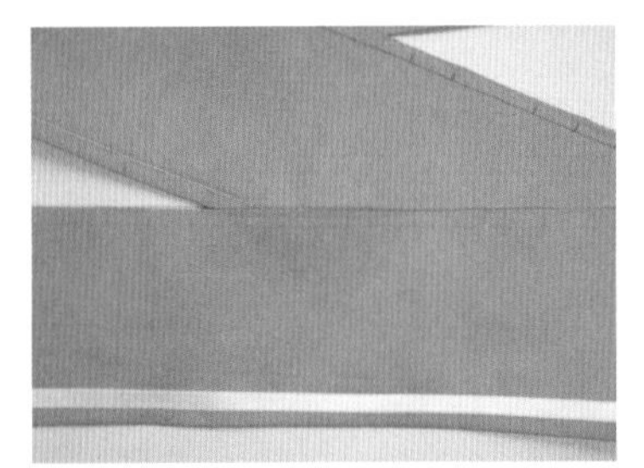

2 装饰丝带可用布用强力胶粘合或从正面缝合。

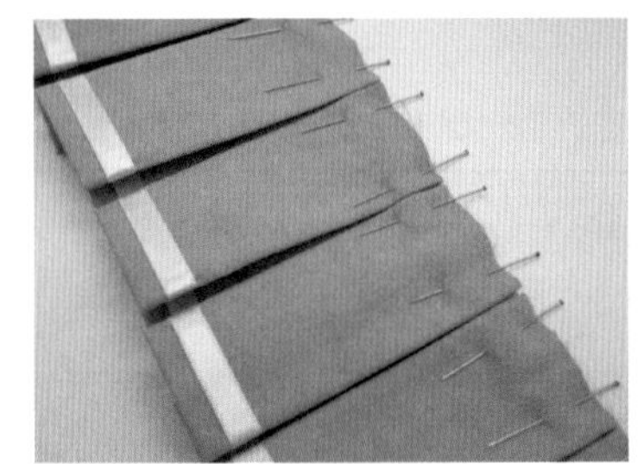

3 按照板型从正面折出对褶。

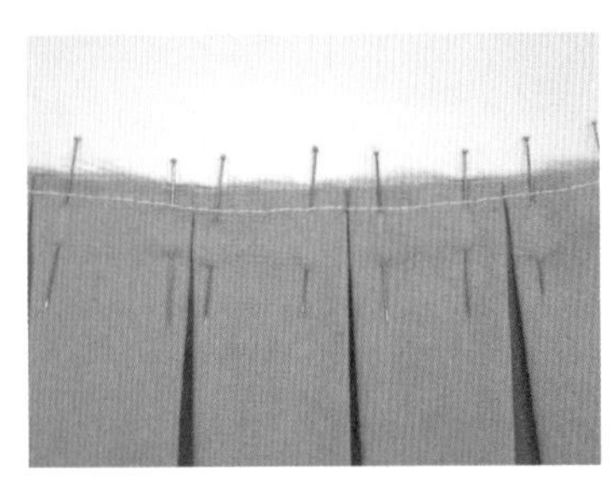

4 将缝份压住缝合1次使褶裥固定。

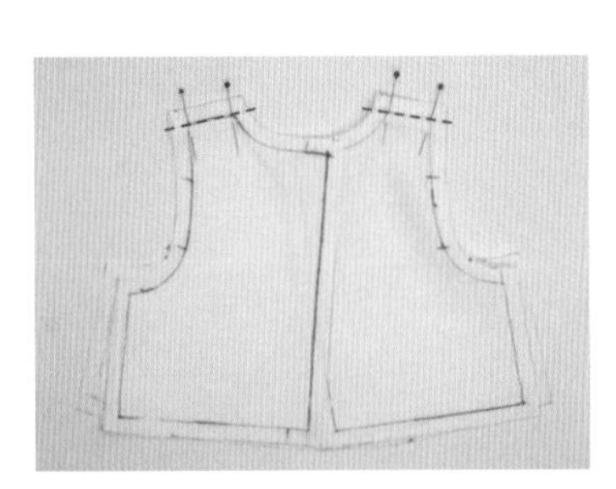

5 表布前片和后片的正面相对并缝合肩线。

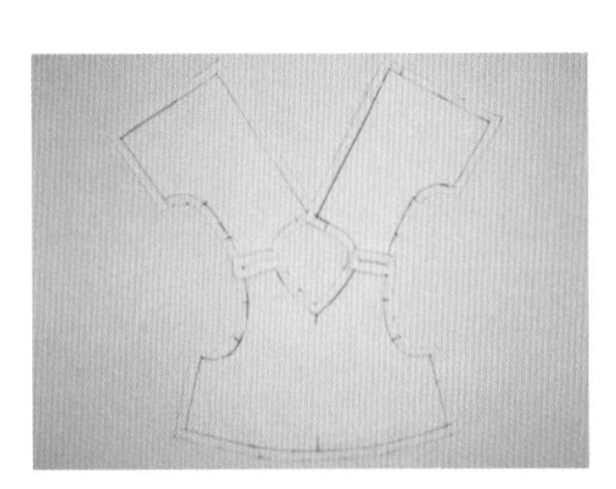

6 将肩线缝份分开并烫平。

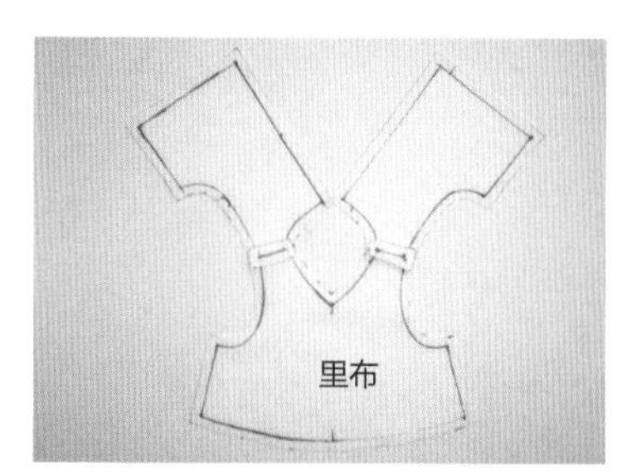

7　将里布肩线缝合，并将缝份分开烫平。

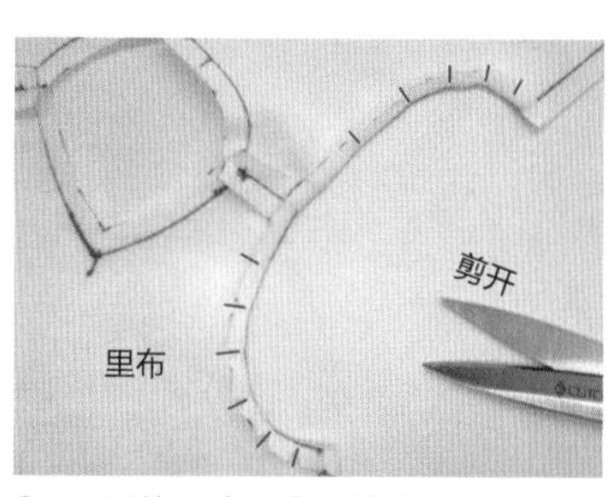

8　用剪刀将里布的袖山剪开，然后向内折并烫平。

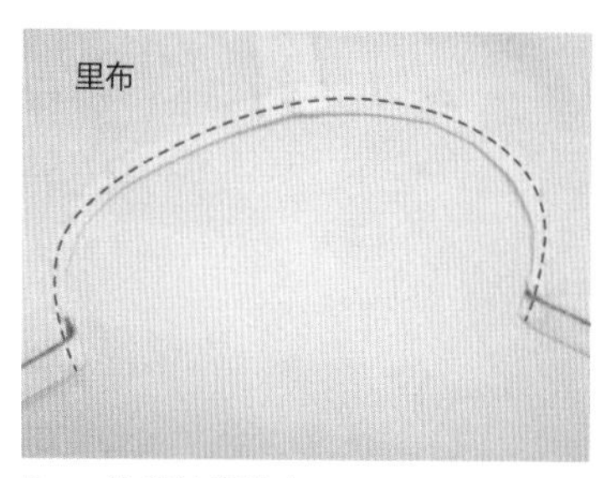

9　沿着袖窿缝合。

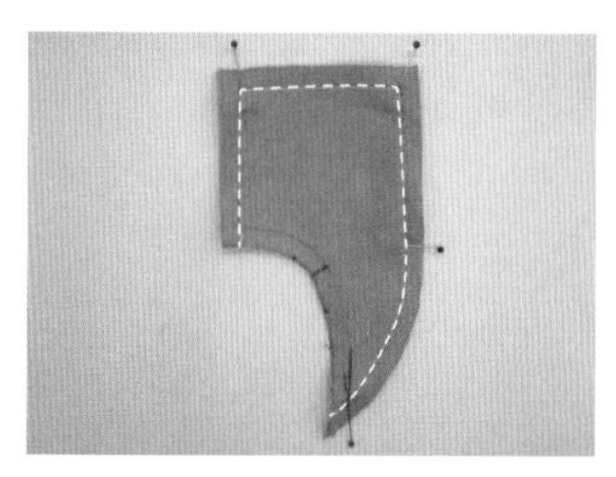

10　将其中一边的2片领子正面相对缝合除领口外的部分。

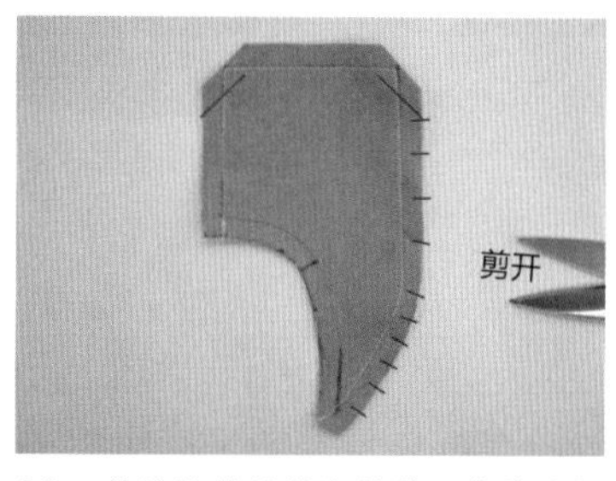

11　剪掉缝份的棱角并剪开曲线处的缝份。

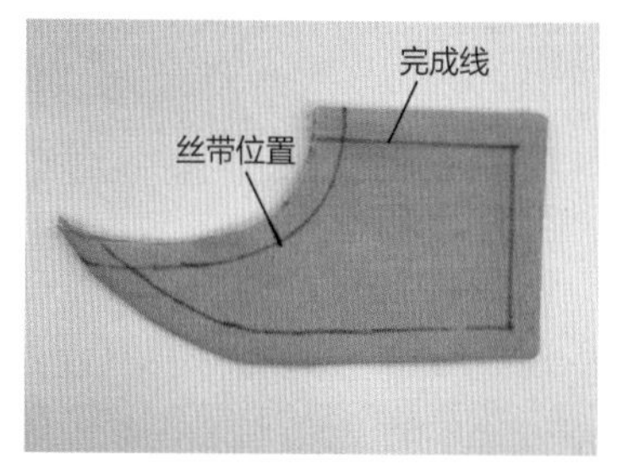

12　翻面并整理缝份，然后标出领口的完成线以及丝带缝合的位置。

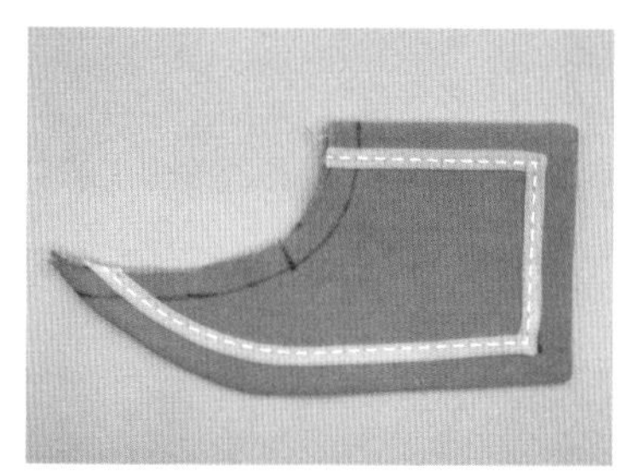

13　装饰丝带可用布用强力胶粘合或从正面缝合，领子完成。

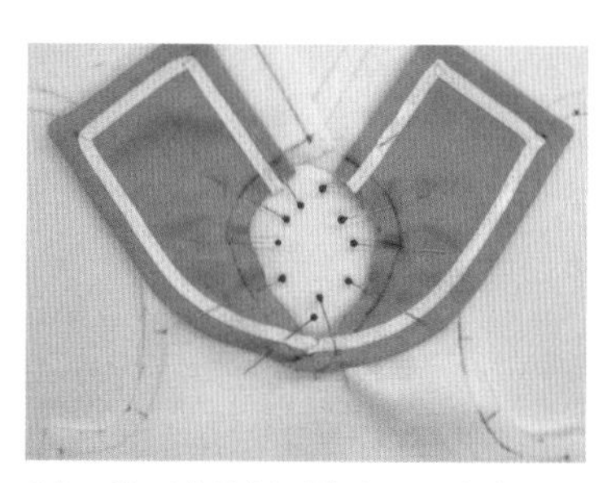

14　将两边的领子放在上衣表布的正面上，用珠针固定。

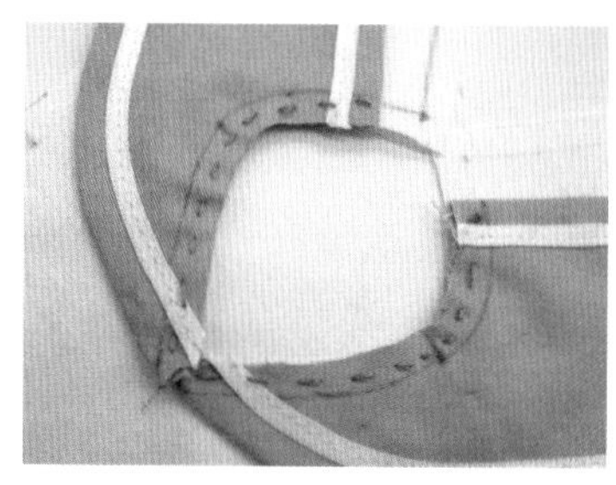

15　用平针缝缝在缝份上，固定领子。

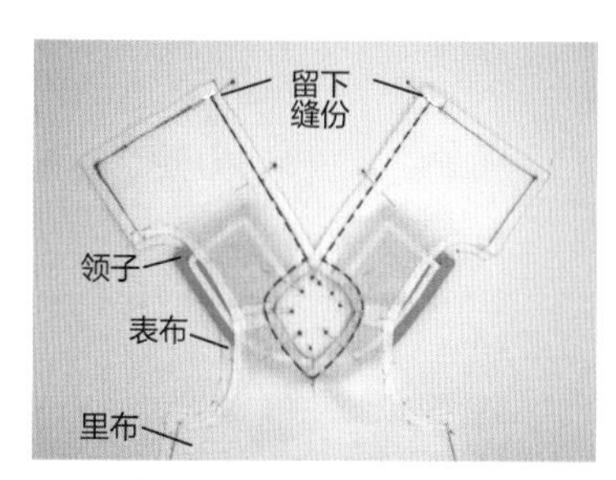

16　将里布覆盖在缝合领子的表布上，依次缝合后片中心线→领口→后片中心线。后片中心线底摆的缝份不缝合。

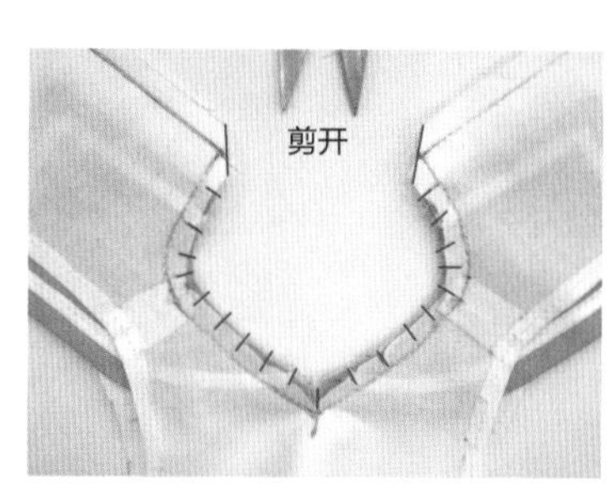

17　剪开领口缝份，并剪掉缝份的棱角。

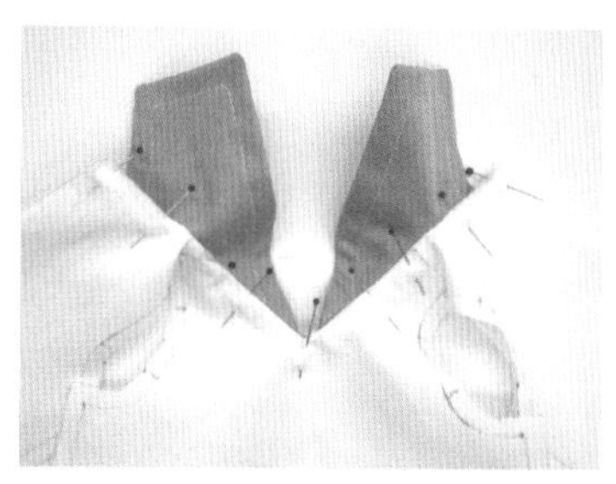

18　翻回正面，翻开领子用珠针固定领口。

19 从正面沿着领口线缉明线缝合。

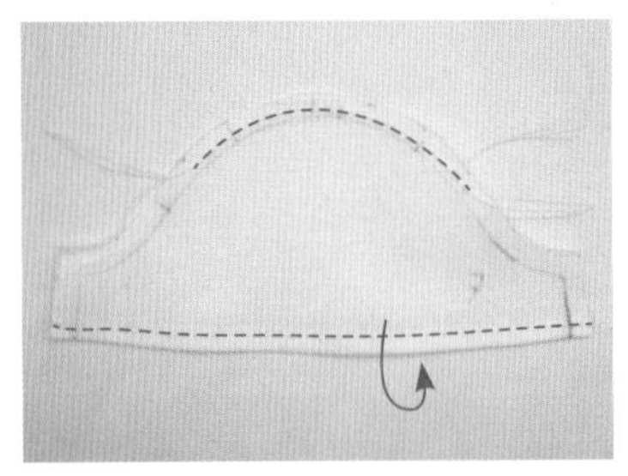

20 将袖口折好缝合，用平针缝合袖山缩缝。

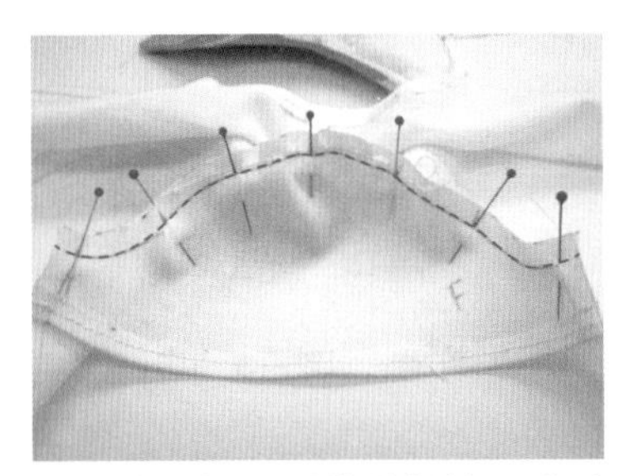

21 抽取袖山的缝线形成缩褶，然后缝合在衣片上。

缩缝时要小心，不要留下褶痕。确认袖子前、后片再缝合。

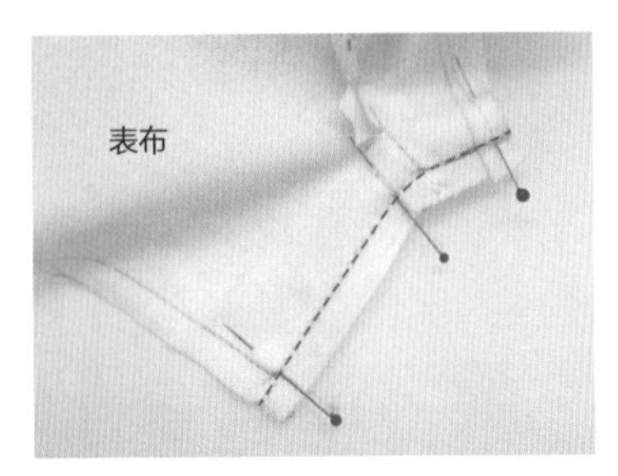

22 从衣片表布的下摆到袖口缝合侧缝。剪开缝份后再分开烫平。

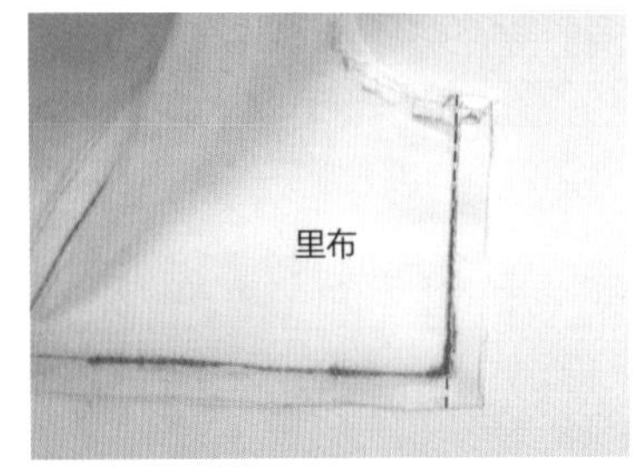

23 同样缝合衣片里布的侧缝，将缝份分开并烫平。

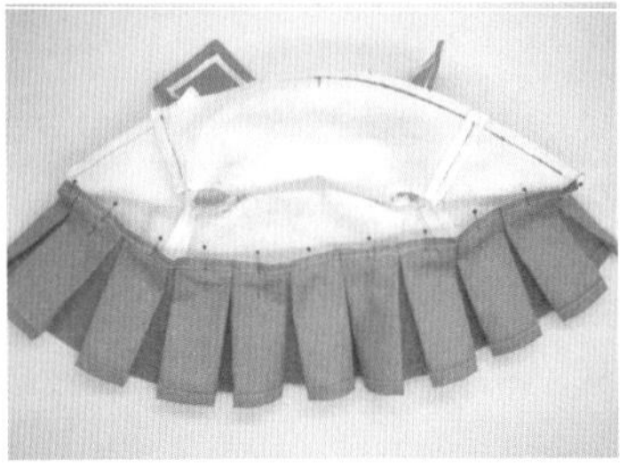

24 将裙子后中心线的缝份以0.5cm、1cm分2次折叠，并将衣片表布下摆和裙子上缘的正面相对，再用珠针固定。

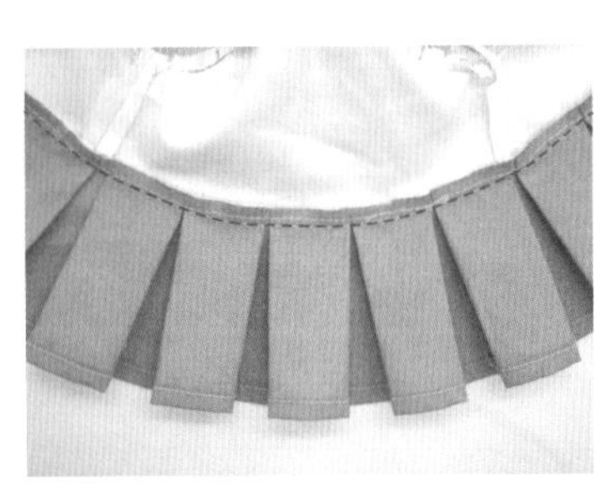

25 将衣摆和裙子下缘缝合。将缝份向上倒并烫平。

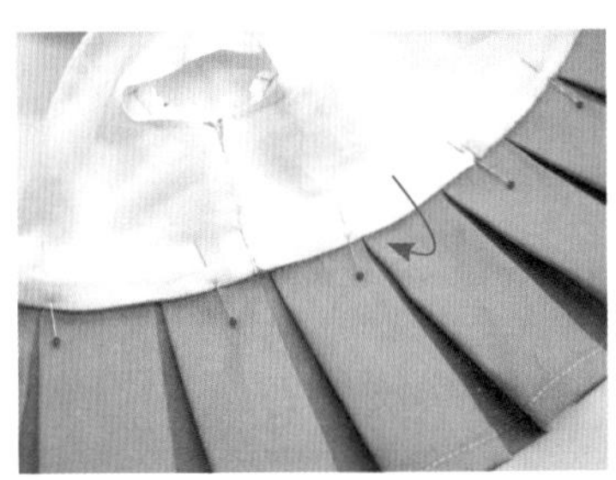

26 将上衣里布缝份折到可以覆盖住表布缝份的程度，用珠针固定并进行藏针缝。

27 在后门襟缉明线，再将3对子母扣缝在门襟上，完成。

02
波浪摆连衣裙

材料 表布50cm × 50cm、配色布50cm × 20cm、里布40cm × 20cm、松紧带6cm 2条、子母扣3对、装饰纽扣2个、饰结丝带2条

※布料边缘用锁边液处理

※**实物等大**纸样p. 234~236

裙摆缝份为0.8cm，裙子后片中心线缝份为1.5cm，其他缝份均为0.5cm。

[上衣]

1 将上衣原型前、后片领口依款式需要进行改动。
2 将胸围向外加宽0.3cm，再将袖窿挖深0.3cm。
3 延长衣长并画出腰下的分割线和裙摆。
4 在上衣前、后片加上公主线（princess line），并且只在后片分割线中加入锥形省。

[裙子]

1 将裙子从衣片剪下，然后参考喇叭裙制图法（p. 41~44）加入分割线，并画出所需的缩褶尺寸。
2 为了裙摆可以自然地展开，需沿斜丝方向裁剪，考虑到缝合腰下时会产生拉伸量，所以腰下围要画得比上衣短。

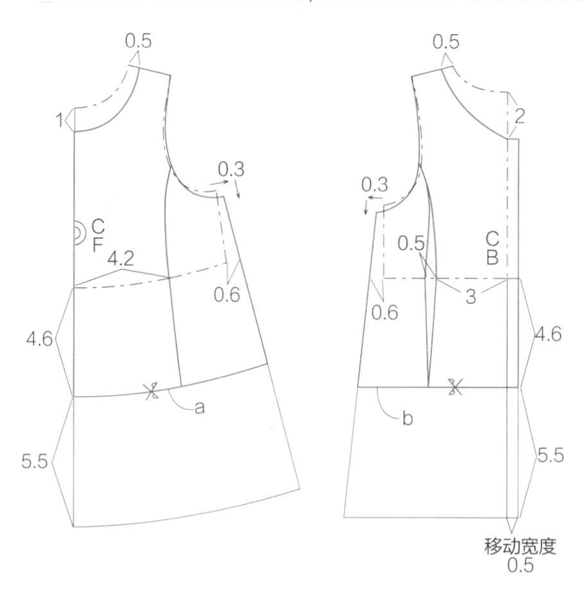

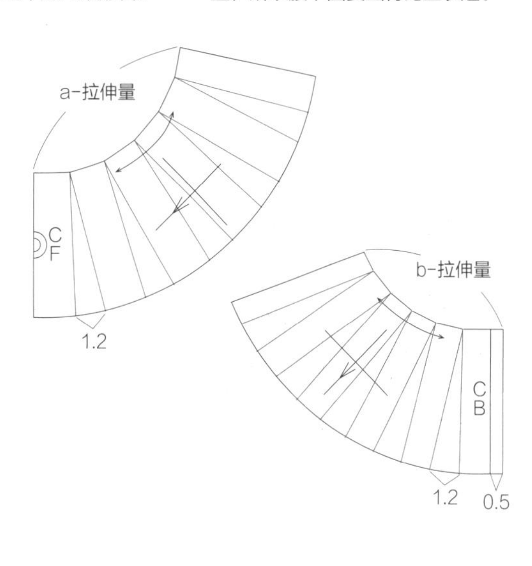

[袖子]

1 根据上衣调整袖子原型的宽度，并将袖窿挖深。

2 为了做成盖住手背的款式，需将袖长延长1cm并将袖口画成A字形。

3 在袖口向上2cm处标出松紧带的位置。

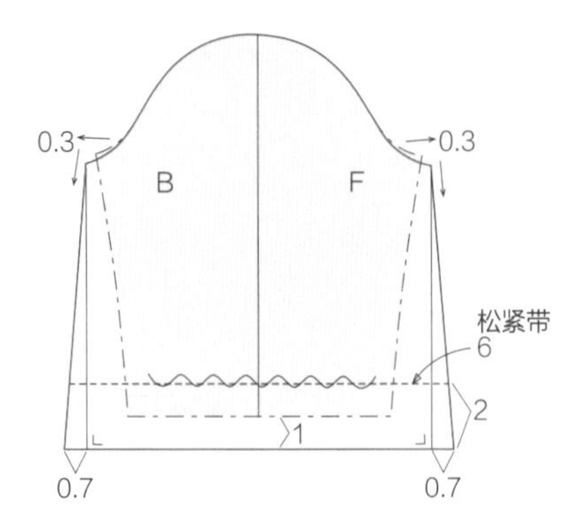

制作方法

1 将衣片里布前、后片的正面相对并缝合肩线。

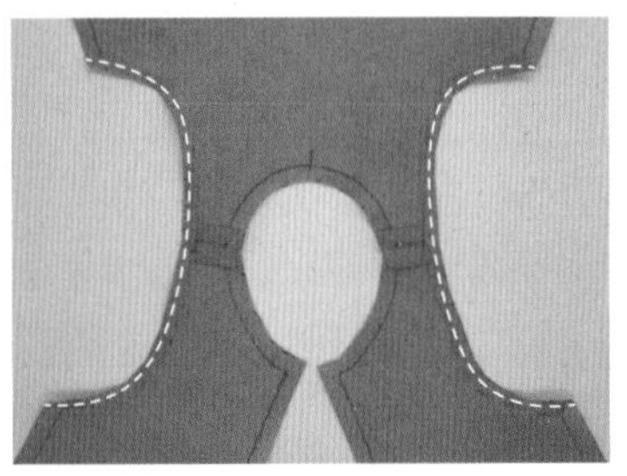

2 将肩线缝份分开并烫平。剪开袖窿缝份，再折好并缝合。

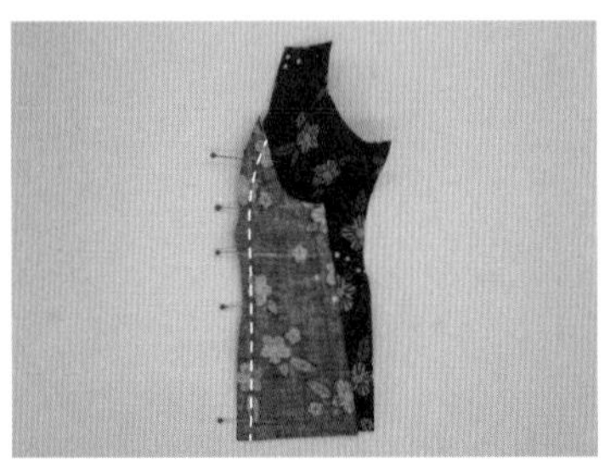

3 分别将表布后片（共4片）左右两边的两片，各自正面相对缝合。

4 将缝份剪开后分开烫平。

5 表布前片也使用相同的方法制作。

6 在前片缝合的位置缉上明线。

7 后片缝合位置上也同样缉上明线。

8 将表布前、后片的正面相对并缝合肩线。

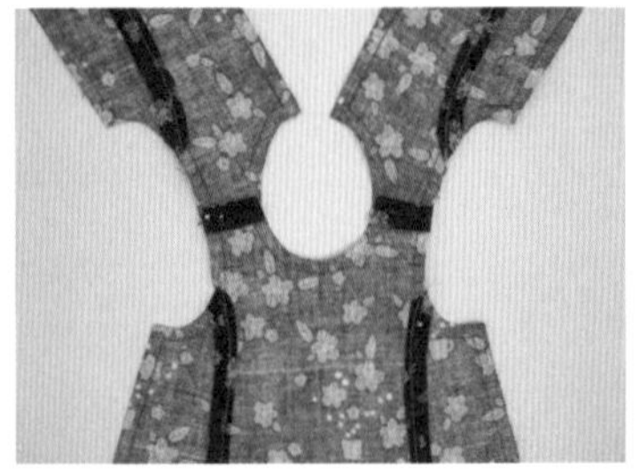

9 将缝份分开并烫平。

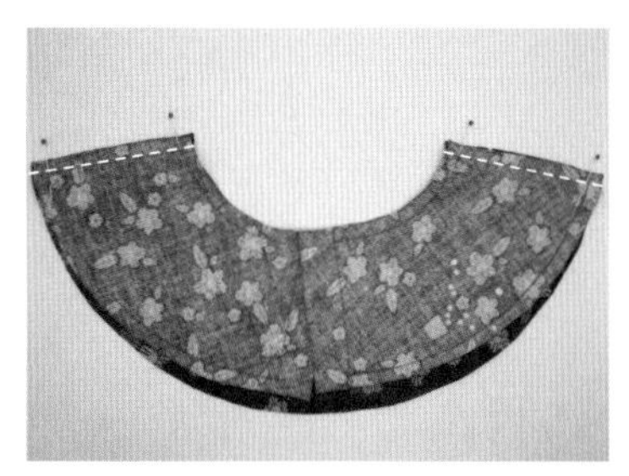

10 将裙子前、后片的正面相对并缝合侧缝。

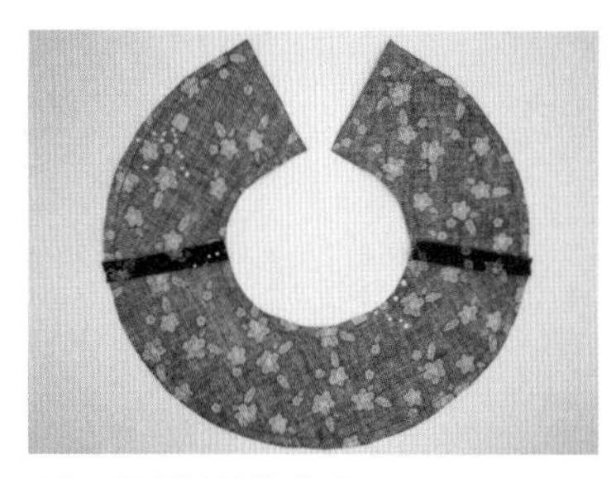

11 将侧缝缝份分开。

12 为了折叠曲线部分的缝份，需在下摆缝份进行平针缝。

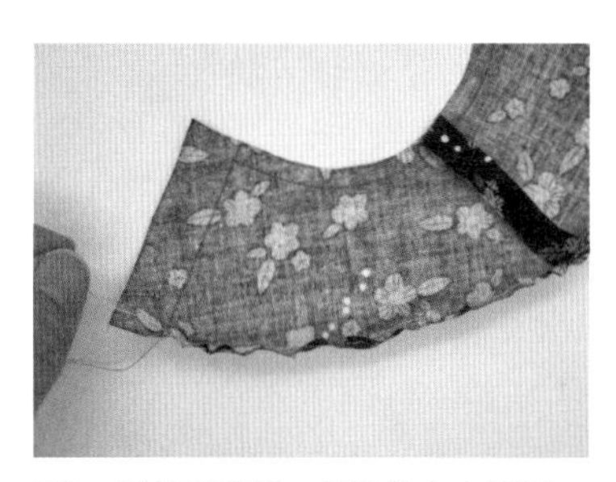

13 轻抽平缝线，将缝份向上折起。

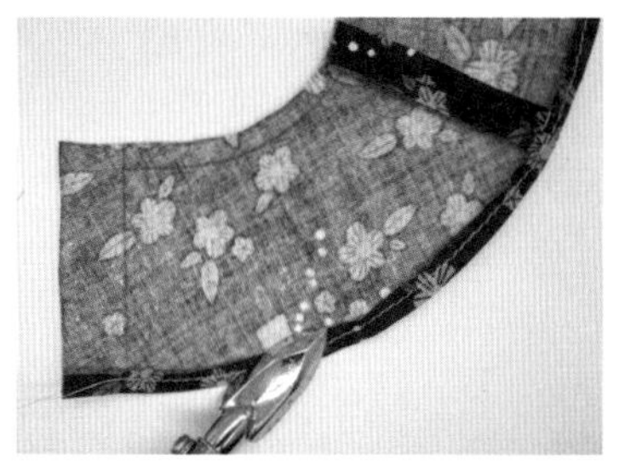

14 尽量保持相等的缝份宽度，边调整形状边烫平缝份。

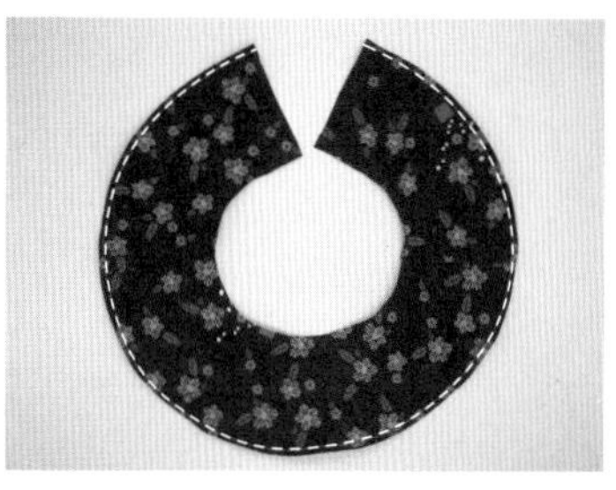

15 从正面沿边缘缉明线，将缝份固定。

16 将后片中心线的缝份以0.5cm、1cm分2次折叠并烫平，再从正面缉明线，固定缝份。

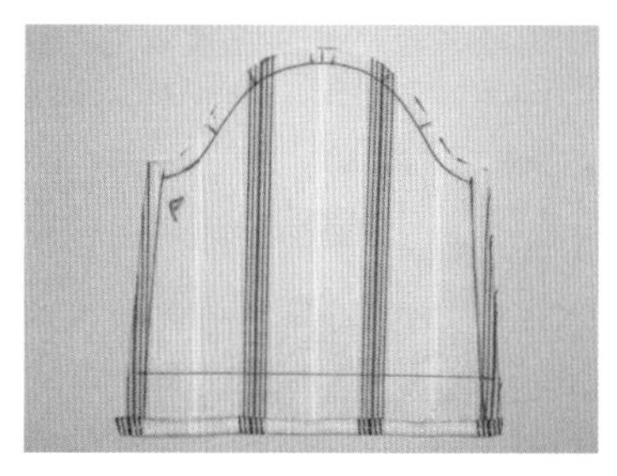

17 将两边袖子的袖口折好并缝合。

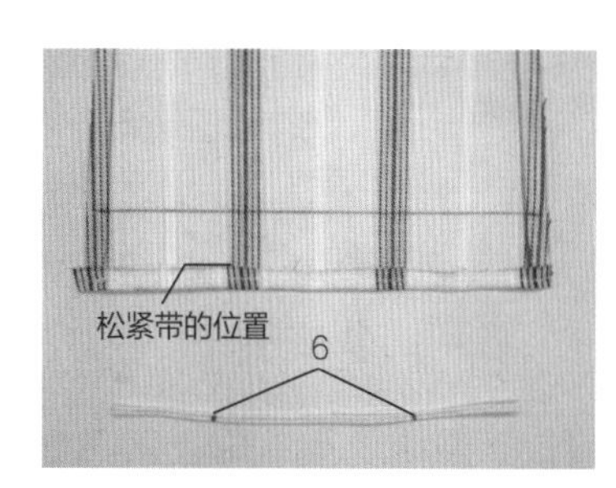

18 准备比娃娃腕围长一点的松紧带，并标出松紧带的缝合位置。

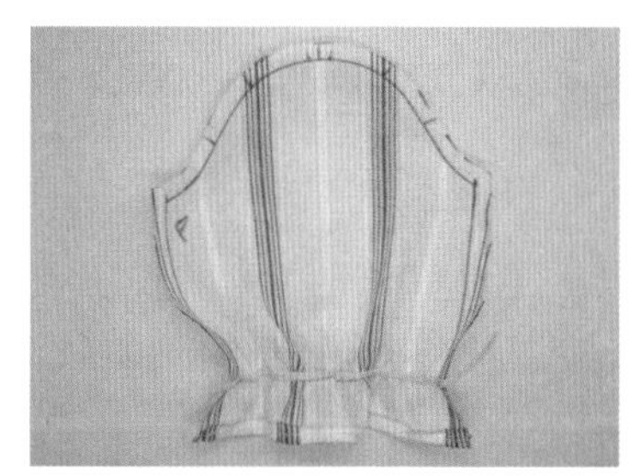

19 由于松紧带的长度比袖片布料短，所以要拉伸着缝。另一边的袖片也使用同样的方式缝好。

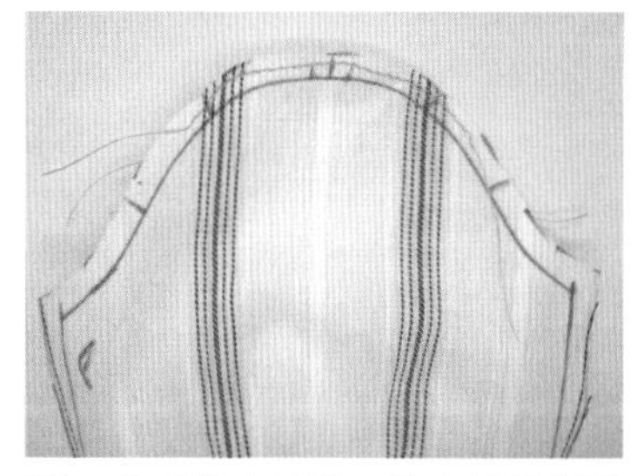

20 为了做出缩缝，袖山要进行平针缝。

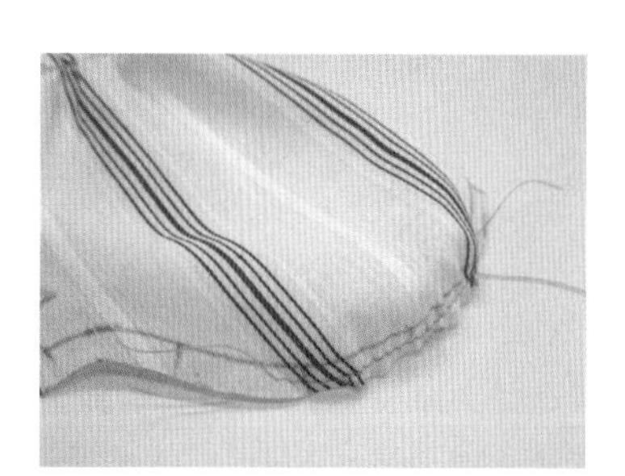

21 轻轻地抽线做出缩缝。

请一边均匀的分布力度，一边做出缩缝。

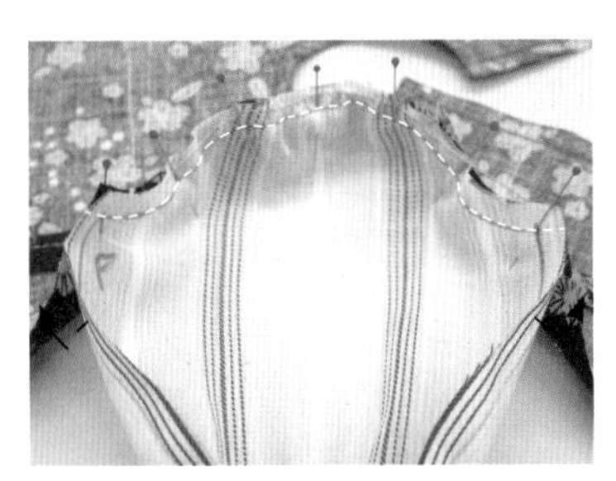

22　注意袖山曲线，将两边的袖子和衣片表布缝合。

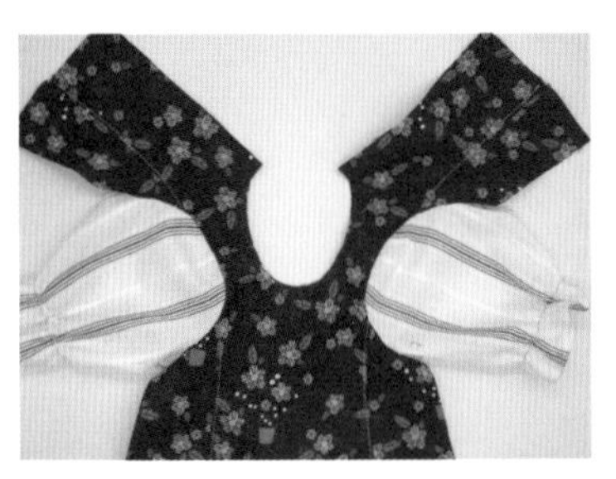

23　将缝份倒向衣片方向并烫平，用剪刀剪开腋下部分的缝份。

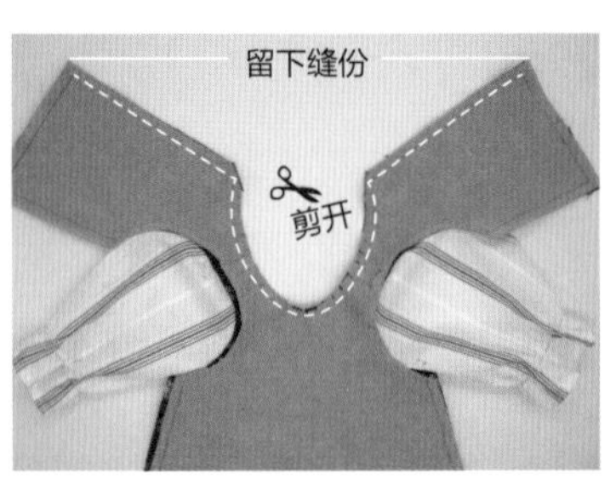

24　将里布正面朝表布贴合并依次缝合后片中心线→领口→后片中心线。预留后片中心线下摆底边缝份不缝合。剪开领口缝份，并剪掉后片中心线缝份的棱角。

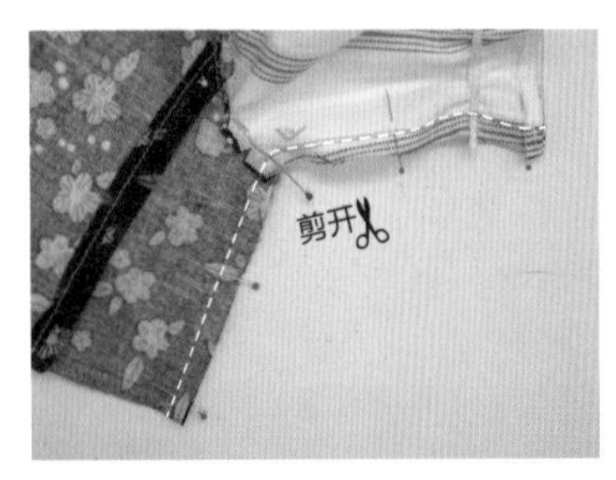

25　将表布前、后片的正面相对，从衣摆到袖口缝合侧缝。剪开腋下的缝份，再分开烫平。

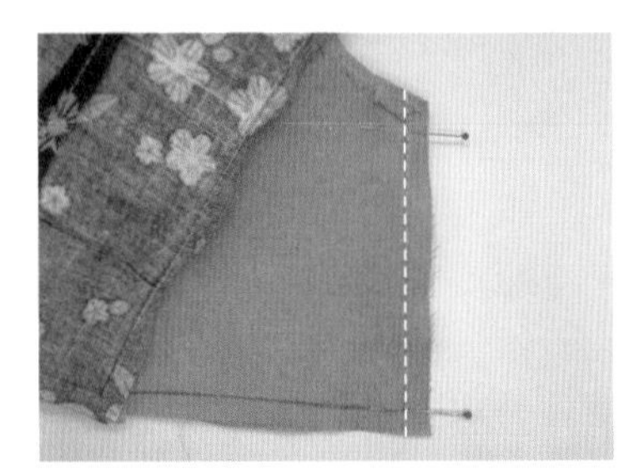

26　里布也是正面相对并缝合侧缝。

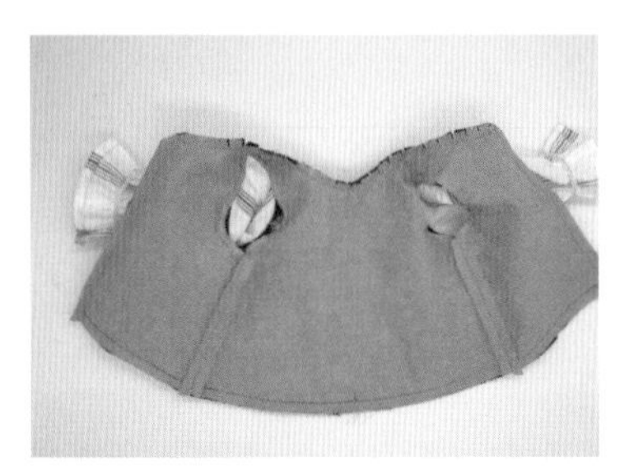

27　将侧缝缝份分开并烫平。

28　翻面后将表布和里布进行熨烫。

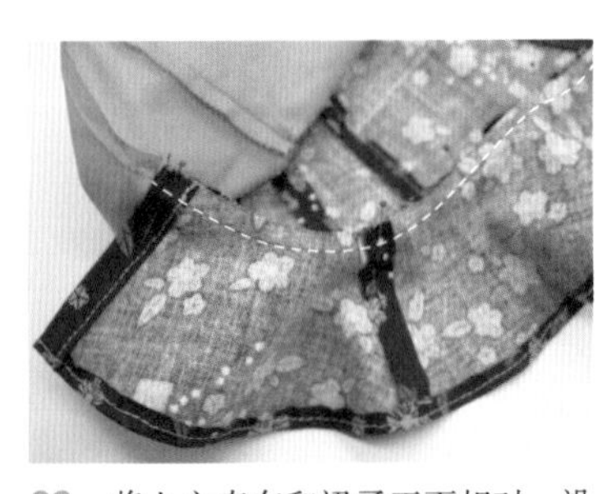

29　将上衣表布和裙子正面相对，沿着腰线缝合。

30　将缝份向上倒并从正面缉明线固定。

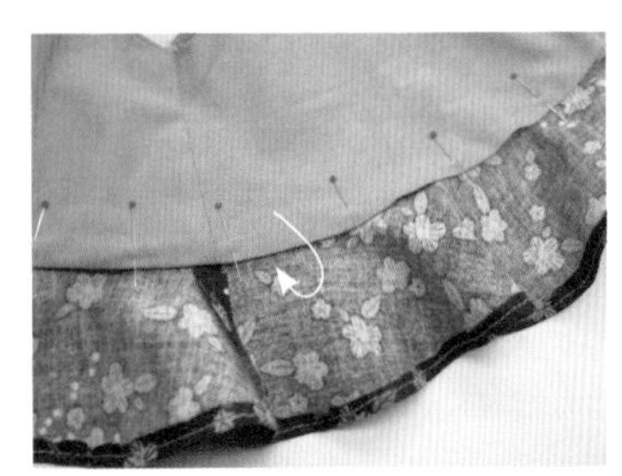

31　将里布缝份折好并固定在衣片上，然后再做藏针缝。

32　在后门襟缝上3对子母扣。

33　缝上装饰纽扣及饰结丝带，完成。

03
长款连衣裙

材料 表布80cm×40cm、里布20cm×30cm、子母扣3对、蕾丝20cm

※布料边缘用锁边液处理

※**实物等大**纸样p. 237~239

制作板型

裙子下摆缝份为0.8cm，裙子后片中心线缝份为1.5cm，其他缝份均为0.5cm。

[上衣]

1 由于是盖过肩膀的无袖款式，须将上衣原型肩线延长1cm画曲线，袖窿深度保持不变。

2 将腰围提高2.5cm并添加分割线。

3 领口蕾丝的长度是上衣前、后片领口的2倍再加上缝份。

4 裙子是以腰围加上褶裥量为宽度。

5 在裙子上画出想要的褶裥量和位置。

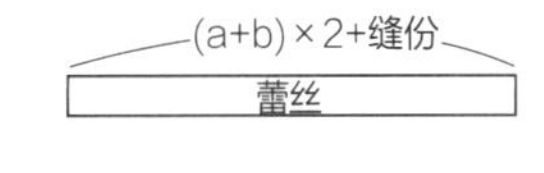

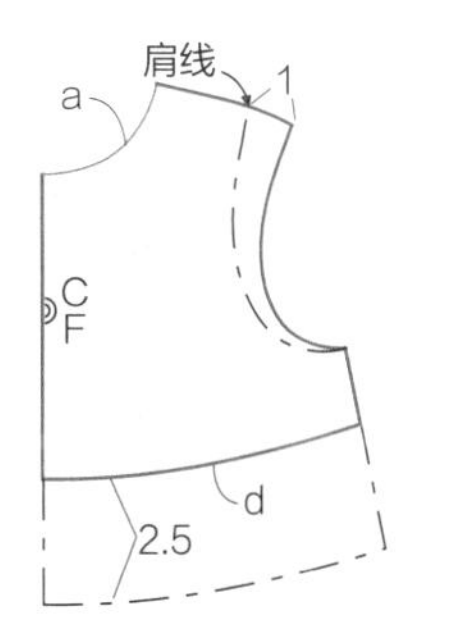

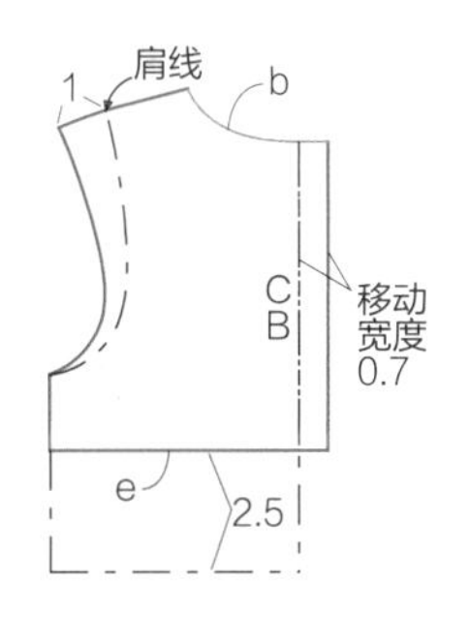

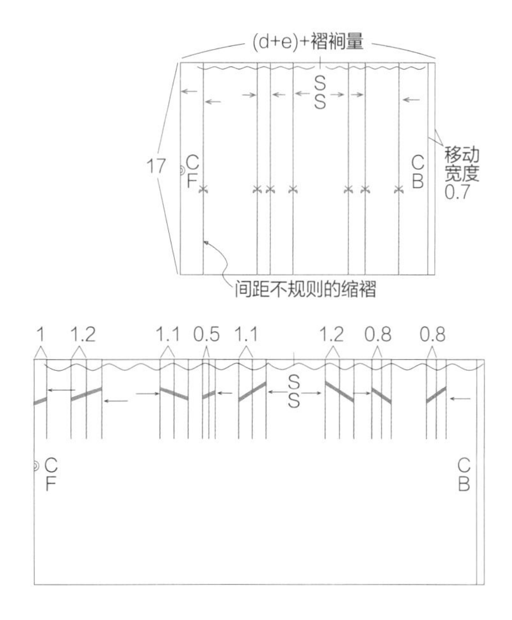

[袖子]

1 依据上衣调整袖山的高度，并剪成短袖的长度。

2 画出以袖口加上缩褶量为长度的裙子荷叶边。

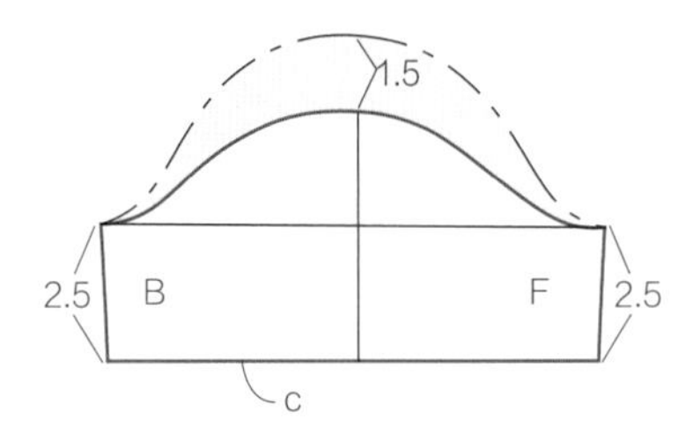

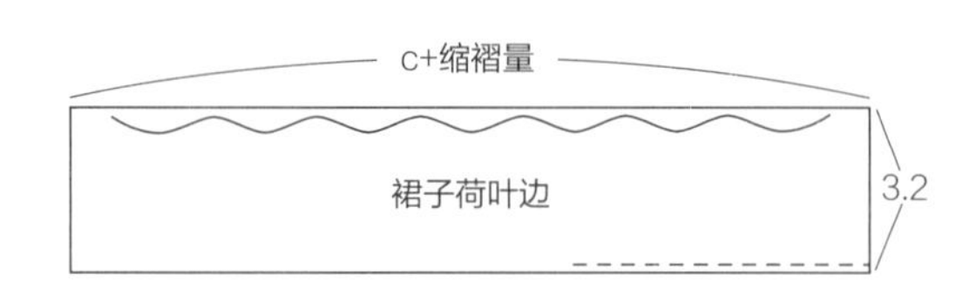

制作方法

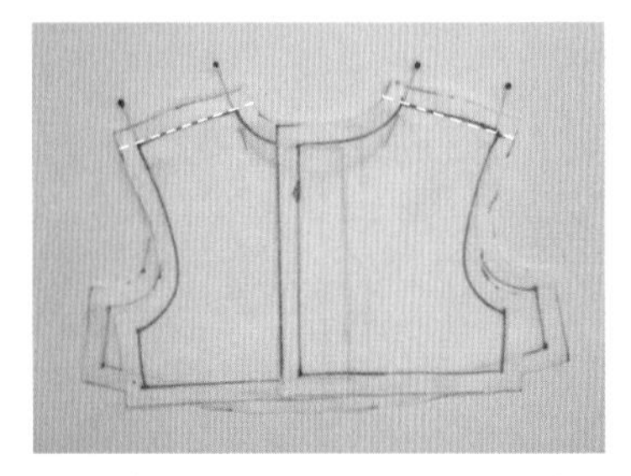

1 将里布前、后片的正面相对并缝合肩线。

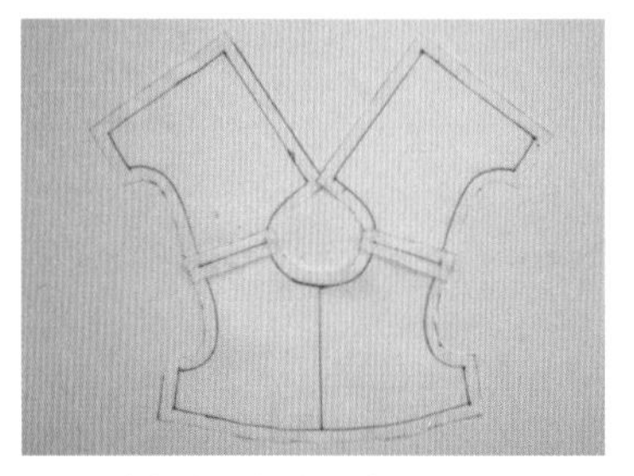

2 将肩线缝份分开并烫平。

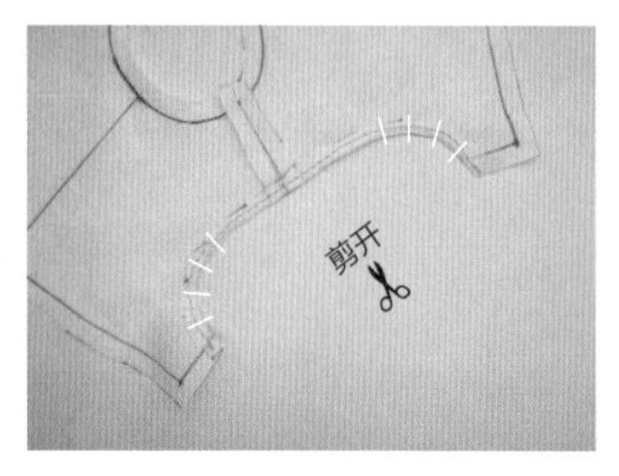

3 用剪刀在袖窿缝份剪口，再向内折并缝合。

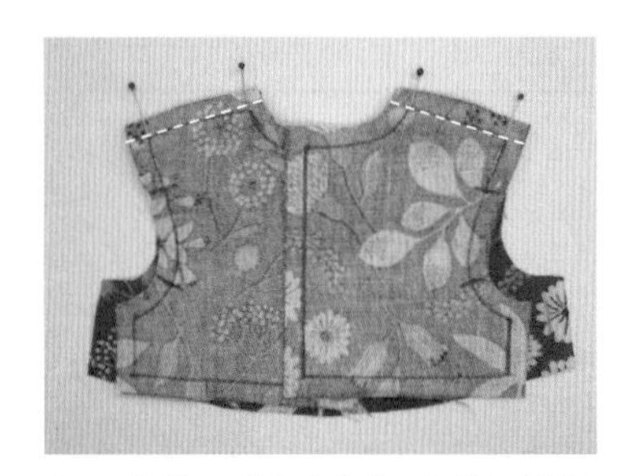

4 将前、后片表布的正面相对并缝合肩线，再将缝份分开。

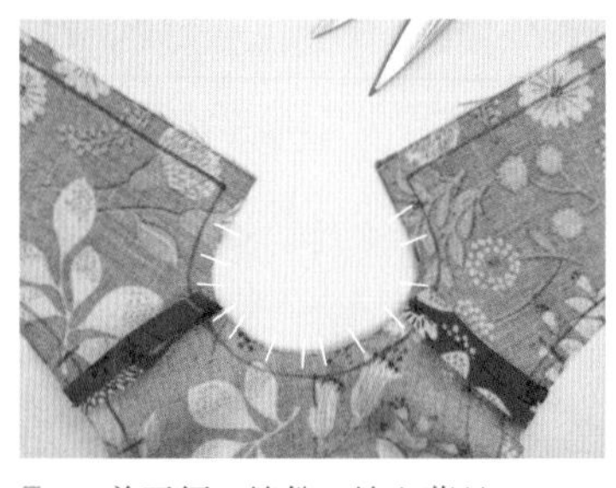

5 剪开领口缝份，缝上蕾丝。

6 将蕾丝正面贴合在表布领口上，并用珠针固定。

7 缝合蕾丝和表布。

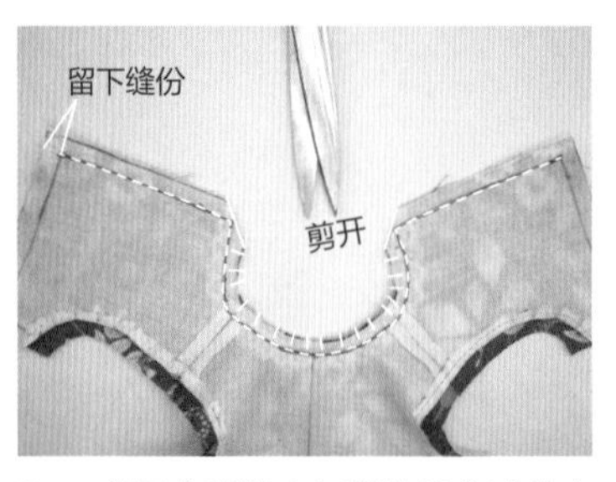

8 将里布覆盖在与蕾丝缝合过的表布上，依次缝合后片中心线→领口→后片中心线。预留底边缝份不缝合。剪开领口缝份去掉棱角。

9 翻面并熨烫，接着从正面缉领口明线。

10 将袖子荷叶边的下方缝份折好并缝合。

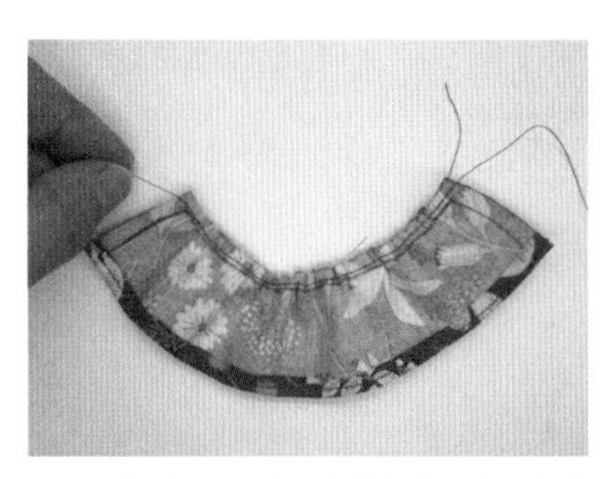

11 将荷叶边的上方缝平针缝，并做出缩褶。

12 将做出缩褶的荷叶边和袖子正面相对并缝合。

13 将缝份向上倒。

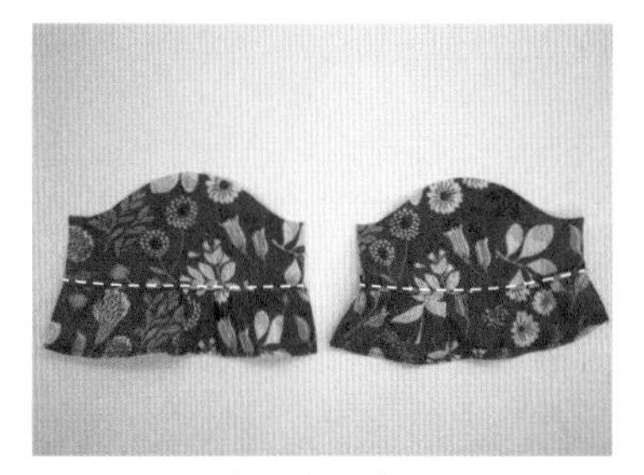

14 从正面缉明线压合缝份。

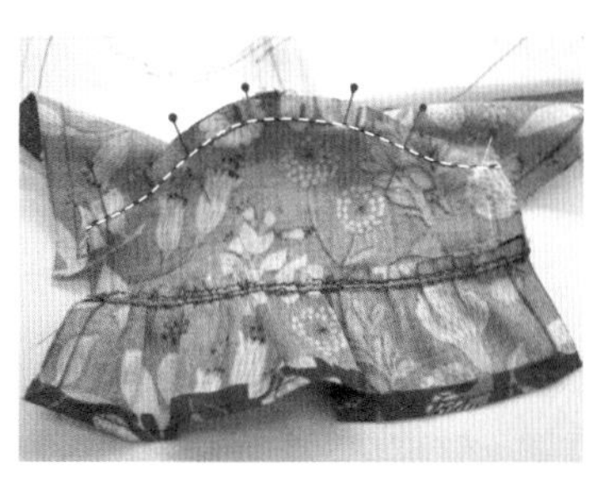

15 确认袖子的前、后片，与上身的袖窿对齐并用珠针固定，然后再将袖子缝上去。

16 剪开袖窿缝份，以便更易于从正面进行调整。

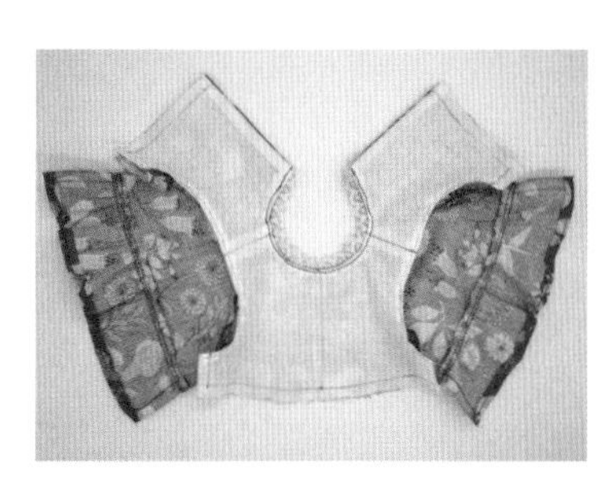

17 两边都缝上袖子的上身背面。

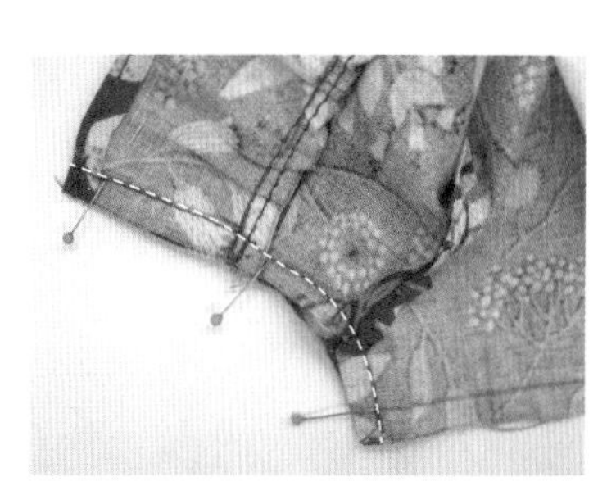

18 将上身表布和袖子的侧缝做缝合。

19 为了让袖子可以摆放平整，需剪开缝份，并分开烫平。

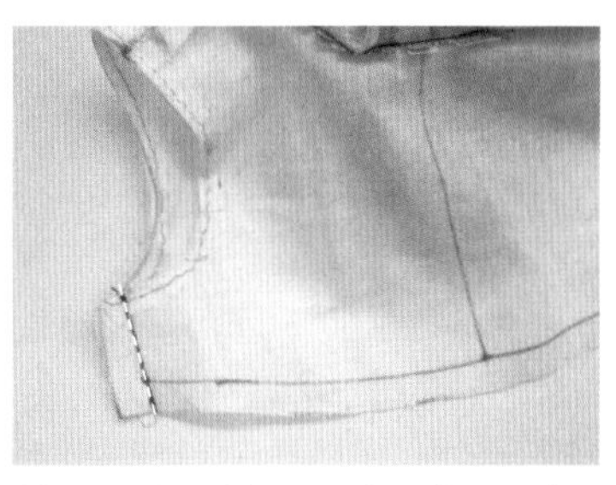

20 也将里布侧缝缝合，将缝份分开并烫平。

21 翻面，上衣完成。

22 将裙子底摆和蕾丝的正面相对并缝合。

23 将缝份向内折并从正面缉明线。

24 按照板型方向从正面打褶。

25 将后片中心线的缝份以0.5cm、1cm分2次折叠并烫平。

26 缉明线将后片中心的缝份固定。

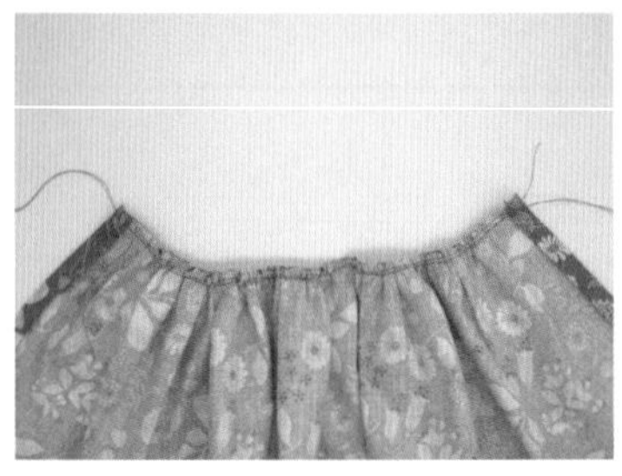

27 在裙子腰围的部分进行平针缝并轻抽缝线做出缩褶。

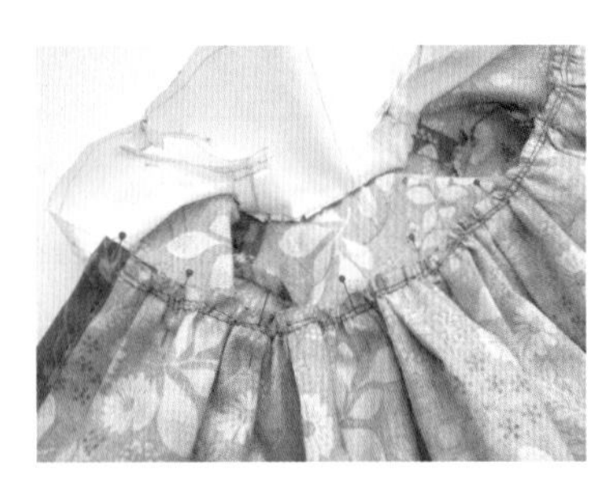

28 将上衣表布和裙子正面相对，并用珠针固定腰线。

29 沿着腰围缝合。

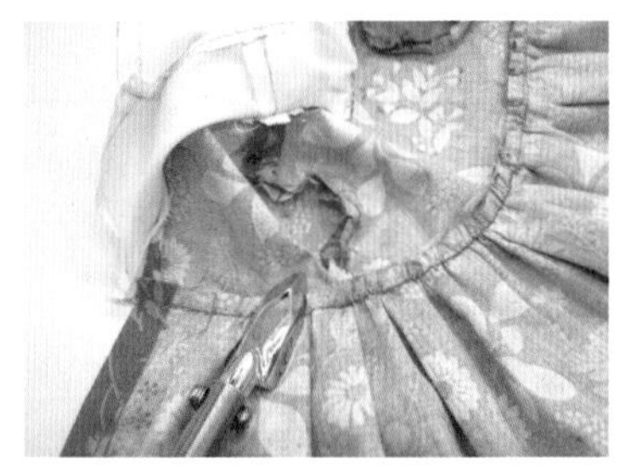

30 将缝份向上倒并烫平。

31 从上身正面缉明线，固定缝份。

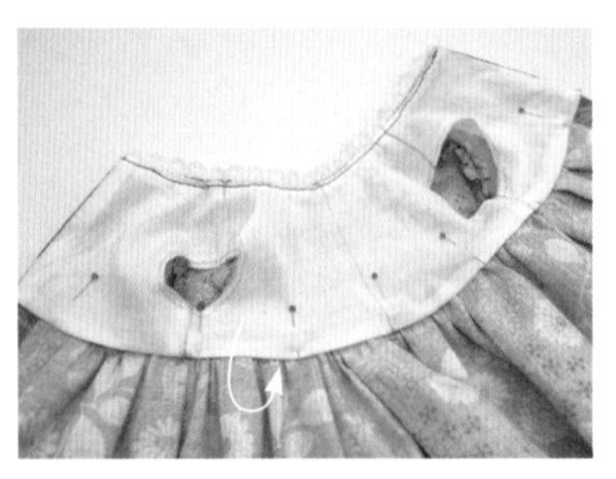

32 将里布缝份折好进行藏针缝。

33 将子母扣缝在后门襟，连衣裙完成。

04

背带连衣裙

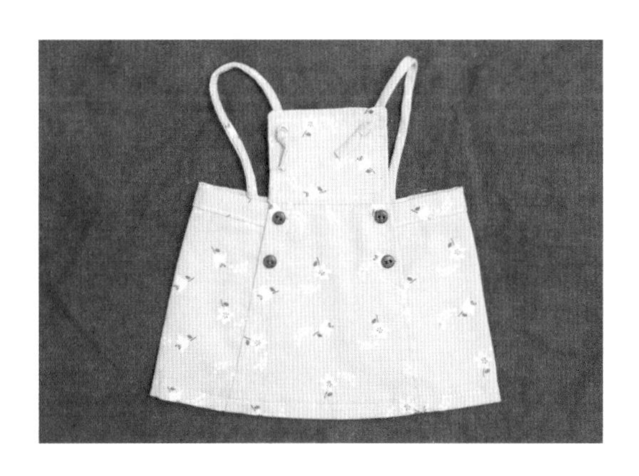

材料 表布50cm×30cm、松紧带6cm、纽扣4对

※布料边缘用锁边液处理

※**实物等大**纸样p. 240

制作板型

裙子下摆缝份1.5cm，其他缝份均为0.5cm。

1 按照上衣原型绘制，前片画胸片和肩带，后片只画肩带。

2 以原型腰围为中心画出宽为1cm的腰带。

3 以腰带的长度向下延长画出裙子前、后片，并在前片分割线上加入开衩做为装饰。

4 将腰带和裙子的侧缝合并，并画出前、后片连接起来的肩带。

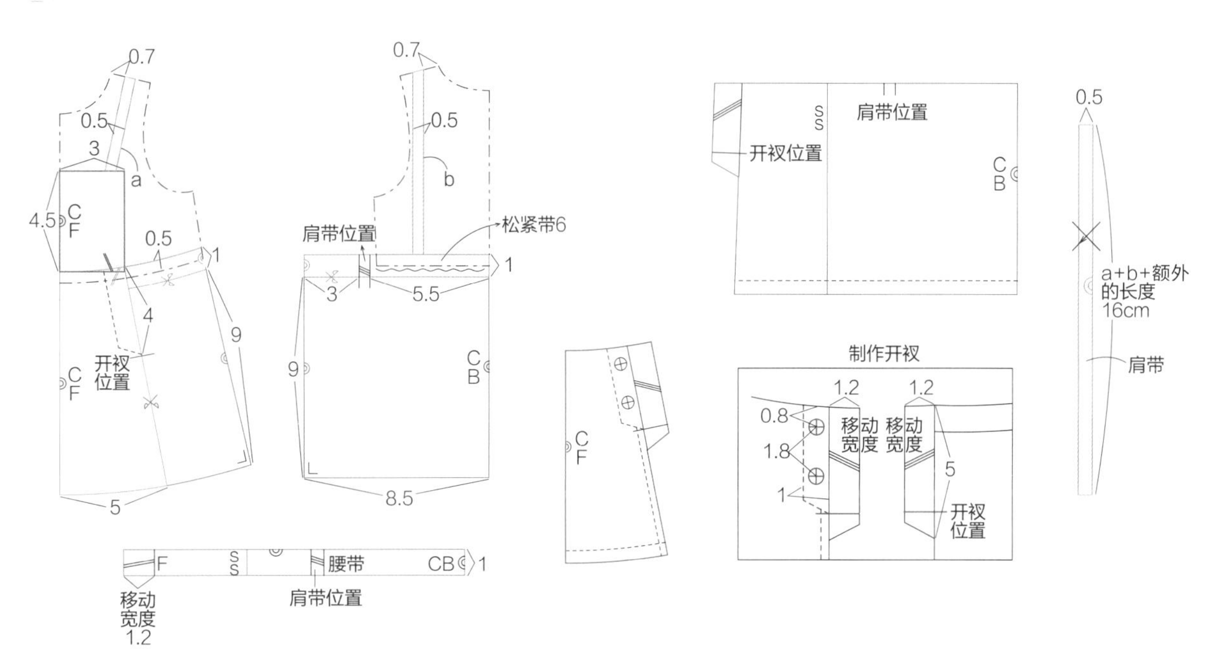

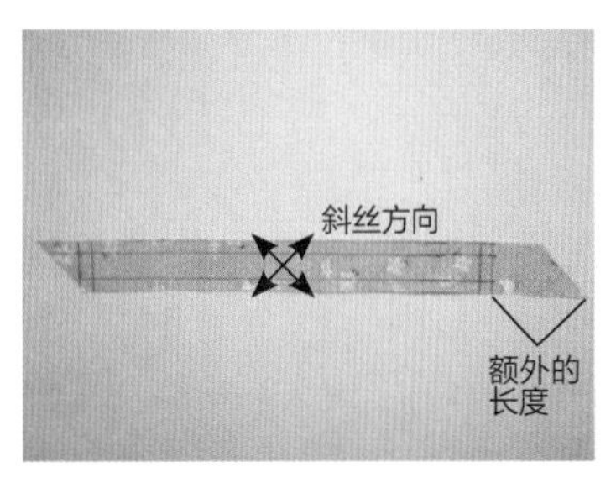

1 肩带沿布料斜丝方向剪裁并剪得比板型长一点。

2 让背面向外对折，再缉明线完成。

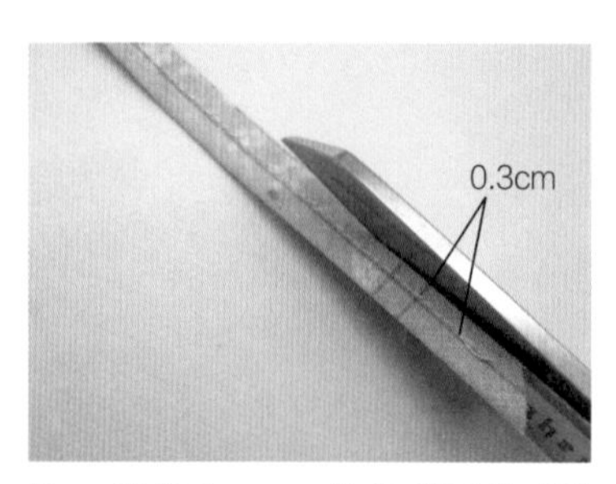

3 修剪成0.3cm的缝份更易于翻面，将缝份分开并烫平。

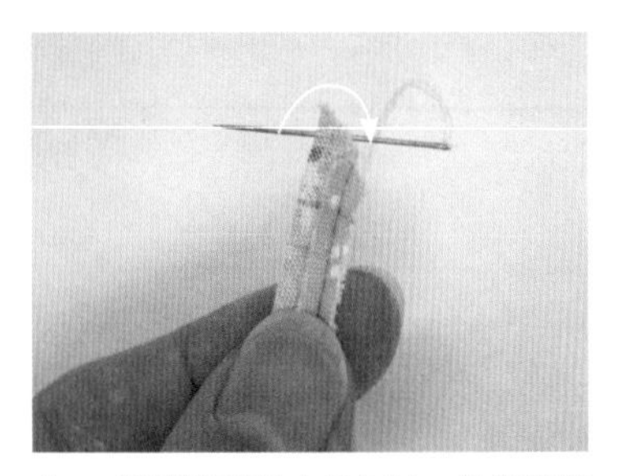

4 将线穿到针上后打结，将肩带其中一边缝2针左右做固定。

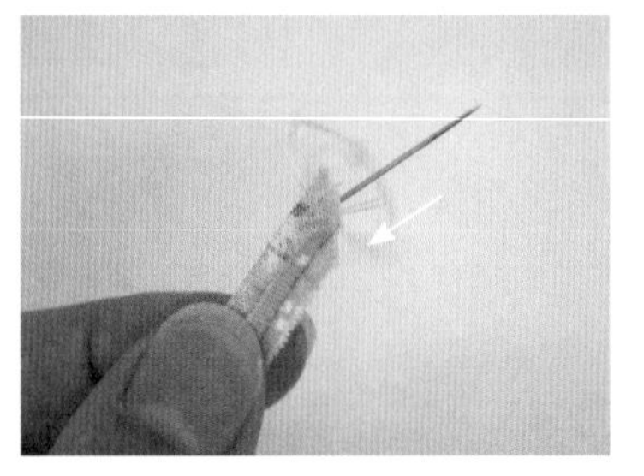

5 将针尾放进布条中间并让针穿过布条内部。

窍门 如果针头朝内放入会很难拿出来。

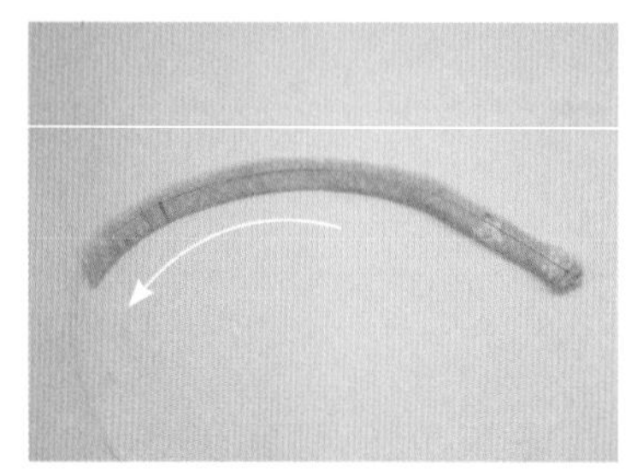

6 针穿过后，轻轻地把线拉紧。

窍门 小心不要把线拉断。

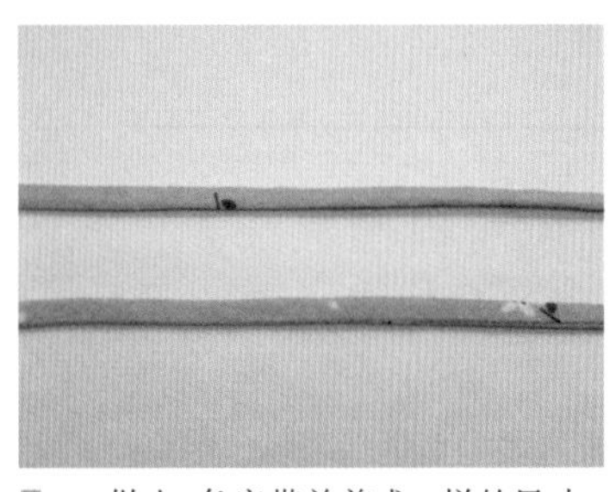

7 做出2条肩带并剪成一样的尺寸。

8 将前片上下部分的正面相对并缝合腰围，然后将缝份向上倒。

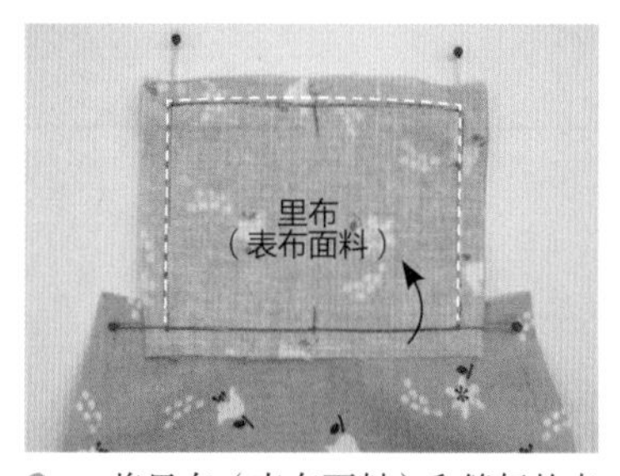

9 将里布（表布面料）和缝好的表布正面相对缝合除了腰围以外的三边。底下的缝份留着不要缝，并将它向上折。

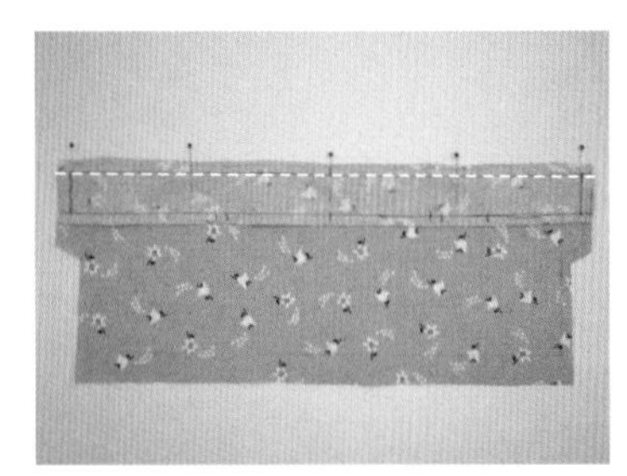

10 将腰带和裙子后片的正面相对并沿着腰围缝合，接着将缝份向上倒并烫平。

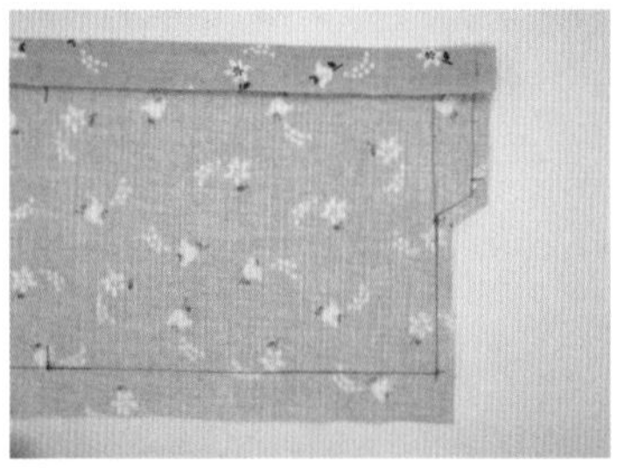

11 将腰带对折并缝合下方留出的松紧带位置。确保缝合线缝在前面的腰带上。

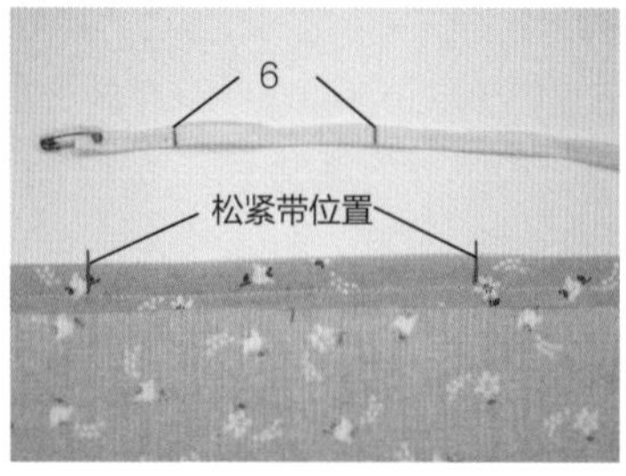

12 确认并标出板型中的松紧带位置。在6m的松紧带上预留1~2cm的缝份。

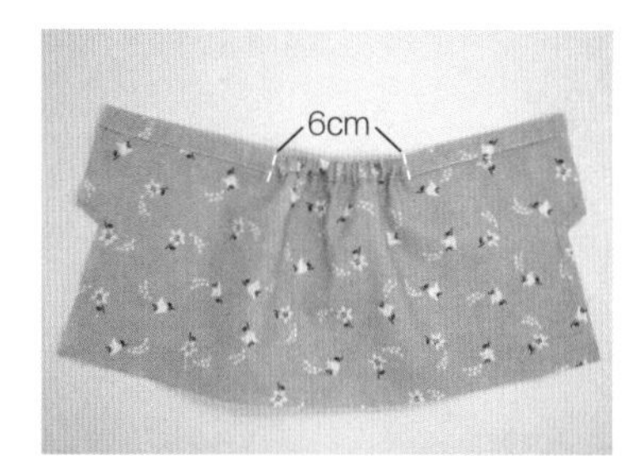

13 穿入松紧带，并固定在标出的位置上。

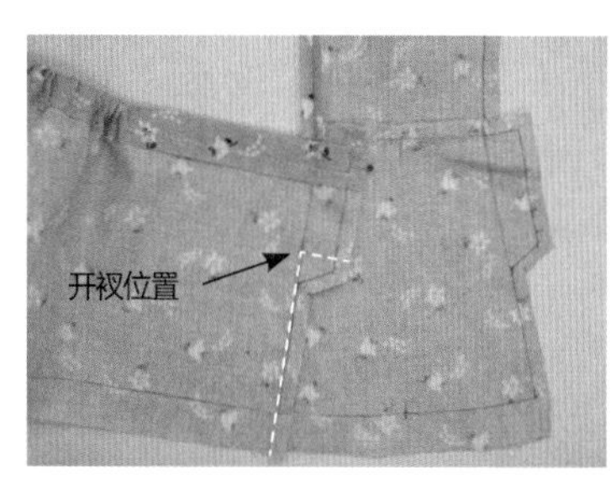

14 将前片和后片的正面相对，并从开衩的位置缝到底边。

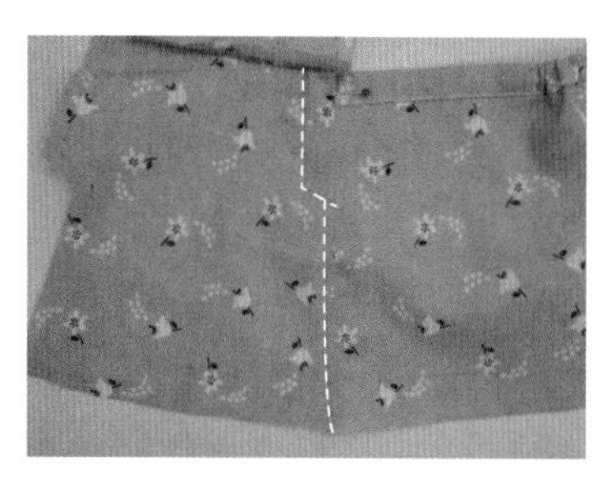

15 从正面缉明线装饰。

16 另一边也用相同的方法缝好。

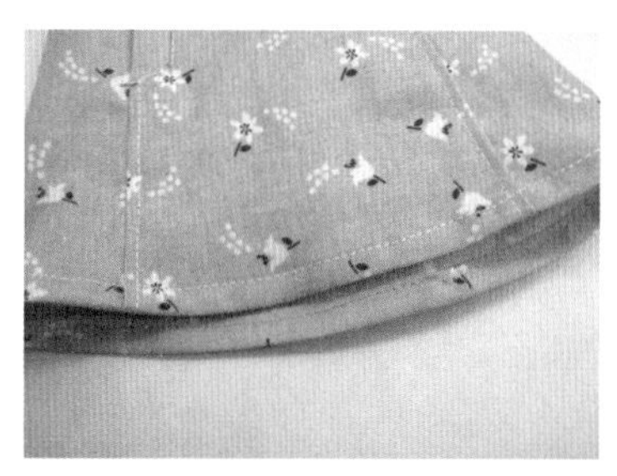

17 底边以0.5cm、1cm分2次折叠后缝合。

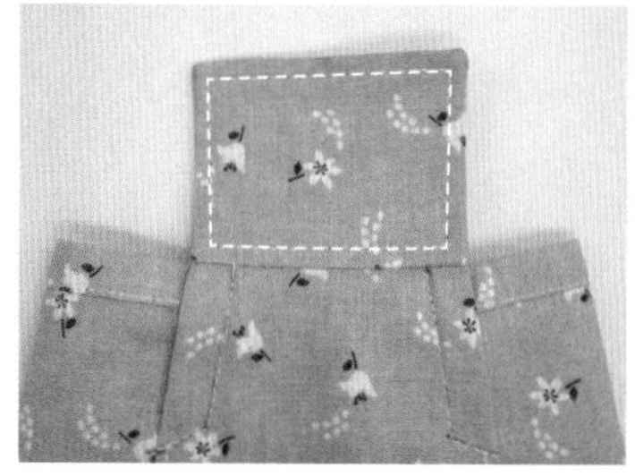

18 剪掉前片上半部的棱角后翻面并烫平。从正面沿着边缘缉明线一圈，将表布和里布（表布面料）固定。

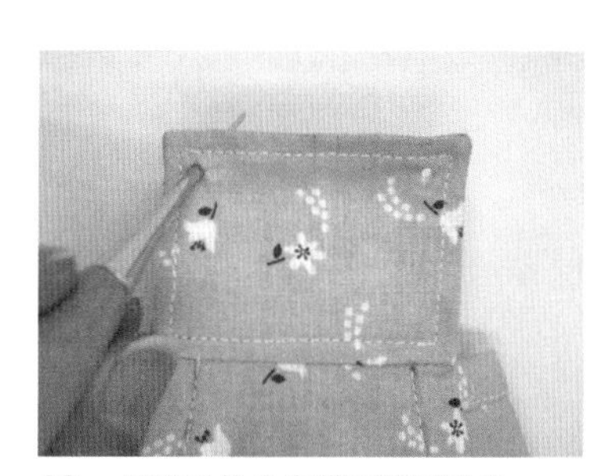

19 用锥子扎出肩带要通过的孔。

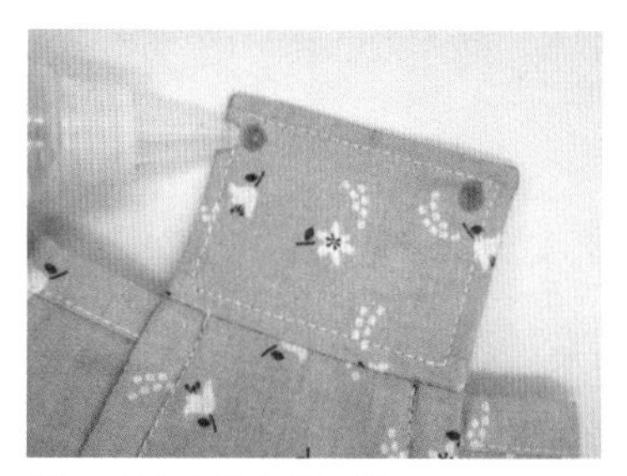

20 在孔上涂上锁边液。

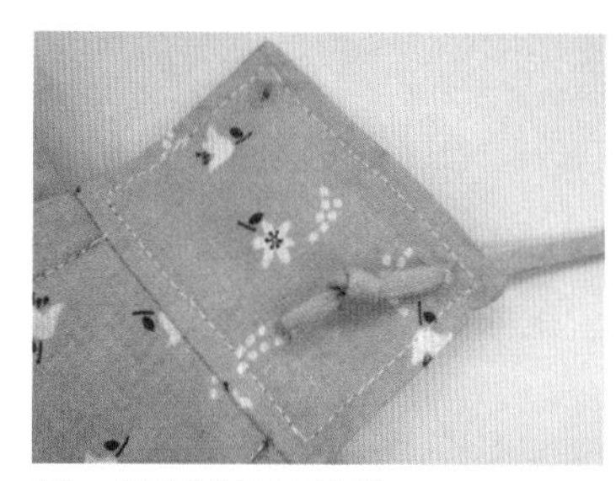

21 肩带穿过孔后打结。

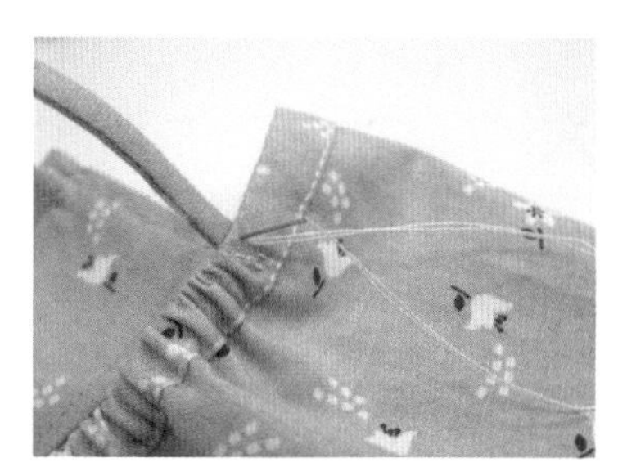

22 将肩带一端固定在腰带上。将两边的肩带都以相同的方法固定。

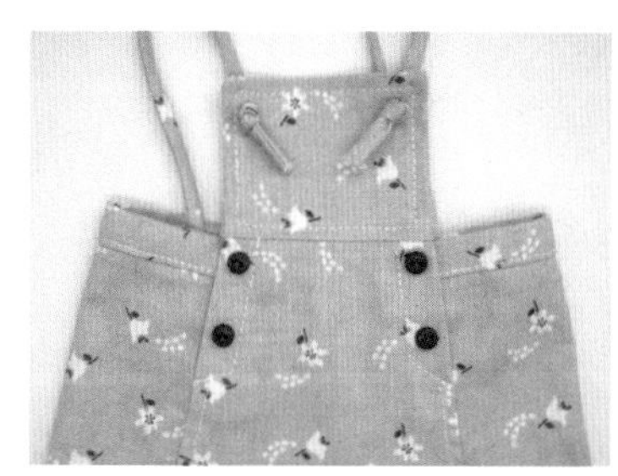

23 缝上纽扣，完成。

05

立领连衣裙

材料 表布60cm×50cm、里布25cm×20cm、上衣蕾丝15cm、下摆蕾丝60cm、子母扣3对、装饰纽扣1个、玫瑰刺绣装饰5个

※布料边缘用锁边液处理

※**实物等大**纸样p. 241~242

制作板型

裙子下摆缝份为1.5cm，其他缝份均为0.5cm。

[上衣]

1 将上衣原型领口稍微挖深一点，并将无袖的腋下袖窿深度上提0.5m。后片中心线向外移动0.5cm。

2 画出肩育克分割线，并将腰围向上提高1cm。

[裙子]

1 依照腰围确定裙子的宽度，画上分割线并加进缩褶量。

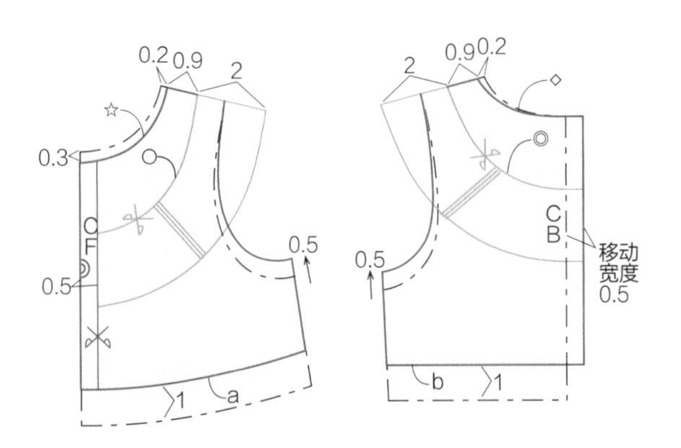

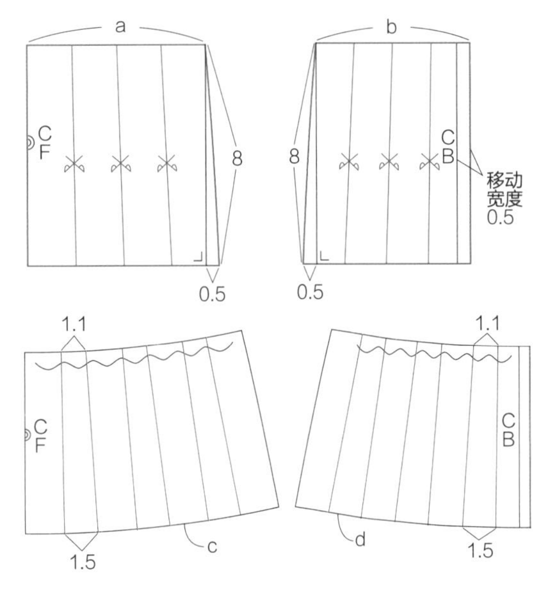

[领子+肩部荷叶边+下摆荷叶边]

1 参考立领制图法（p. 68~69）并画出符合领口的领子。

2 测量肩育克分割线的长度，绘制包含缩褶的肩部荷叶边。

3 绘制裙子下摆底边加上缩褶量的下摆荷叶边。

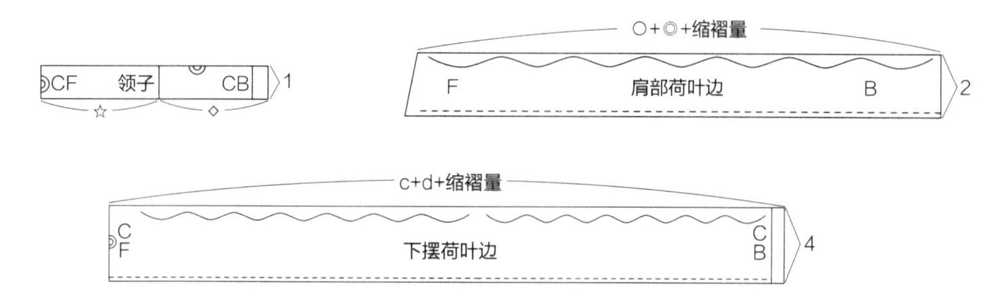

制作方法

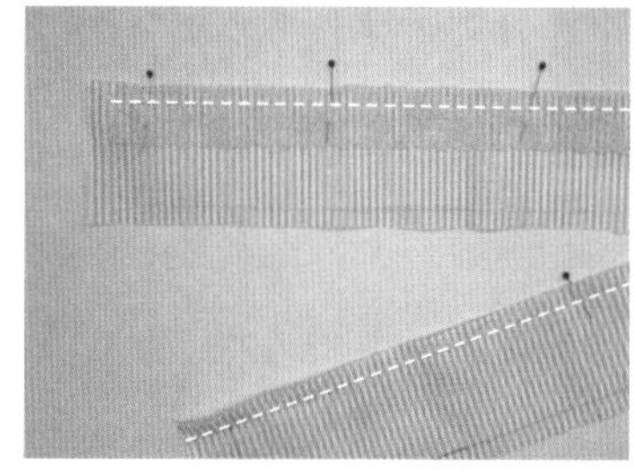

1 将下摆荷叶边和蕾丝的正面相对缝合。

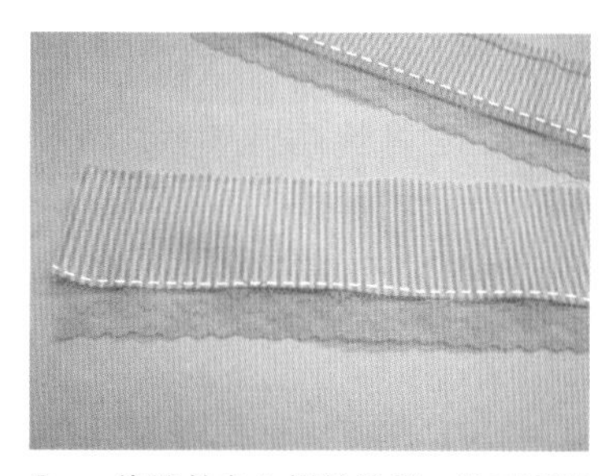

2 将缝份向上倒并烫平，从正面缉明线固定。

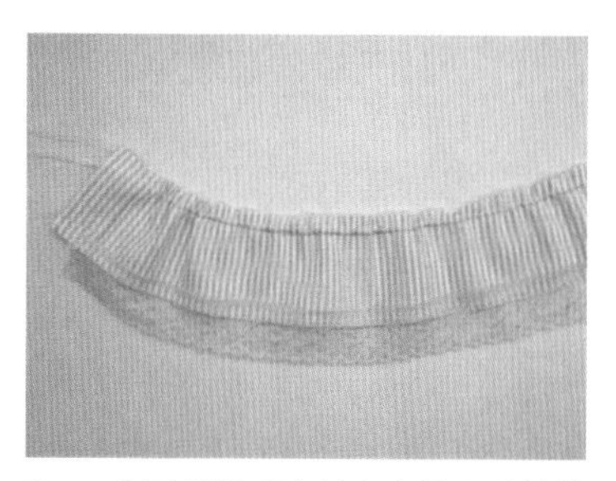

3 在下摆荷叶边的上方缝上平针缝后轻拉缝线做出缩褶。

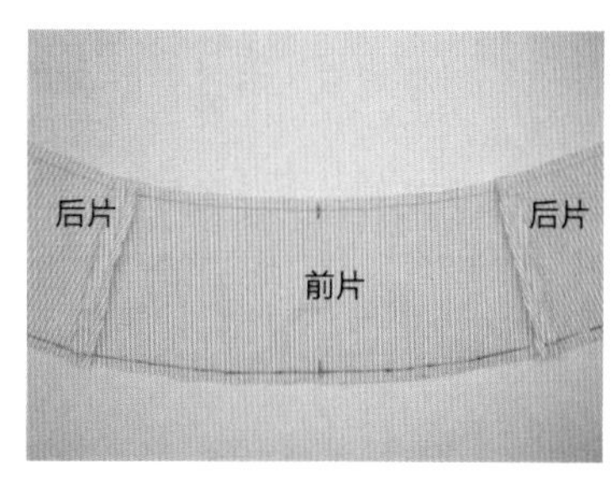

4 将裙子前、后片的侧缝相对缝合并烫开缝份。

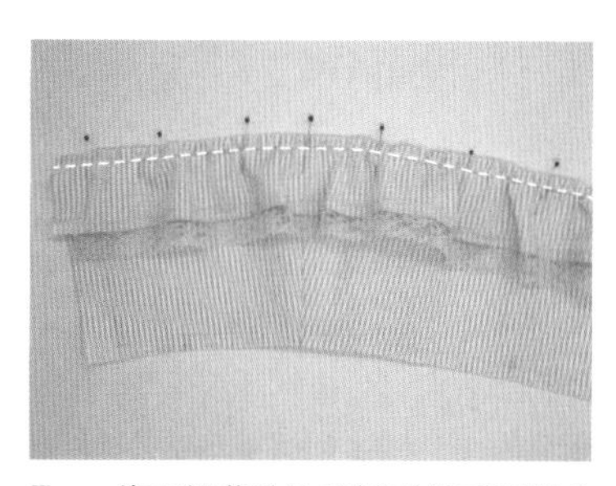

5 将下摆荷叶边和裙子的正面相对缝合。

6 将缝份向上倒并烫平，从正面缉明线固定。

7 在裙子的腰围缝上平针缝，轻拉缝线做出缩褶。

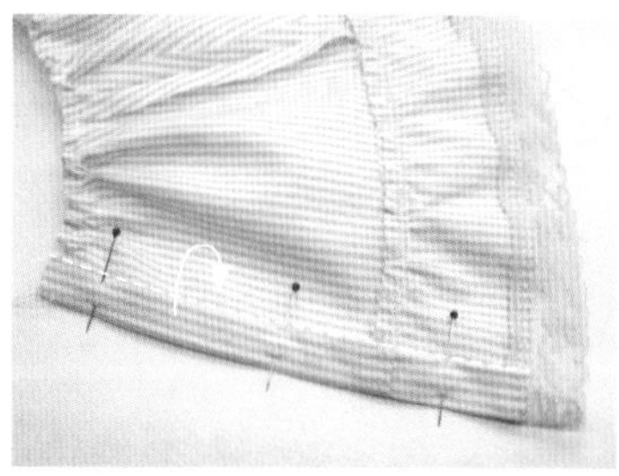

8 将后片中心线以0.5cm、1cm分2次折叠后缝合。

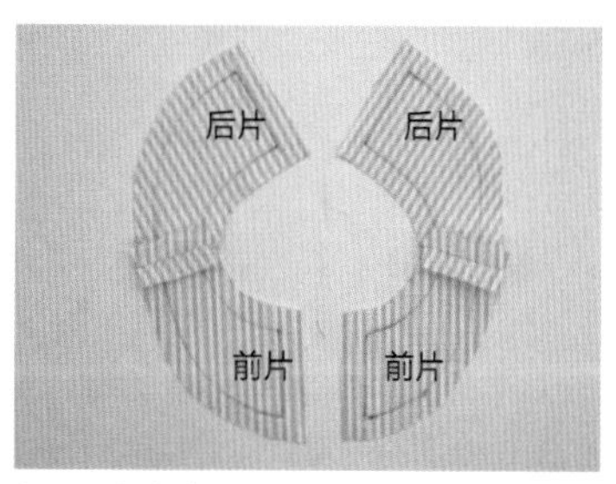

9 将肩育克的前、后片正面相对缝合肩线，再将缝份分开。

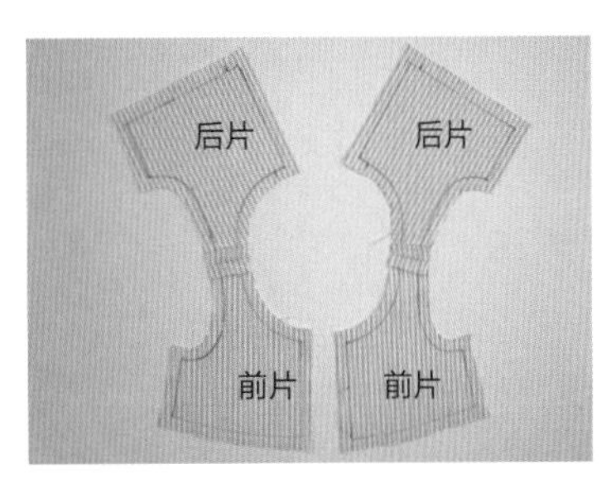

10 同样将上衣前、后片的肩线缝合并分开缝份。

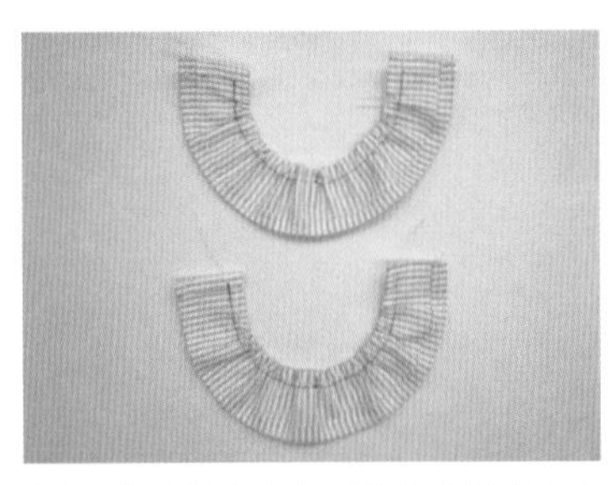

11 将要缝合在肩育克的肩部荷叶边下方缝份折好缝合，并在上方缝份做出缩褶。

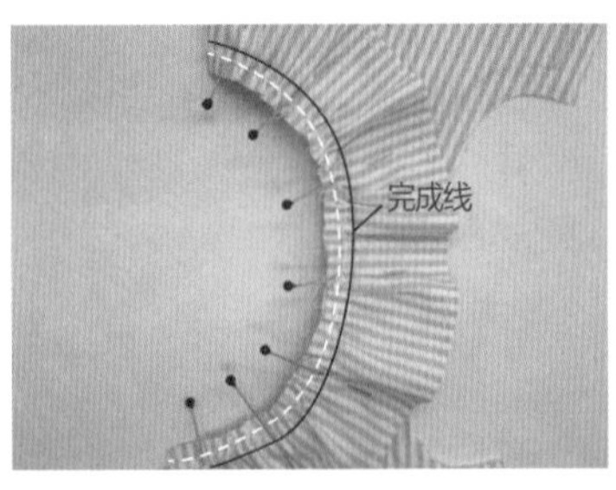

12 将肩部荷叶边正面朝上叠放在上衣正面上，沿着完成线在线外缝合固定。

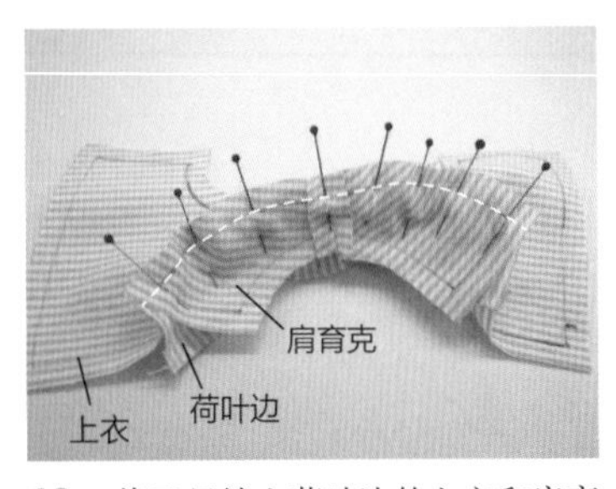

13 将已经缝上荷叶边的上衣和肩育克的正面相对并缝合。

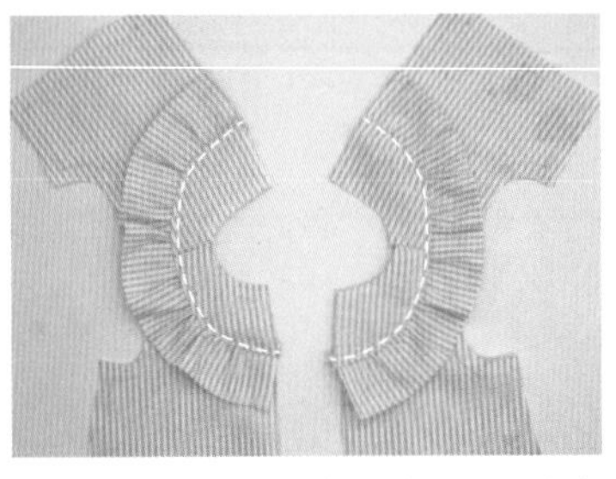

14 将缝份倒向肩育克并烫平，从肩育克正面缉明线。

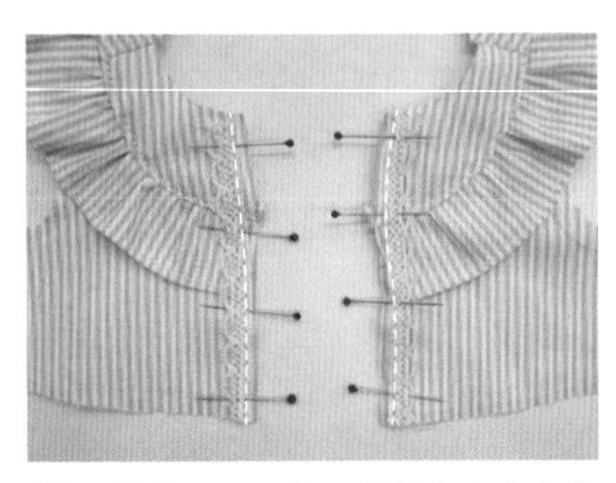

15 将蕾丝正面朝上叠放在上衣前片并缝合固定。

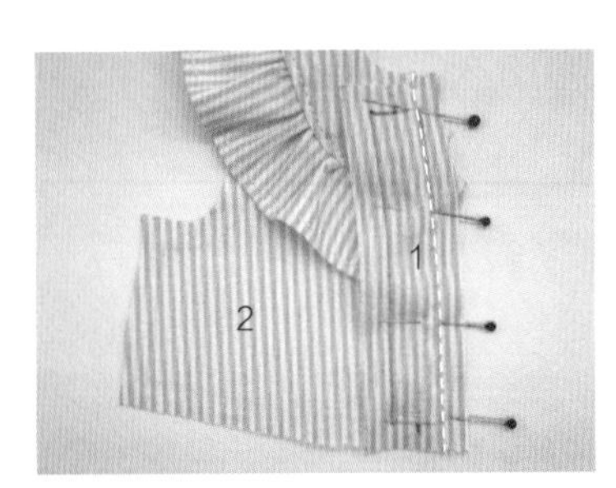

16 将前片门襟布1号的正面与已经缝上蕾丝的上衣前片正面相对缝合。

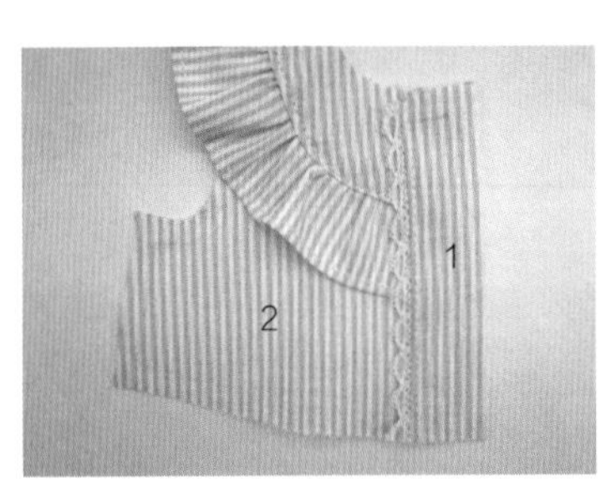

17 将缝份倒向门襟布1号，并从正面缉明线固定。

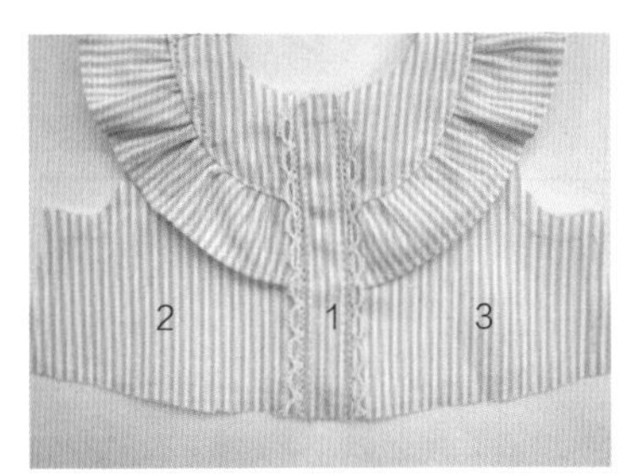

18 前片门襟布1号和3号也正面相对缝合。缝份倒向1号，并从正面缉明线固定。

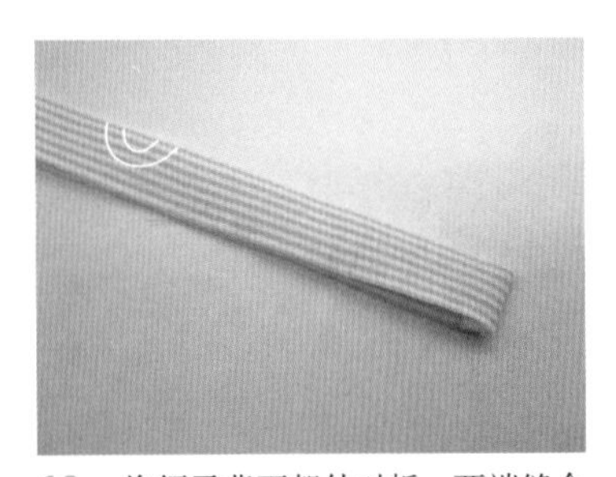

19 将领子背面朝外对折，两端缝合后翻面烫平。

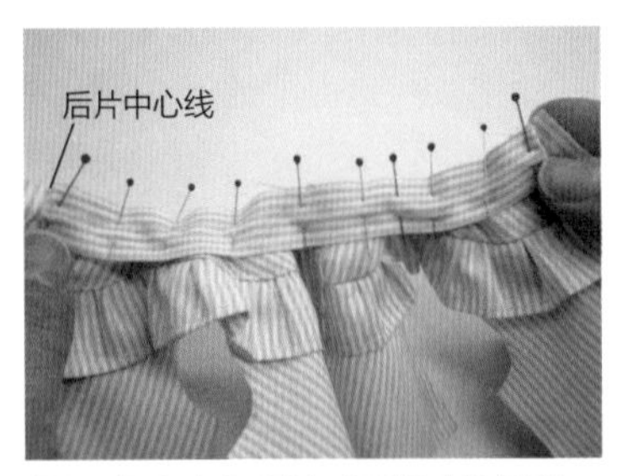

20 将上衣和领子正面相对并固定。

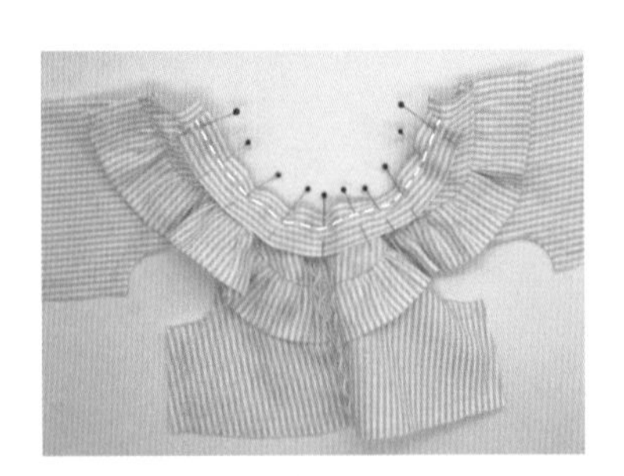

21 沿着领口缝合。

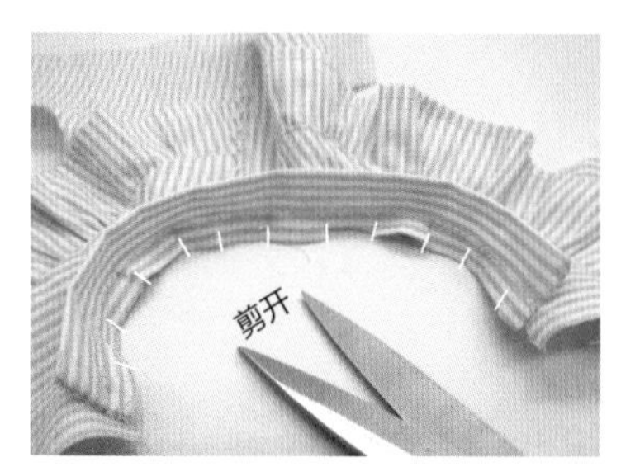

22　剪开领口缝份，并将缝份倒向衣片方向烫平。

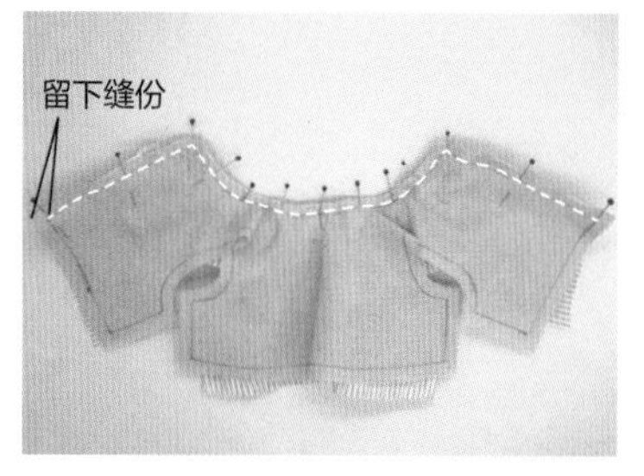

23　将里布正面与缝上领子的表布正面相对并依次缝合后片中心线→领口→后片中心线。后片中心线底边的缝份留着不要缝合。

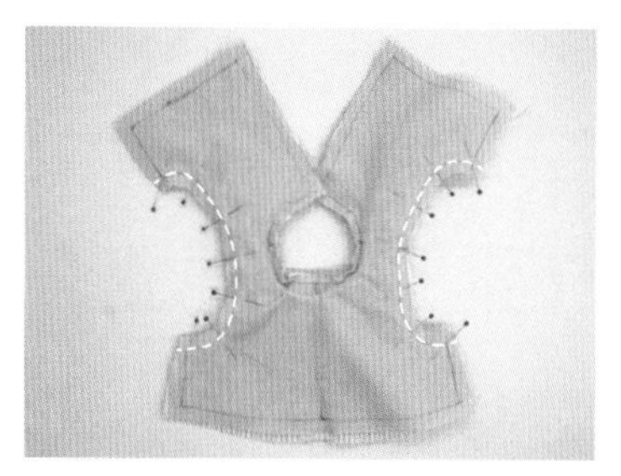

24　将袖窿也缝合，然后剪开缝份，并剪掉后片中心线和领口缝份的棱角。

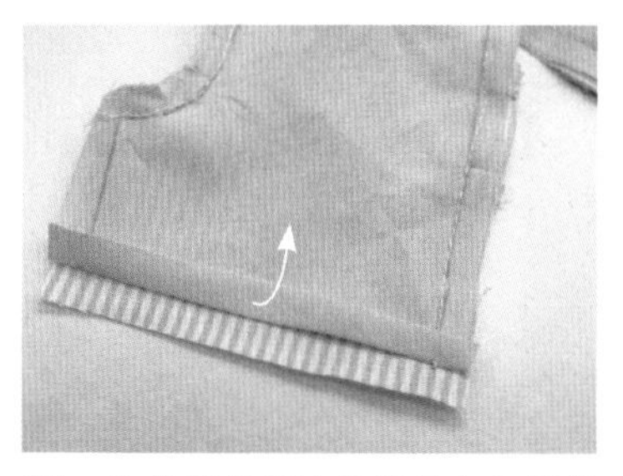

25　先将里布底边的缝份向上倒并烫平。

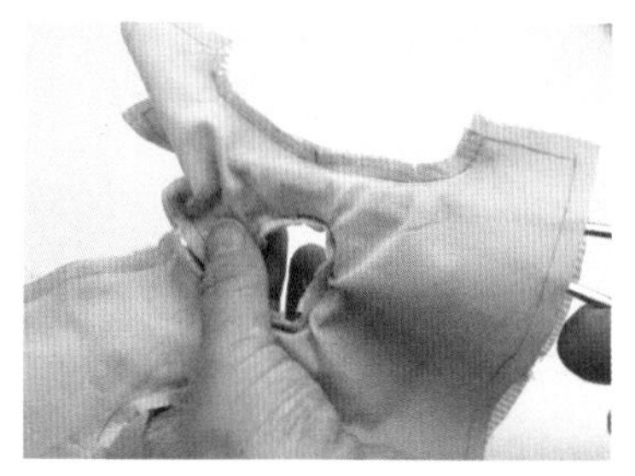

26　用翻里钳从肩线做翻面。

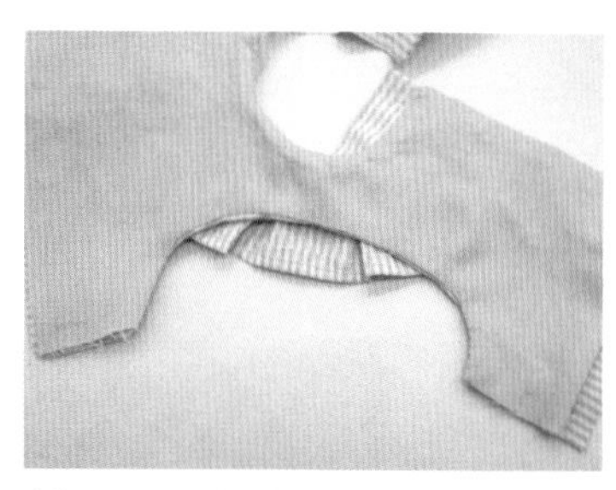

27　整理缝份并烫平。

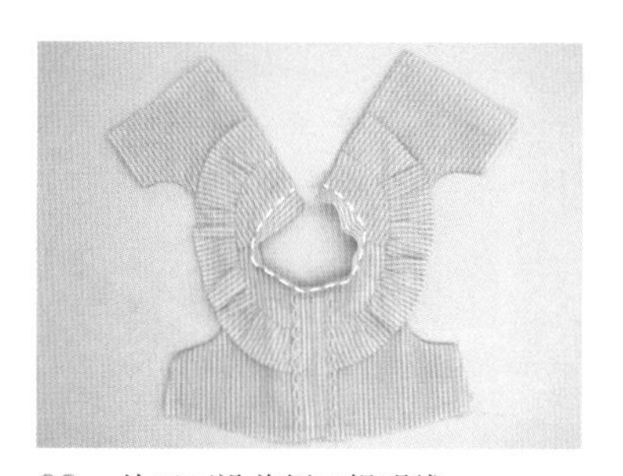

28　从正面沿着领口缉明线。

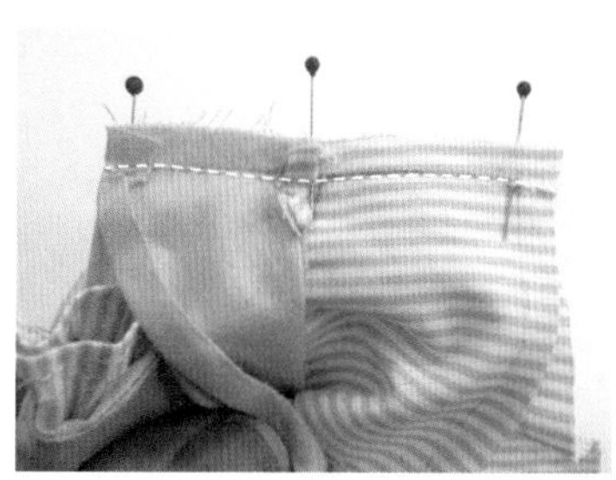

29　先将里布、表布各自的正面对合并固定侧缝，缝合之后再将缝份分开并烫平。

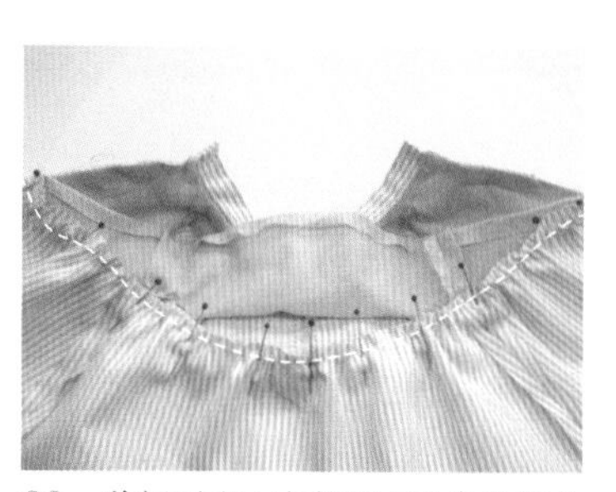

30　将裙子和上衣的正面对合并缝合腰围。

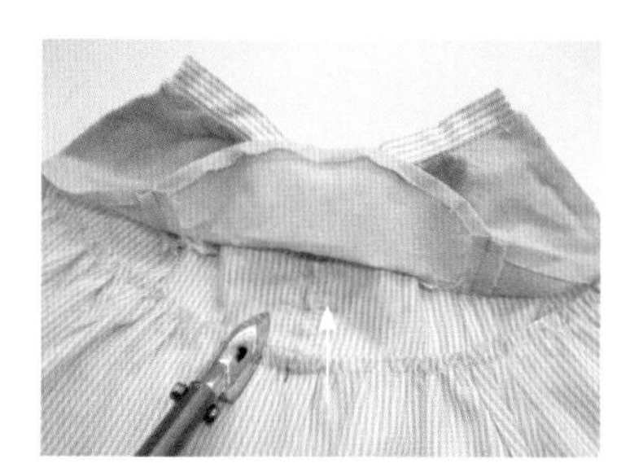

31　将缝份向上倒并烫平，然后从正面缉明线固定。

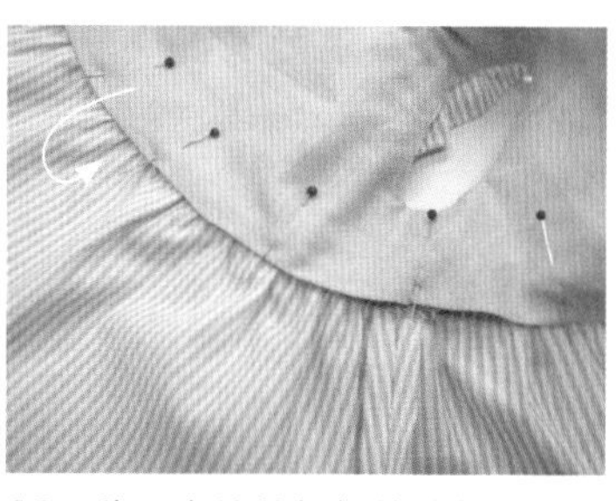

32　将里布缝份折好并盖住上衣缝份，然后进行藏针缝。

33　将3对子母扣缝在后门襟上，将装饰纽扣缝在领子中间，然后在裙摆加上玫瑰刺绣装饰，立领连衣裙完成。

01

牛仔外套

材料 表布50cm×40cm、条纹配色布40cm×30cm、纽扣2个、四合扣4对、布贴1个

※布料边缘用锁边液处理

※**实物等大**纸样p. 243

制作板型

前片中心线缝份为1.5cm，其他缝份均为0.5cm。

[上衣1]

1 由于前门襟会变厚，需根据不同的布料厚度增加前片中心线向外移动的宽度。这里增加了0.5cm的宽度。

2 参考落肩袖制图法（p. 98~102）调整肩部角度，并将胸围向外加宽1cm，袖窿挖深2.5cm加大肥度。

→ 下接p.181 [上衣变形2]

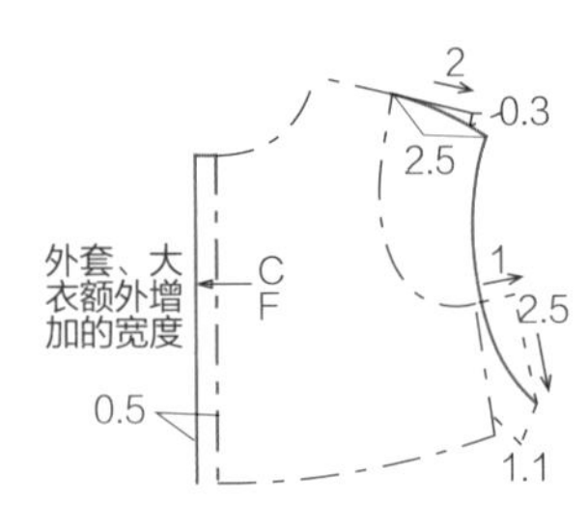

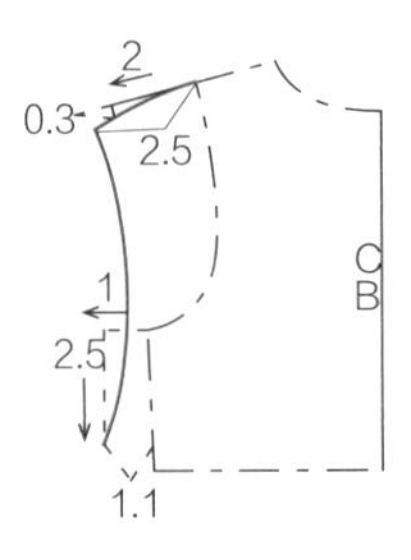

[领子]

1 请参考衬衫领制图法（p. 74~77）进行制图。

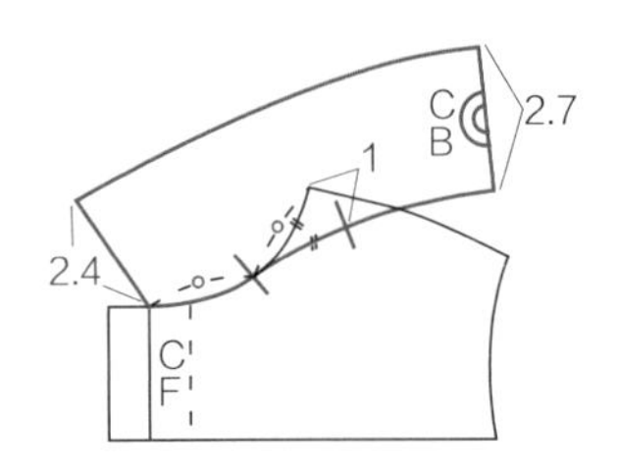

[底摆]

1 横向与上衣下摆等长，纵向按照需要的宽度进行绘制。

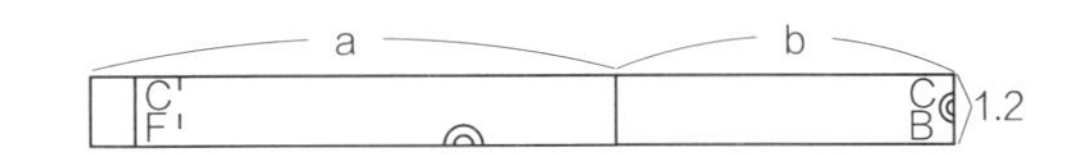

→ 上接p.180

[上衣变形2]

1 挖深领口空间并延长衣长。

2 利用落肩袖制图法（p. 98~102）完成袖子并另外画出袖口。

3 在前、后片画上肩育克分割线，并在前片标示出口袋和装饰线。

4 在前门襟画出移动宽度并标出四合扣的位置。

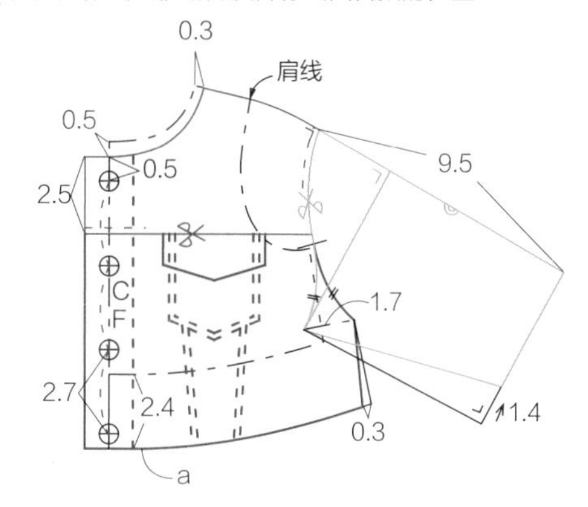

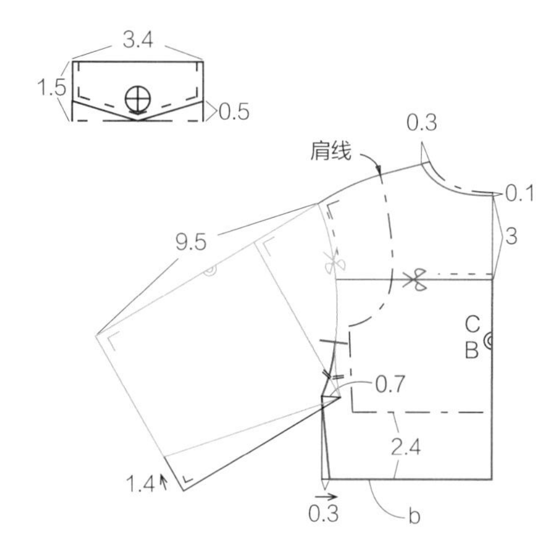

[袖子]

1 将画好的袖子从上衣前、后片剪下来，对齐中心线后合并在一起。如果是弹性面料，预先将袖窿重叠0.4cm以备缝合时出现拉伸情况。如果不是弹性面料，不重叠也可以。

2 将袖子分割线改成开衩用的分割线，区分出前、后片并标出开衩位置。

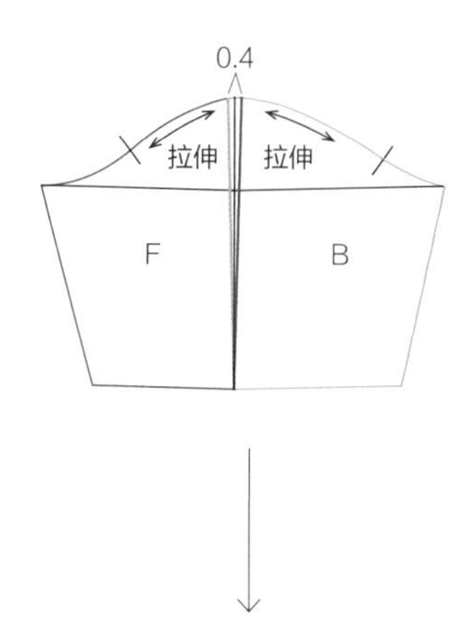

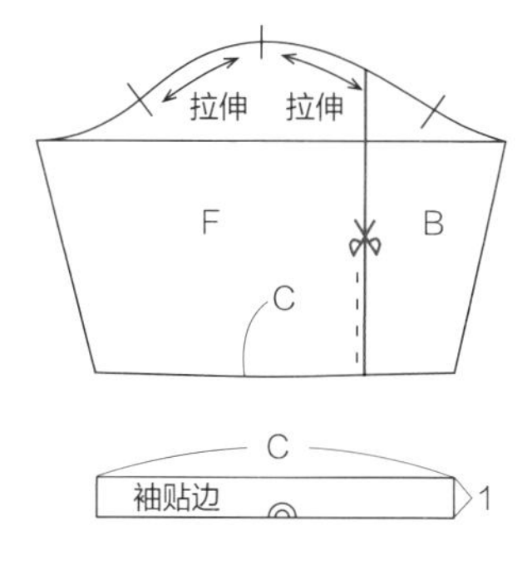

制作方法

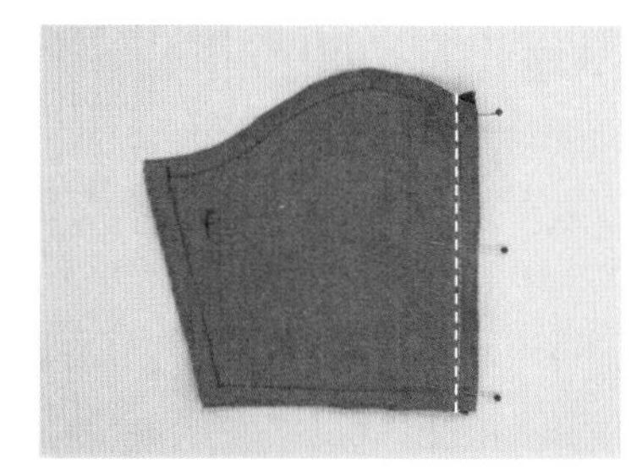

1 将一边袖子的大、小2块布料正面相对并缝合。

2 将缝份分开。

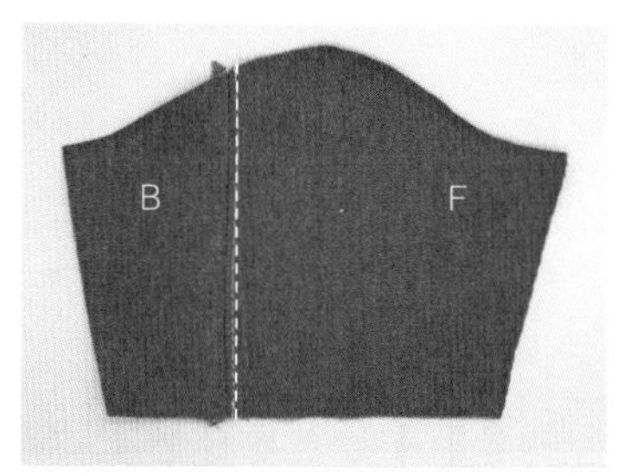

3 从正面缉明线装饰。

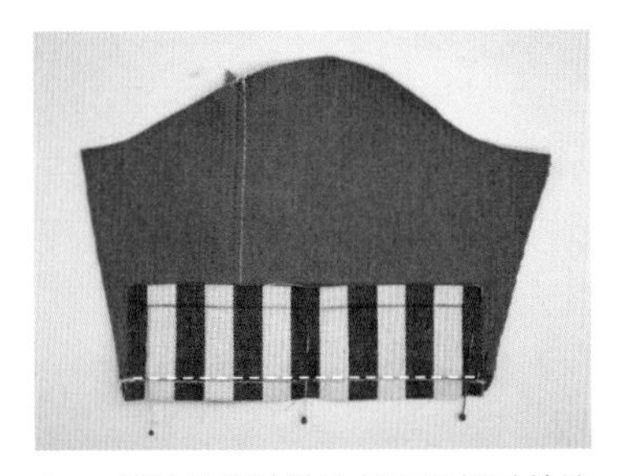

4 将袖片和袖贴边的正面相对并缝合袖口。

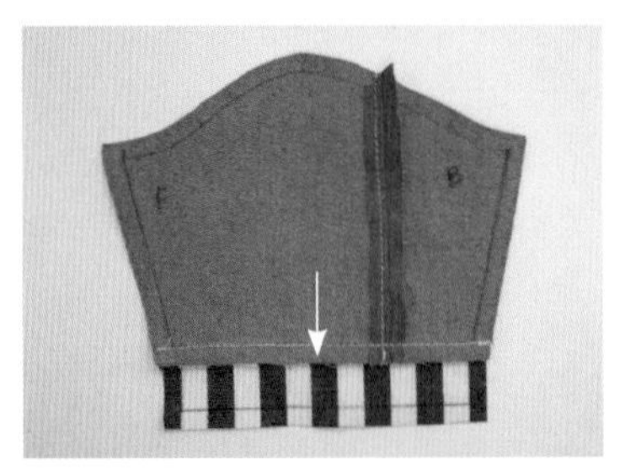

5 将缝份倒向袖贴边并烫平。

6 将袖贴边缝份折起并再次对折，然后用珠针固定。

7 从袖口正面缉明线缝合固定。

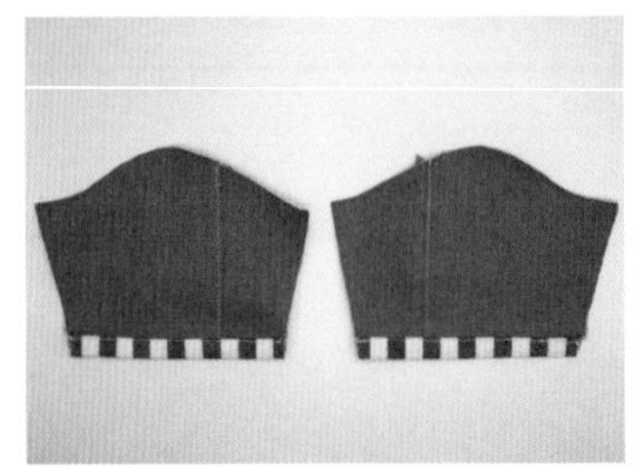

8 另一边的袖子也用相同的方法来完成。

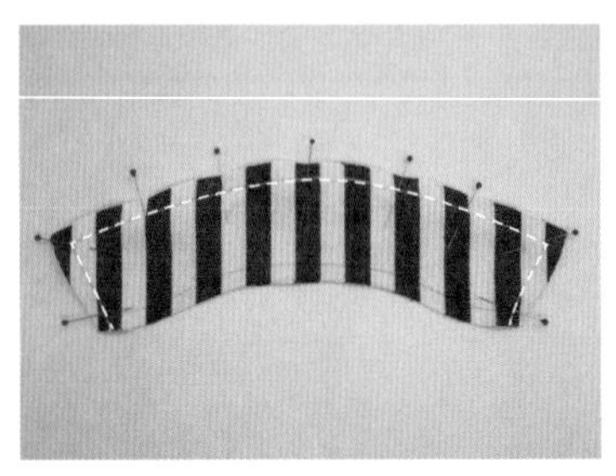

9 将2片领子的正面相对并缝合领口以外的三边。

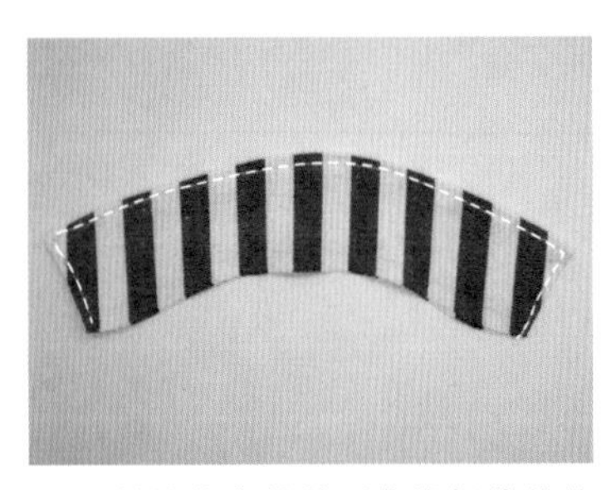

10 剪掉棱角并剪开曲线部分的缝份，整理好缝份后翻到正面。调整形状并烫平，然后从正面缉明线。

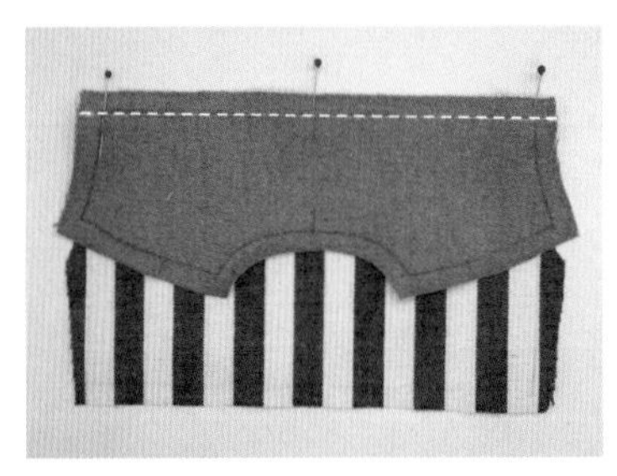

11 将后肩育克和上衣后片正面相对并缝合。

12 将缝份分开并烫平。

13 在肩育克正面缉明线。

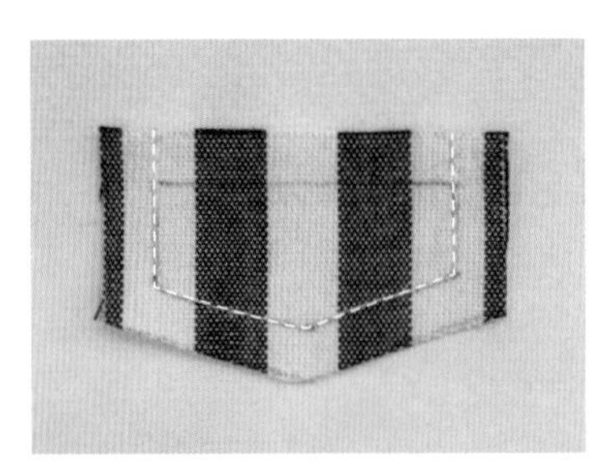

14 将2片前口袋的正面相对，并缝合除了袋口以外的三边。

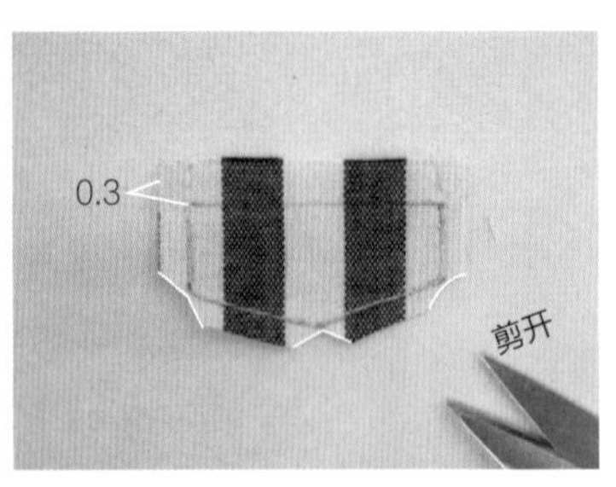

15 由于布料很小，请将缝份修剪后再翻面。

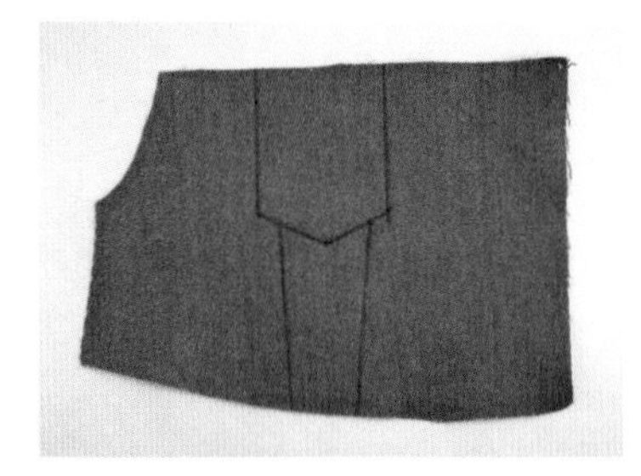

16 先用水消笔在上衣前片上画出要缉明线的位置。

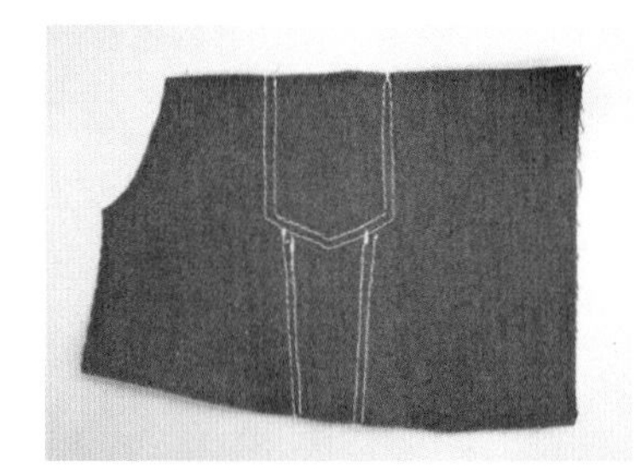

17 从正面缉上明线。

18 将做好的口袋放在上面，先固定缝份。

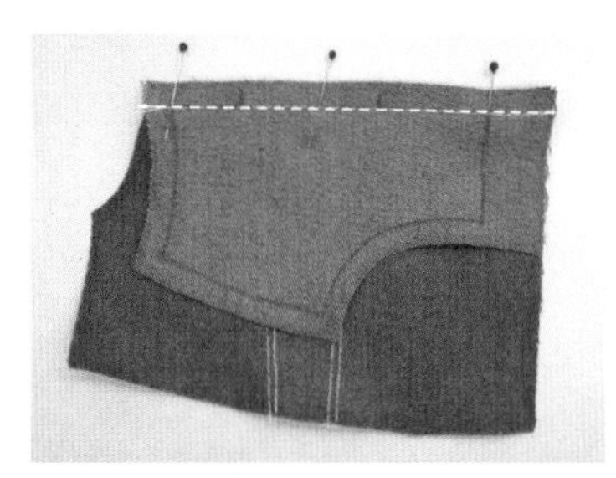

19 将前肩育克与缝好口袋的前片正面相对并缝合。

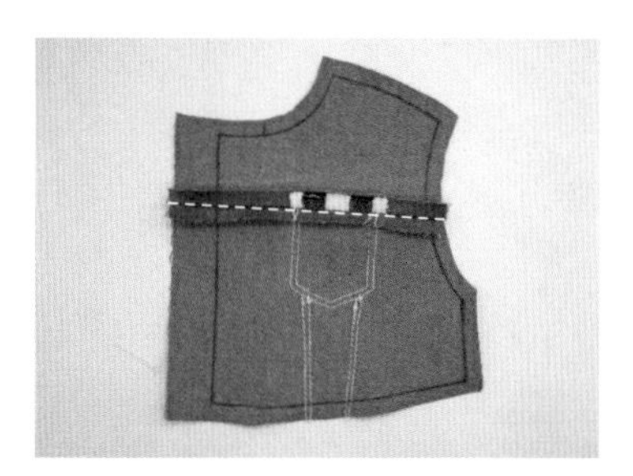

20 将缝份分开并从肩育克正面缉明线。

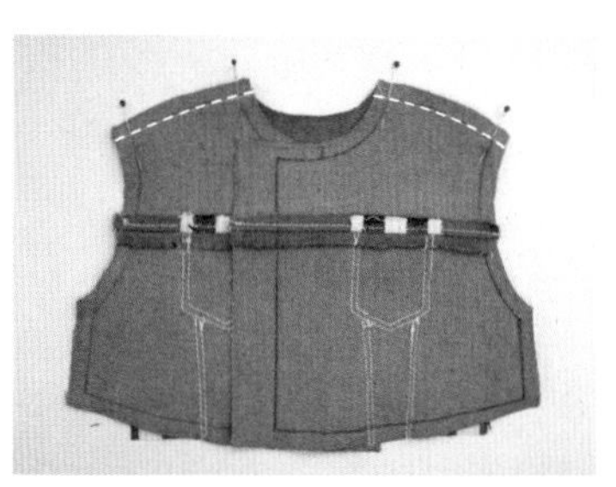

21 将前、后片的正面相对并缝合肩线。

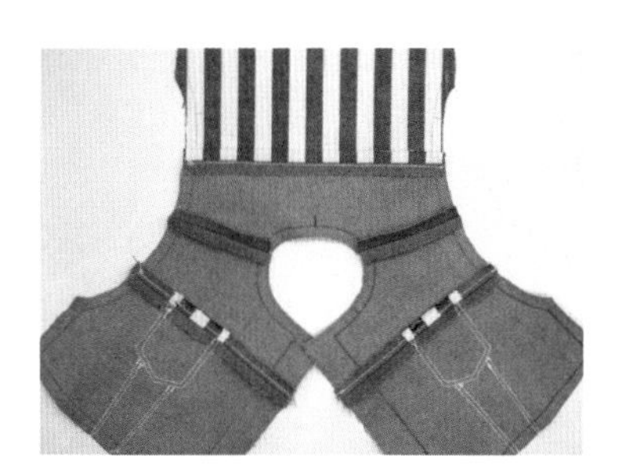

22 将肩线缝份分开并烫平。

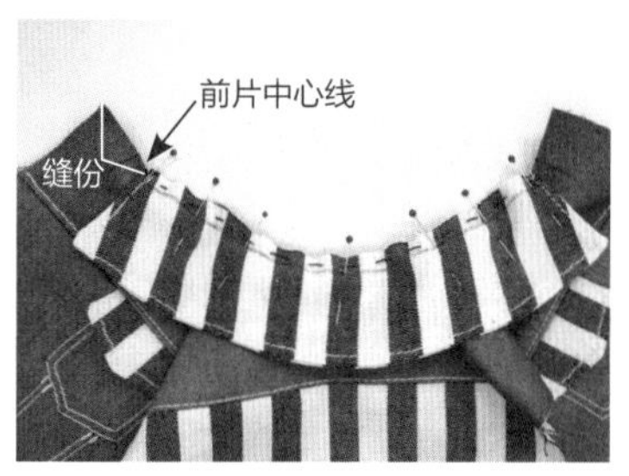

23 确认领口缝合的位置，在缝份上进行疏缝。

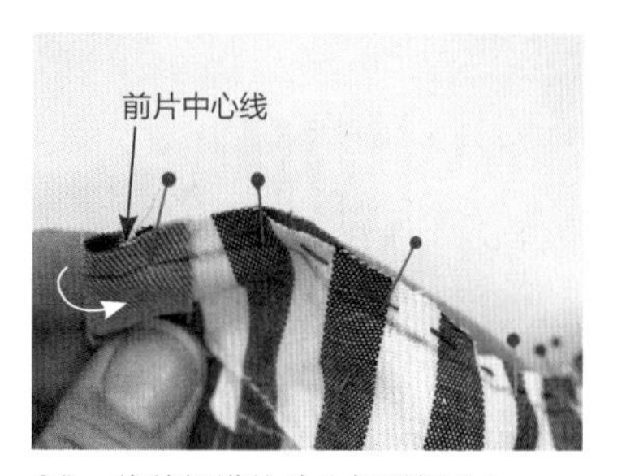

24 将前门襟的贴边折到领子上。

请小心不要从前片中心线折。

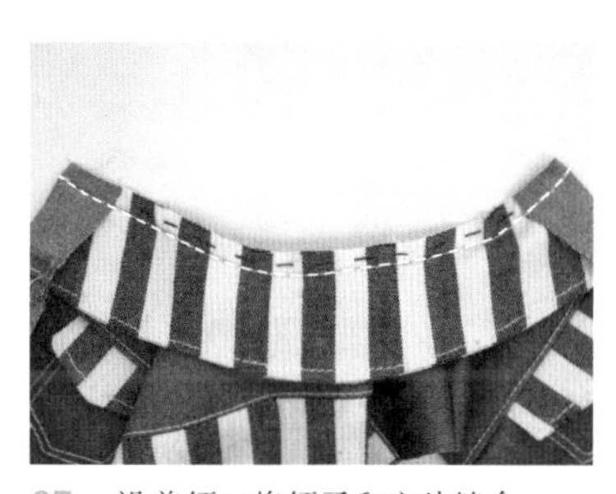

25 沿着领口将领子和衣片缝合。

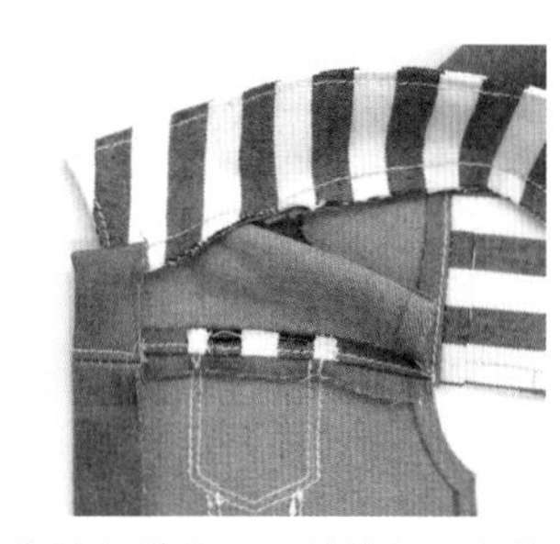

26 将前门襟翻面，并将领子向外拉，然后剪开领口缝份。

27 从正面依次缉明线缝合前门襟→领口→前门襟。

28 固定前门襟，同时再多缉一条明线。

29 确认袖子的前、后片，对齐衣片的袖窿曲线，先用珠针或疏缝固定再缝合。

30 从衣片正面缉明线。

31 将衣片和袖子的侧缝缝合，并剪开缝份。

32 将侧缝缝份分开并烫平。

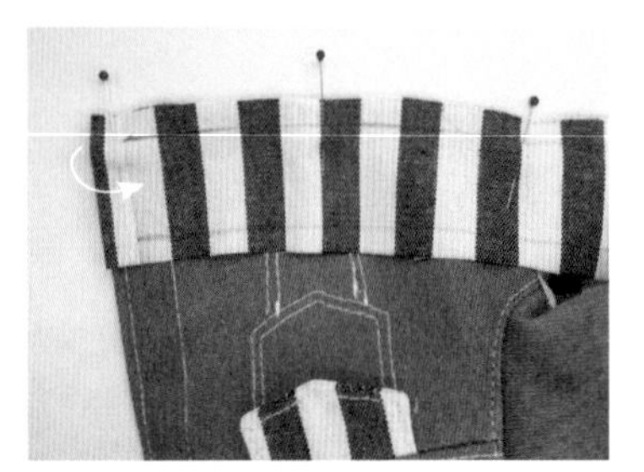

33 将底摆的门襟缝份向内折，然后和上衣的正面相对并用珠针固定。

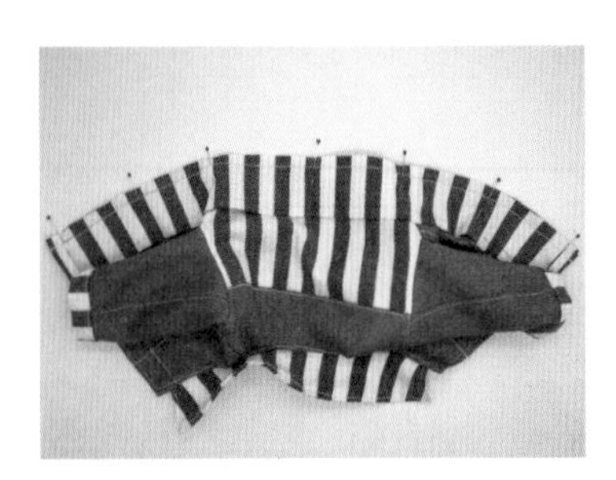

34 将底摆和上衣缝合。缝份倒向底摆烫平。

35 将底摆缝份分2次折叠，然后用珠针固定，从正面缉明线缝合固定。

36 将4对四合扣固定在前门襟上，纽扣缝在口袋上，布贴贴在袖子上，完成。

如果没有四合扣，缝子母扣或纽扣也可以。

02

单排扣外套

材料 表布60cm×50cm、里布50cm×40cm、纽扣6个、子母扣3对

※布料边缘用锁边液处理

※**实物等大**纸样p. 244~245

制作板型

表布底边及袖口缝份为1cm，里布底边缝份为0，其他缝份均为0.5cm。

[上衣变形1]

1 由于前门襟会变厚，上衣原型需从前片中心线向外移动增加宽度。可以根据不同的布料厚度进行调整。

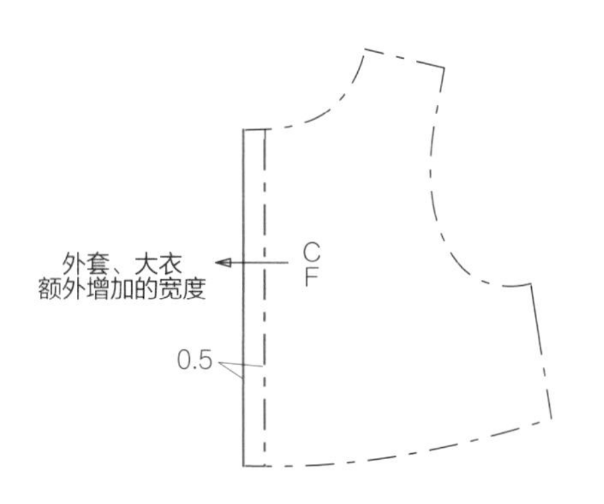

[上衣变形2]

1 挖深领口，肩线、胸围和袖窿深度须增加放松量。

2 衣长延长5cm，并在上衣前、后片加入分割线。

3 在后片分割线加入0.3cm的锥形省，为了让臀部有放松量，锥形省部须绘制成重叠交叉。

4 前片中心线向外移动1cm画出前门襟，参考下一页的图片，画出领子驳口线。

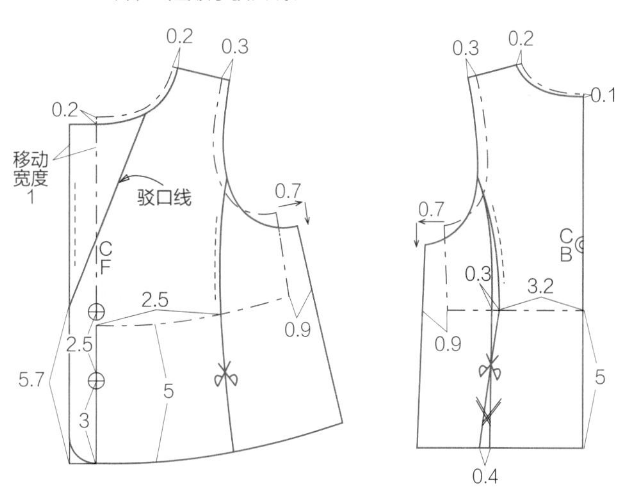

[领子驳口线]

1 将已调整过的侧颈点向前延伸0.5cm，和搭门线交点以直线连接起来。

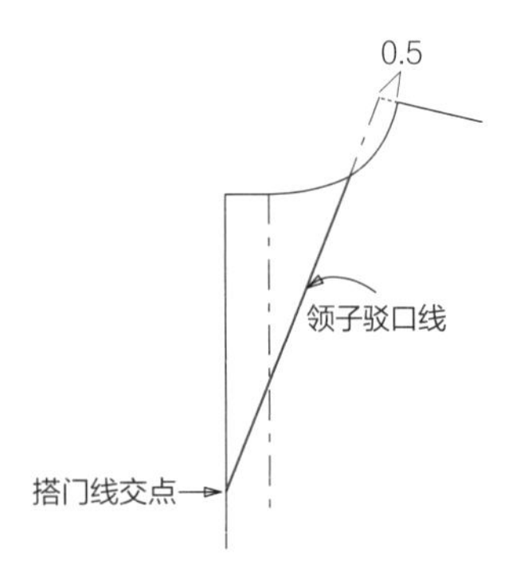

[袖子]

1 依照上衣调整袖子原型的袖窿长度，并增加袖口的宽度。

2 在袖子后片加上分割线，区分前、后片并剪开，然后折叠0.7cm，制成有曲度的袖子。

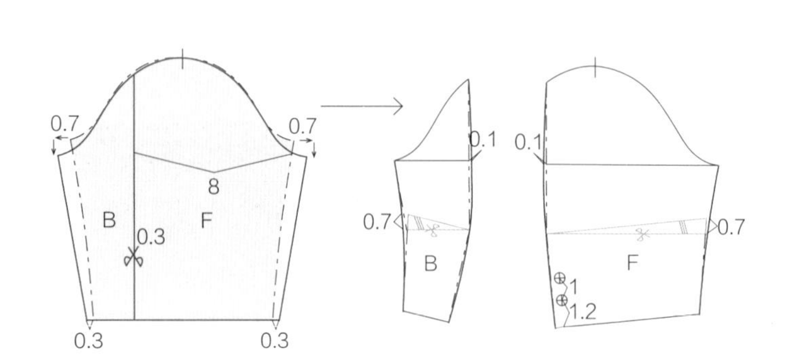

[领子]

1 请参考衬衫领制图法（p. 74~77）进行制图。

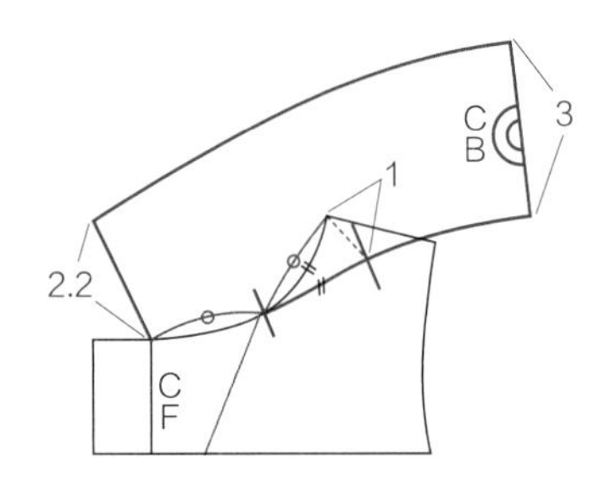

[口袋]

1 在衣片上绘制口袋并标示出位置。

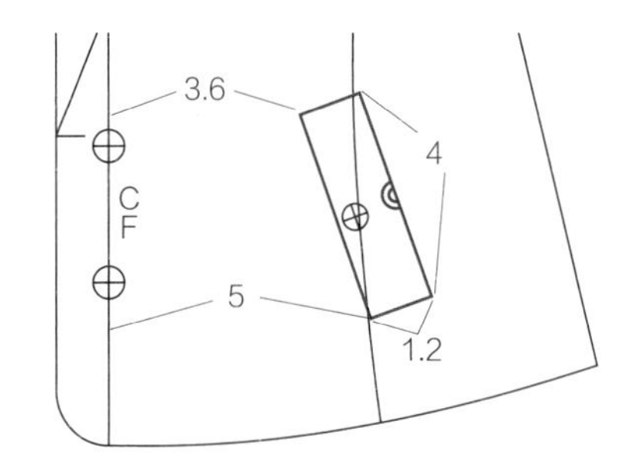

制作方法

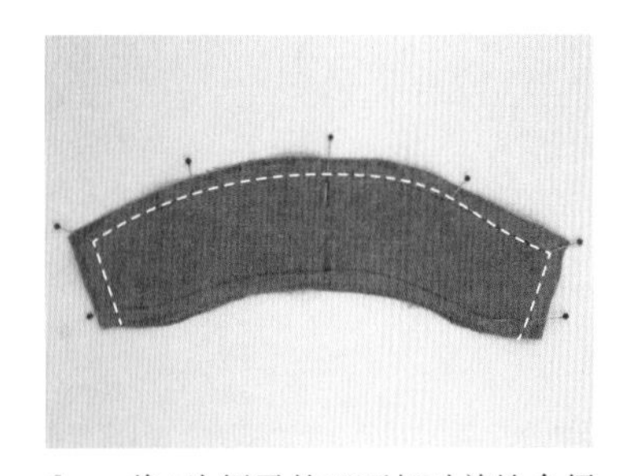

1 将2片领子的正面相对并缝合领口以外的三边。剪掉棱角并剪开曲线部分缝份。

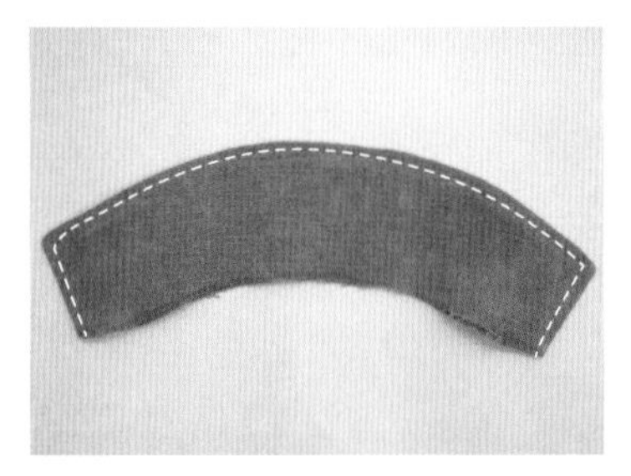

2 将领子翻面烫平，沿边缘缉明线固定。

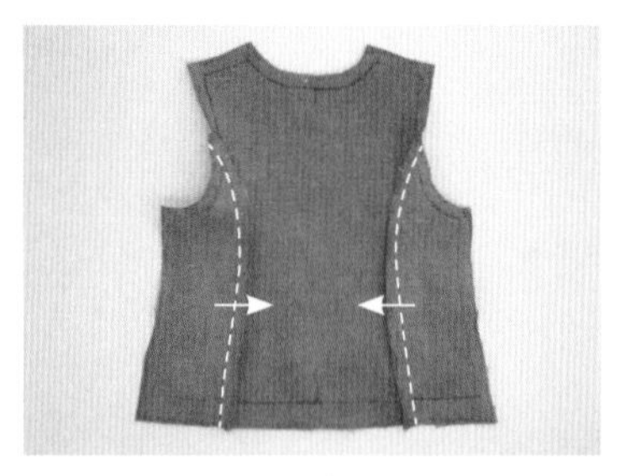

3 将3片后片缝合并将缝份向中间倒并烫平。

窍门 如果是厚布料，请将缝份分开再烫平。

4　从正面缉明线将缝份固定。

5　将前片左右两边的两片衣片分别缝合，将缝份向中间倒。

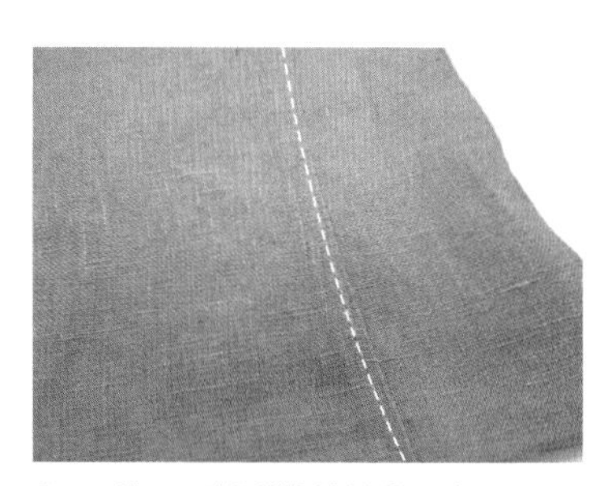

6　从正面缉明线将缝份固定。

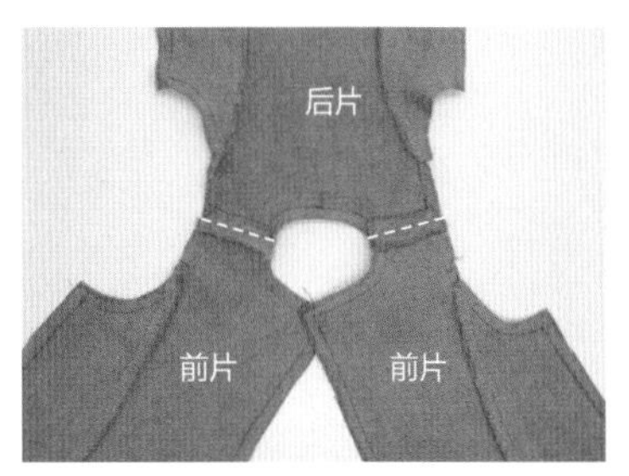

7　将前、后片的正面相对，缝合肩线并将缝份分开。

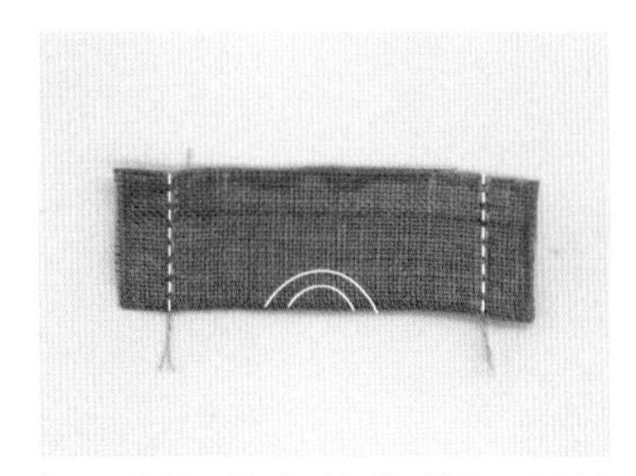

8　将前口袋反面朝外对折，两边缝合后翻面并烫平。

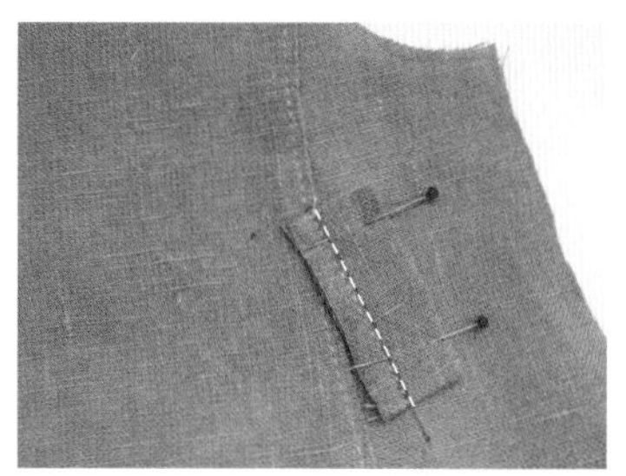

9　在上衣标出口袋的缝合位置后缝上口袋。

10　向下翻折之后再缝一次。

11　将后片里布的锥形省向中间倒，然后缝合。

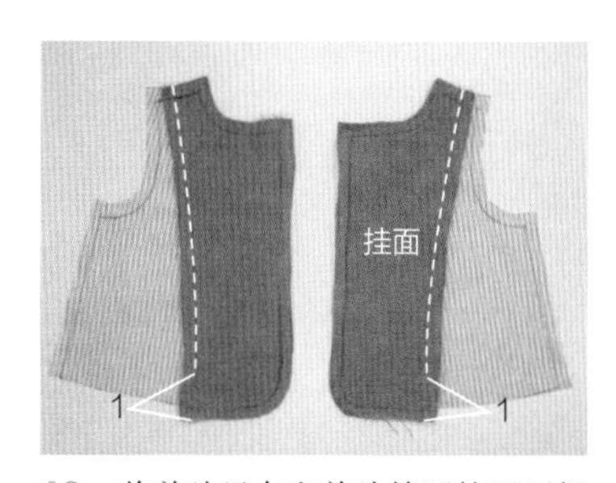

12　将前片里布和前片挂面的正面相对缝合，一直缝到底摆向上1cm的位置。

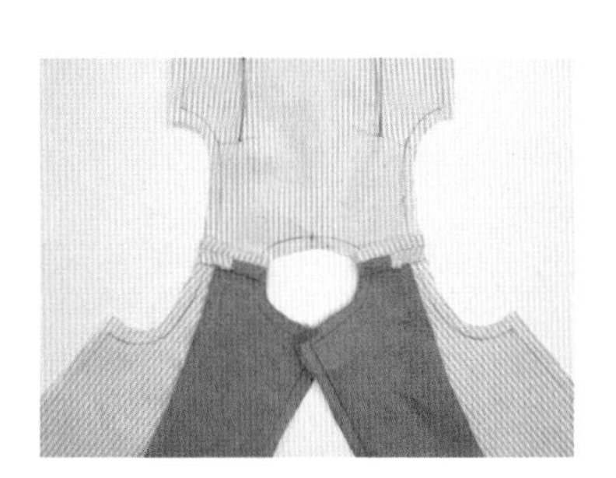

13　将前、后片里布的正面相对缝合肩线，并将缝份分开后烫平。

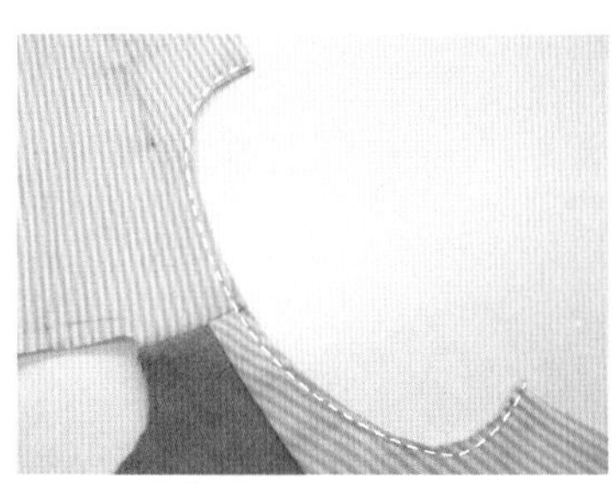

14　剪开里布袖窿缝份，向内折并烫平，接着再缉明线将缝份固定。

15　将袖子前、后片的正面相对，缝合之后将缝份向前片倒并烫平。

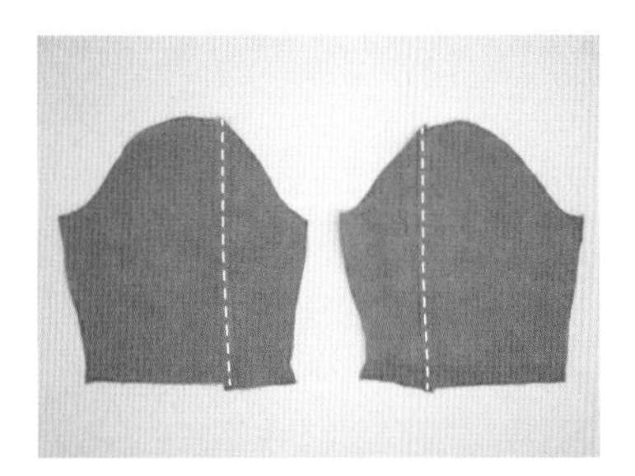

16 在袖子前片正面缉明线固定。

17 将袖口缝份折好烫平并缝合固定。

窍门 也可以用布用强力胶固定。

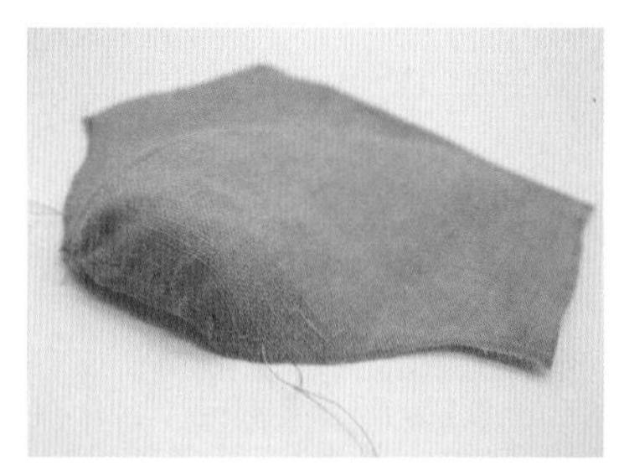

18 用平针缝缝袖山缝份，再将线轻轻拉紧让袖山缩起来。

19 区分袖子的前、后片并固定在衣服上，对齐袖窿曲线后再缝合。剪开腋下部分的缝份。

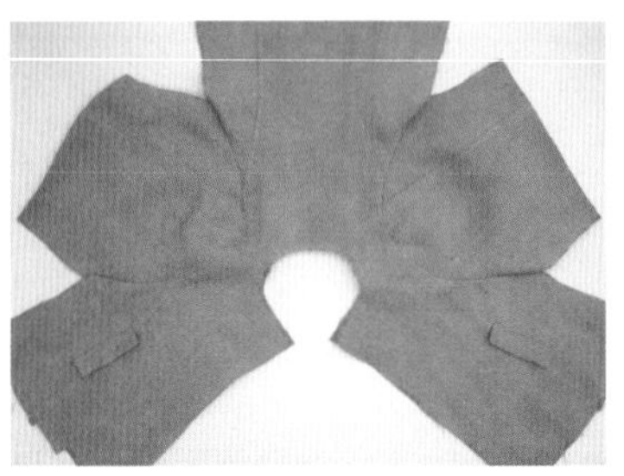

20 将袖子缝份向衣片方向倒并烫平。

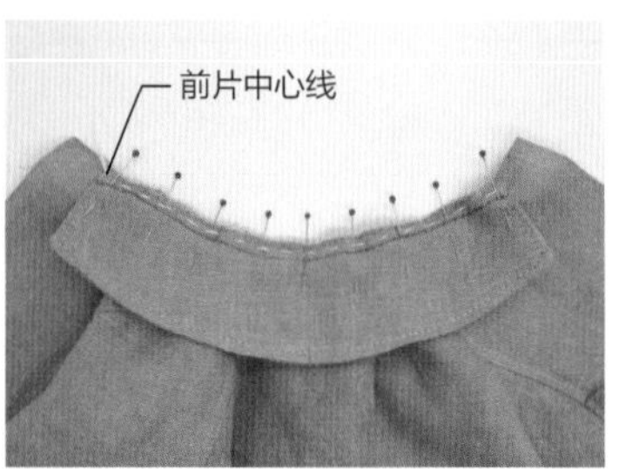

21 在领子上标出领口的完成线，然后放在表布上疏缝固定。

22 将里布正面相对，再缝上领子表布正面，从前片底边缝份为0.5cm的位置开始，依次缝合右前门襟→领口→左前门襟。

23 一直缝到左边前片底边缝份为0.5cm的位置。

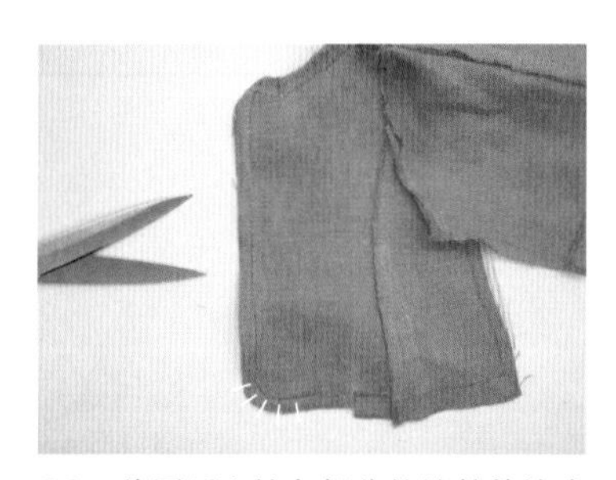

24 将圆弧和棱角部分的缝份剪掉或剪开。

25 将上衣和袖子的侧缝缝合，剪开腋下部分的缝份。

26 将侧缝缝份分开并烫平。

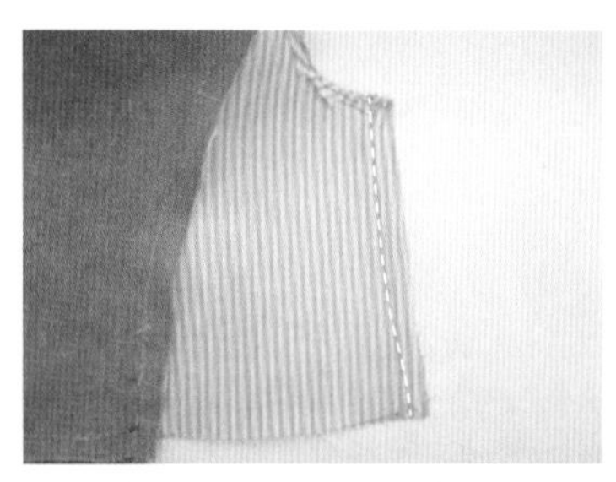

27 将里布的侧缝缝份缝合。

28 将缝份分开并烫平。

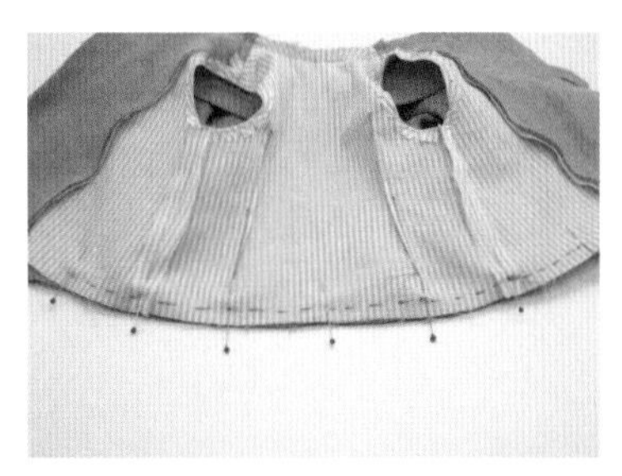

29 对齐底摆的里布和表布并用珠针固定。

由于里布和表布的长度不一样，必须要拉紧里布对齐底边才行。

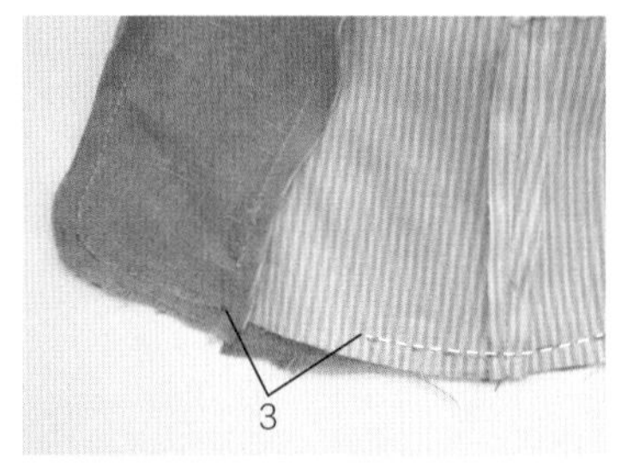

30 从两边的挂面边缘开始留下3cm左右不缝，再将底边缝合。

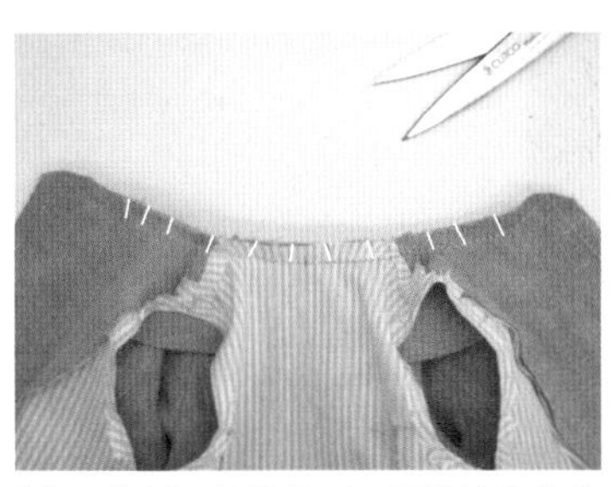

31 将领口缝份剪开，再从袖窿处将外套翻面。

32 将两边还没缝合的底摆向内折好，用藏针缝进行缝合。

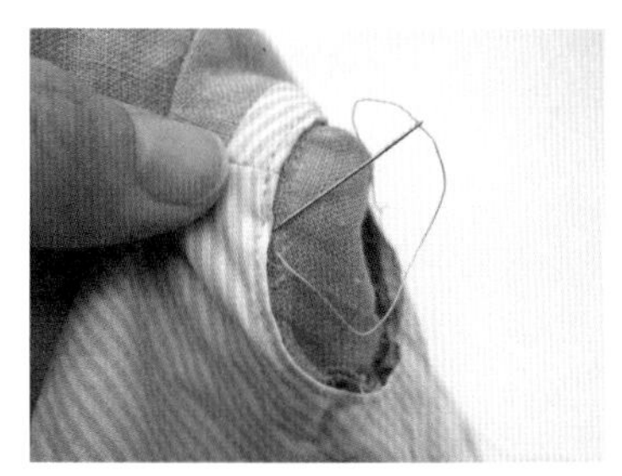

33 固定袖窿的里布和表布。

34 缝上子母扣和纽扣，外套完成。

03
雨衣

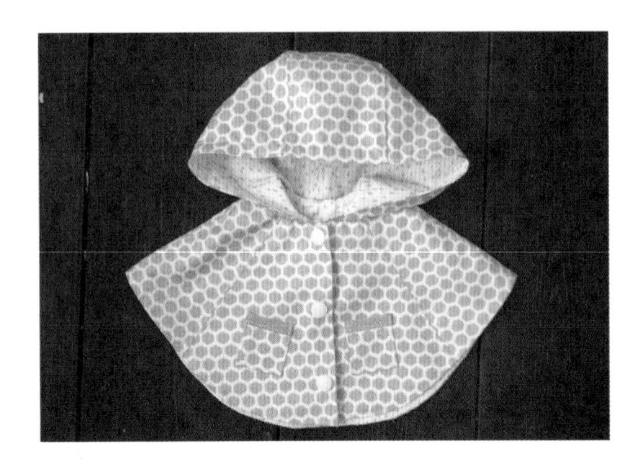

材料 防水表布70cm×50cm、里布50cm×60cm、配色布10cm×10cm、四合扣3对

※布料边缘用锁边液处理

※**实物等大**纸样p. 246~249

制作板型

口袋上边缝份为0，其他缝份均为0.5cm。

[上衣变形1]

1 请参考蝙蝠袖制图法（p. 94~97）调整肩部角度并将肩线延长同袖长一致。

2 延长衣长，并用流畅的弧度将底摆连到袖子。

3 在前、后片添加分割线并画出前片上的口袋。

4 将前片中心线向外移动0.7cm画出前门襟，并标出纽扣位置。

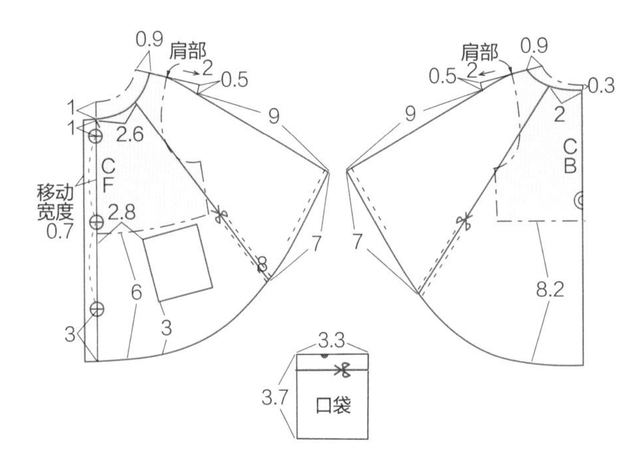

[上衣变形2]

1 由于雨衣是穿在衣服外面，所以需要在领口加入分割线，增加一些放松量。

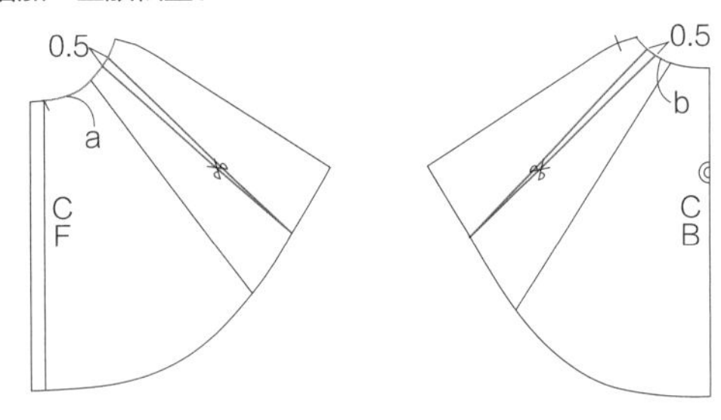

[连身帽]

1 请参考连身帽制图法（p. 84~85）在第2种原型上增加0.5m的放松量。

2 确定因为上衣变化而变动的领口长度，标出开衩的位置。

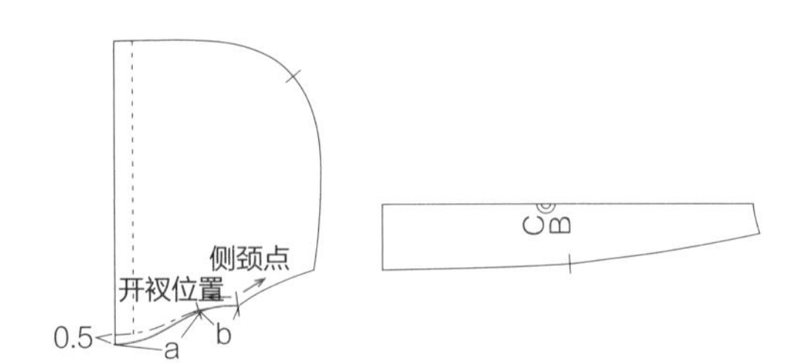

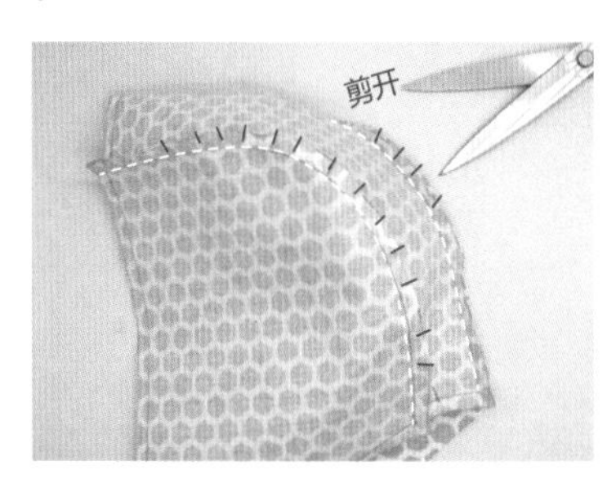

1 将3片连身帽表布缝合并剪开缝份。

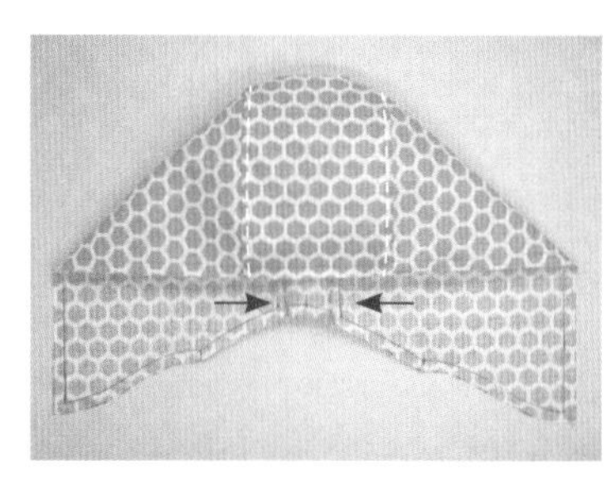

2 将缝份向中间倒并从正面缉明线缝合固定。

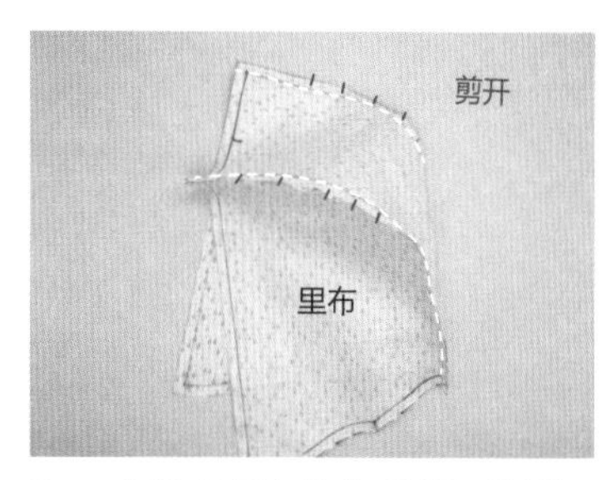

3 也将3片里布缝合后用剪开缝份。

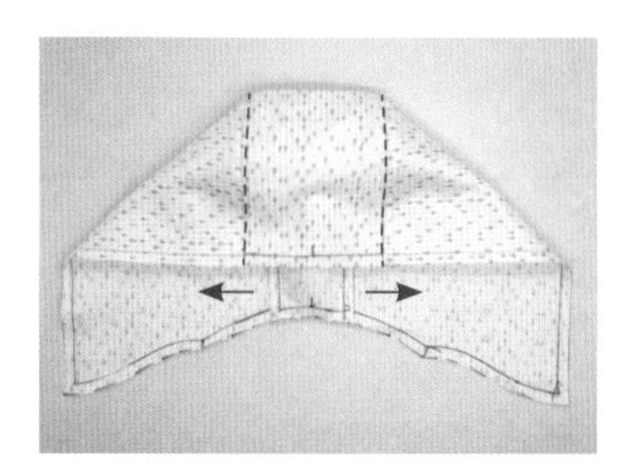

4 为了不要让缝份重叠在一起，将里布的缝份向两边倒，再从正面缉明线固定。

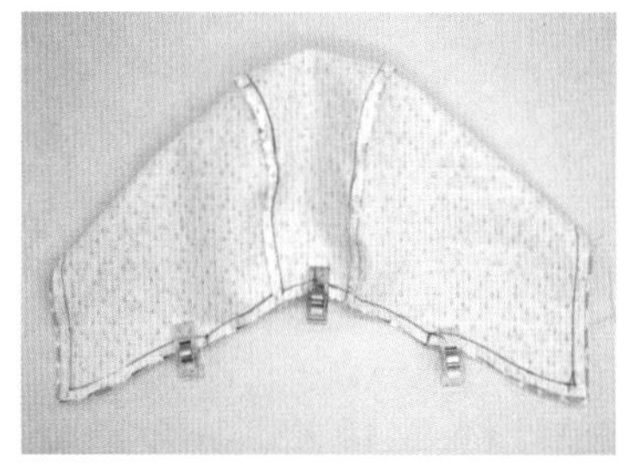

5 将表布和里布的正面相对，用夹子固定。

窍门 防水布料会留下孔洞，所以不要使用珠针。

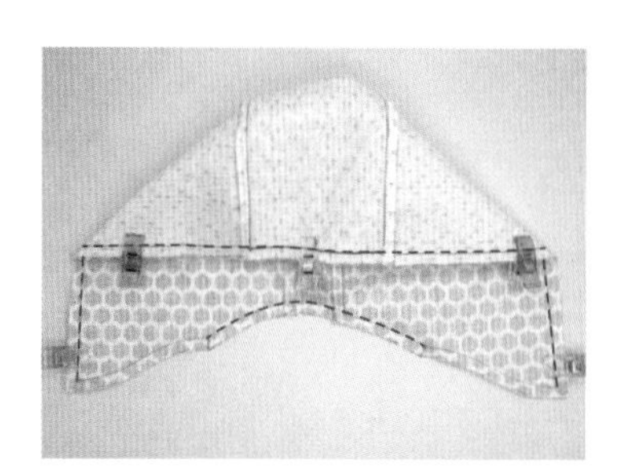

6 留下两边的领口位置，缝合其他边缝。

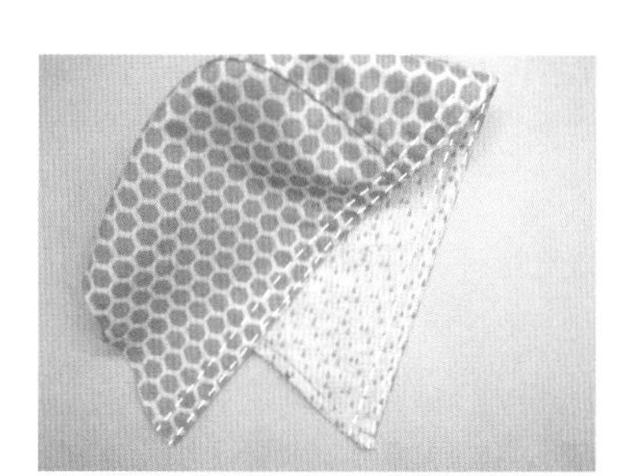

7 剪开曲线部分的缝份后翻面，在连身帽曲线上缉1~2条明线。

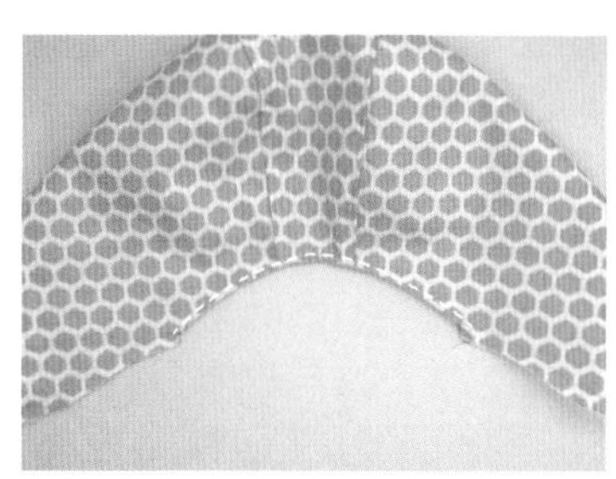

8 后领口从正面缉明线固定。

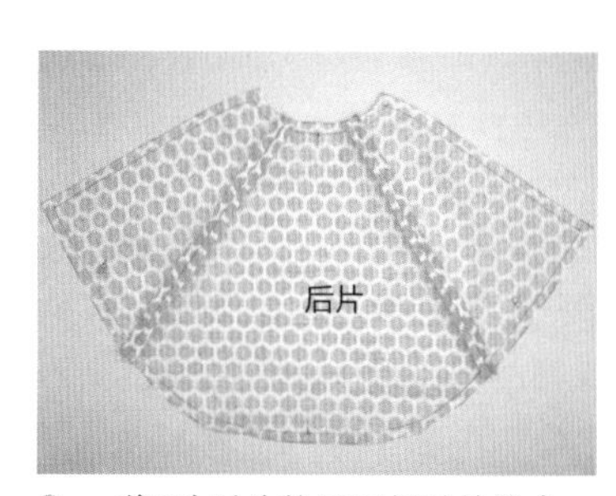

9 将3片后片的正面相对并缝合，然后将缝份分开。

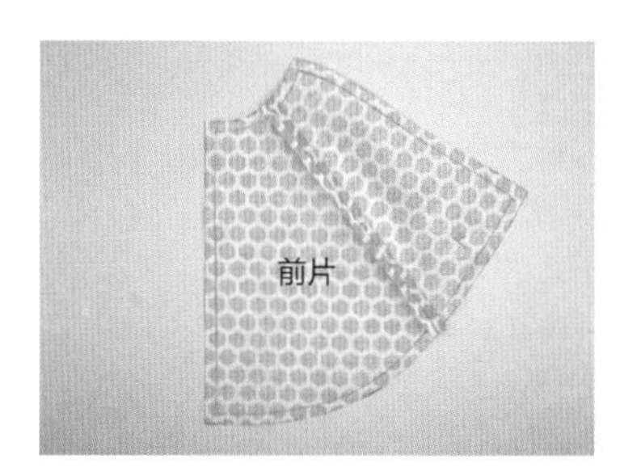

10 将左、右前片分别的两片布料也正面相对并缝合，再将缝份分开。

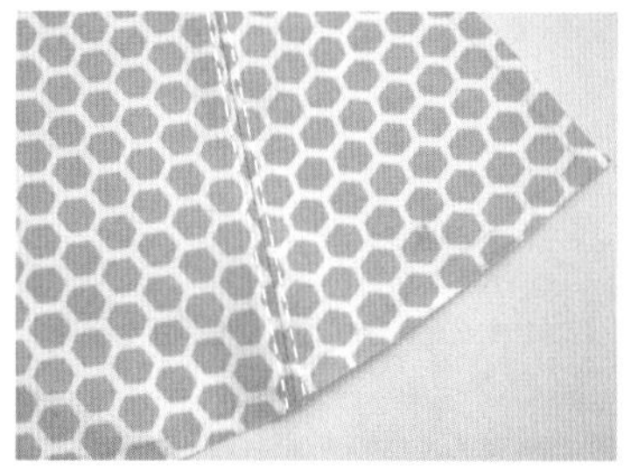

11 缝份分开后，从正面将两边的缝份缉明线固定。

窍门 由于防水布料用熨烫来固定的效果不好，所以建议用回针缝。

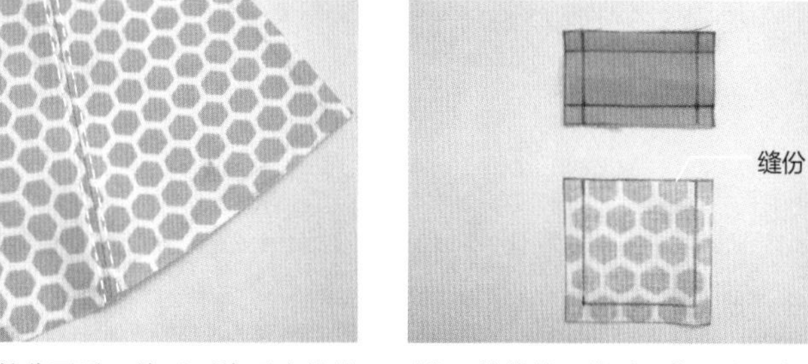

12 剪裁前口袋时，袋口边不留缝份。

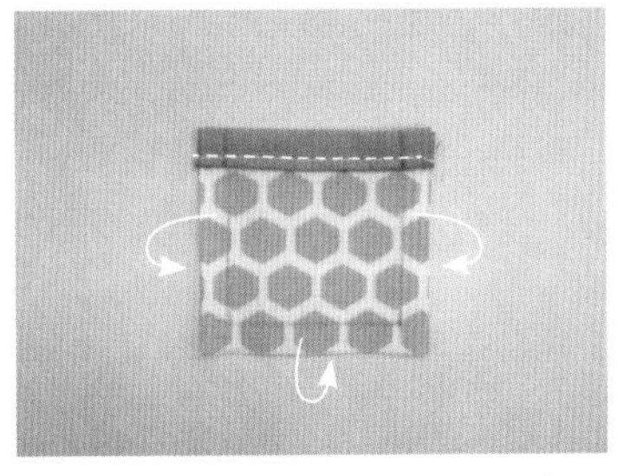

13 将口袋滚边的缝份折好再对折，然后包裹住到口袋的袋口边，将下方缝合固定。将剩下的缝份向内折好并烫平。

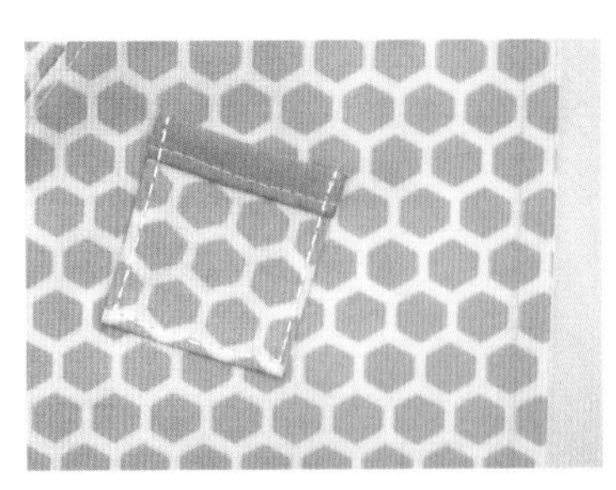

14 在前片上标出口袋的位置，再沿侧缝及下方缝合。

15 将前、后衣片正面相对并缝合肩线。

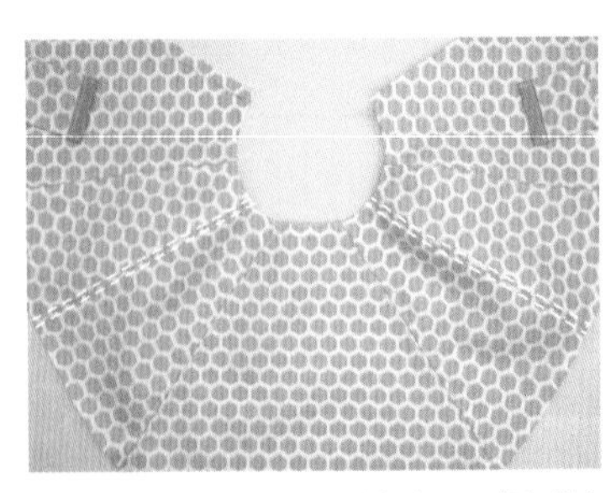

16 将肩部缝份分开并从正面缉明线固定。

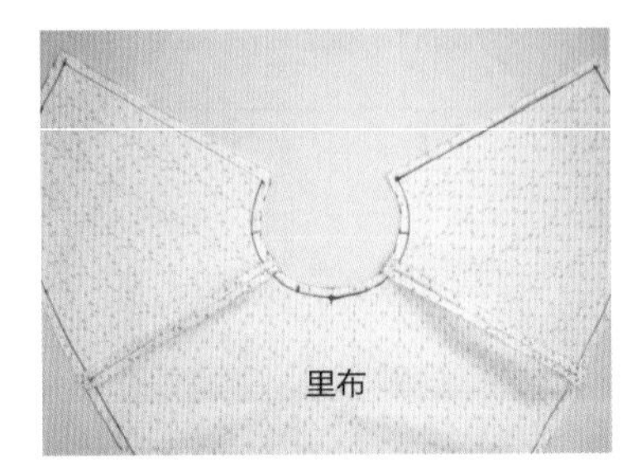

17 同样将里布肩线缝合并分开缝份。但是无须缉明线。

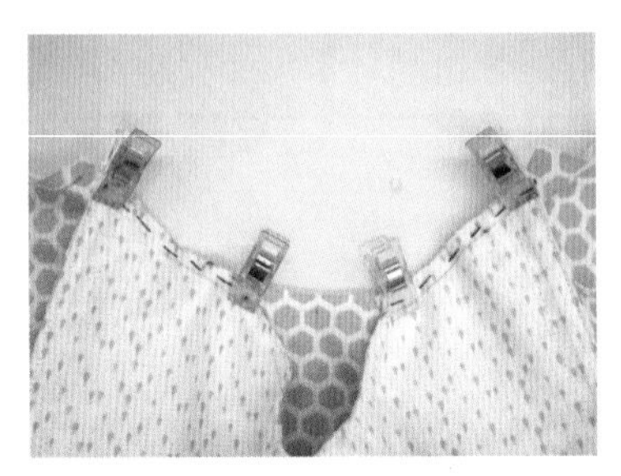

18 将连身帽放在表布上面，并在缝份上以疏缝固定。

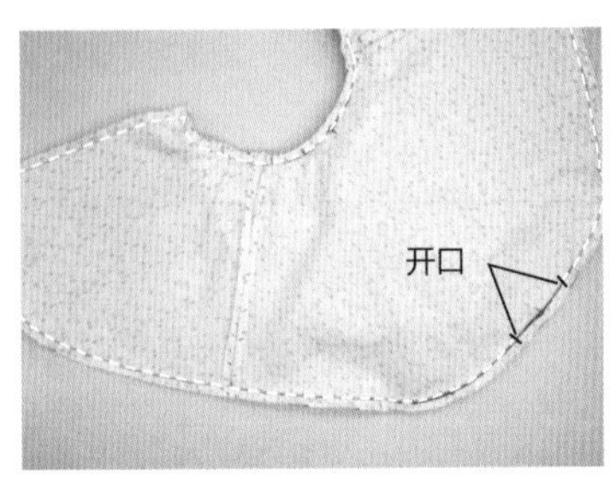

19 将里布与已缝上连身帽的表布正面相对，然后缝合并留下一个开口不缝。

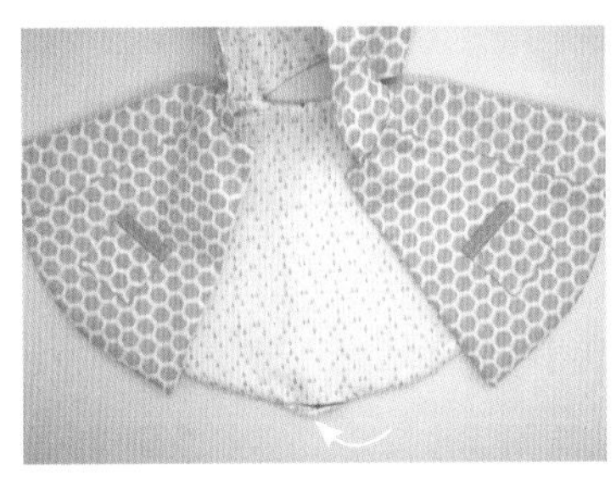

20 将领口和底边的缝份棱角剪掉，剪开曲线部分的缝份，然后再从开口处翻面。

由于防水布料很难进行手缝，建议用布用强力胶将开口封住。

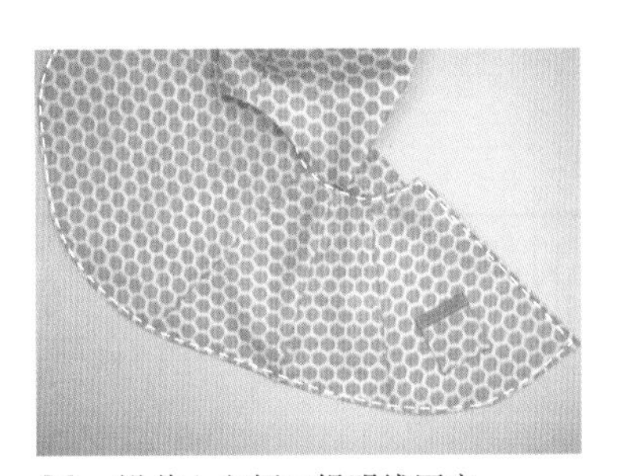

21 沿着上衣领口缉明线固定。

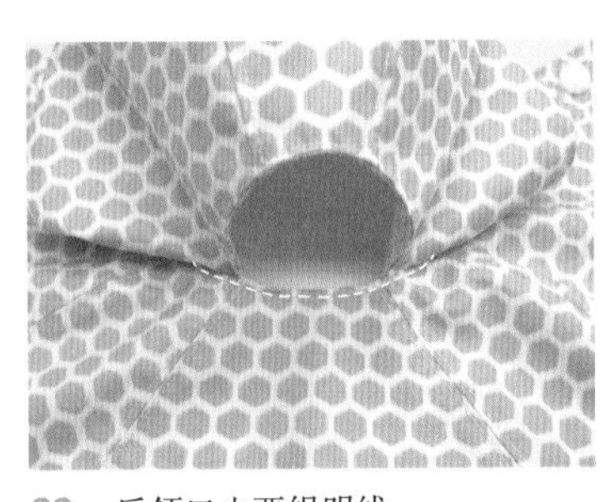

22 后领口也要缉明线。

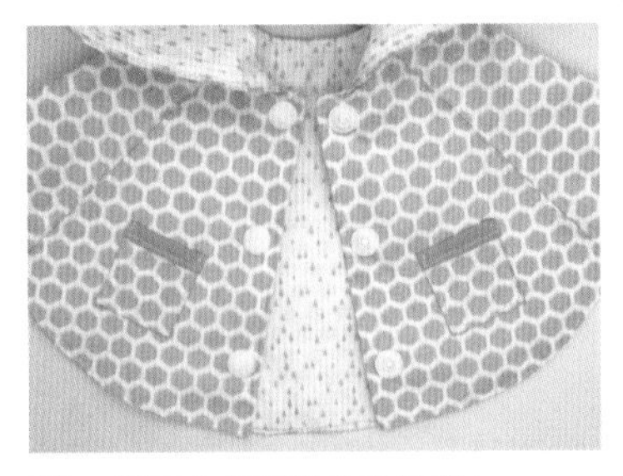

23 将四合扣固定在前门襟上。

窍门 改缝子母扣或纽扣也可以。

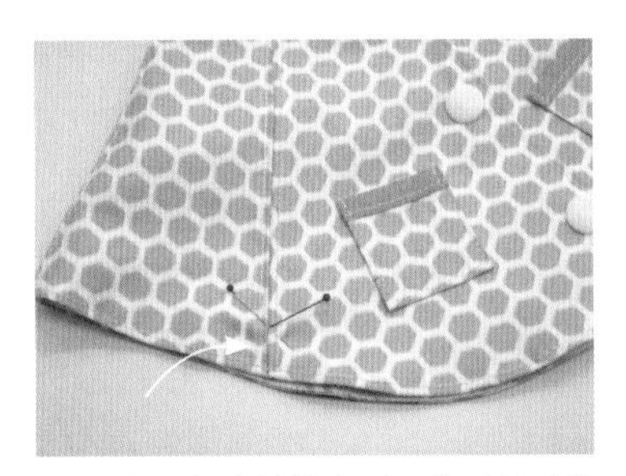

24 扣子扣合的状态下，在要标示的位置缝3~4针，做成像袖子的袖口，完成。

04
插肩袖大衣

材料 表布50cm×50cm、配色布20cm×10cm、纽扣4个、胸针1个

※布料边缘用锁边液处理

※**实物等大**纸样p. 250~251

制作板型

领口、袖口、上衣底边、前门襟、领子外轮廓、前口袋、袖襻缝份为0，其他缝份均为0.5cm。（这是在使用厚重的冬季布料或羊毛这类不好折叠的布料时所用的缝份宽度，如果使用一般布料，缝份宽度跟其他外套一样就可以。）

[上衣变形1]

1 由于前门襟会变厚，上衣原型必须从前片中心线向外移动0.5cm。可以根据不同的布料厚度来调整尺寸。

2 请参考连肩袖制图法（p. 103~107）调整肩部角度，并修改胸围和袖窿深度增加放松量，画出斜肩线跟侧缝。这时后片的A字形线条要画得比前片更明显，让后片有更大的空间。

→ **下接至p.194 [上衣变形2]**

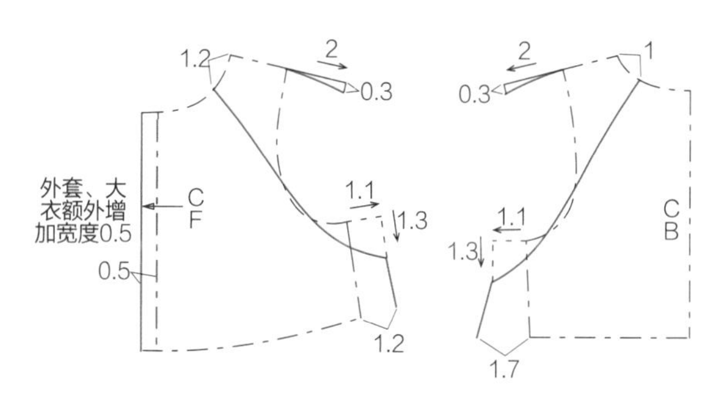

[袖子]

1 将从上衣前、后片剪下来的袖子对齐中心线，合并在一起。

2 绘制袖襻，并在袖子上标出位置。

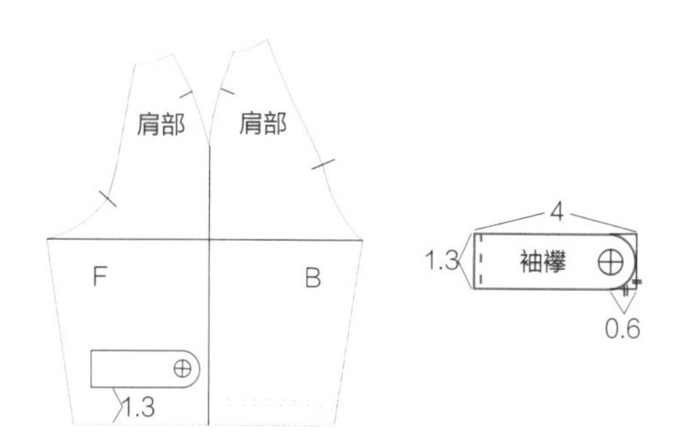

[领子]

1 利用衬衫领制图法（p. 74~77）进行制图，领子尖端根据设计做出弧度。

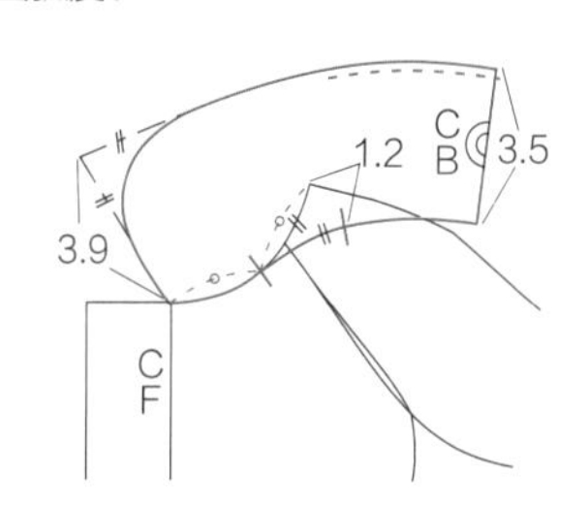

→ 上接p.193

[上衣变形2]

1 挖深领口并延长衣长。

2 按照连肩袖制图法（p. 103~107）完成袖子并剪下。

3 将前片中心线向外移动2cm，并在后片中心线加入对褶。由于后片中心线是对折线，所以只要加2个宽为1.3cm的褶裥即可。

4 画出前片口袋和后片腰襻并标示位置。

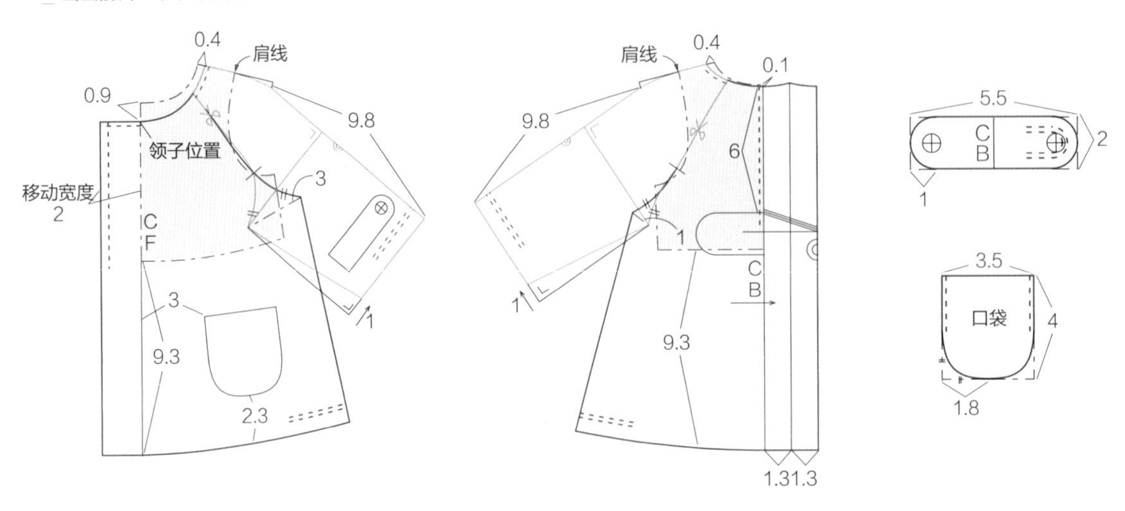

制作方法

1 以0.5cm、0.3cm为间距，在袖口缉2条明线。

2 从背面缝合袖子的肩省（锥形省）。

3 由于布料很厚，要将肩省分开并烫平，并剪掉多余部分。

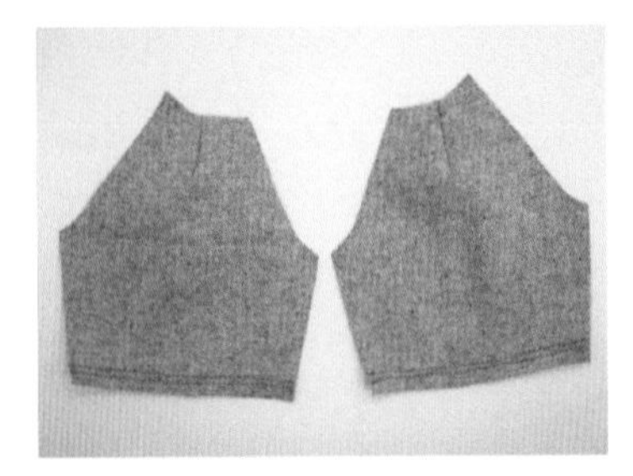

4 两边的袖子都用相同的方法制作。

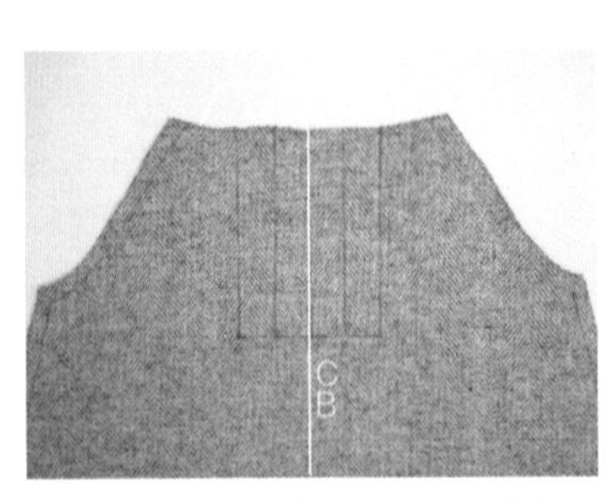

5 在后片中心线上标出对褶的位置。

6 后片反面朝外沿中心线对折，并缝合已标出的褶裥线。

7　以后片中心线为基准，折叠褶裥线。

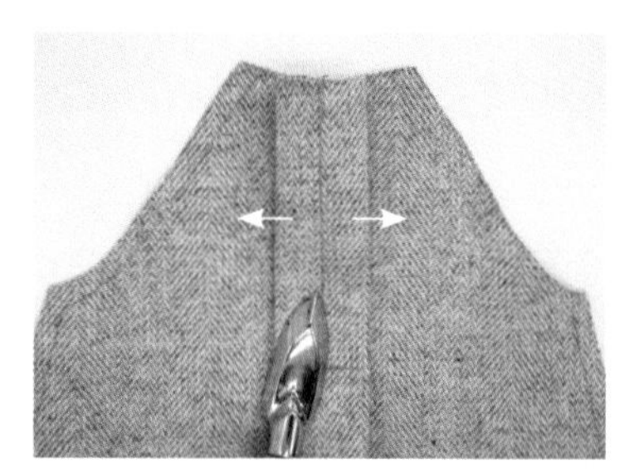

8　将对褶烫平。

9　从正面将对褶的缝合线两边缉明线固定，下面再横向缉明线固定。

10　将后袖片和后衣片的正面相对，并沿着斜肩线缝合。

11　将缝份分开并烫平。

如果布料很硬挺，只用剪刀剪开缝份就可以。

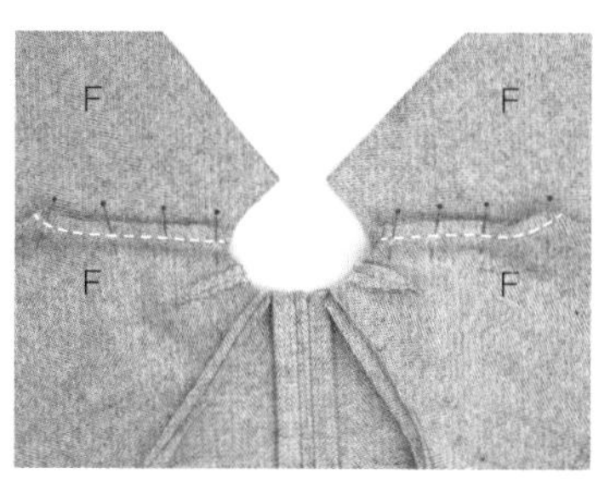

12　将前袖片和前衣片正面相对，并沿着斜肩线缝合。

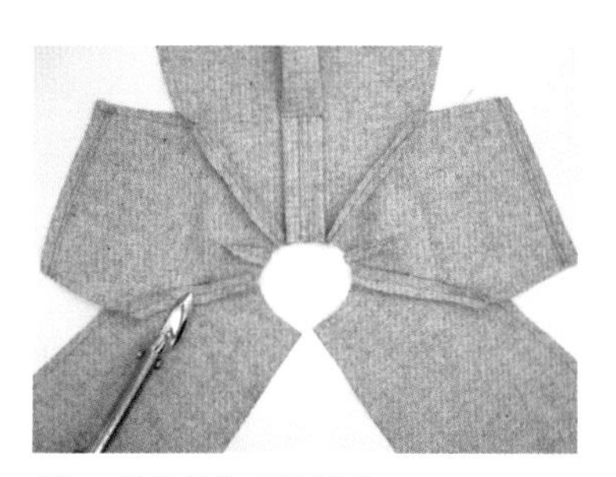

13　将缝份分开并烫平。

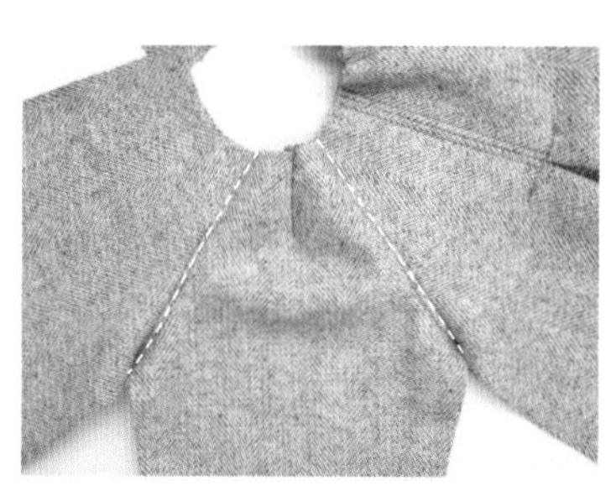

14　从袖子正面缉明线固定。

15　将没有缝份的皮革袖襻的一端缝在袖子上。

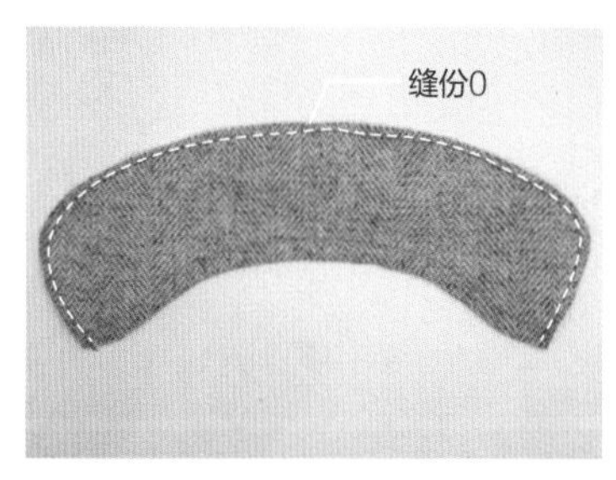

16　在无缝份的单片衣领上缉明线。

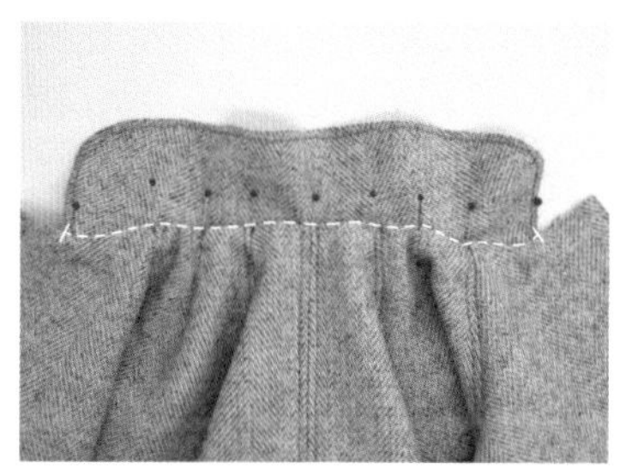

17　将上衣放在领子的领口缝份上并用珠针固定，然后沿领口缝合。

18　缝合上衣和袖子的侧缝。剪开腋下的缝份，将缝份分开并烫平。

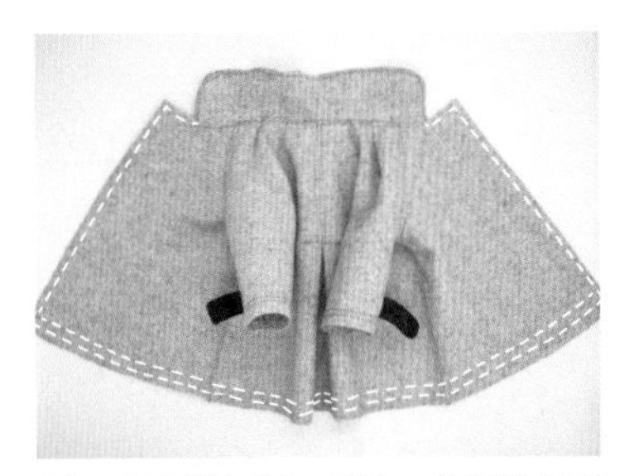

19 按照前门襟→底边→前门襟的顺序缉明线。

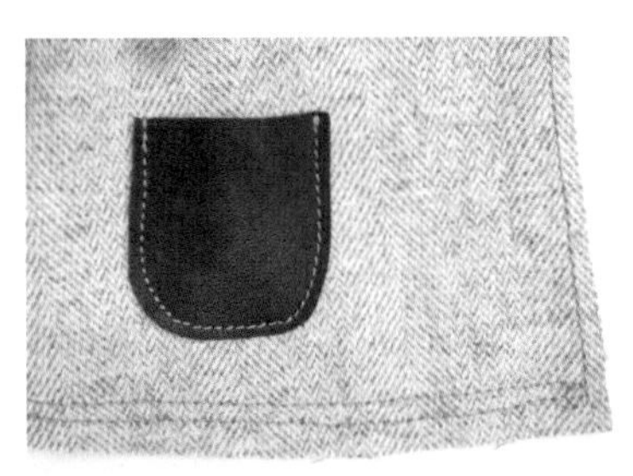

20 将口袋放在标出的位置并沿边缉明线缝合。

21 将纽扣缝在袖襻和口袋上做装饰。

22 剪出2片无缝份的后片腰襻，重叠放好并缉2圈明线缝合。

23 用纽扣将腰襻固定在后片的腰部位置。

24 在胸口别上胸针，完成。

如果喜欢将前门襟扣起来，可以缝上子母扣收尾。

05
风衣

材料 表布70cm×50cm、里布40cm×25cm、子母扣2对、纽扣13个

※布料边缘用锁边液处理

※**实物等大**纸样p. 252~254

制作板型

表布底边及袖口缝份为1cm，里布底边缝份为0，其他缝份均为0.5cm。

[上衣变形1]

1 由于前门襟会变厚，上衣原型须从前片中心线向外移动0.5cm的宽度。可以根据不同的布料厚度进行调整。

[上衣变形2]

1 挖深领口并增加肩线、胸围和袖窿深度的放松量。

2 延长衣长并在上衣前、后片画出枪挡及背部防风片。

3 绘制口袋并标出位置。

4 从前片中心线向外增加2cm的宽度并标出纽扣位置。

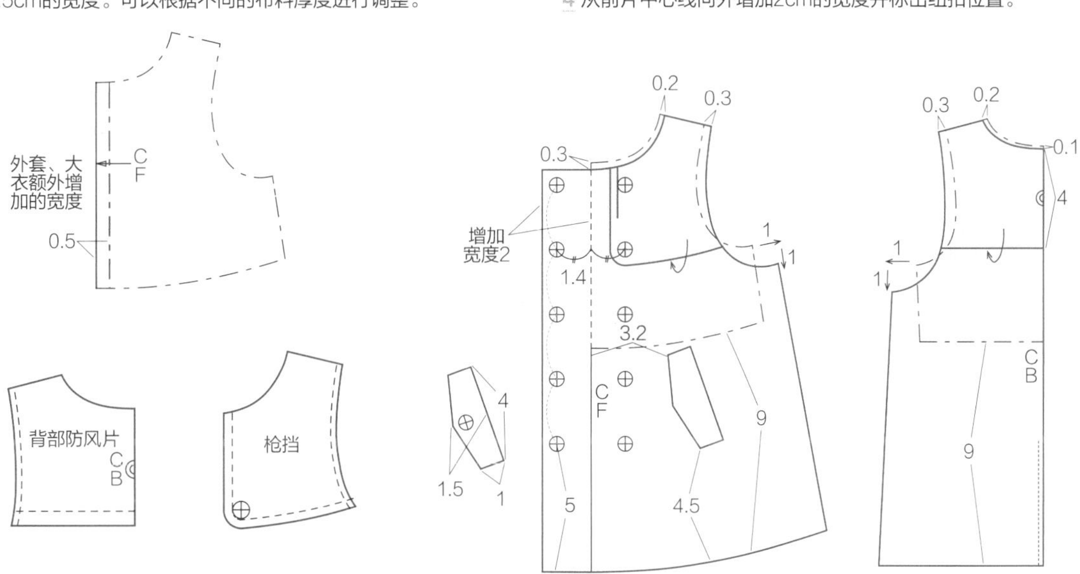

[领子]

1 请参考衬衫领制图法（p. 74~77）进行制图。

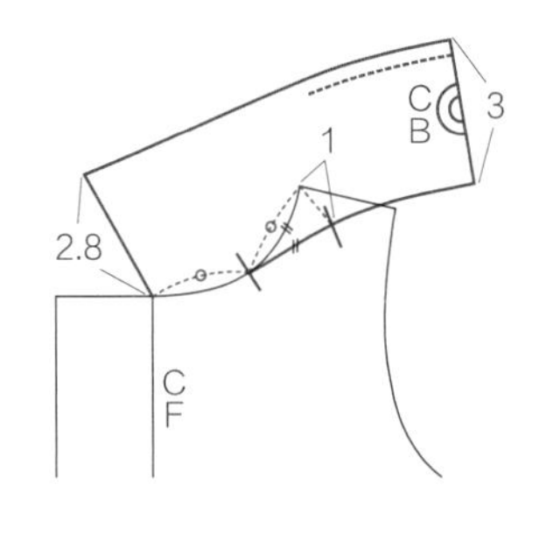

[袖子]

1 配合上衣调整袖子原型的袖窿长度，并增加袖口的宽度。

2 在袖子后片加上分割线，区分前、后片并剪开，然后折叠0.7cm，制成弯曲的袖子。

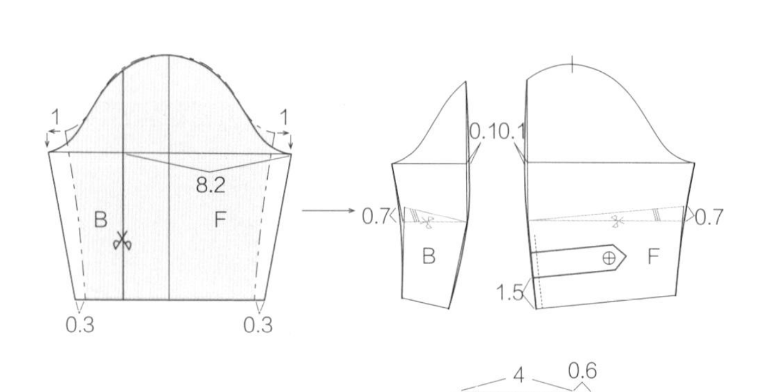

[腰带]

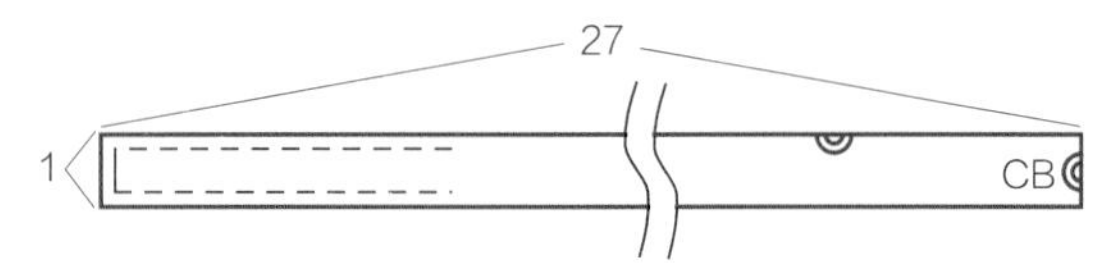

制作方法

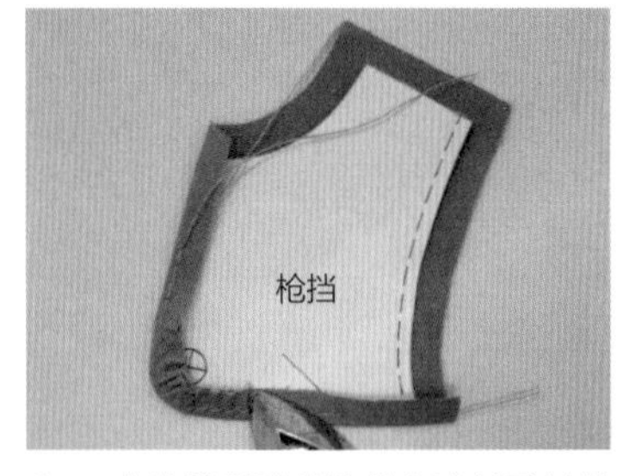

1 在枪挡弧形的缝份上进行平针缝并拉紧缝线。里面放入板型，将缝份折好、烫平，并调整形状。

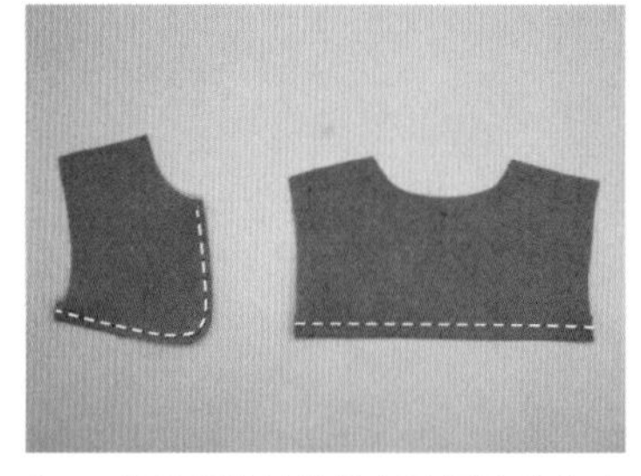

2 将背部防风片的底边摆缝份向内折好并烫平。从枪挡和背部防风片的正面缉明线固定缝份。

3 将前片挂面和前片的里布缝合并将缝份向内倒，然后烫平。

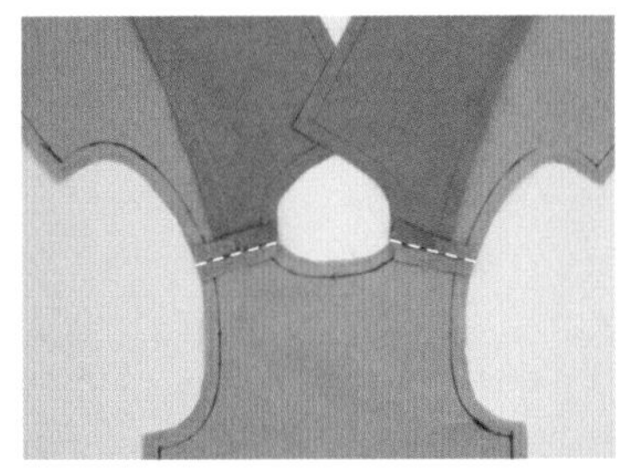

4 然后和后片里布的肩线缝合，并分开缝份。

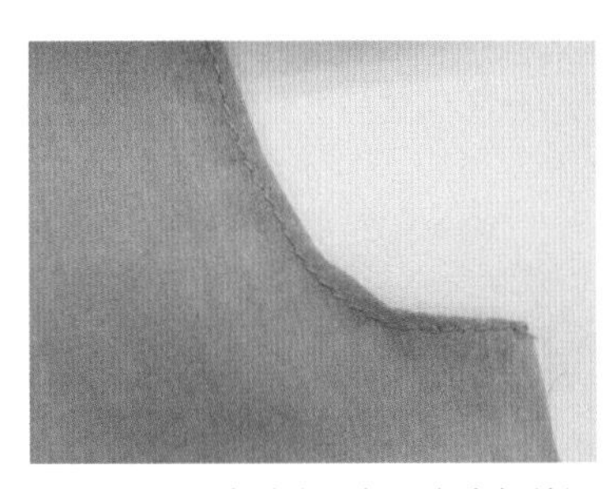

5 剪开里布袖窿缝份，向内折并烫平，再缉明线缝合。

6 将后片2片表布的正面相对并缝合，然后将缝份分开。在正面中心线的其中一边缉明线。

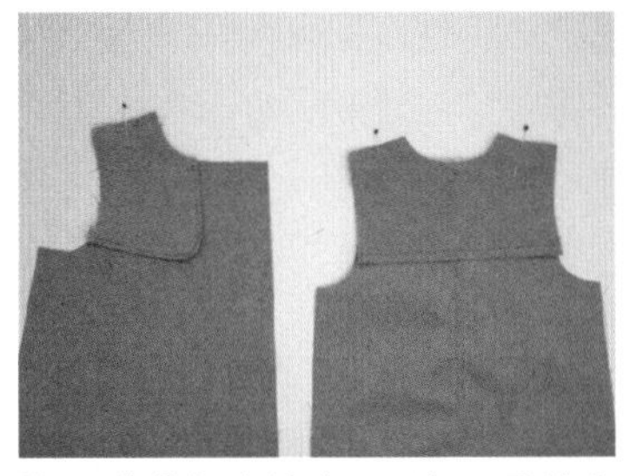

7 将背部防风片正面朝上叠放在后片表布的正面，并在肩线临时固定。

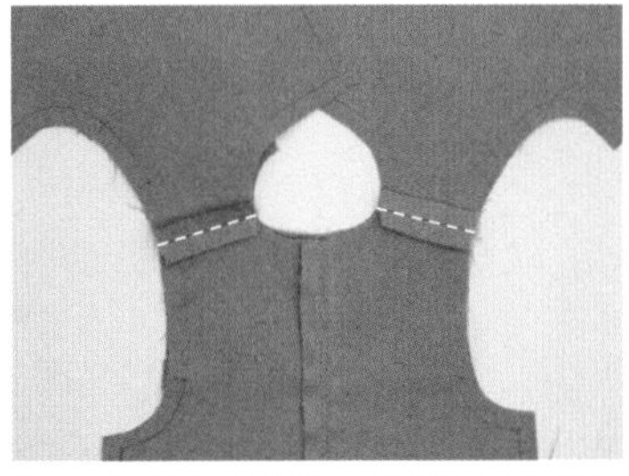

8 将固定好枪挡、背部防风片的前片和后片，正面相对并缝合肩线，然后将缝份分开。

9 因口袋和里布布片很小，裁剪时在旁边预留一些缝量。

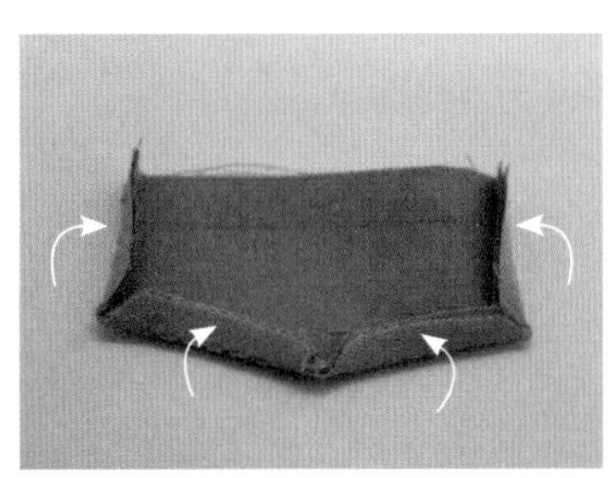

10 将口袋表布和里布的正面相对，并缝合除了袋口以外的三边，缝合再整理缝份。

窍门 一边确认缝份是否已经折叠在一起，一边进行整理。

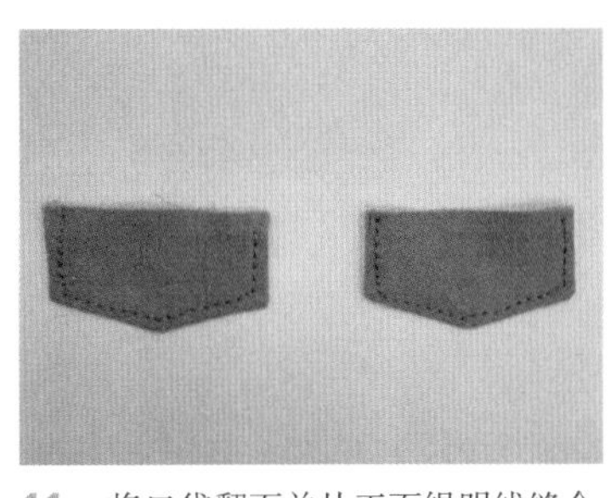

11 将口袋翻面并从正面缉明线缝合。

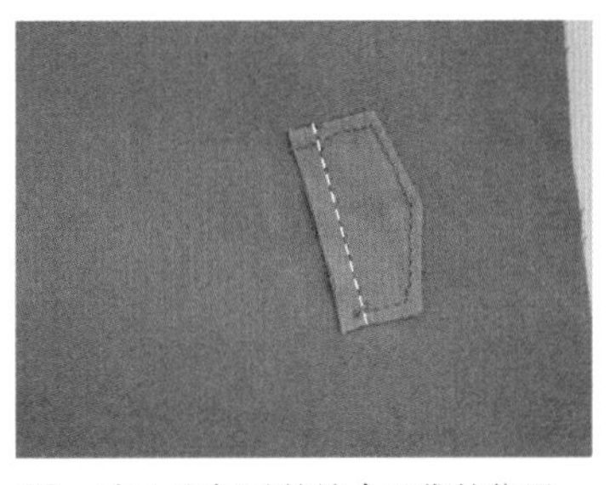

12 在上衣标示的缝合口袋的位置，将口袋反面朝上并缝在衣片上。

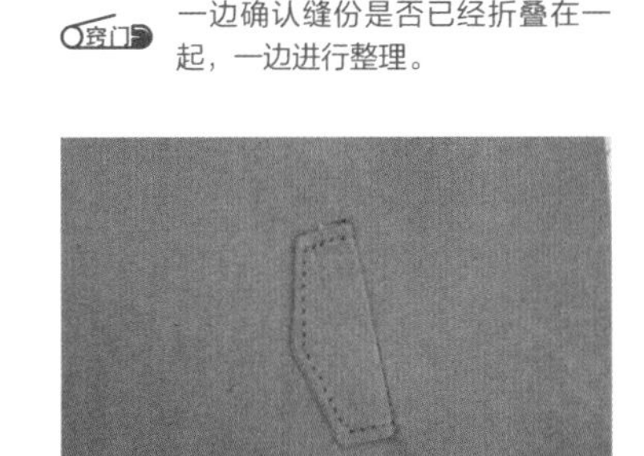

13 将口袋向前翻折并烫平。

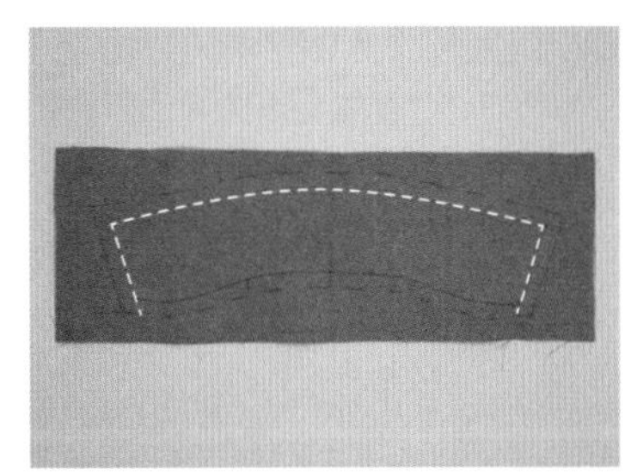

14 2片领片剪裁时旁边预留一些缝量。将领片正面相对并缝合除领口外的三边，然后沿缝份线修剪。

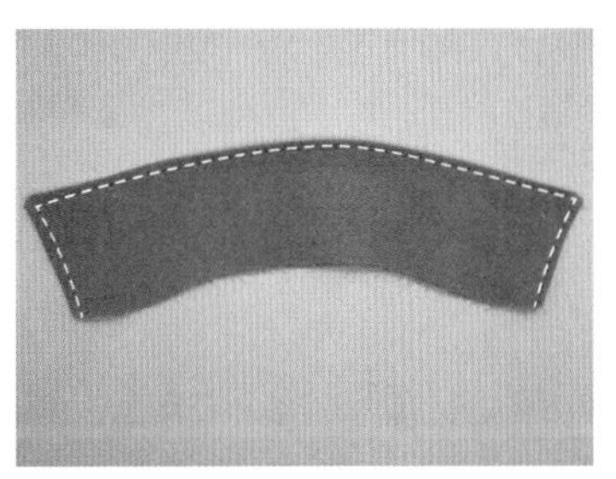

15 将缝份棱角剪掉并剪开弧线部分的缝份，然后将领子翻面，从正面沿边缘缉明线缝合。

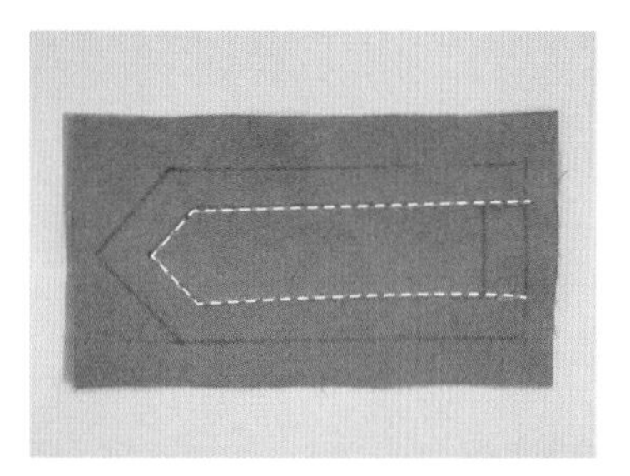

16　2条袖襻片同样在裁剪时预留一些缝量。将袖襻片正面相对并缝合三边，然后沿缝份线修剪。

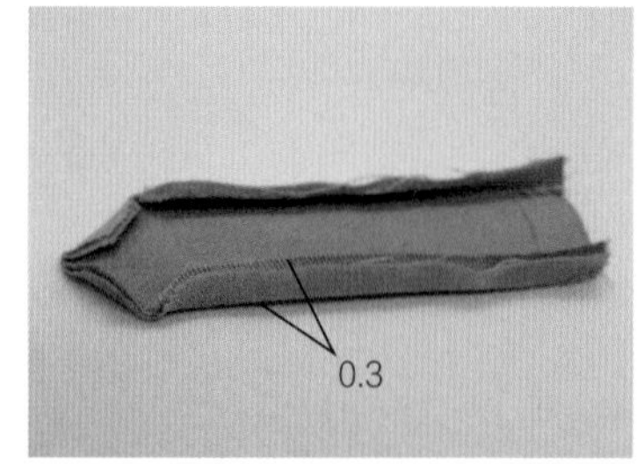

17　只留下0.3cm的缝份，并修剪缝份折叠在一起的部分。

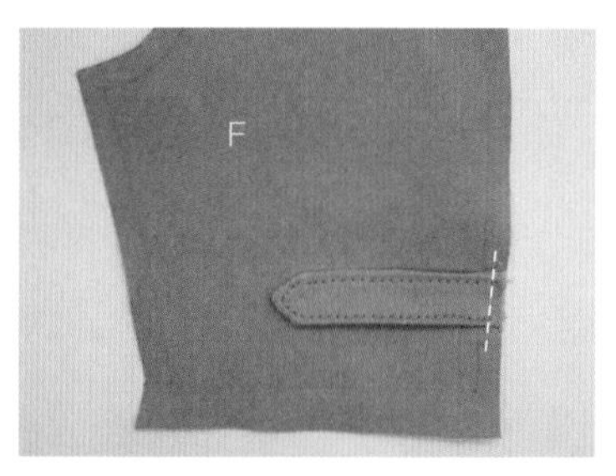

18　用翻里钳将袖襻翻面后从正面沿边缘缉明线，然后临时固定在袖子前片（F）的缝份上。

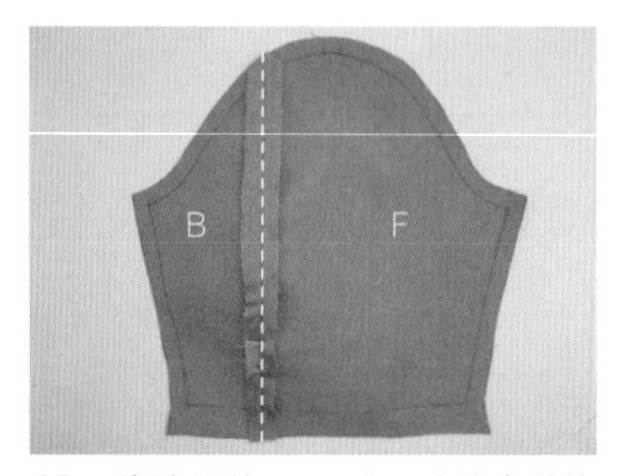

19　将袖子前(F)、后(B)片缝合并将缝份分开。

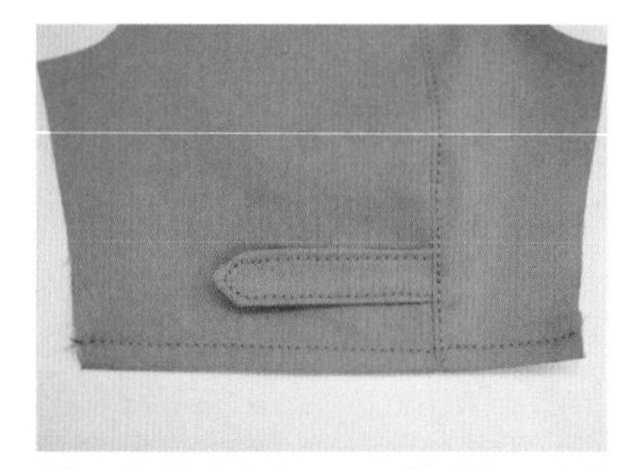

20　从袖子后片(B)正面缉明线，再将袖口缝份向内折并缝合。

21　在袖山缝份进行平针缝，把线抽紧并将袖子做出均匀的缩缝。

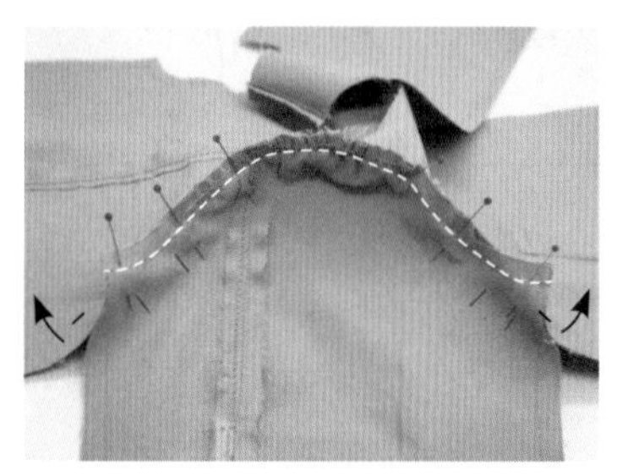

22　区分袖子的前、后片并缝合在衣片上。剪开腋下缝份。

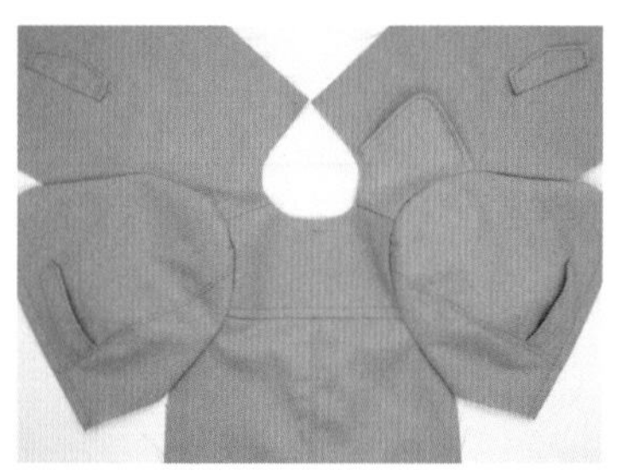

23　将两边袖子都缝在衣服上，然后将缝份朝上衣方向折好并烫平。

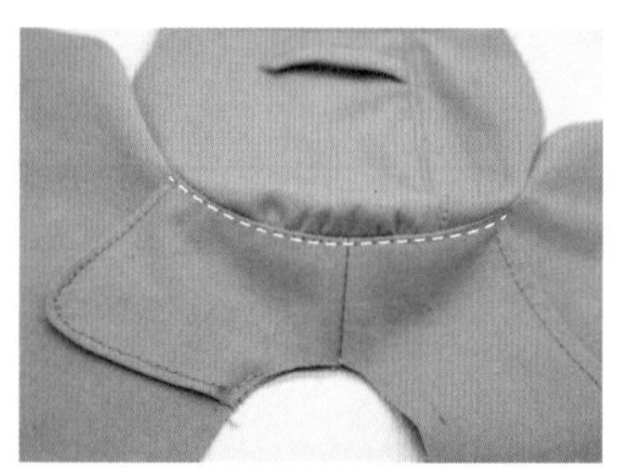

24　在跟衣片、袖子连接的枪挡和背部防风片的正面缉明线，将缝份固定。

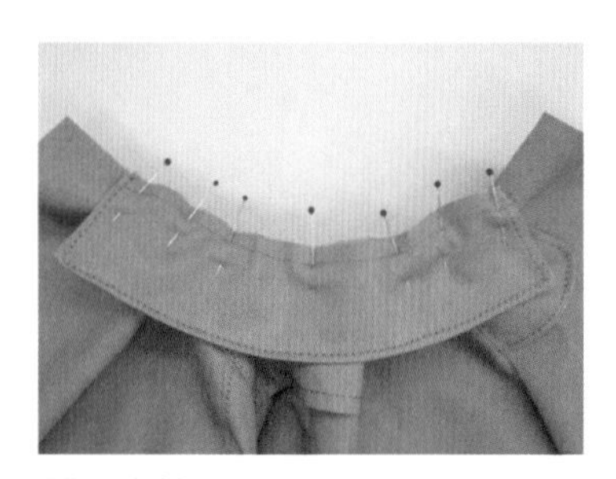

25　在做好的领子上标示出完成线、后片中心线和侧颈点，确定领子的缝合位置，用珠针固定后进行疏缝。

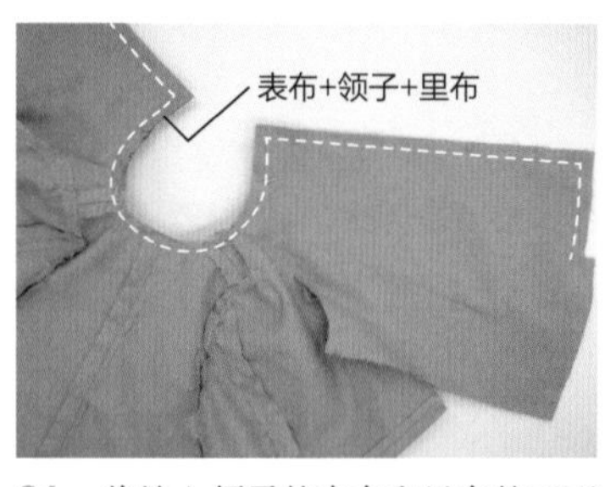

26　将缝上领子的表布和里布的正面相对，依次缝合前门襟→领口→前门襟。

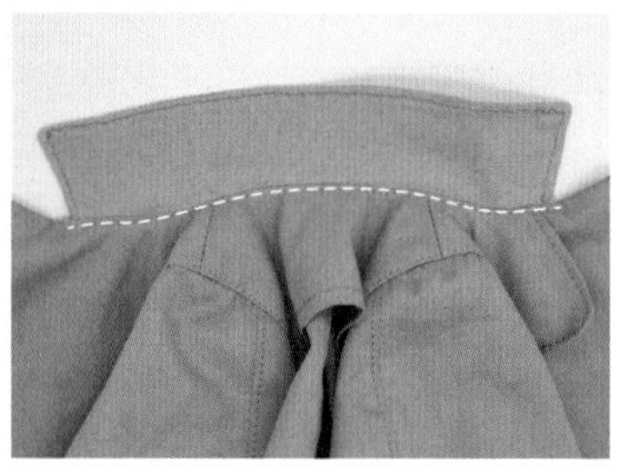

27　用剪刀剪开领口弧线部分的缝份，并将领口顶端和底边的棱角缝份剪掉。翻面之后，从正面缉明线缝合。

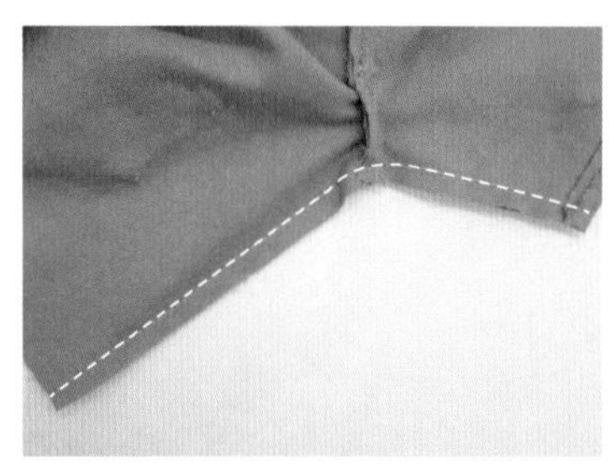

28 侧缝须从表布底边缝到袖子，然后剪开腋下的缝份，再将缝份分开并烫平。

29 同样将里布的侧缝缝合，然后将缝份分开并烫平。

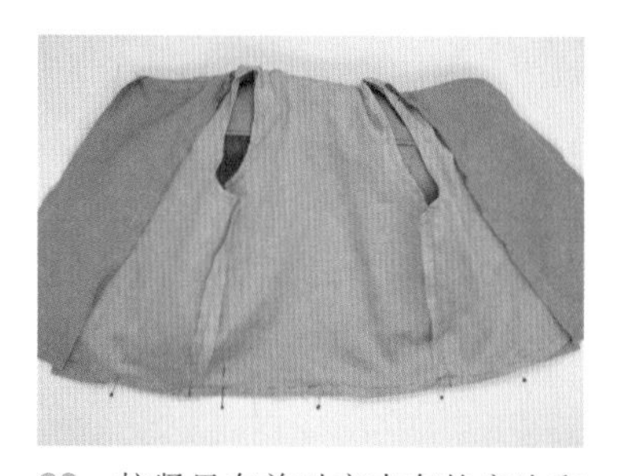

30 拉紧里布并对齐表布的底边和侧缝。

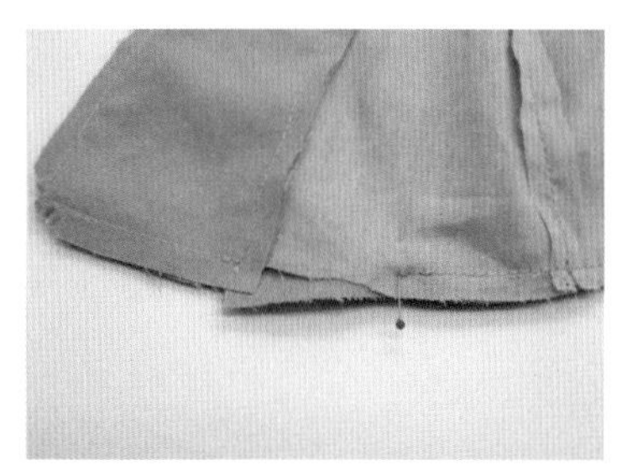

31 从两边的挂面边缘开始预留3cm左右不缝，再将底边缝合。

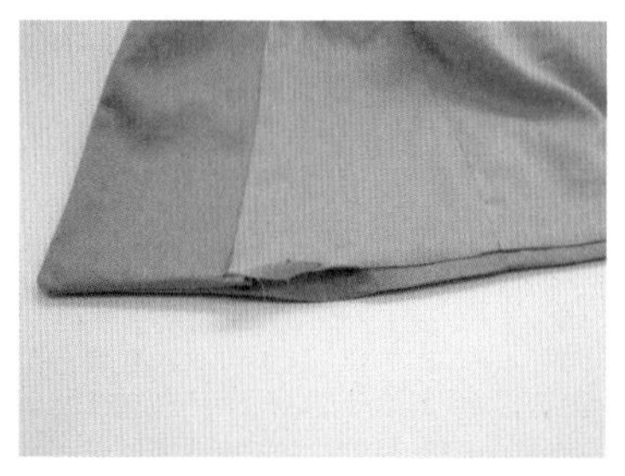

32 从袖窿处翻面，再将两边还没缝合的底边缝份向内折好，用藏针缝进行缝合。

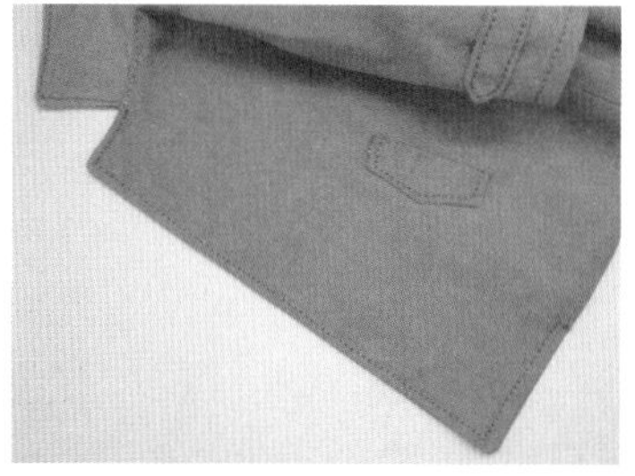

33 从正面缉明线，从领子的前端缝到内贴边线。

34 将腰带四边的缝份折好并烫平，然后再对折。

35 从正面缉明线，完成腰带。

36 将子母扣缝在前门襟，纽扣缝在口袋、袖口、前门襟以及枪挡上，风衣完成。

01

袜子

材料 表布25cm×15cm

※布料边缘用锁边液处理

※**实物等大**纸样p. 249

制作板型

袜口缝份为1cm，其他缝份均为0.5cm。

1 因为板型是以对折线符号（◎，对折的状态）来绘制，所以都以1/2图长（宽）来进行制图。

2 考虑到布料的拉伸量，所以缩小板型。由于每种布料的弹性不同，必须在疏缝之后找出适当的放松量。这里是减掉0.4~0.5cm。

3 也可以用原来的长度绘制板型或根据布料拉伸的程度缩短。

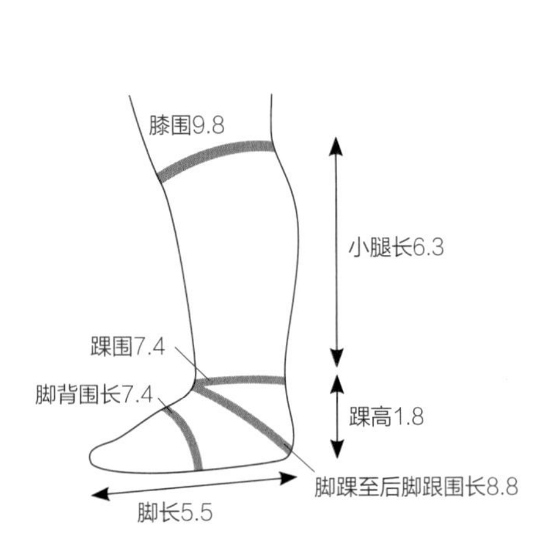

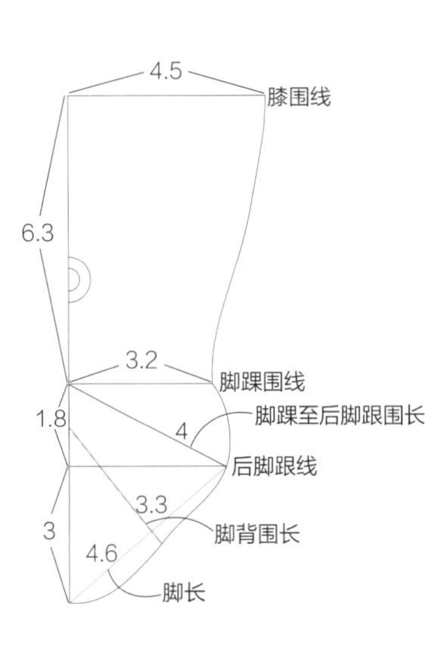

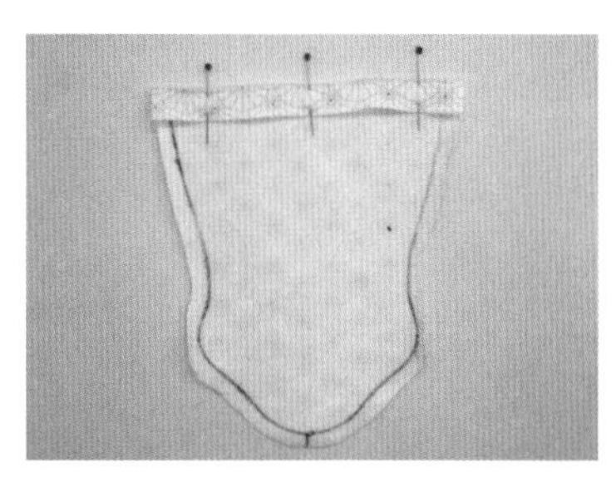

1 将袜口缝份向内折并烫平。

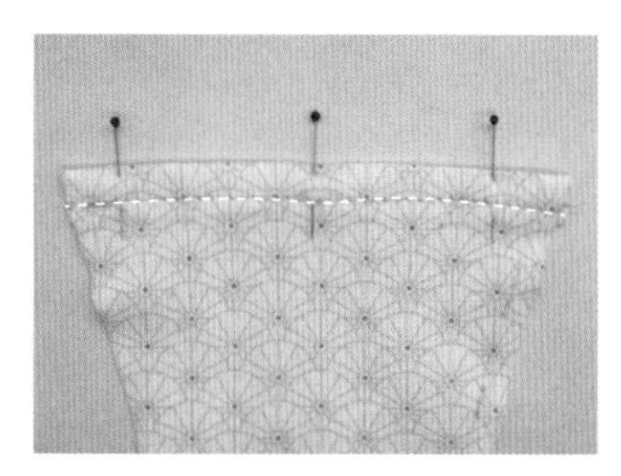

2 从正面缉明线，固定缝份。

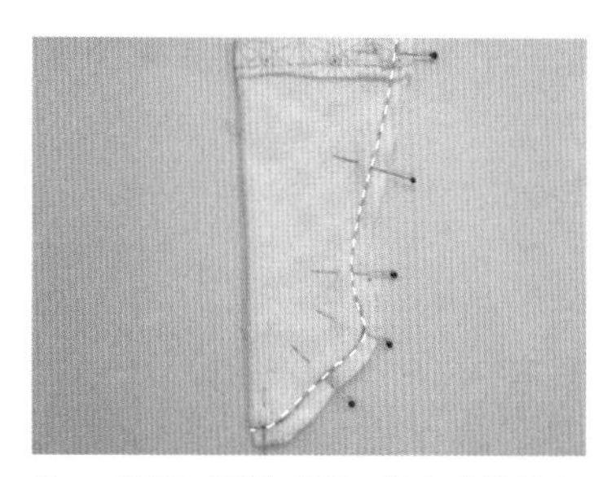

3 将反面朝外对折，沿完成线缝合。

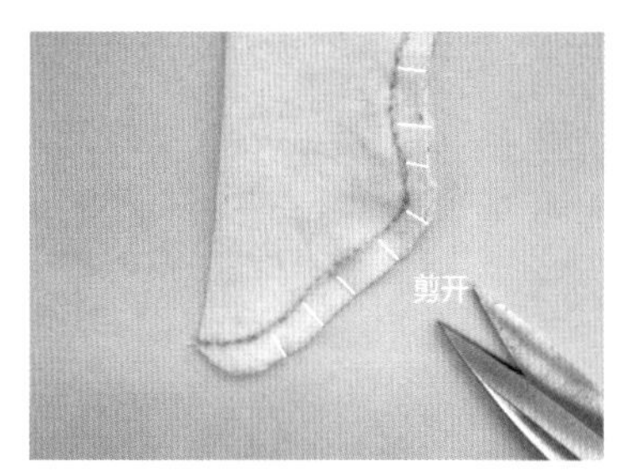

4 剪开弧线部分的缝份。

窍门 如果布料像蕾丝一样薄的话，可以省略这一步。

5 将脚踝上方的缝份分开并烫平。

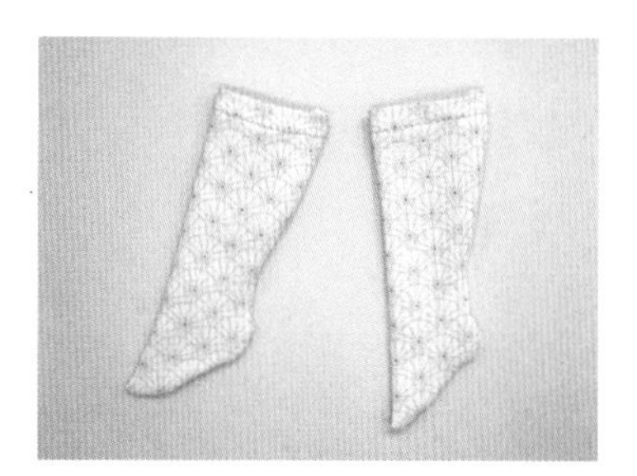

6 翻面，袜子完成。

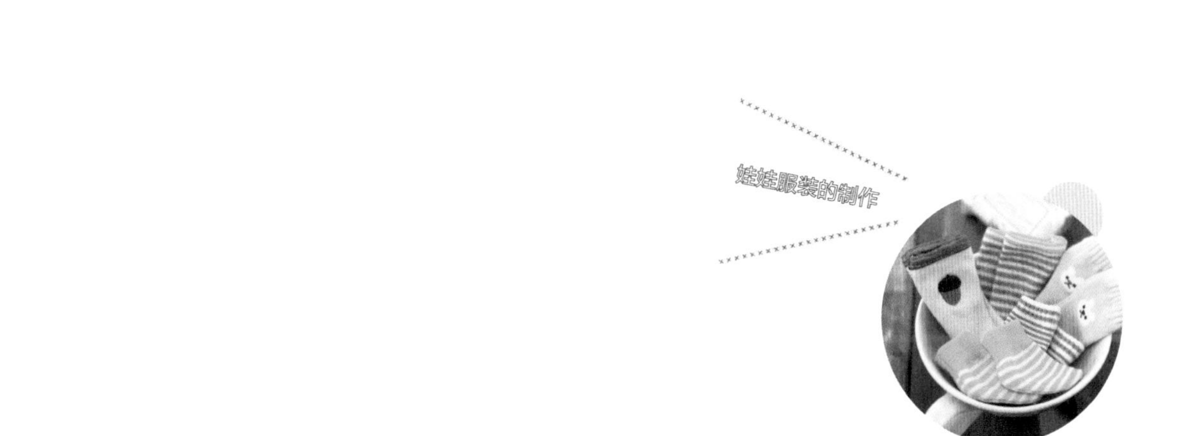

02
斜挎包

材料 表布25cm×10cm、配色布10cm×10cm、里布25cm×20cm、背带27cm、子母扣1对、胸针1个

※布料边缘用锁边液处理

※**实物等大**纸样p. 249

制作板型

全部缝份均为0.5cm。

1 确定斜挎包翻盖的长和宽，画出想要的形状。

2 确定斜挎包包身的长和宽，画出想要的形状，为了呈现出包底的立体感，需要加入锥形省。

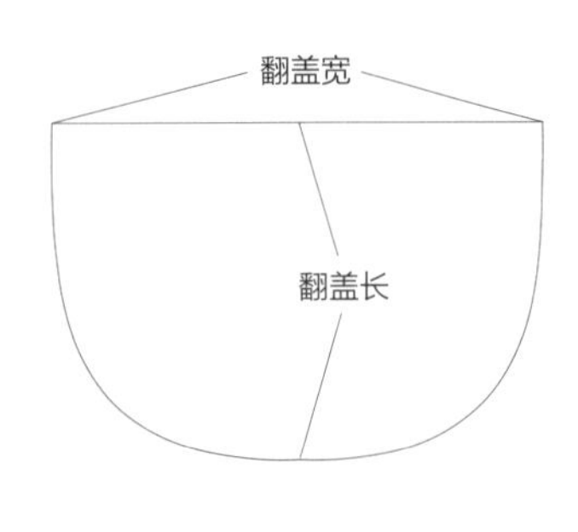

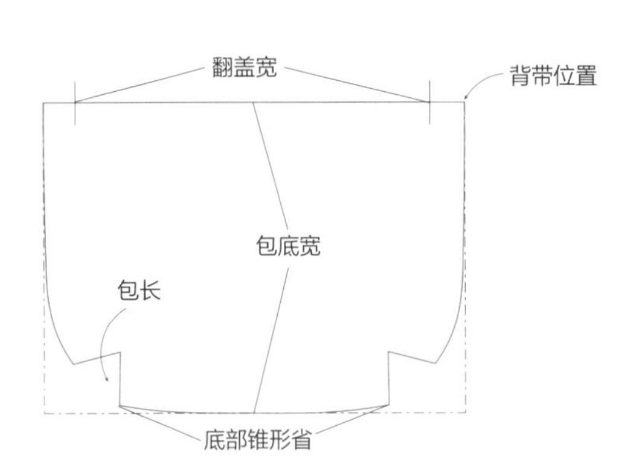

1 将2片表布的正面相对并沿着两侧下方缝合。将缝份只留0.3cm。

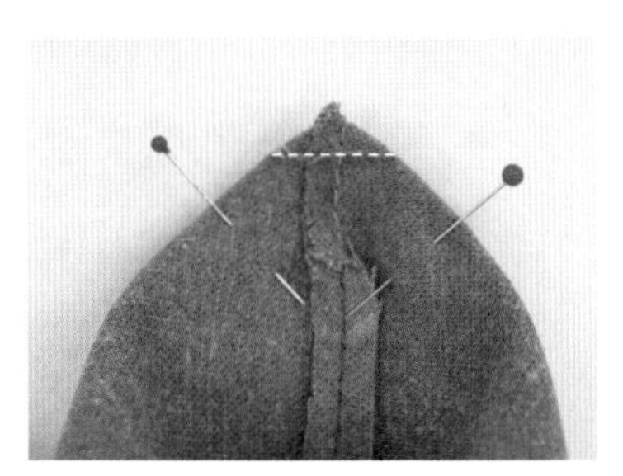

2 两边缝上锥形省，将其他部分的缝份分开后翻面。

3 将翻盖的表布和里布正面相对，固定后沿两侧下方缝合。将弧线部分缝份剪口，然后翻面并烫平。

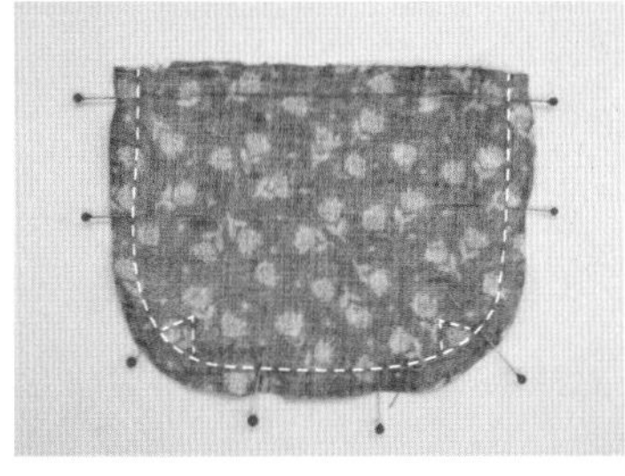

4 将2片里布的正面相对并沿两侧下方缝合。

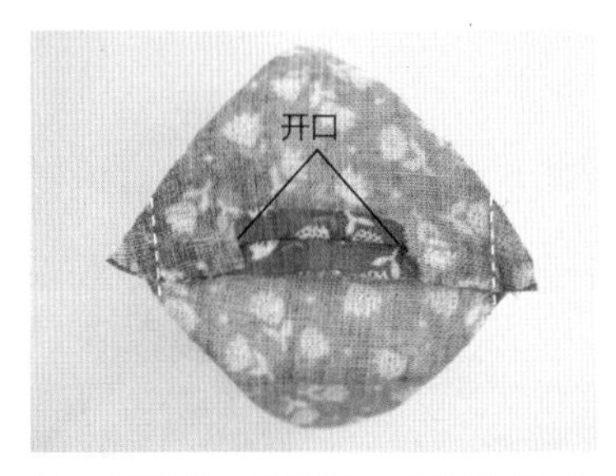

5 两边缝上锥形省。用剪刀剪出开口处，并将缝份分开。

6 将翻盖正面与包身表布后片相对，缝合缝份部分，用珠针固定。

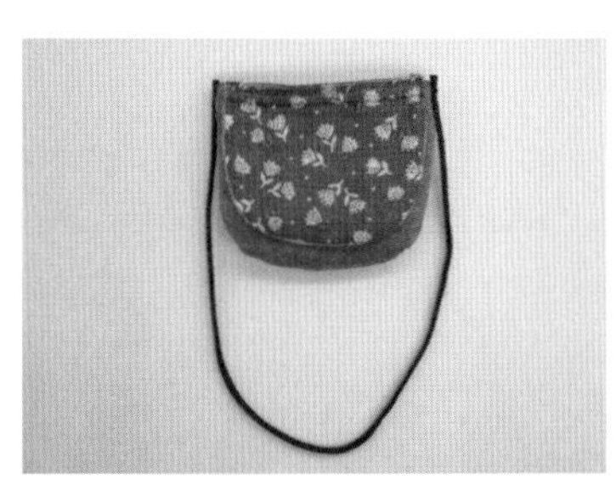

7 准备1条包含缝份长27cm的背带，临时固定在包身表布两边的缝份上。

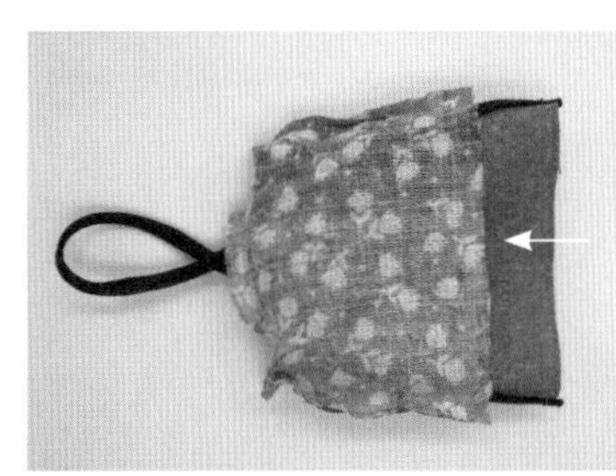

8 为了将表布和里布的正面相对，须将表布塞到里布内。将表布上的背带从里布的开口处拉出来。

9 对齐包身表布、里布的位置，固定后沿着包口处缝合。

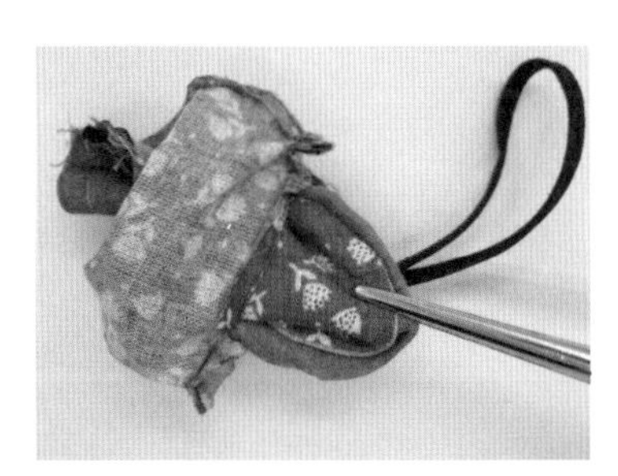

10 从里布的开口处翻面，然后将开口用藏针缝缝合。

11 把里布放进包包里，沿包口缉明线缝合。

12 将子母扣缝在翻盖和包身上，并在翻盖正面中间别上胸针，斜挎包完成。

03

系带软帽

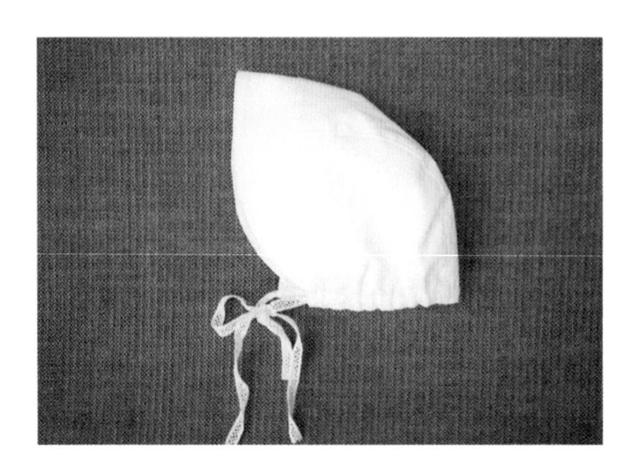

材料 表布40cm×30cm、里布40cm×30cm、蕾丝带70cm

※布料边缘用锁边液处理

※**实物等大**纸样p. 255

制作板型

全部缝份均为0.5cm。

1 将连身帽原型（p. 80~85）缩小到只需包住脸部的长度，将后片中心线的弧度画得平缓一点。

2 画出想要的系带软帽的款式。

3 在系带软帽上加入分割线并将后片中心线变形。参考p. 84制图，短边长度保持不变，沿长边折叠使之形成直线，然后添加对折线符号（◎，对折的标记）。

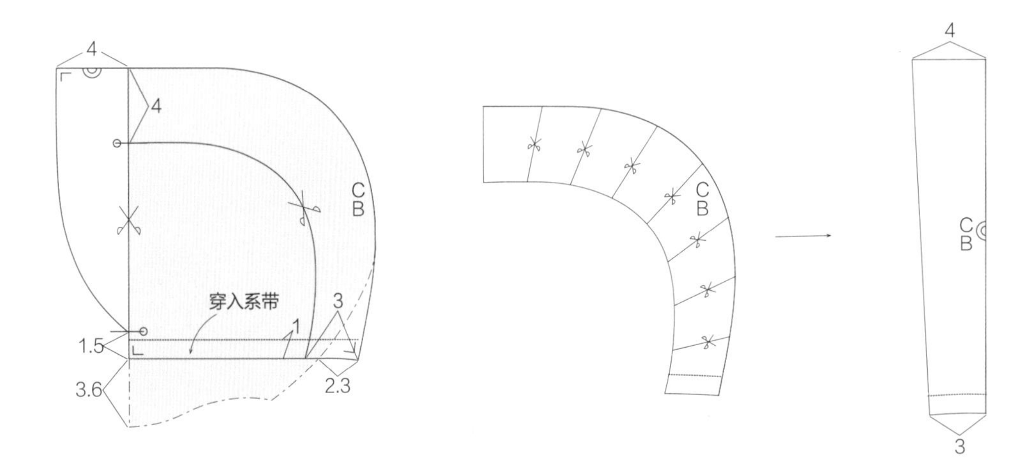

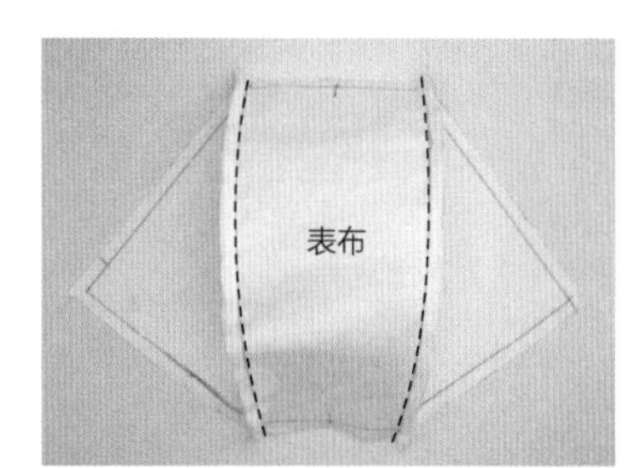

1 将3片系带软帽表布的正面分别相对并缝合。

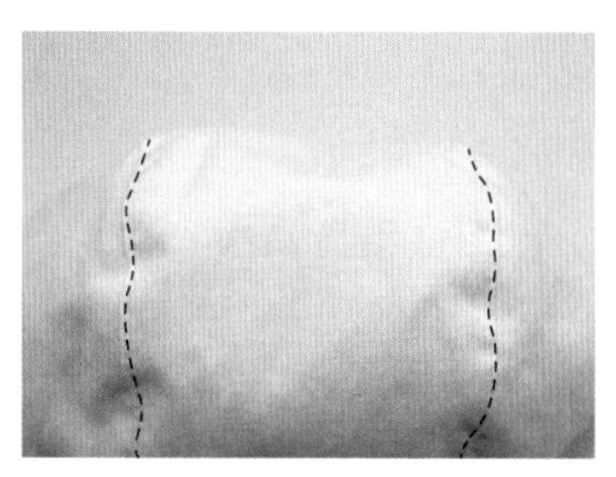

2 将曲线部分的缝份剪开，将缝份向中间倒并烫平，然后从正面缉明线固定缝份。

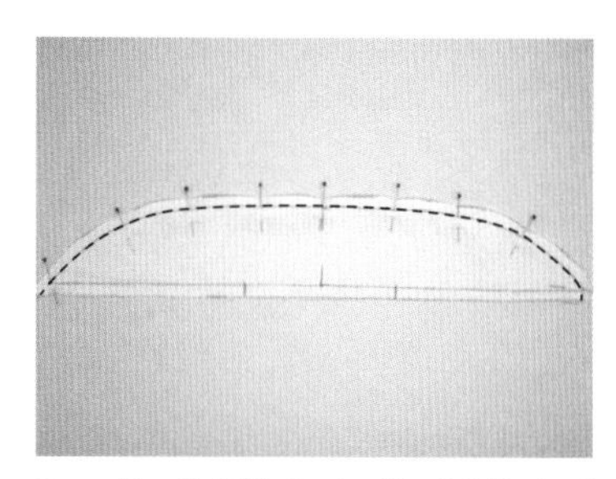

3 将2片帽檐的正面相对并缝合弧线部分。

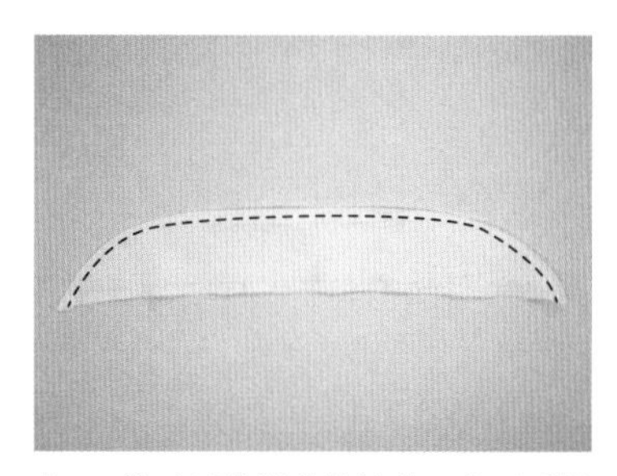

4 剪开弧线部分的缝份，翻面后沿边缘缉明线。

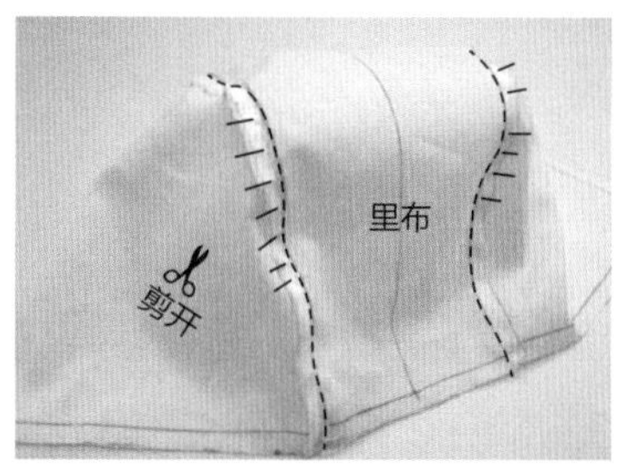

5 将3片系带软帽里布的正面相对并缝合，剪开缝份。为了不要和表布的缝份重叠，需将缝份向外倒并烫平。

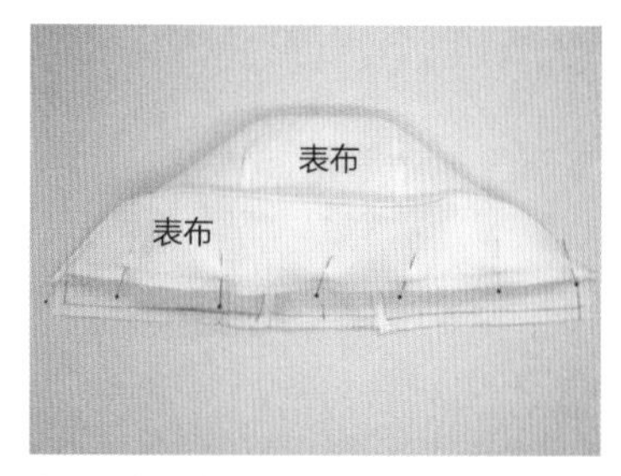

6 将帽檐放在系带软帽的表布上，用珠针固定位置。

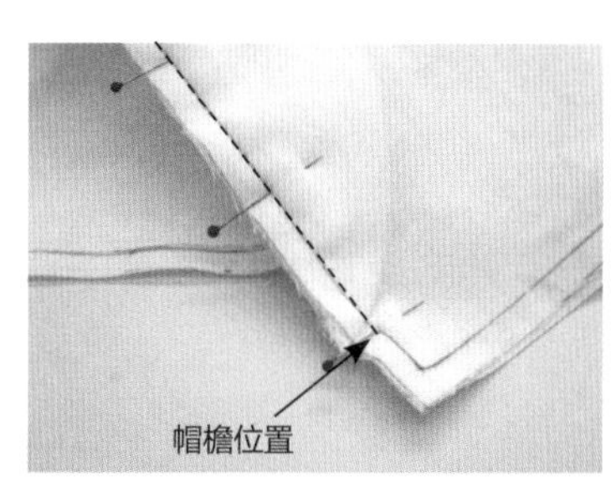

7 将里布的正面与已叠放帽檐的表布正面相对，用珠针固定后，只缝合有帽檐的部分。

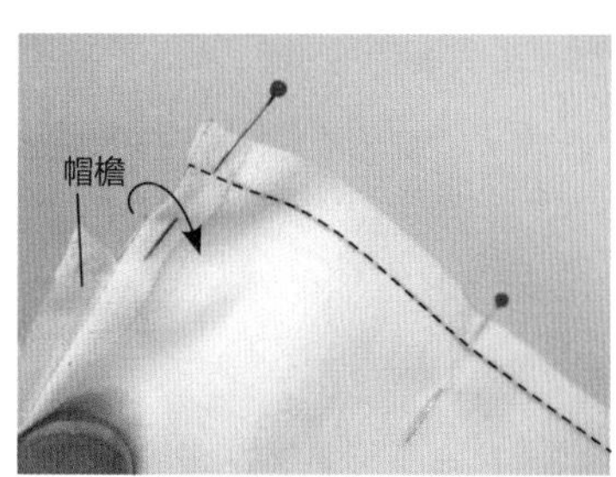

8 在缝合下摆之前，除了帽檐的缝份，里布和表布的缝份均相互朝反方向倒。

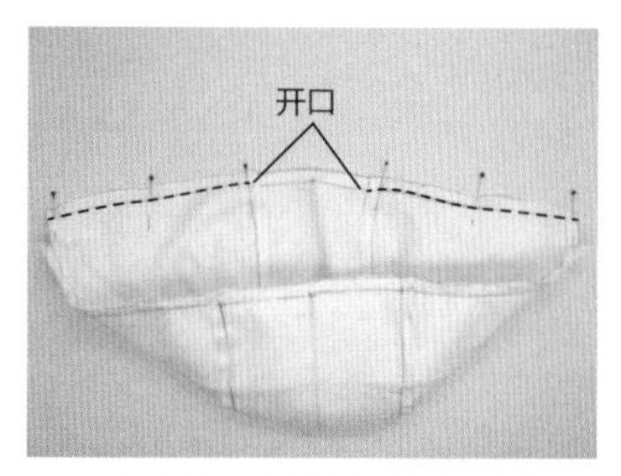

9 在后片中心线留下开口，然后缝合下摆。

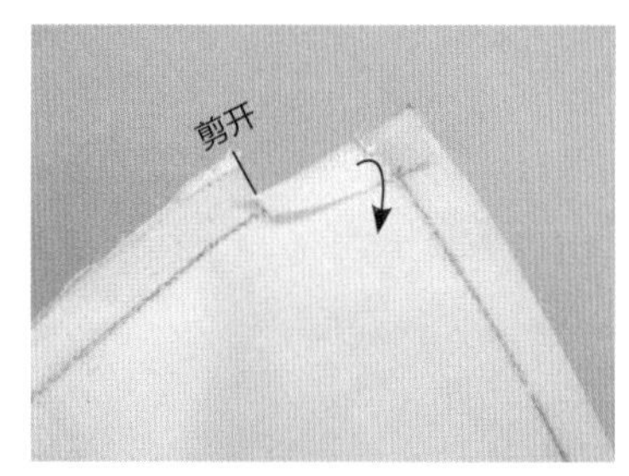

10 配合帽檐的缝份剪开里布和表布的缝份。

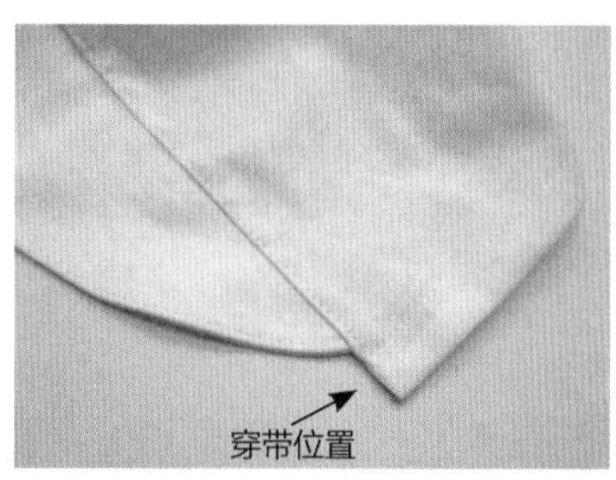

11 从开口处翻面，然后再用藏针缝缝合开口。先在下摆处留1cm宽的穿带位，再沿软帽的外轮廓缉明线缝合。

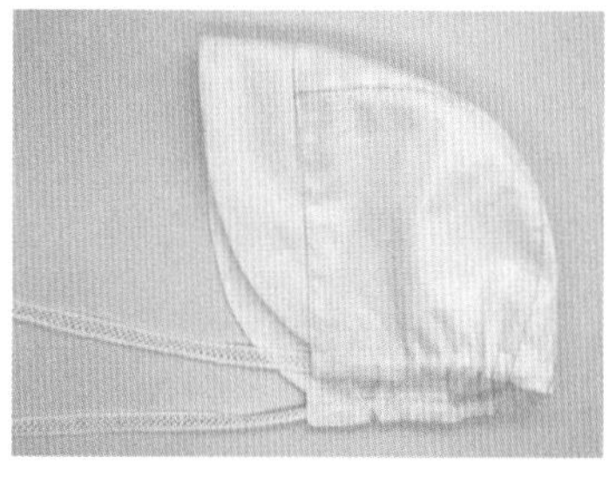

12 将蕾丝穿过穿带位，系带软帽完成。

04
围裙

材料 表布30cm×20cm、蕾丝带110cm

※布料边缘用锁边液处理

※**实物等大**纸样p. 232

制作板型

全部缝份均为0.5cm。

1 将上衣原型的衣长延长，画出想要的围裙款式。

2 画出前口袋并标出口袋缝合的位置。

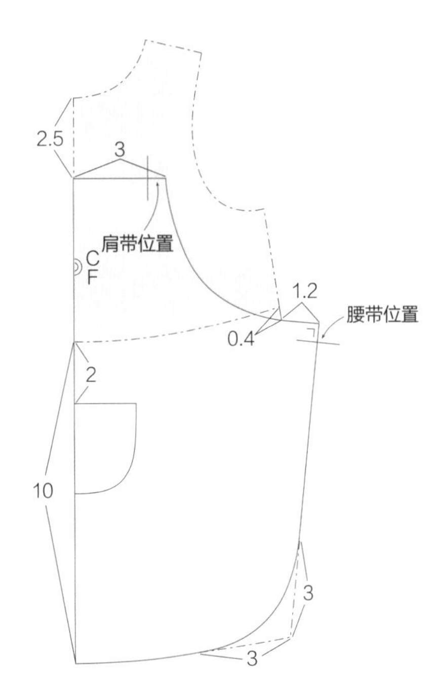

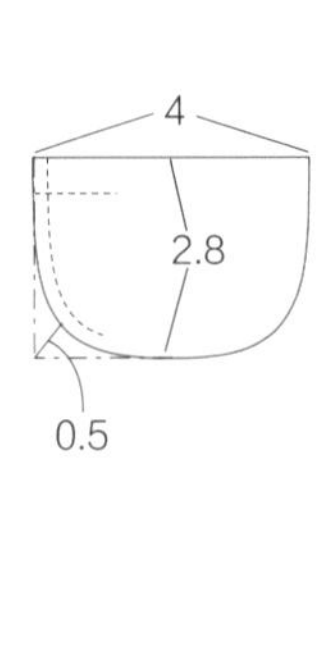

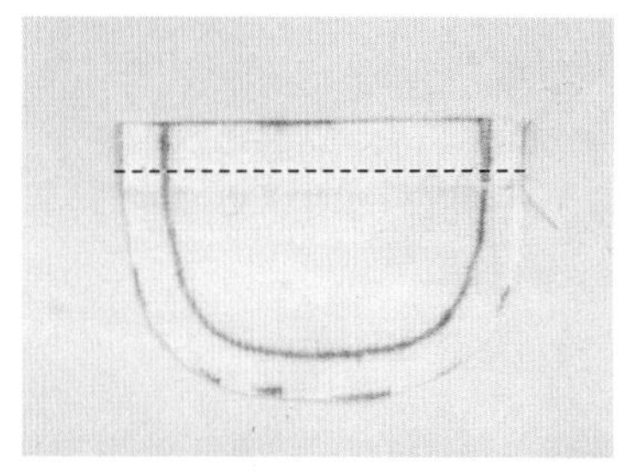

1 将袋口的缝份向内折并烫平，然后缉明线缝合。

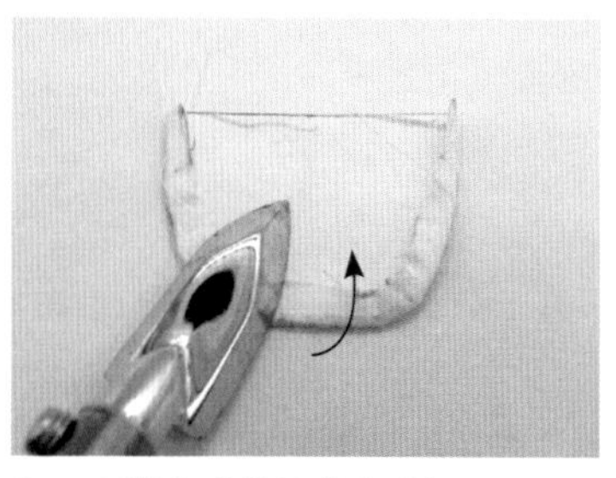

2 弧线部分的缝份先进行平针缝，再将板型放在里面，拉紧线调整口袋形状并烫平。

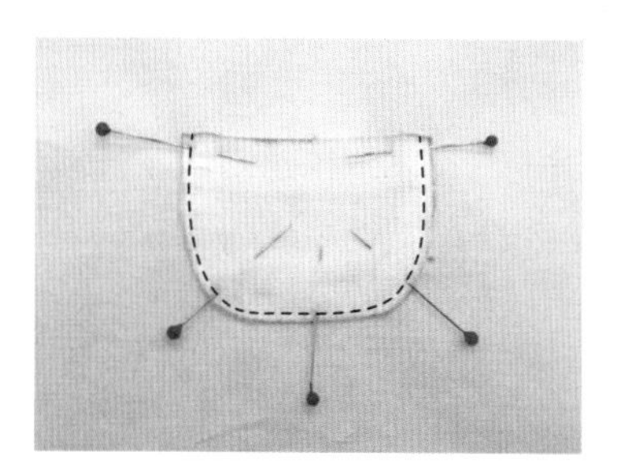

3 将口袋固定在标示的位置上，沿着边缝缝合。

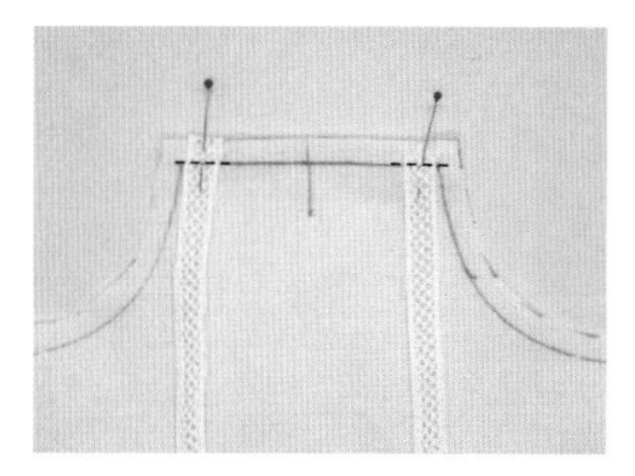

4 准备2条包含缝份长23cm的蕾丝肩带。将蕾丝和围裙的正面相对，并将蕾丝向下垂放，然后固定肩带。

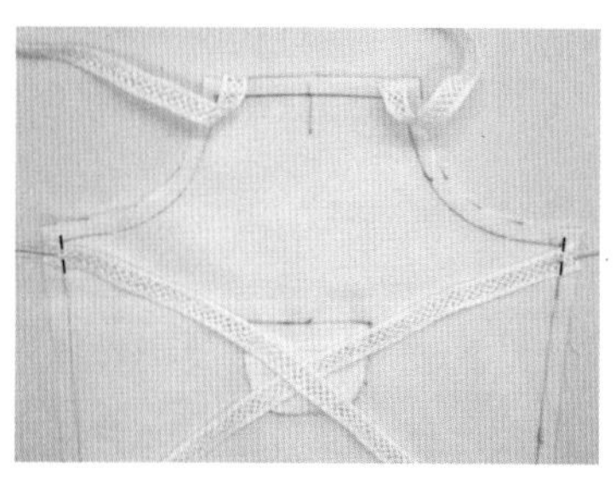

5 准备2条包含缝份长30cm的蕾丝腰带。将蕾丝和围裙的正面相对并将蕾丝向内叠放，然后固定腰带缝份。

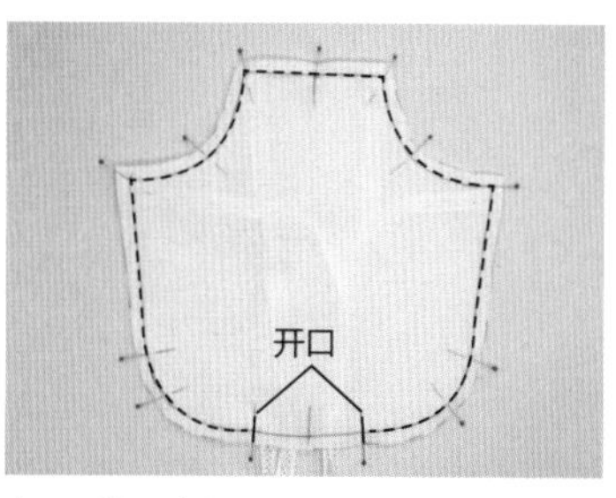

6 将里布的正面和缝上蕾丝的表布正面相对并固定。将肩带和腰带从开口处拉出后，缝合除开口以外的部分。

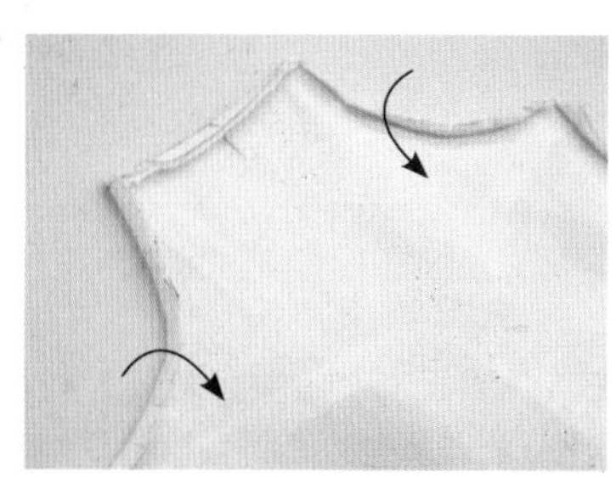

7 将各边缝份的边角剪掉，然后将曲线部分缝份剪开。将曲线的缝份折好并烫平。

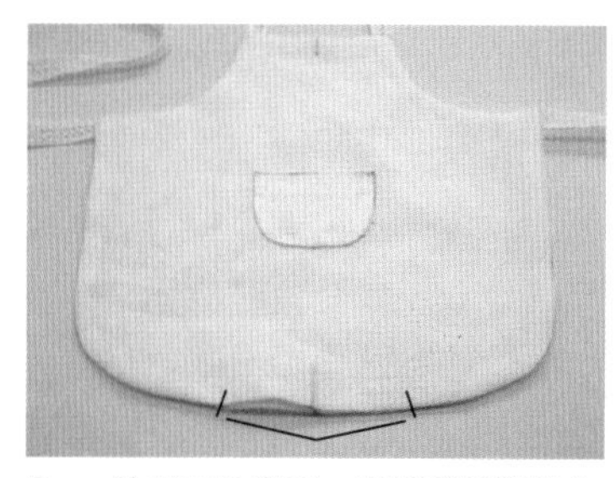

8 从开口处翻面，再用藏针缝缝合。

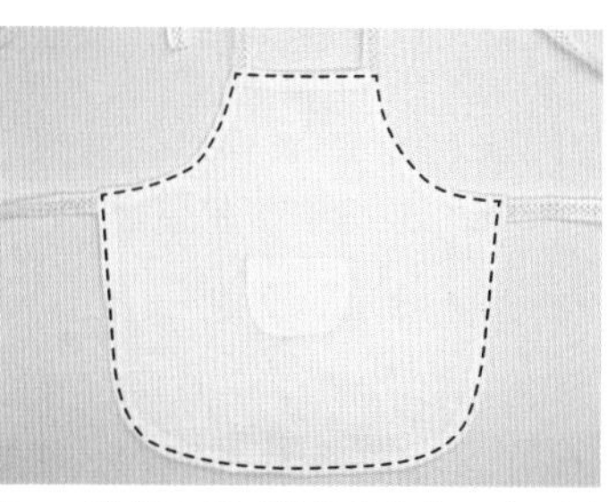

9 沿着边缘再缉明线缝合一次，围裙完成。

W 'N TELL-PHONO VIEWER

实物等大纸样

DESIGN

★ 所有纸样都是实际的尺寸。
但是，大尺寸纸样为了方便刊登省略了重复的部分。
★ 收录的纸样全部都以裁片净量为基准。
详细的缝份尺寸请到该单品的制作页确认。
★ 纸样中所标注的尺寸单位为厘米（cm）。

打褶裙 p.111

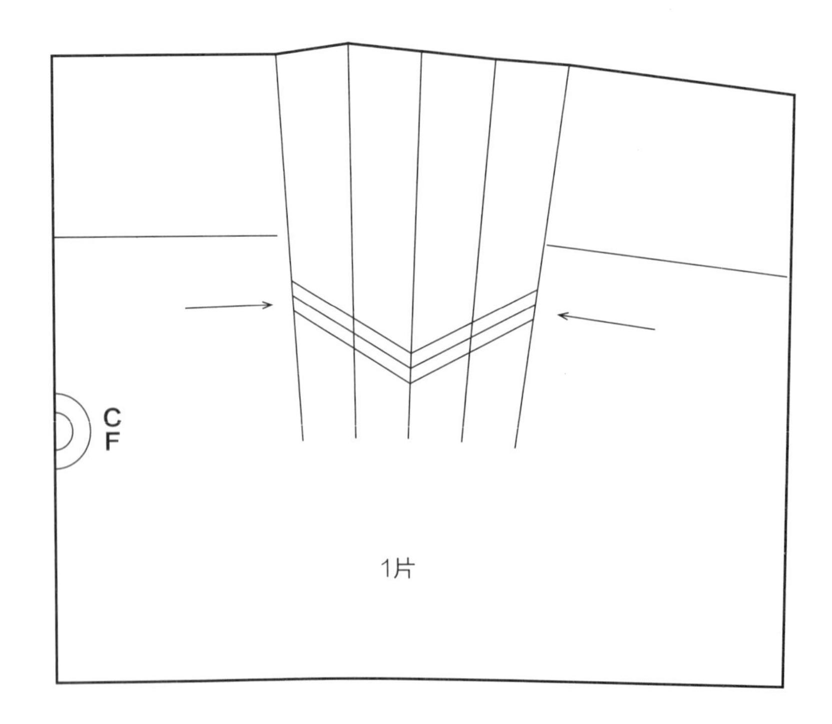

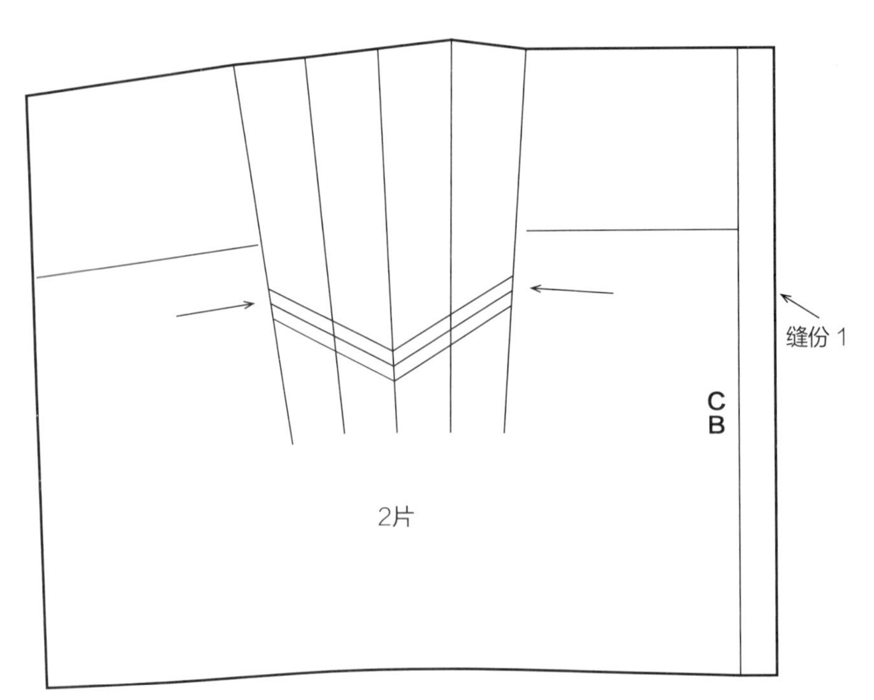

CF SS 腰带 1片 CB

裙子
2

网球裙 p.113

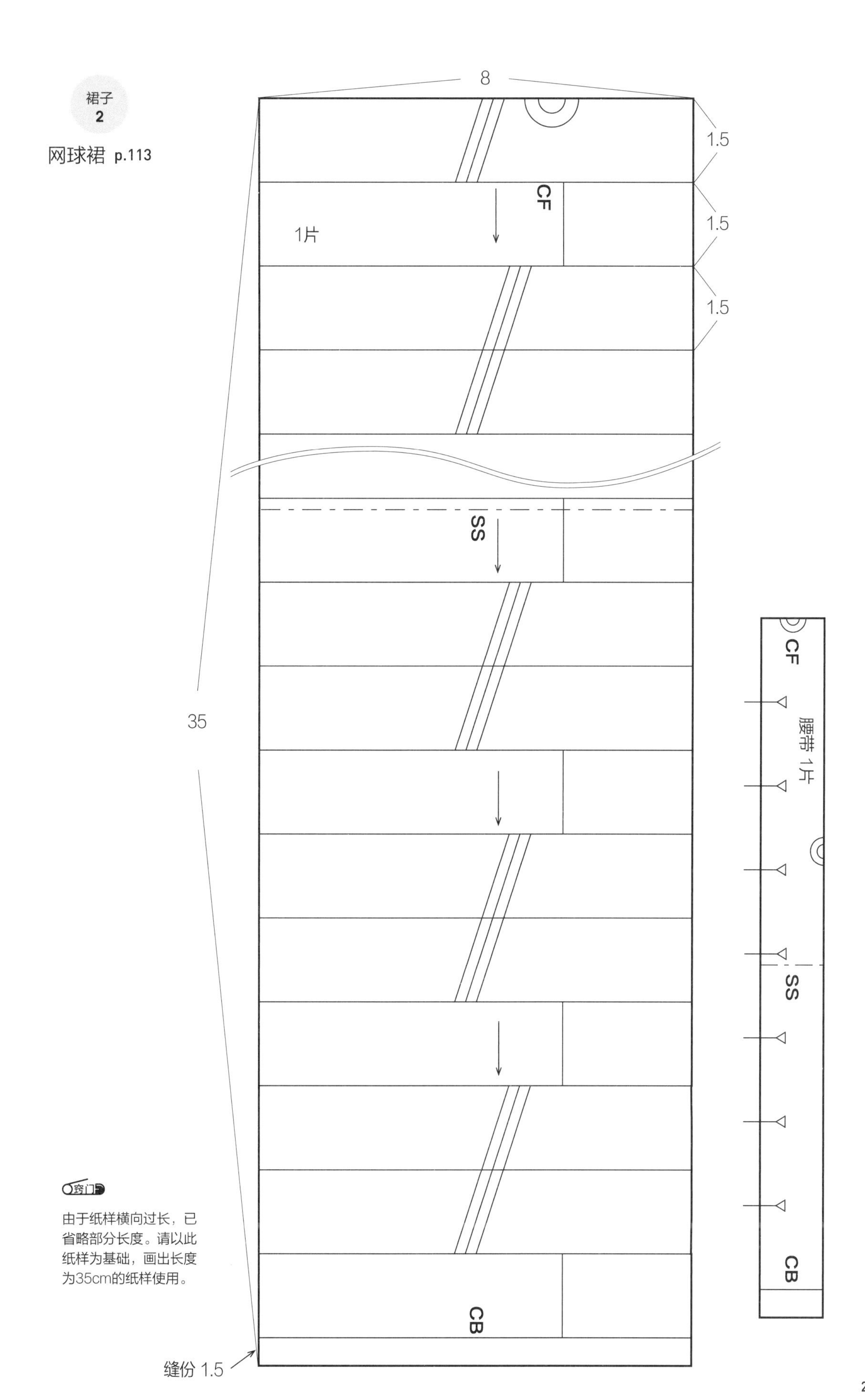

窍门

由于纸样横向过长，已省略部分长度。请以此纸样为基础，画出长度为35cm的纸样使用。

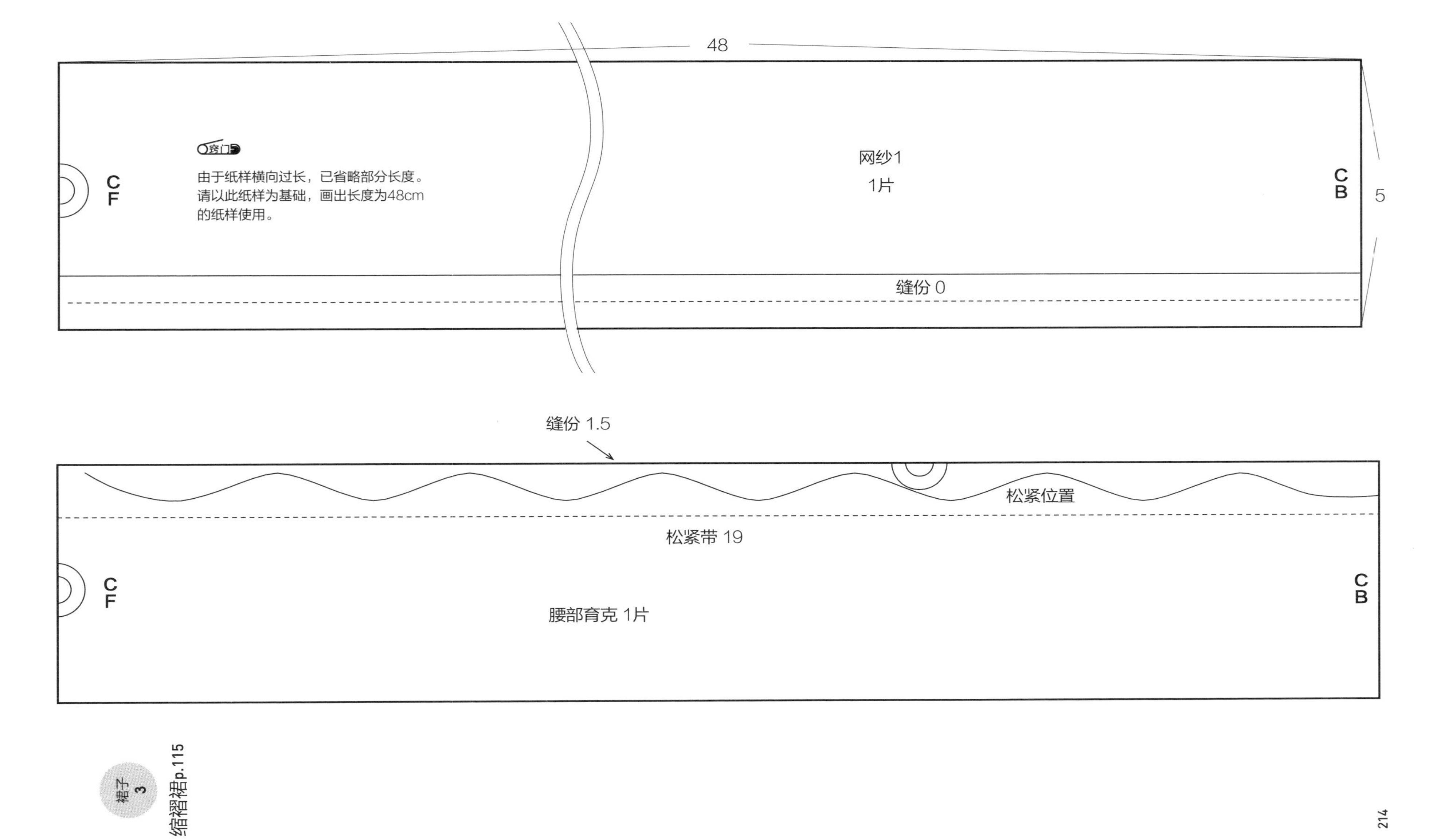

48
窍门
由于纸样横向过长，已省略部分长度。
请以此纸样为基础，画出长度为48cm
的纸样使用。
C F
网纱1
1片
C B
5
缝份 0
缝份 1.5
松紧位置
松紧带 19
C F
腰部育克 1片
C B

裙子
3

缩褶裙p.115

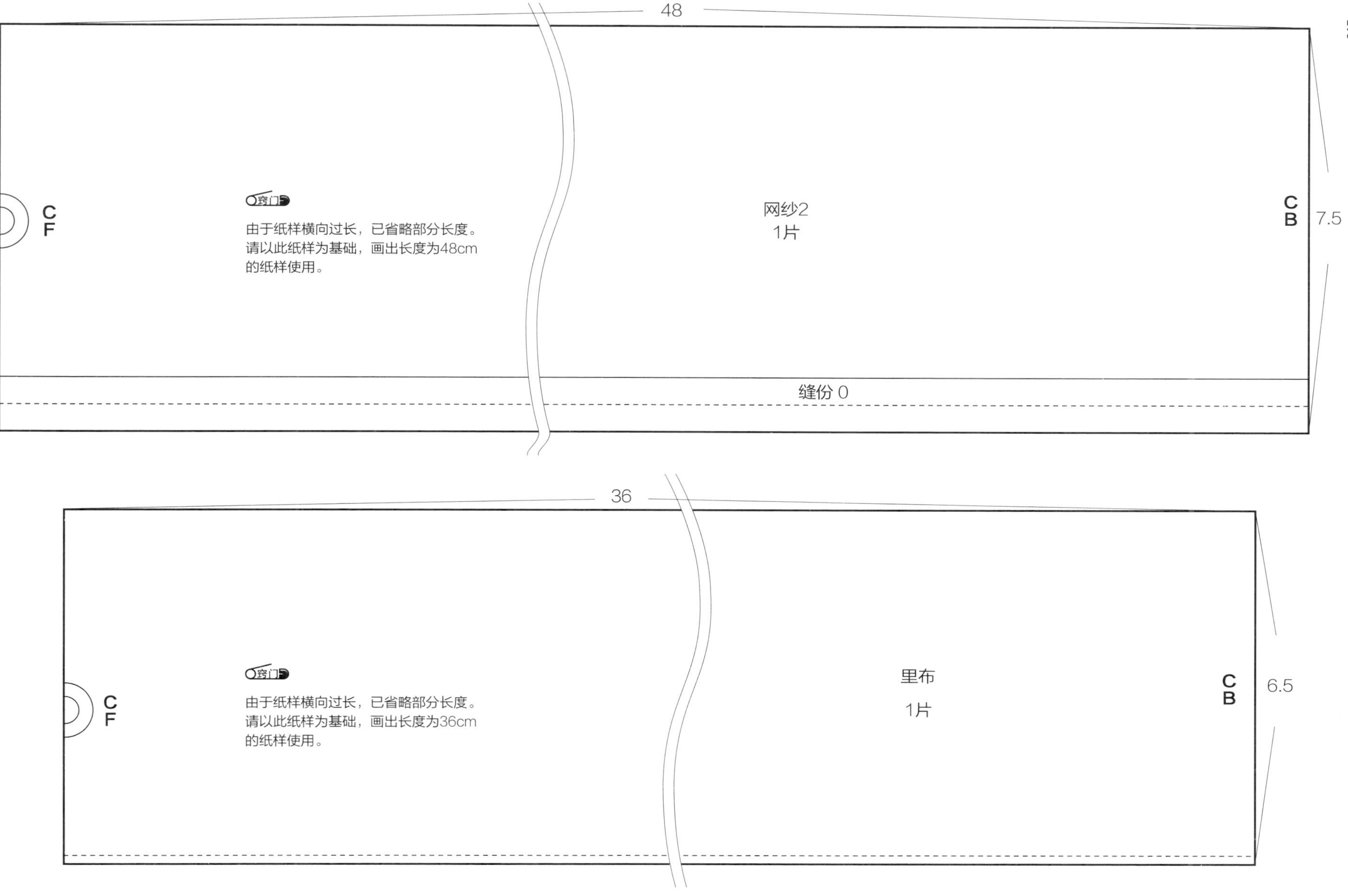
48
C
F
窍门
由于纸样横向过长，已省略部分长度。
请以此纸样为基础，画出长度为48cm
的纸样使用。
网纱2
1片
C
B
7.5
缝份 0
36
C
F
窍门
由于纸样横向过长，已省略部分长度。
请以此纸样为基础，画出长度为36cm
的纸样使用。
里布
1片
C
B
6.5

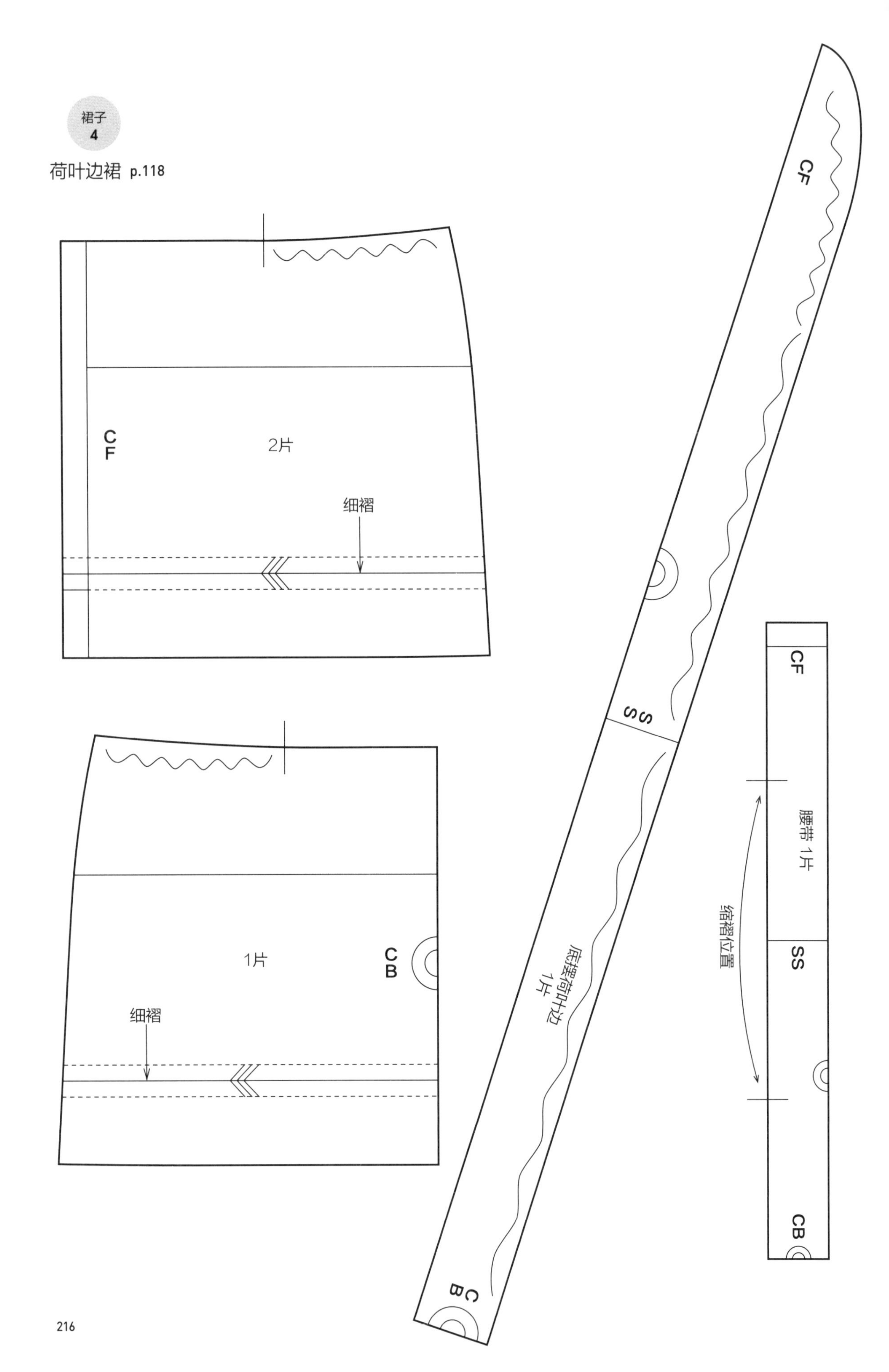

裙子
4
荷叶边裙 p.118
C
F
2片
细褶
1片
CB
细褶
CF
SS
底摆荷叶边
1片
CB
CF
腰带 1片
缩褶位置
SS
CB

灯笼裤 p.121

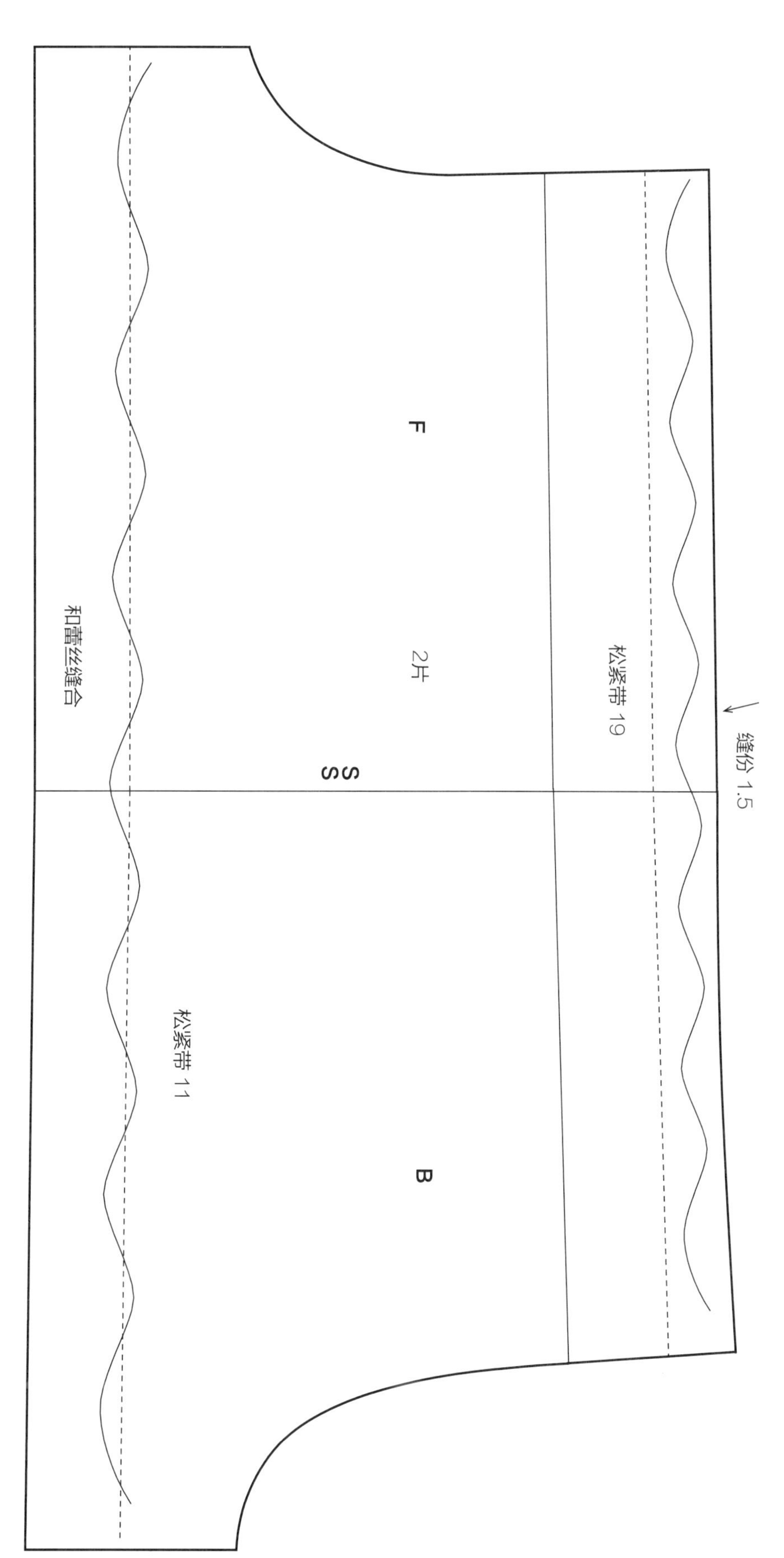

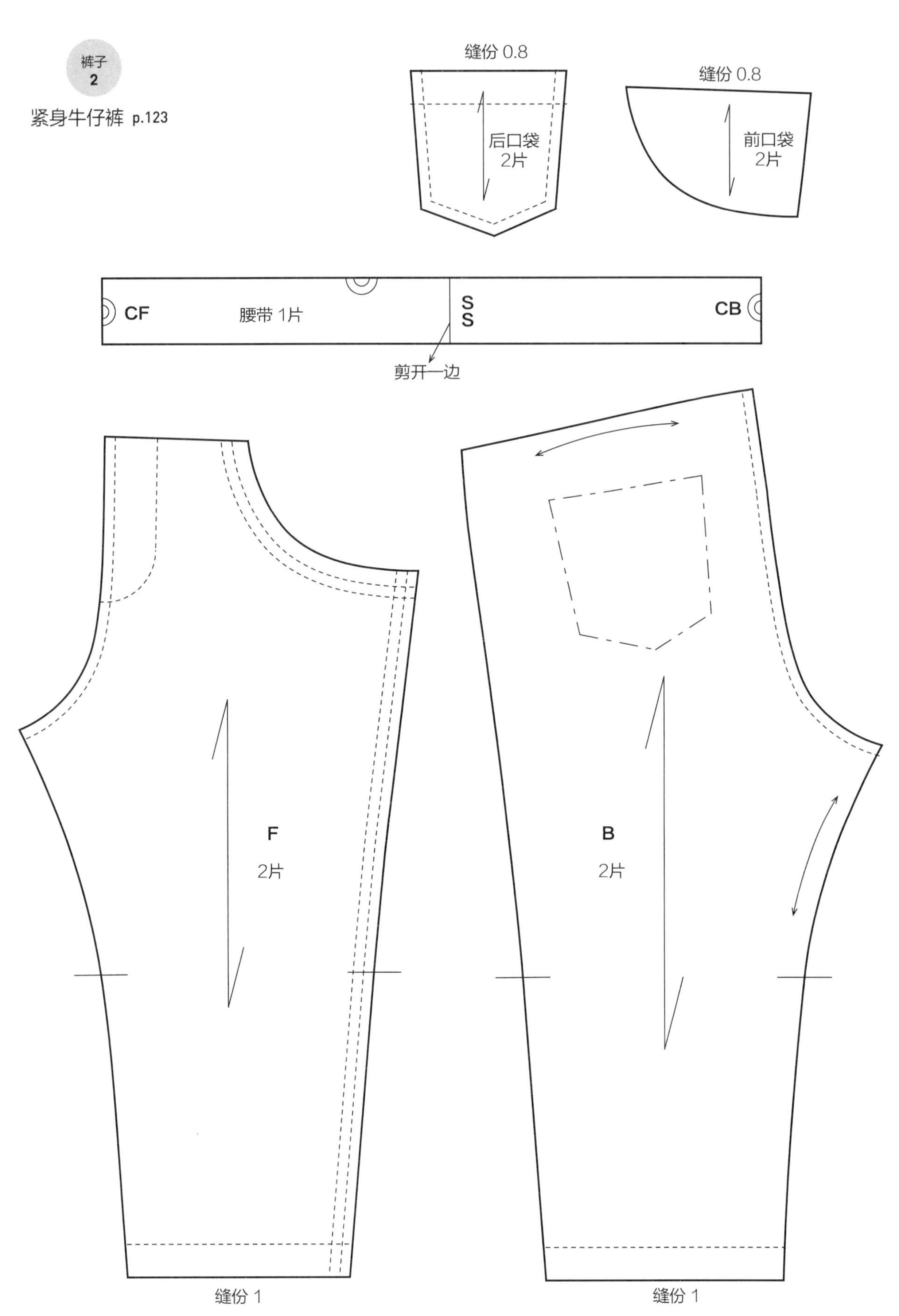
裤子
2
紧身牛仔裤 p.123
缝份 0.8
后口袋
2片
缝份 0.8
前口袋
2片
CF
腰带 1片
S
S
CB
剪开一边
F
2片
B
2片
缝份 1
缝份 1

热裤 p.126

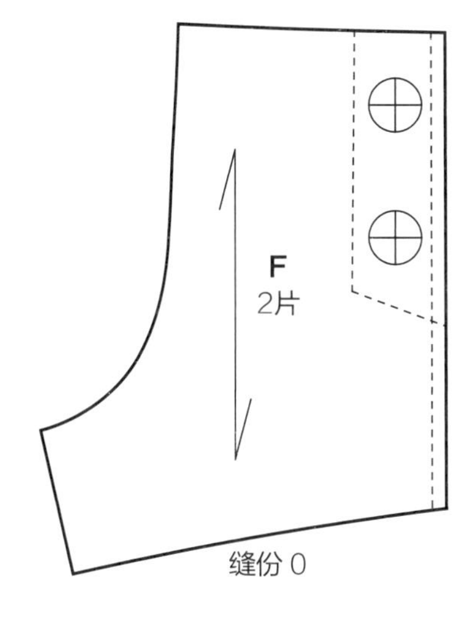

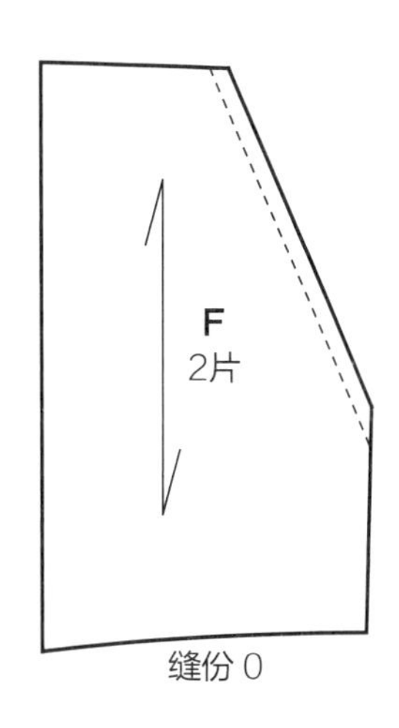

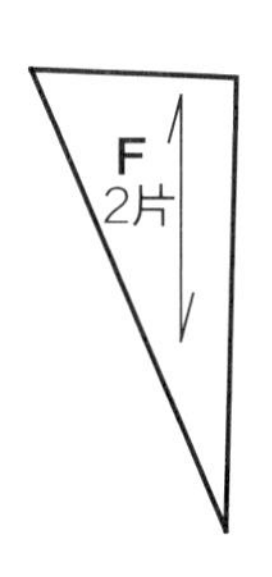

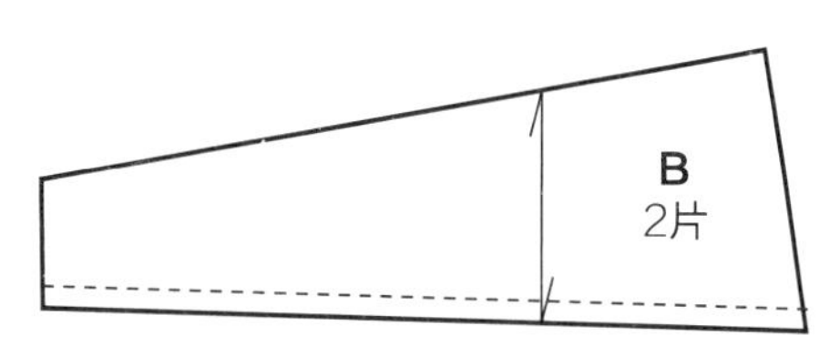

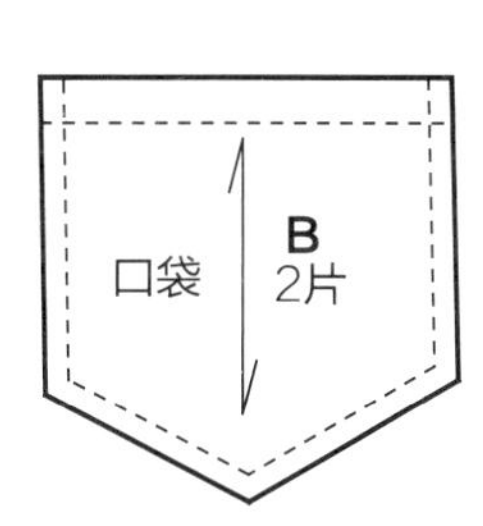

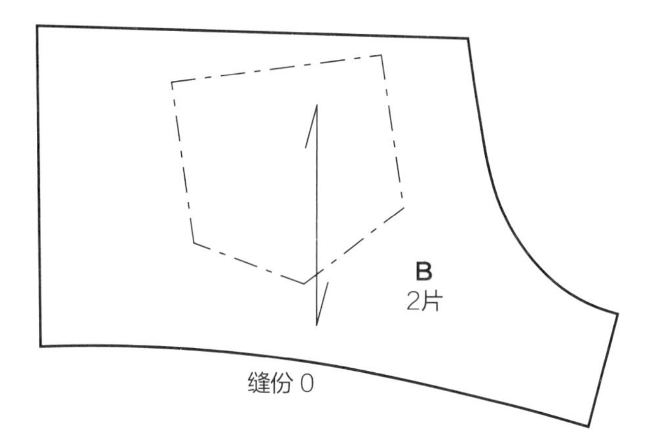

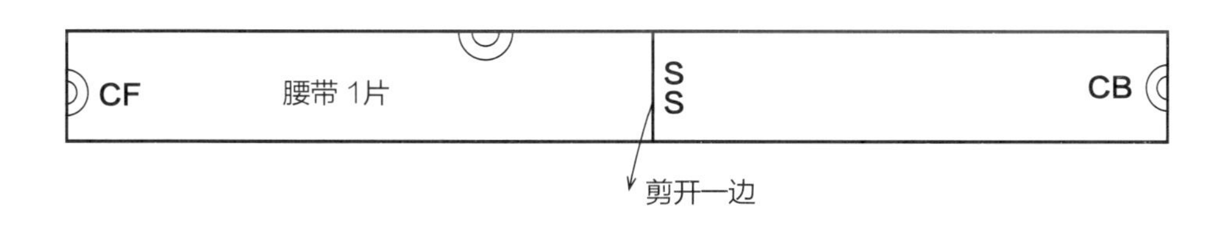

背带裤 p.129

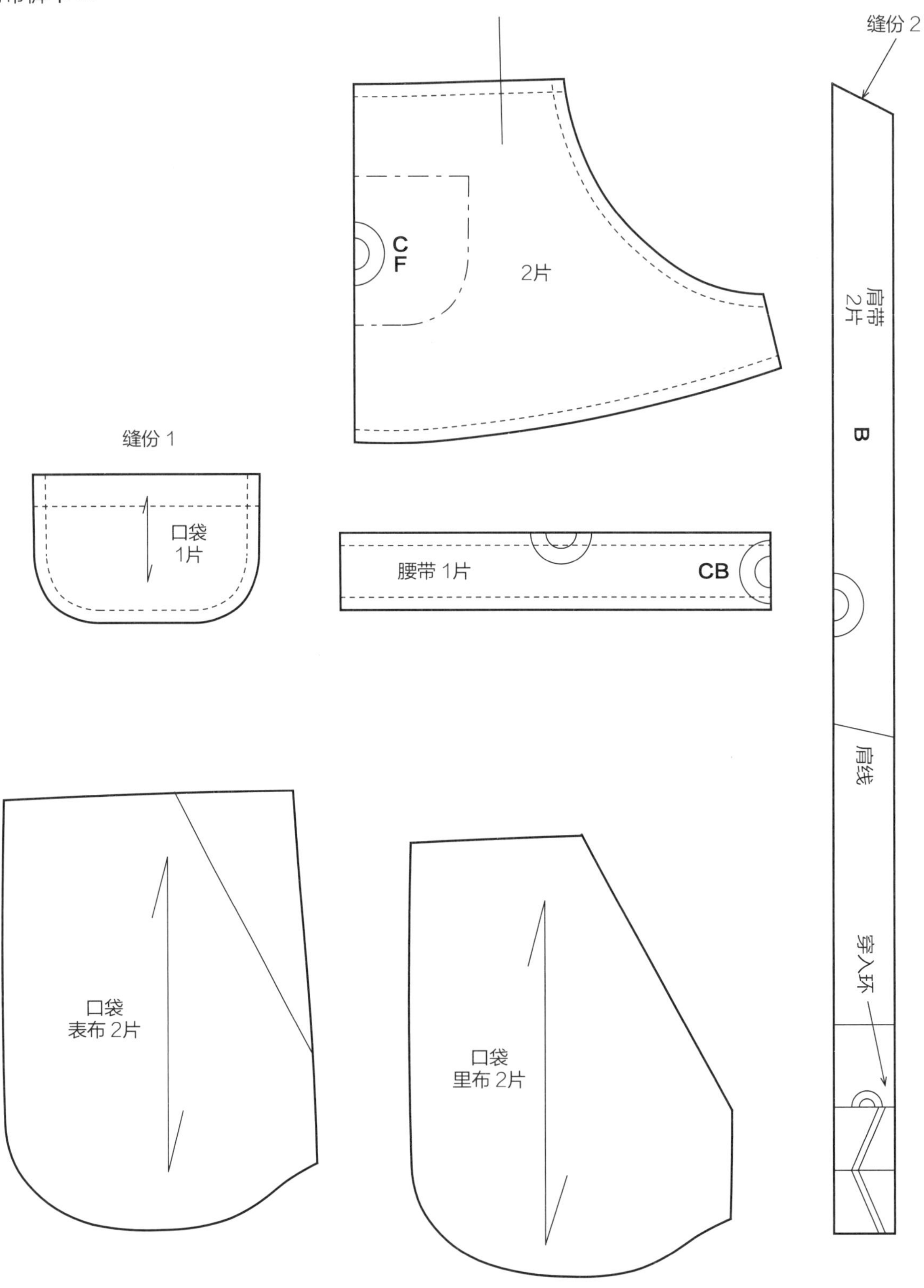

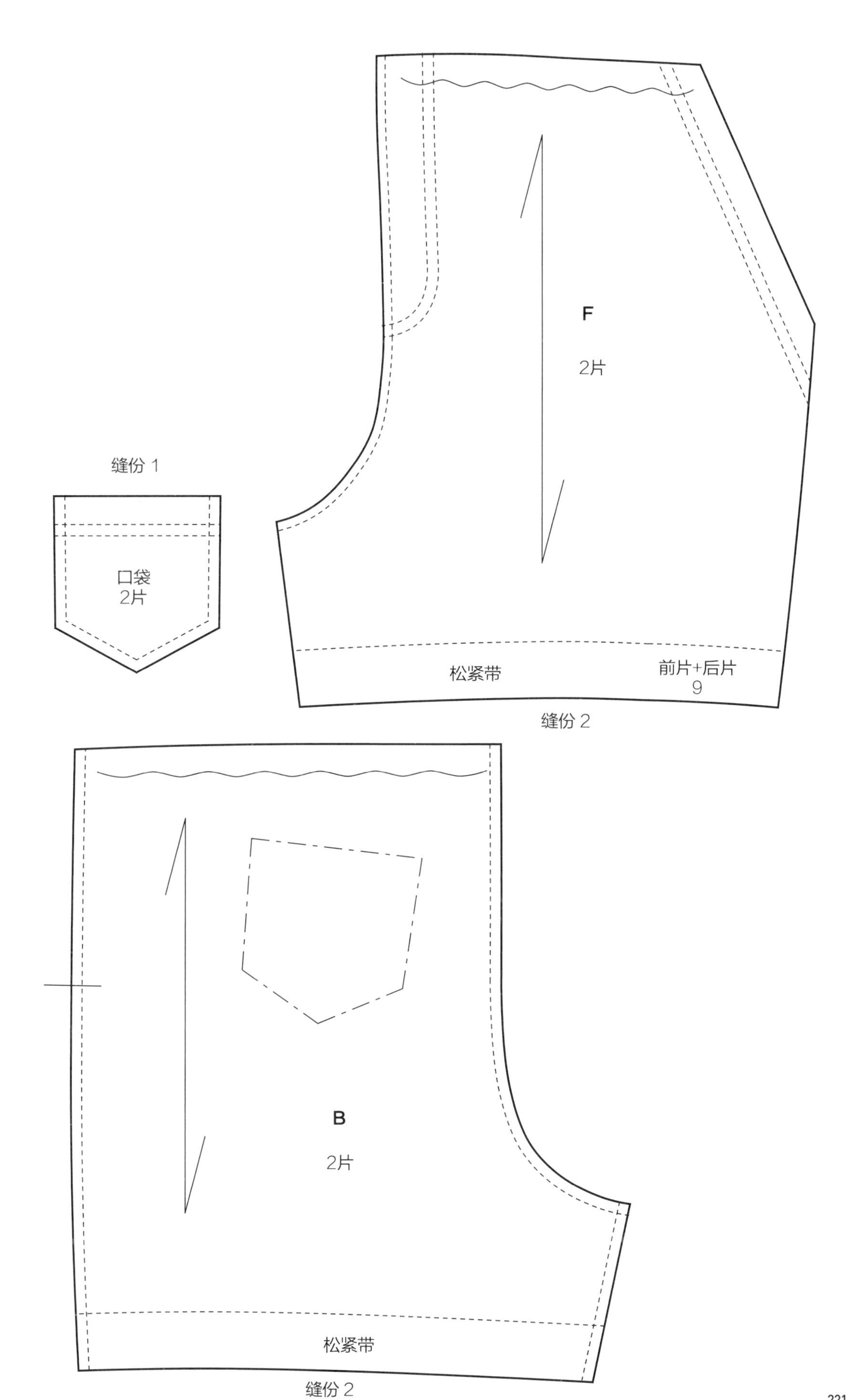
缝份 1
口袋
2片
F
2片
松紧带
前片+后片
9
缝份 2
B
2片
松紧带
缝份 2

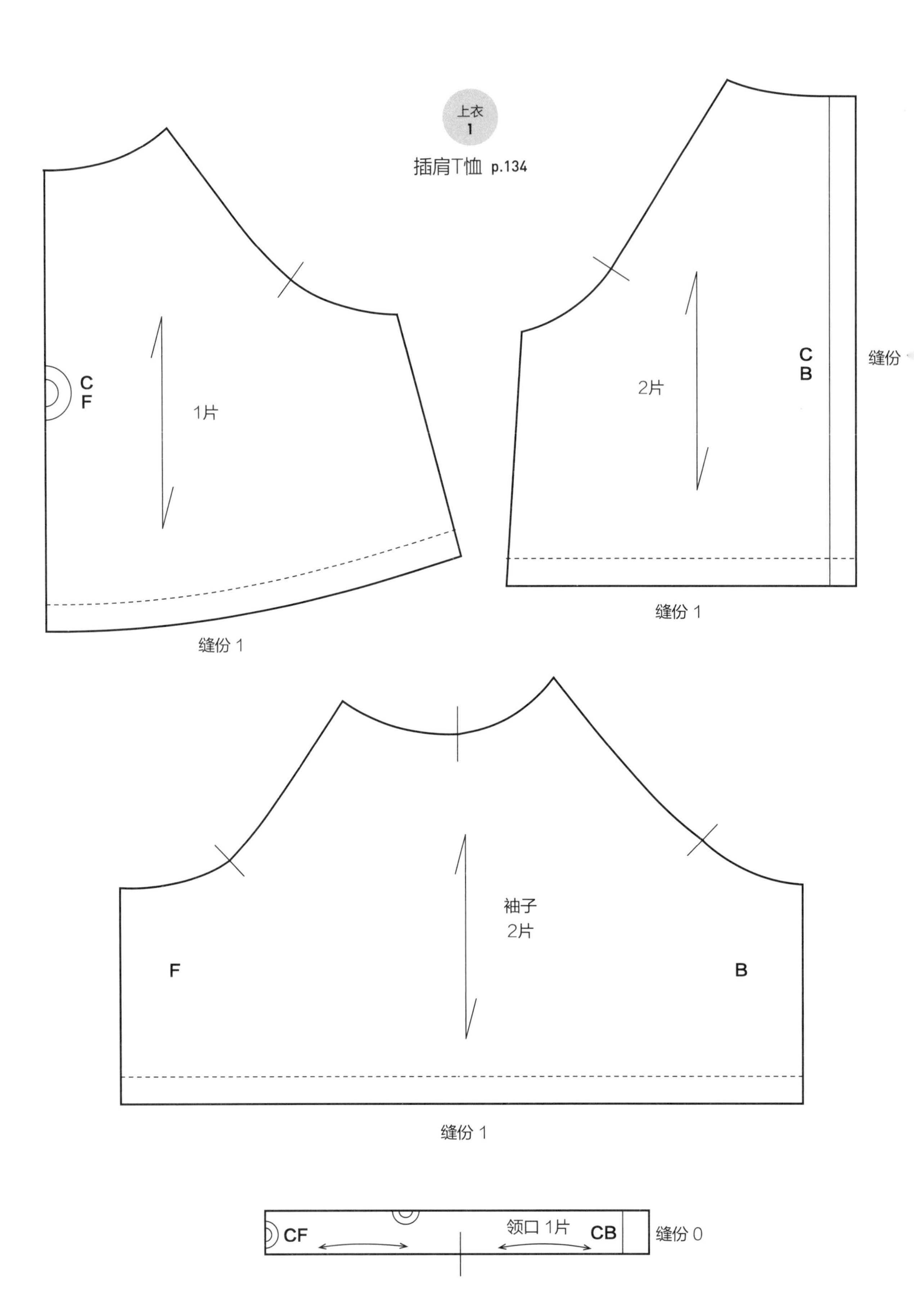
上衣
1
插肩T恤 p.134
C
F
1片
缝份 1
C
B
2片
缝份
缝份 1
袖子
2片
F
B
缝份 1
CF
领口 1片
CB
缝份 0

上衣
2

落肩休闲上衣

p.137

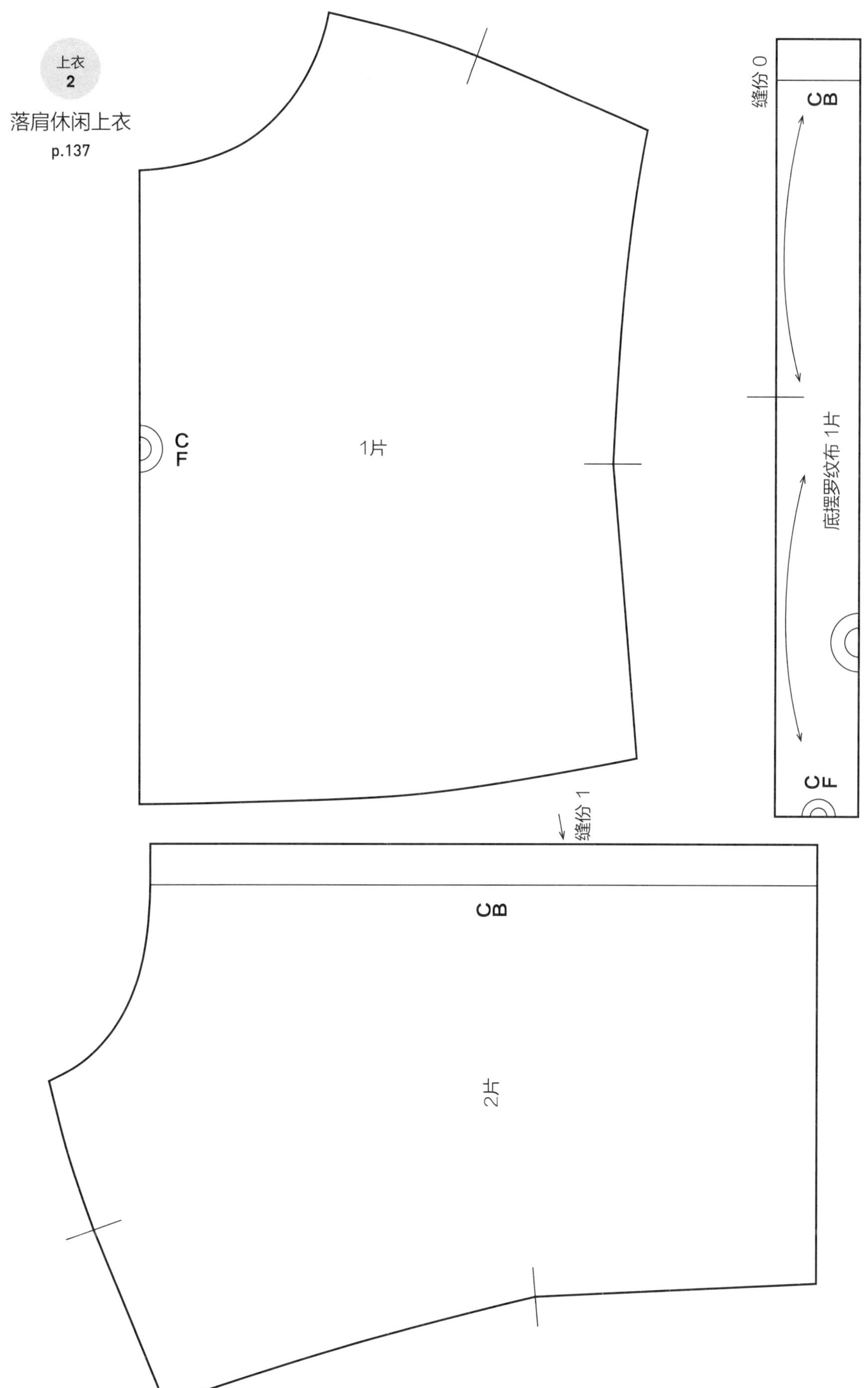

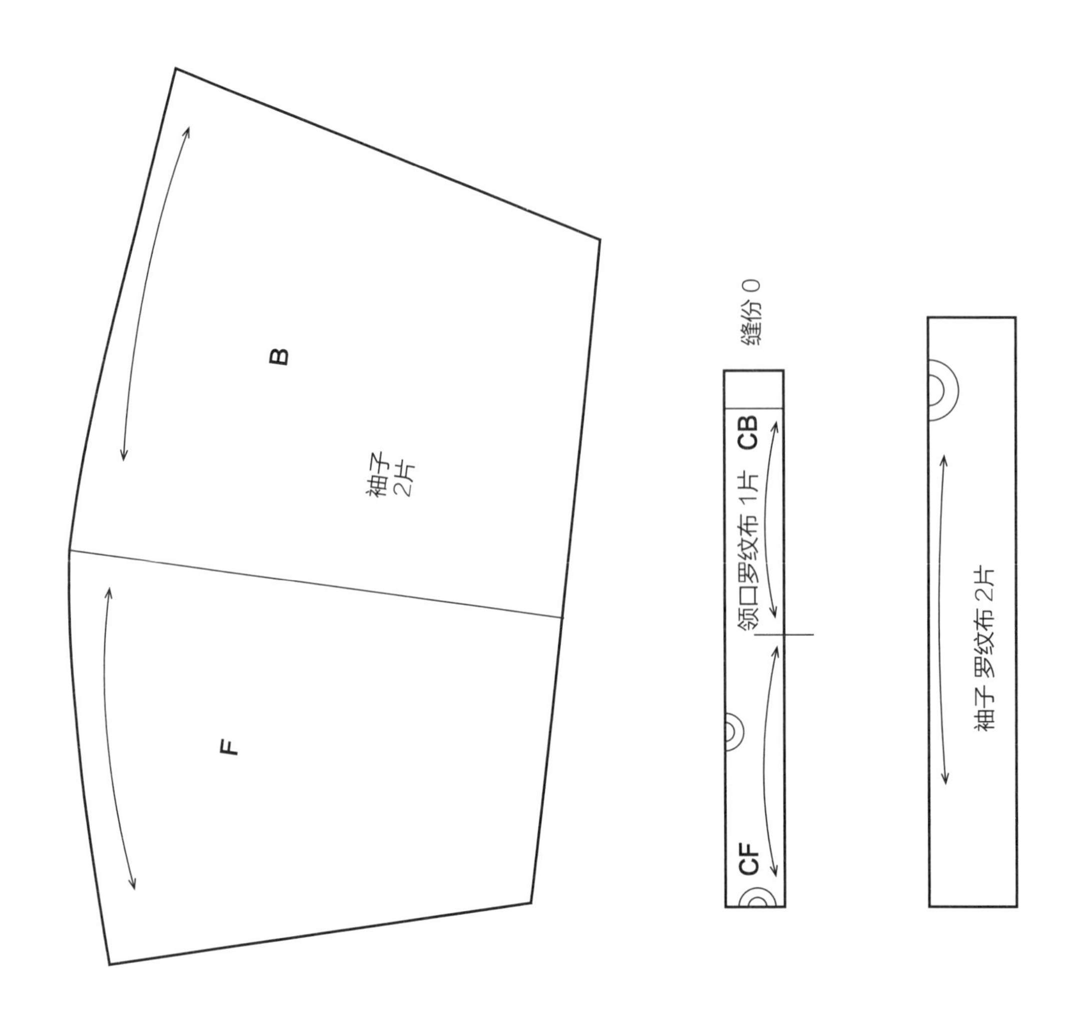
B
袖子
2片
F
缝份 0
CB
领口罗纹布 1片
CF
袖子 罗纹布 2片

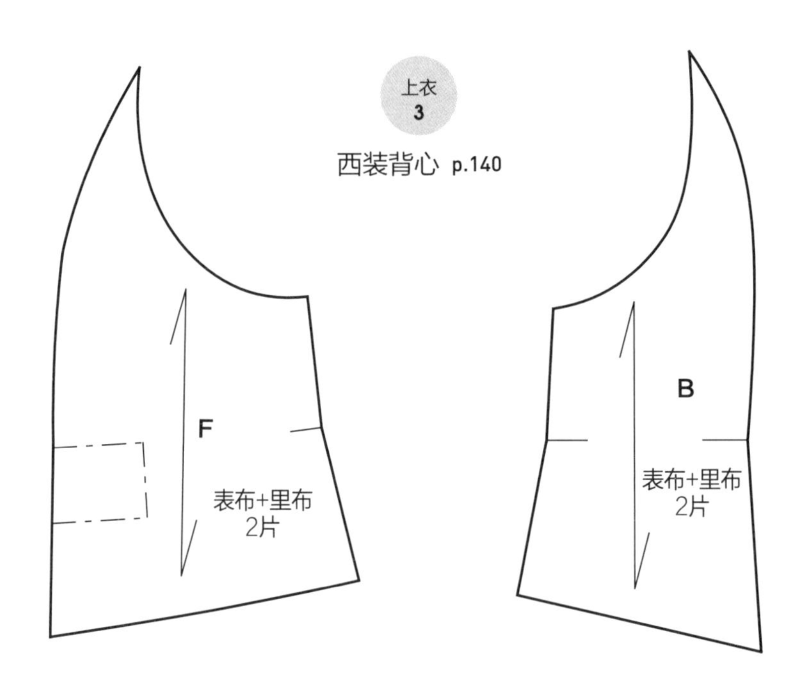
上衣
3
西装背心 p.140
F
表布+里布
2片
B
表布+里布
2片

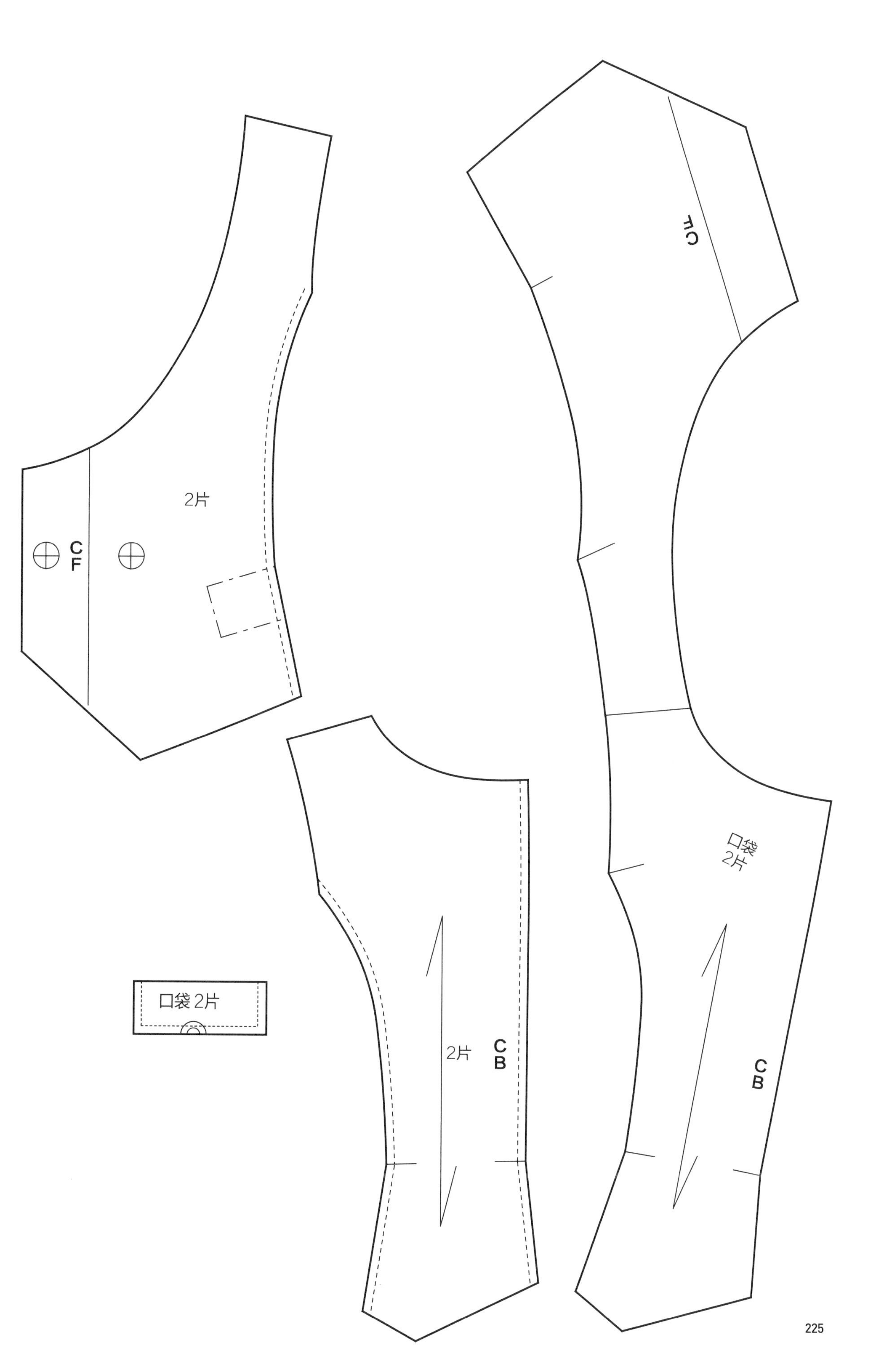
2片
C
F
口袋 2片
2片
C
B
CF
口袋
2片
C
B

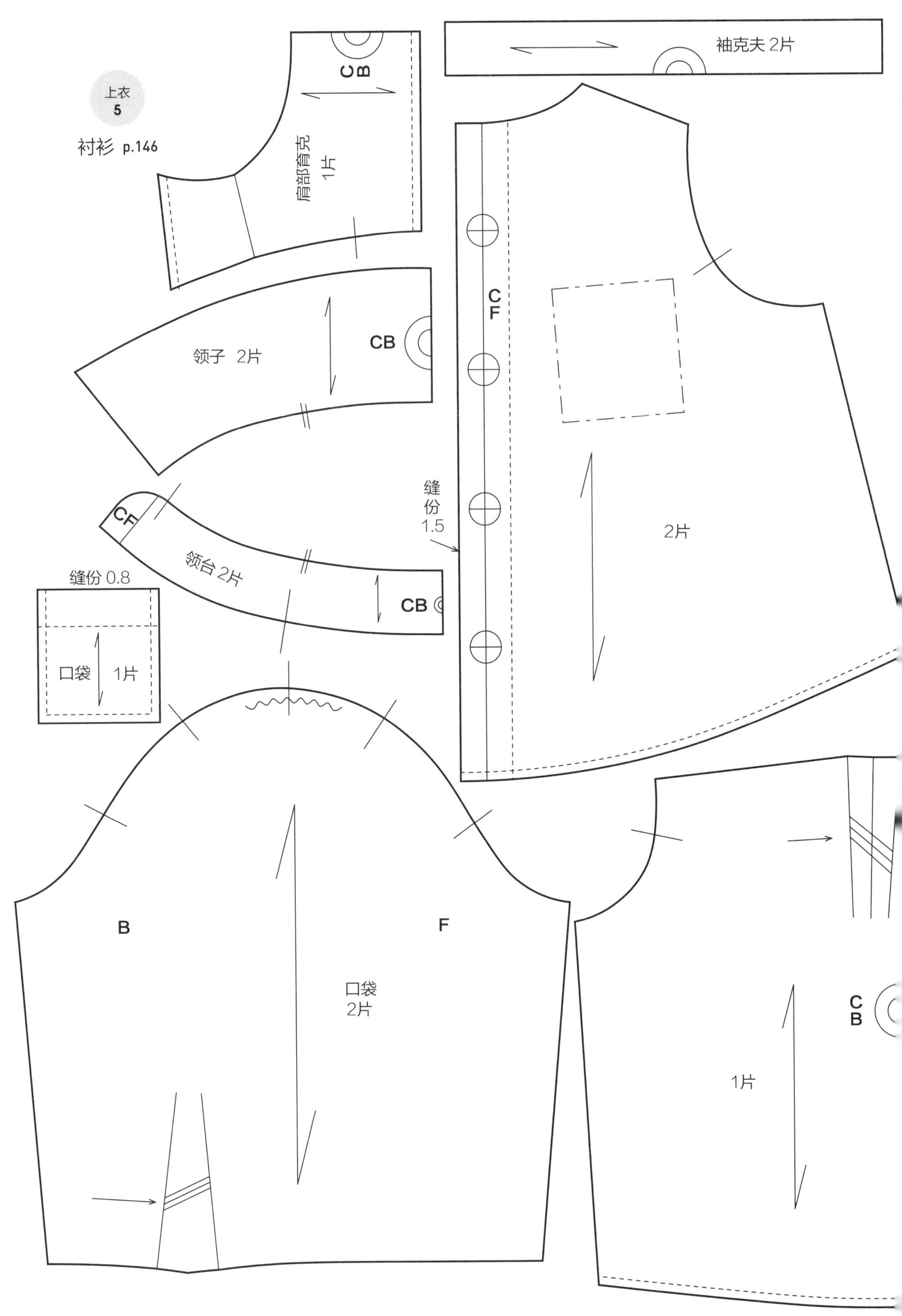
上衣
5
衬衫 p.146
CB
肩部育克
1片
袖克夫 2片
领子 2片
CB
CF
领台 2片
CB
CF
缝份
1.5
2片
缝份 0.8
口袋 1片
B
F
口袋
2片
CB
1片

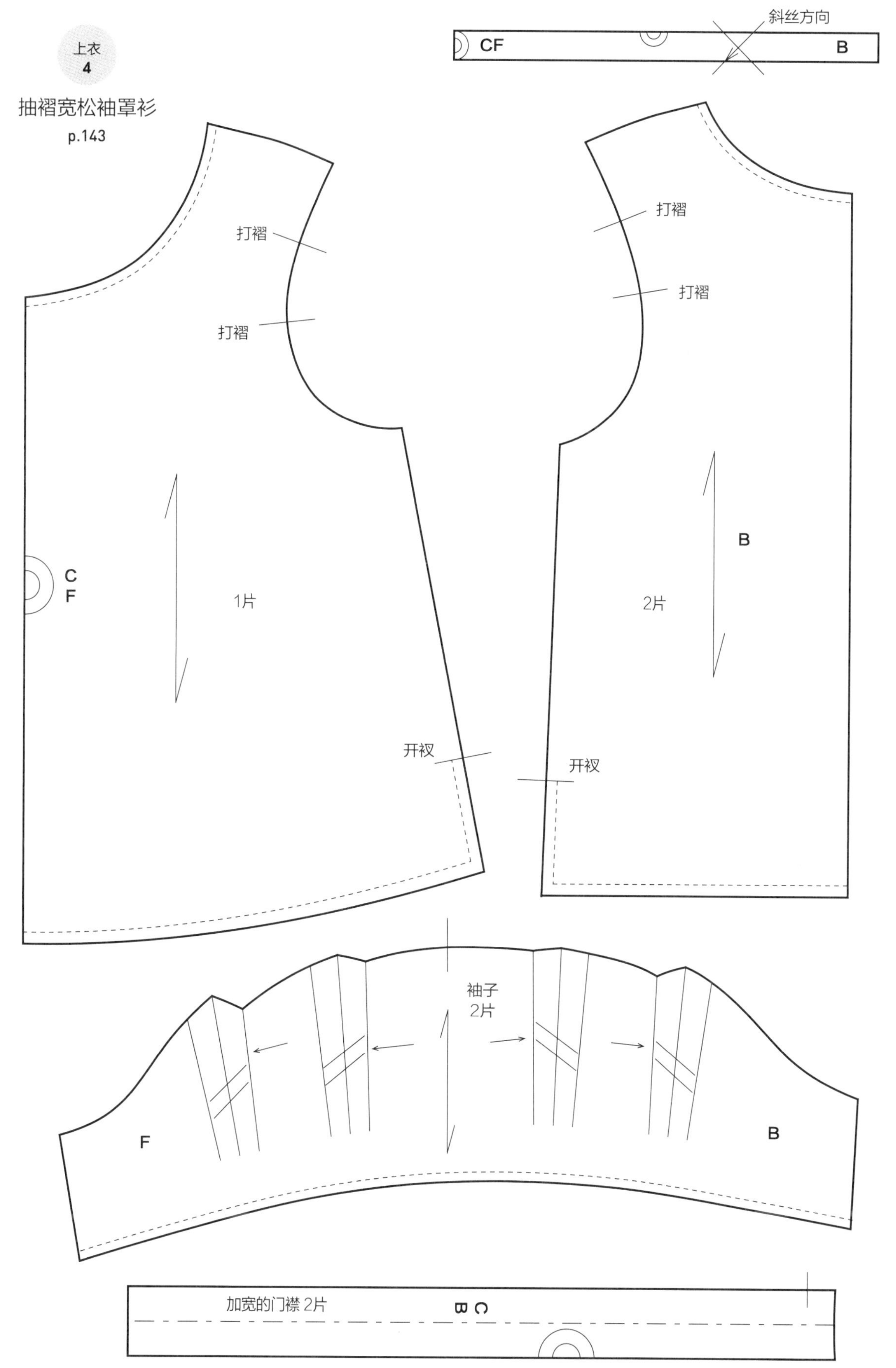
上衣
4
抽褶宽松袖罩衫
p.143
斜丝方向
CF
B
打褶
打褶
打褶
打褶
CF
1片
B
2片
开衩
开衩
袖子
2片
F
B
加宽的门襟 2片
CB

上衣 6

饰结领衬衫 p.150

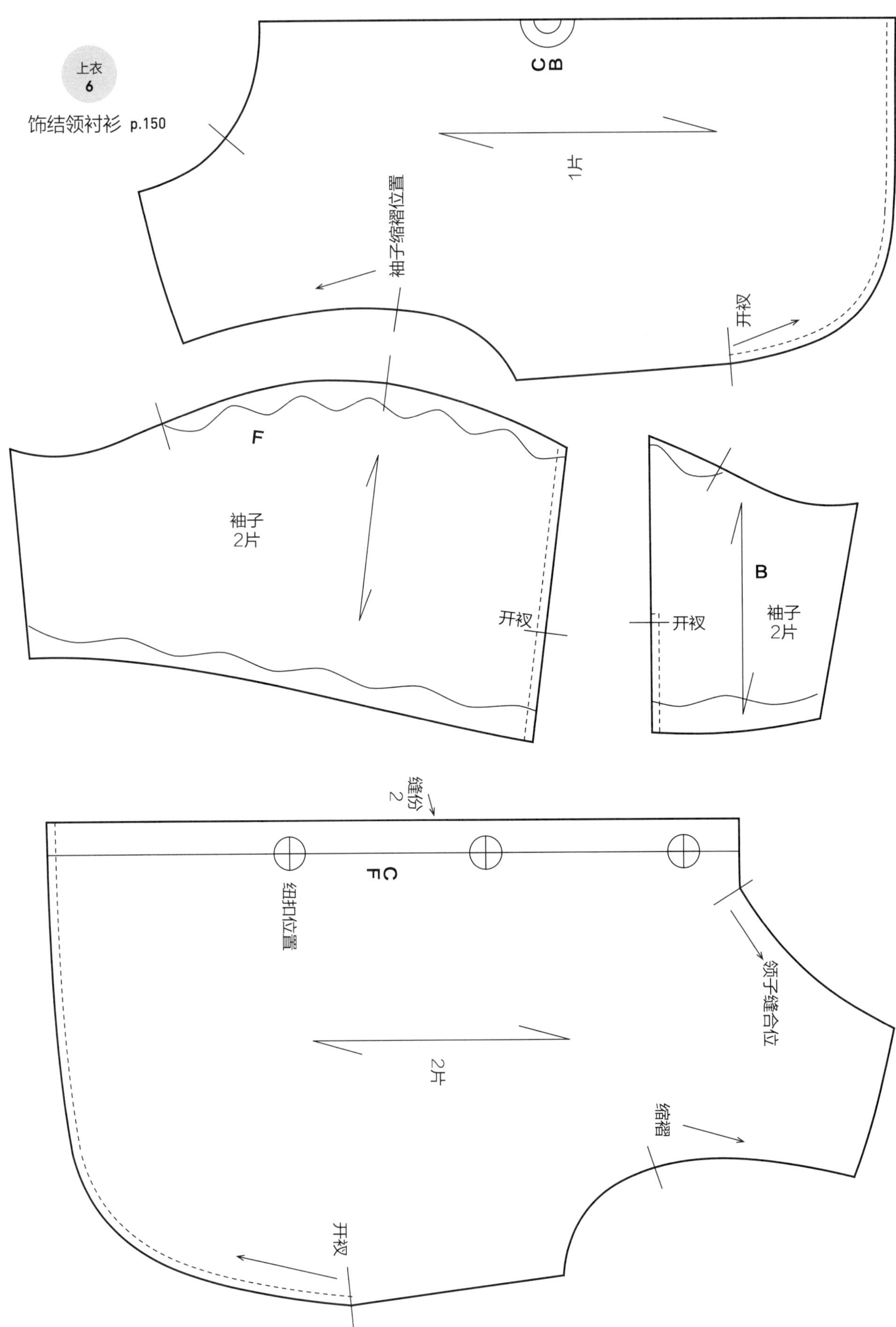

上衣
7

荷叶露肩上衣

p.154

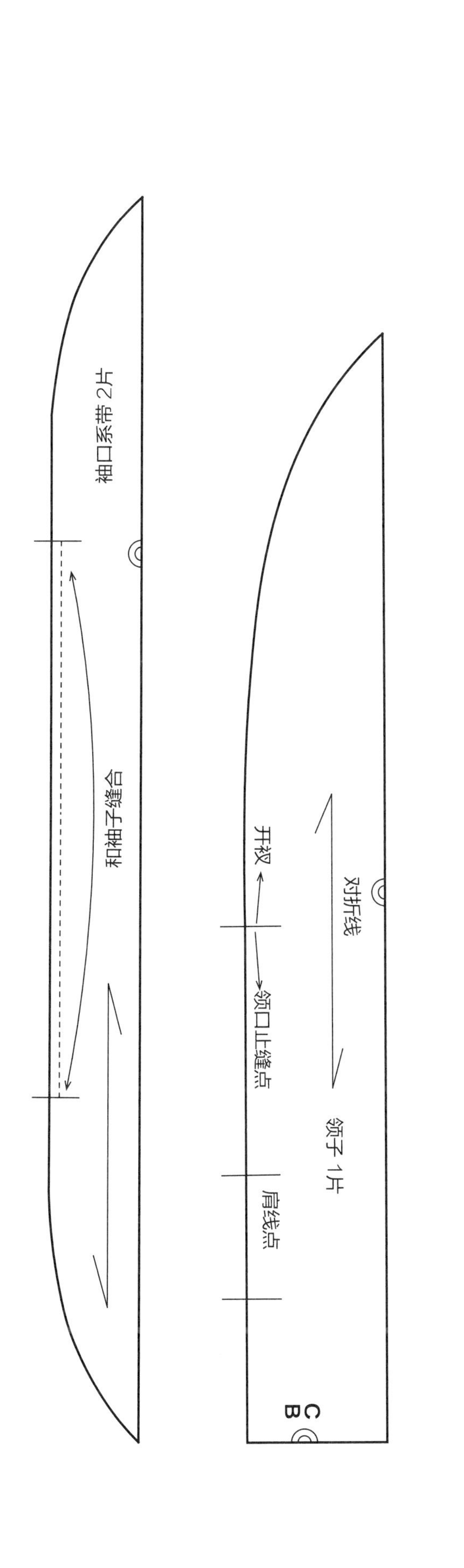

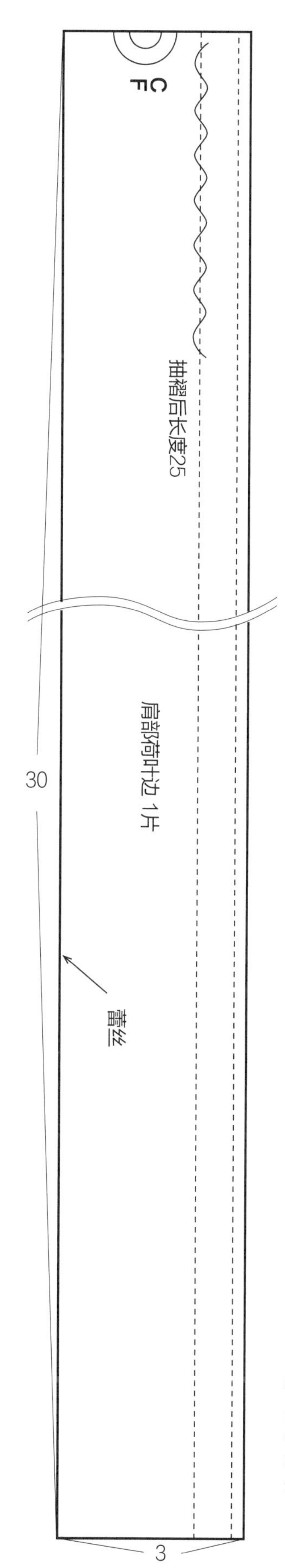

窍门

由于纸样横向过长，已省略部分长度。请以此纸样为基础，画出长度为30cm的纸样使用。

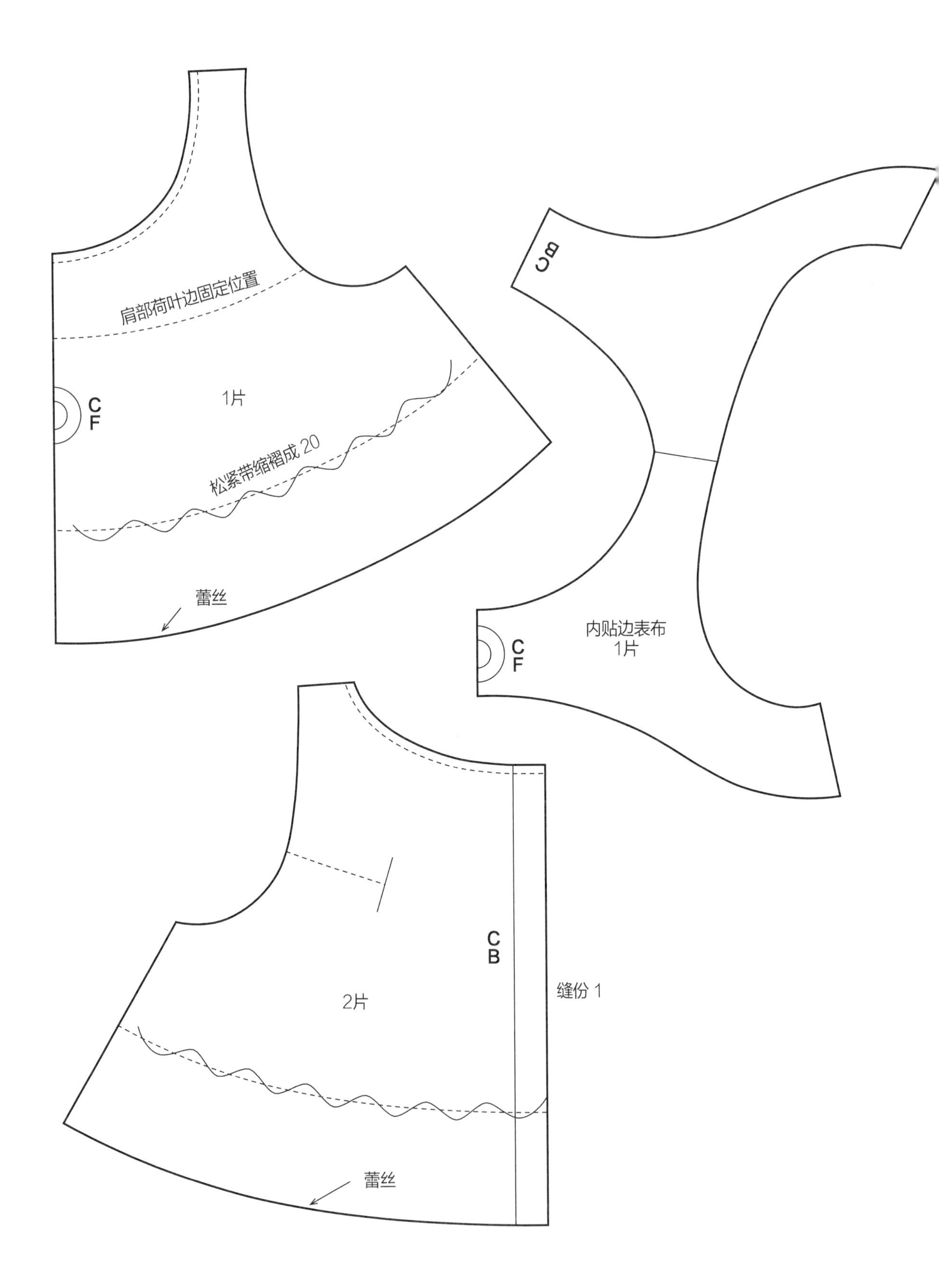
肩部荷叶边固定位置
C
F
1片
松紧带缩褶成 20
蕾丝
CB
C
F
内贴边表布
1片
C
B
2片
缝份 1
蕾丝

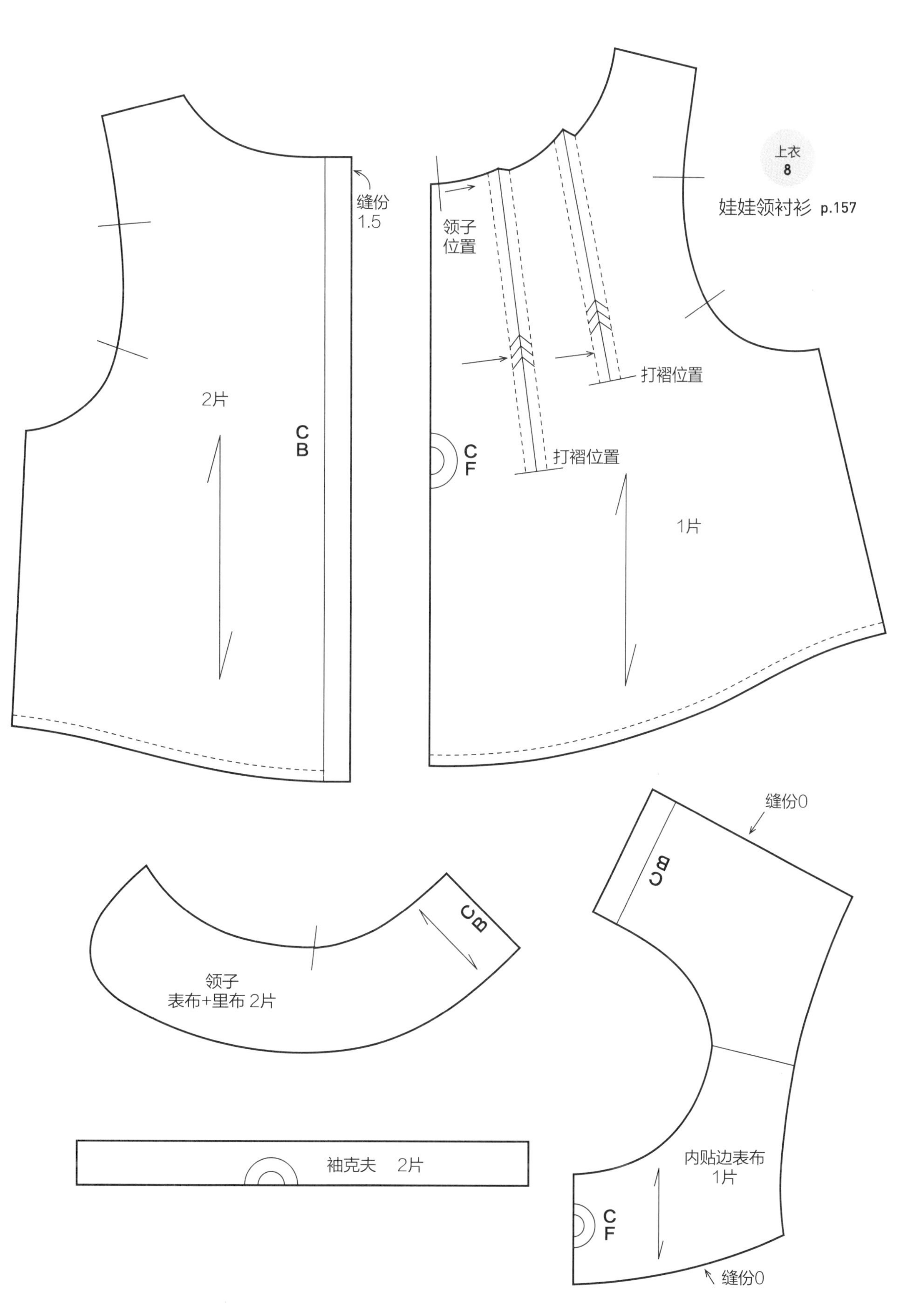
上衣
8
娃娃领衬衫 p.157
缝份
1.5
2片
CB
领子
位置
打褶位置
打褶位置
CF
1片
缝份0
CB
领子
表布+里布 2片
CB
袖克夫 2片
内贴边表布
1片
CF
缝份0

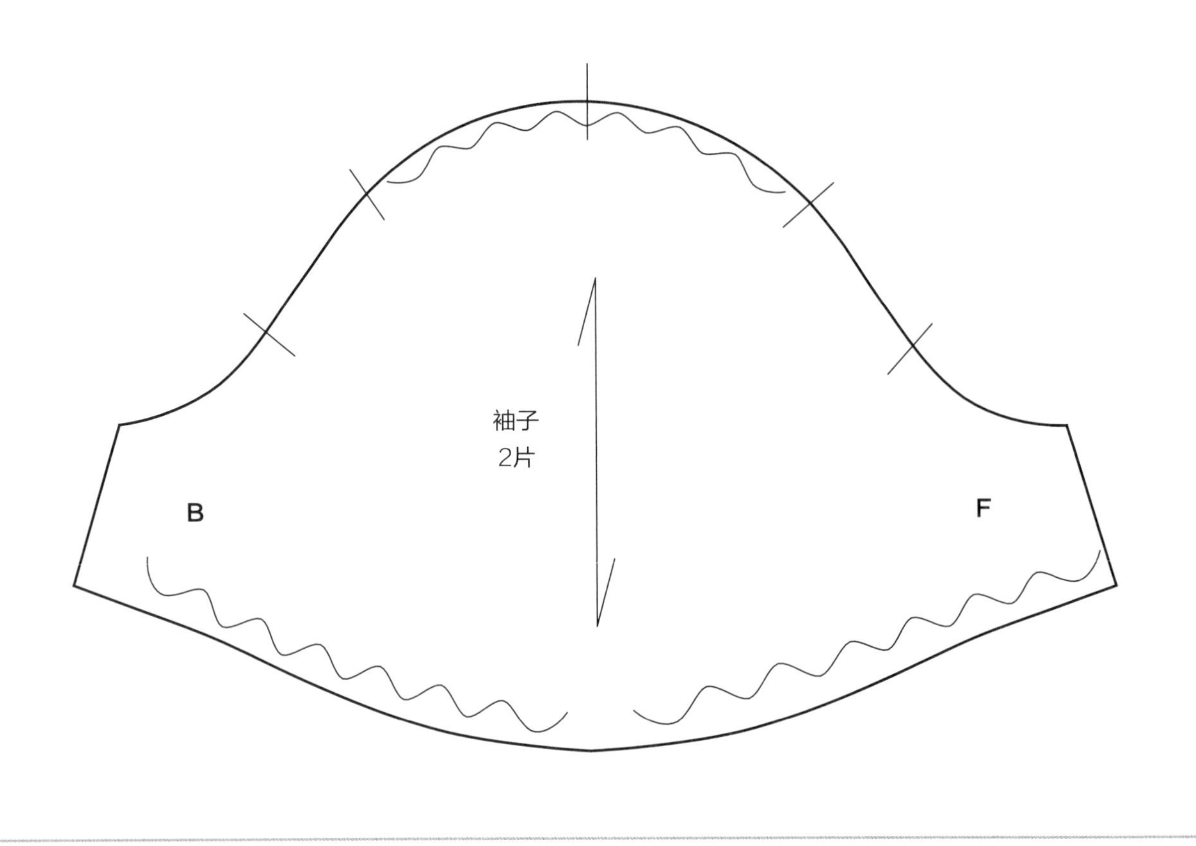

袖子
2片
B
F

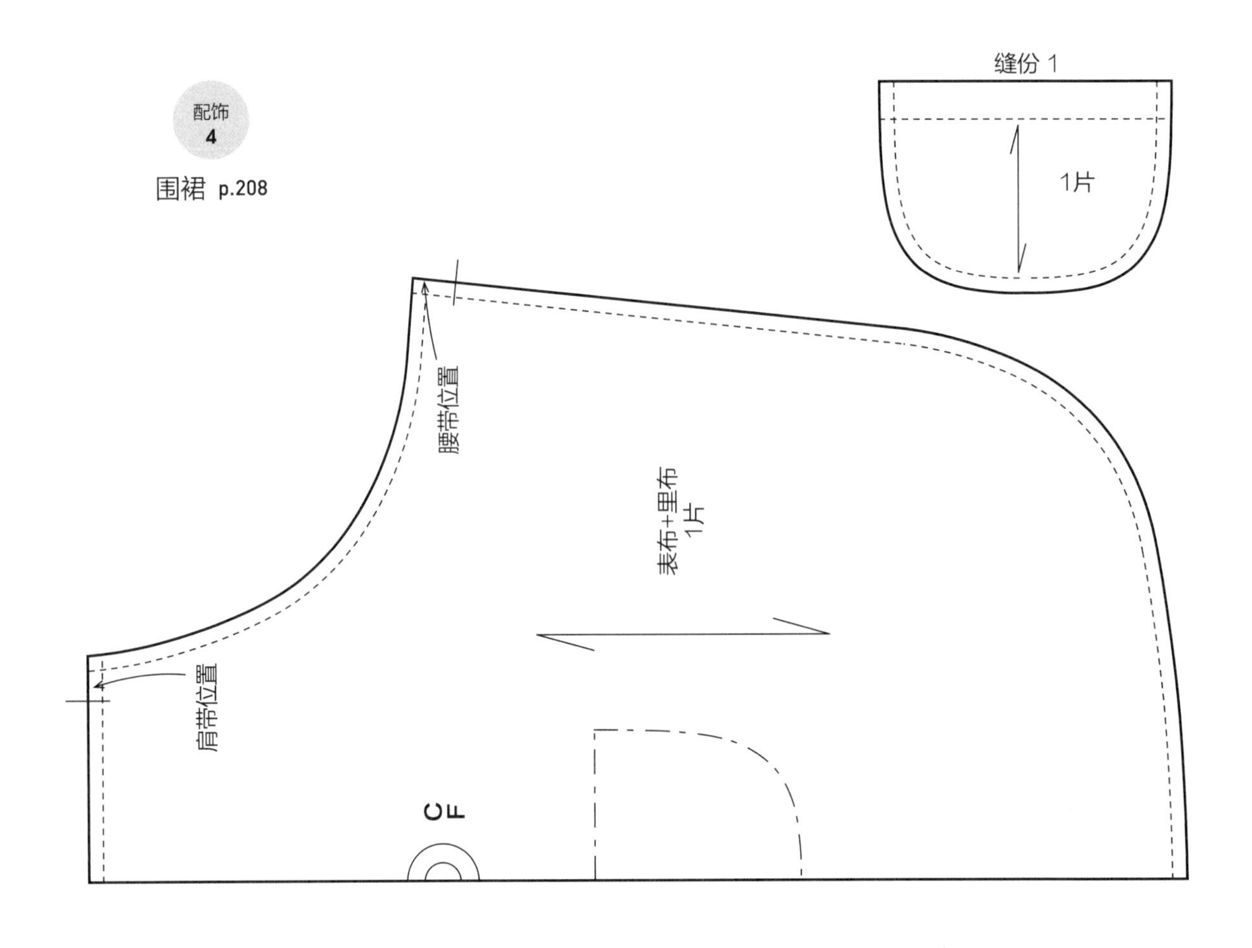

配饰
4
围裙 p.208
缝份 1
1片
腰带位置
表布+里布
1片
肩带位置
CF

连衣裙
1

海军领连衣裙
p.161

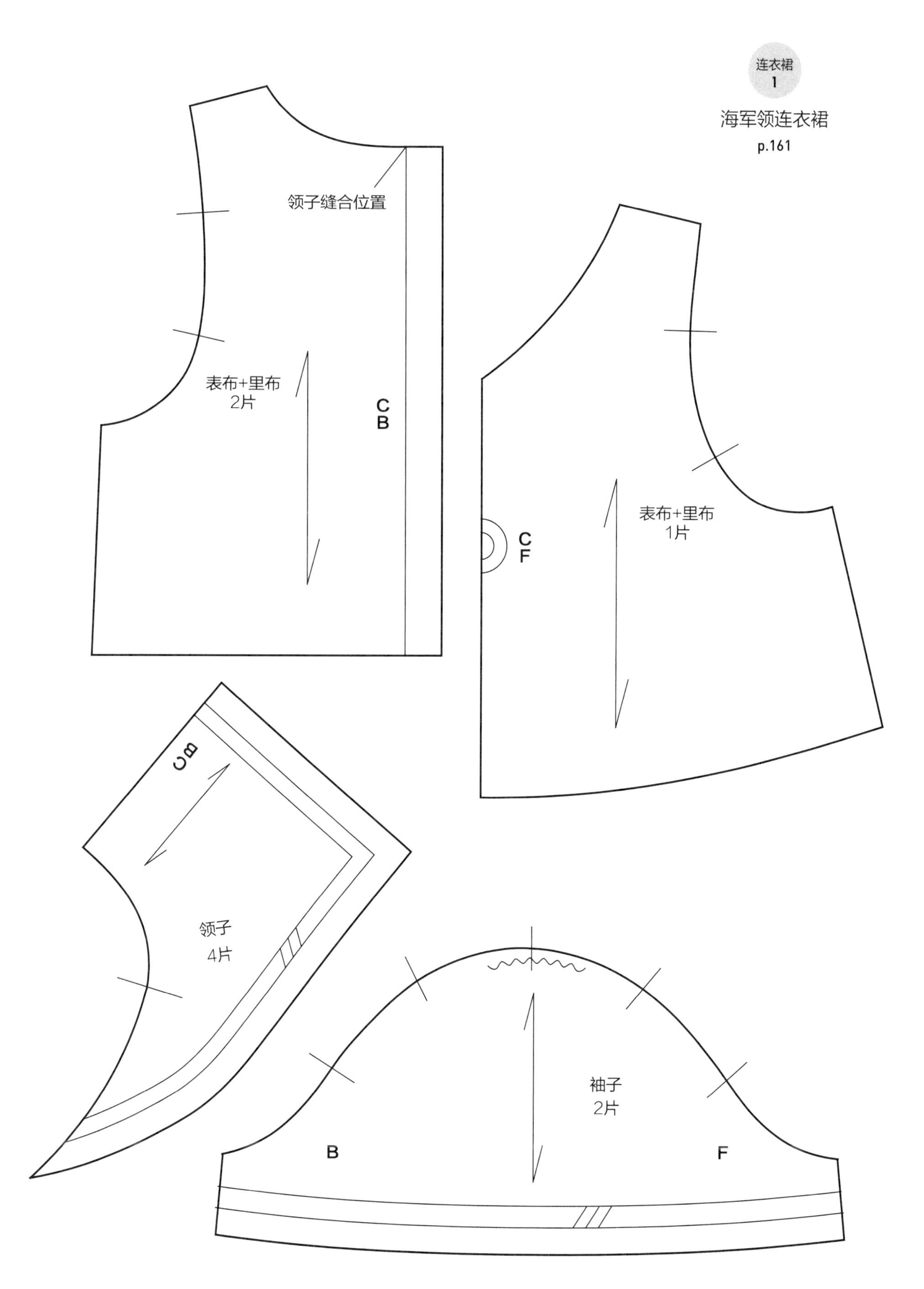

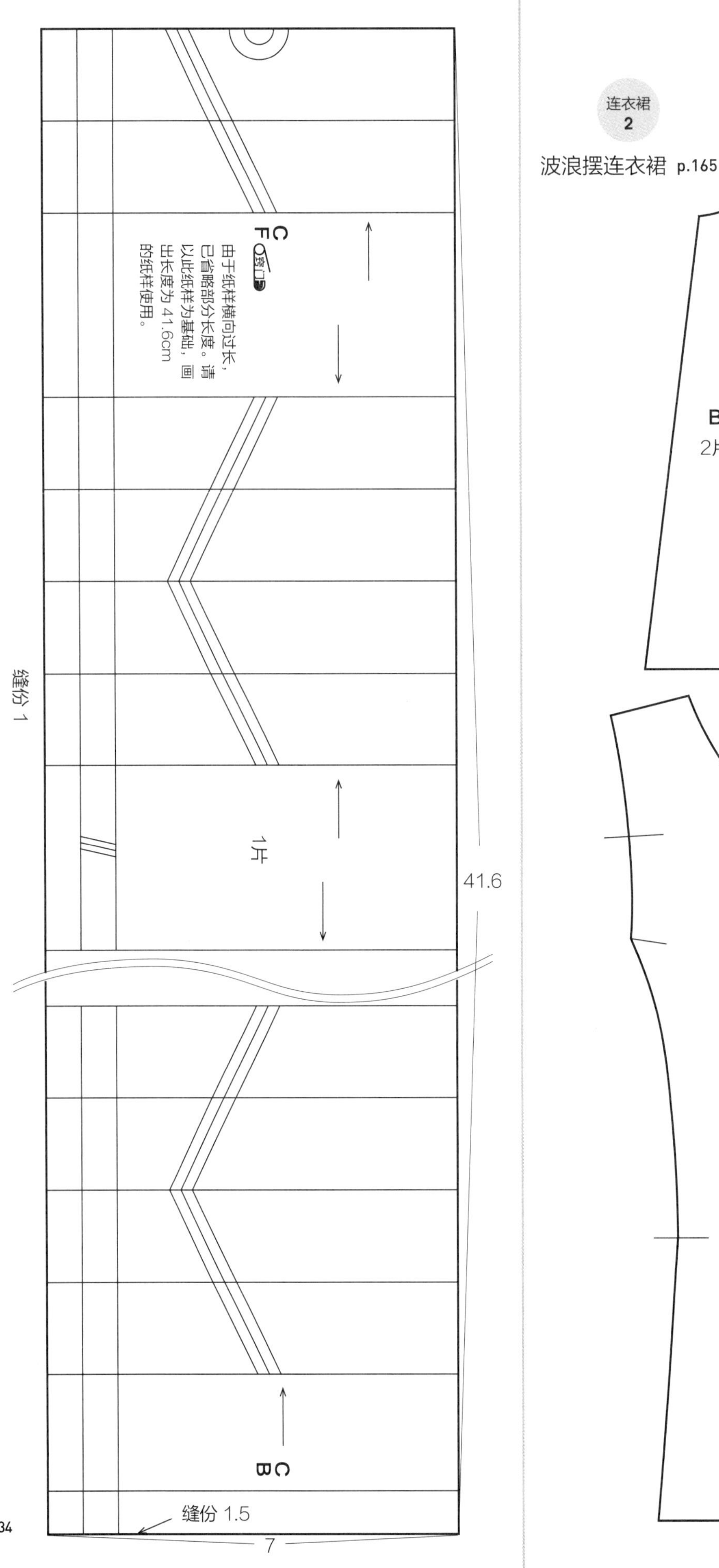

连衣裙
2

波浪摆连衣裙 p.165

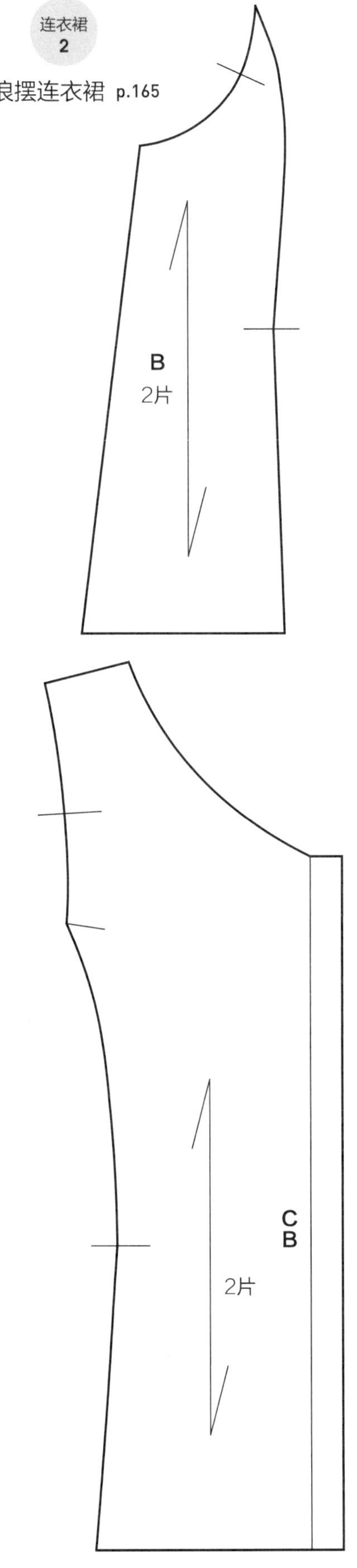

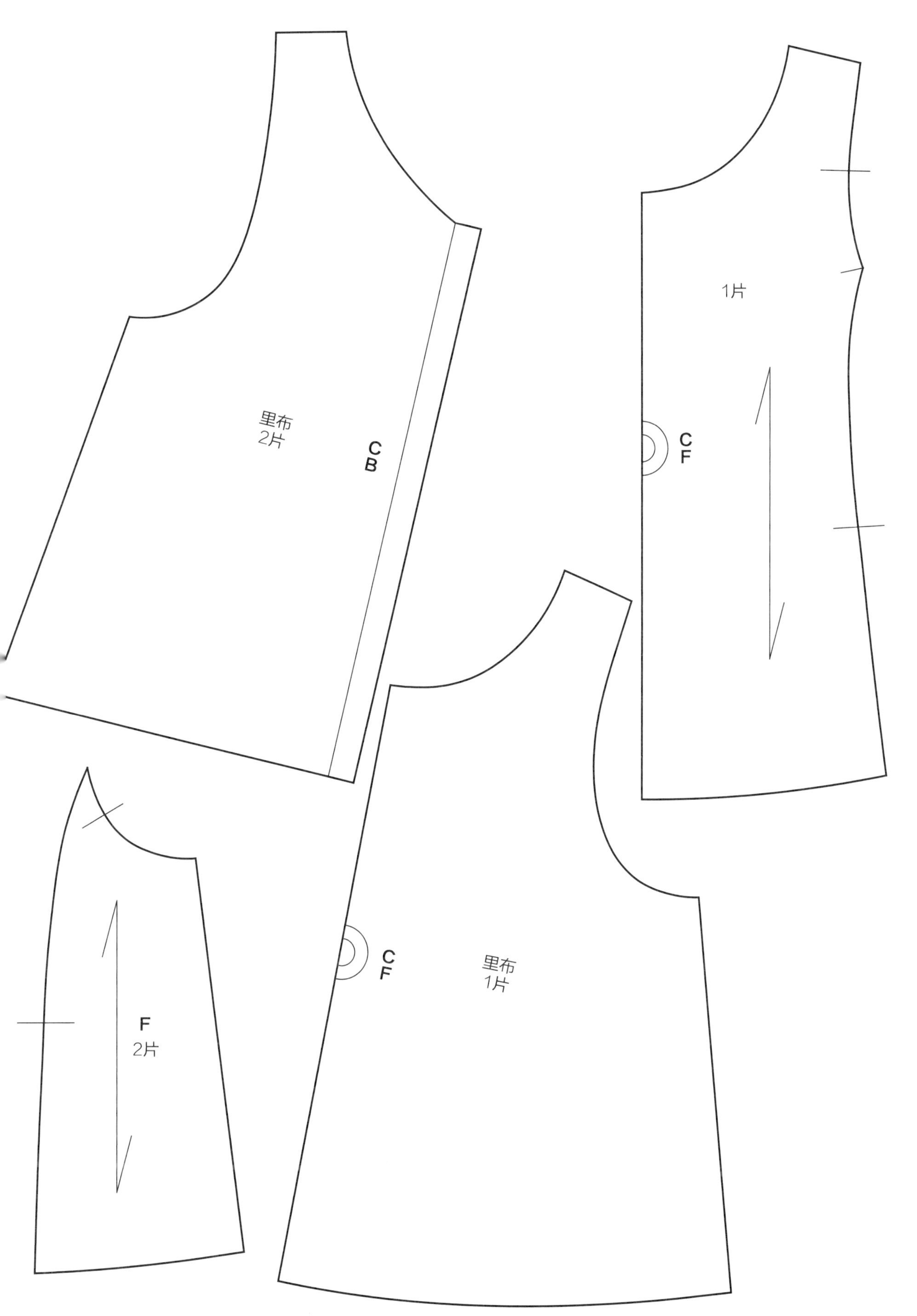
里布
2片
C
B
1片
C
F
C
F
里布
1片
F
2片

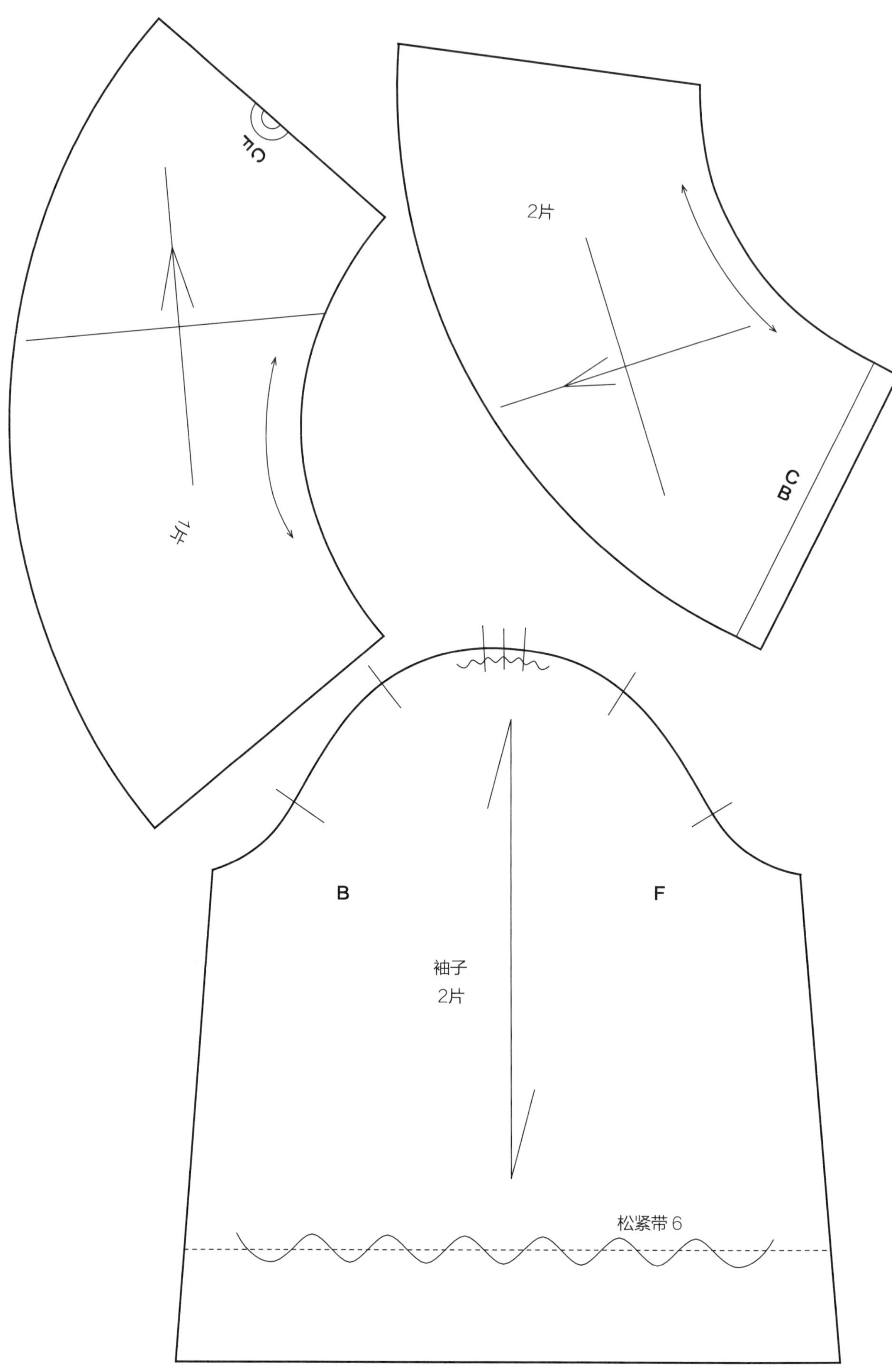
CF
2片
1片
CB
B
F
袖子
2片
松紧带 6

长款连衣裙

p.169

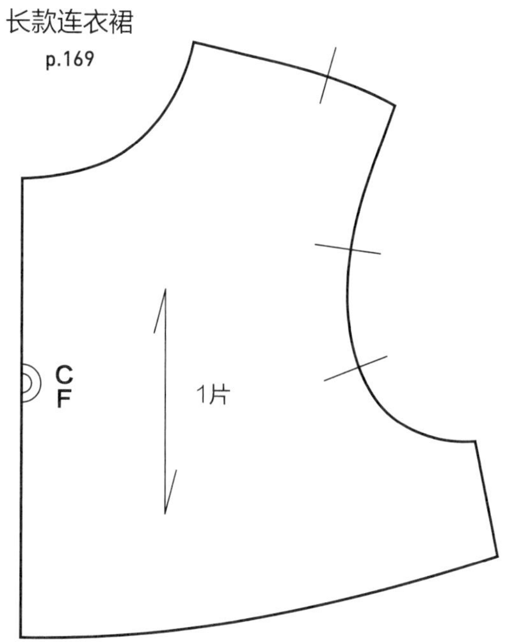

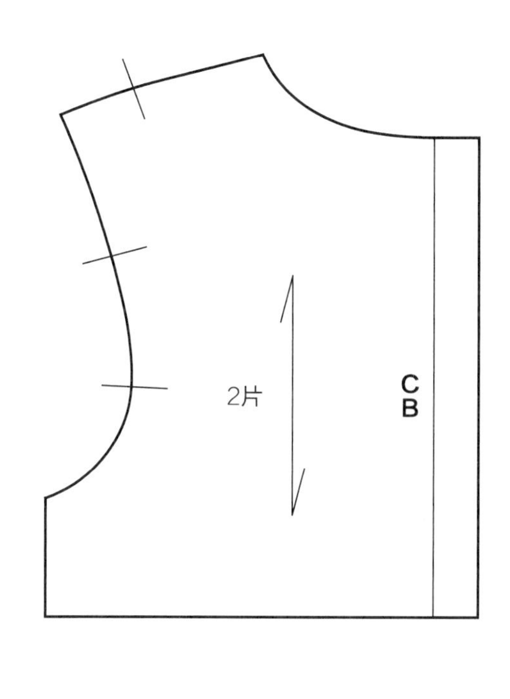

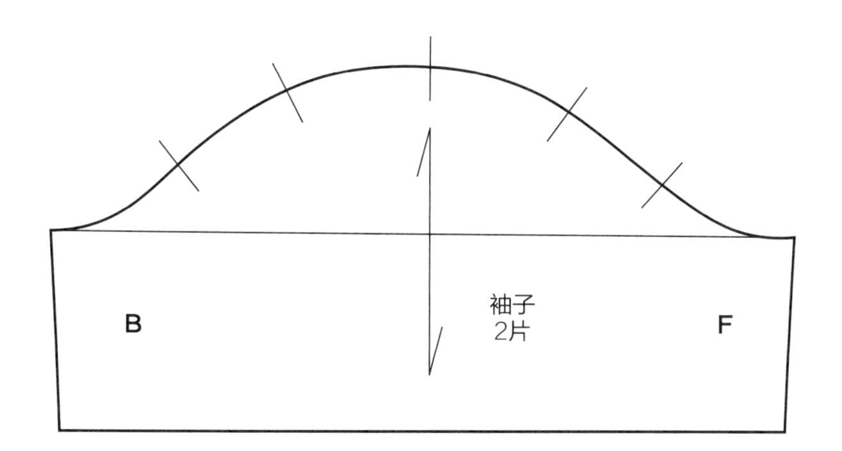

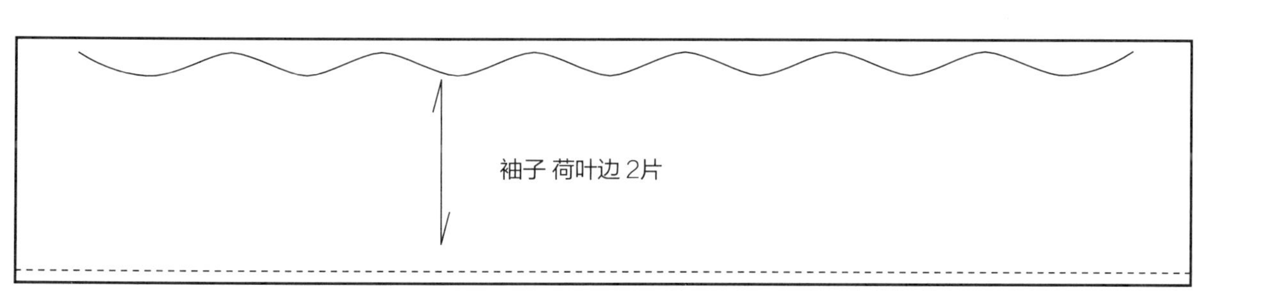

由于纸样横向过长，不得已将它分开刊登。
以侧缝（ss）为基准将两张纸样合并，变成一张完整纸样。

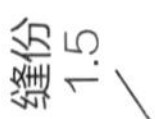

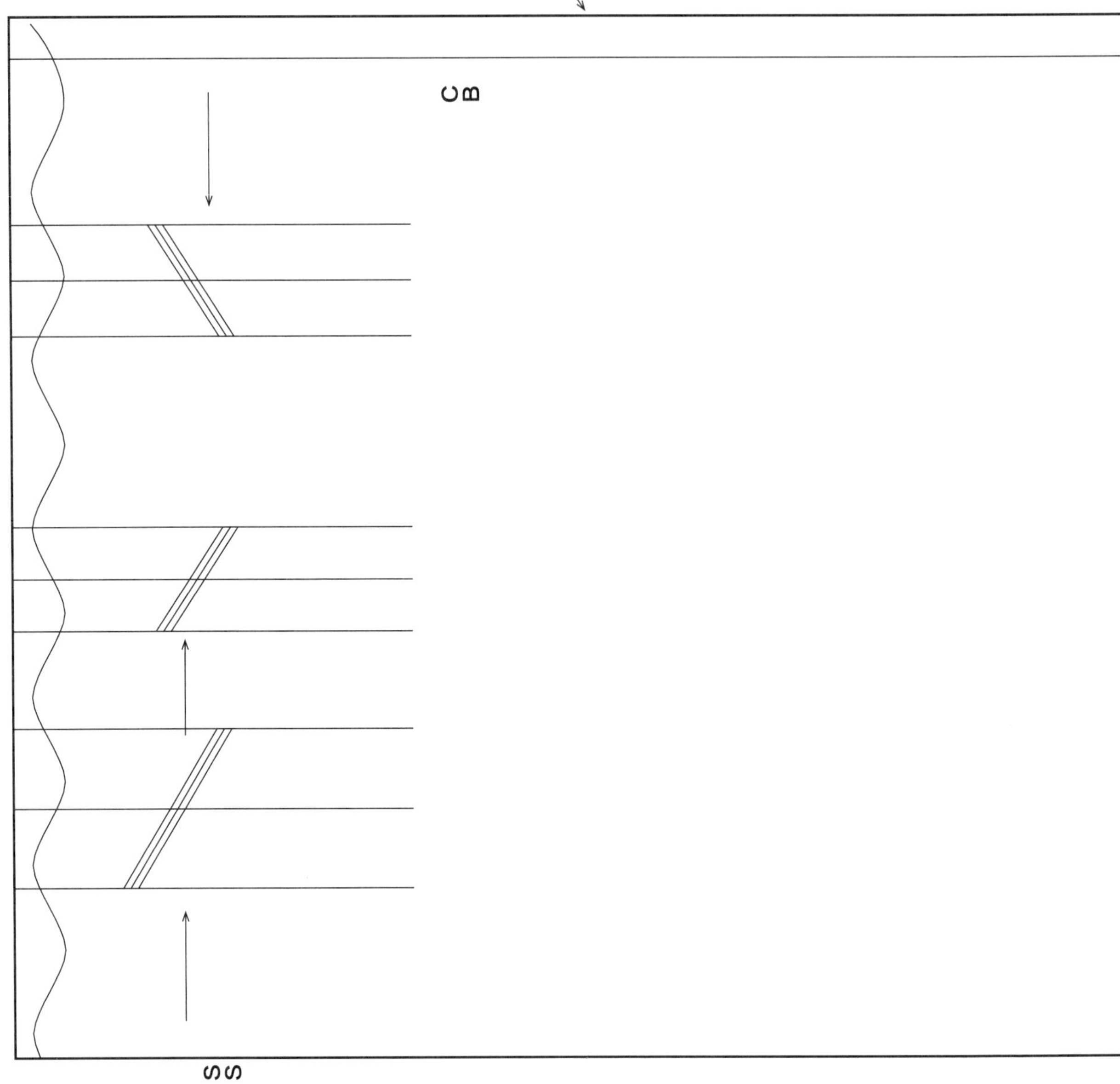

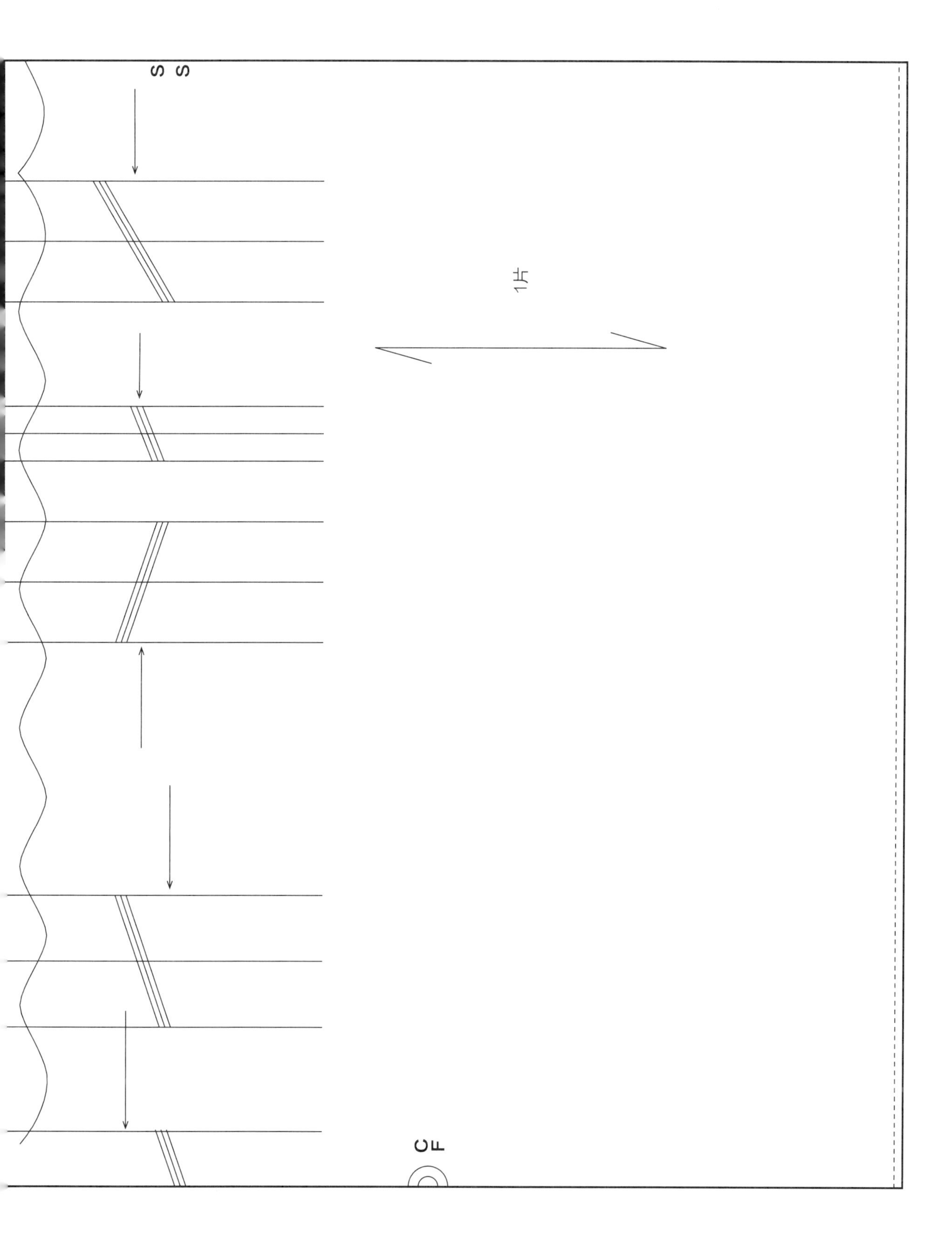
SS
1片
CF

连衣裙
4

背带连衣裙 p.173

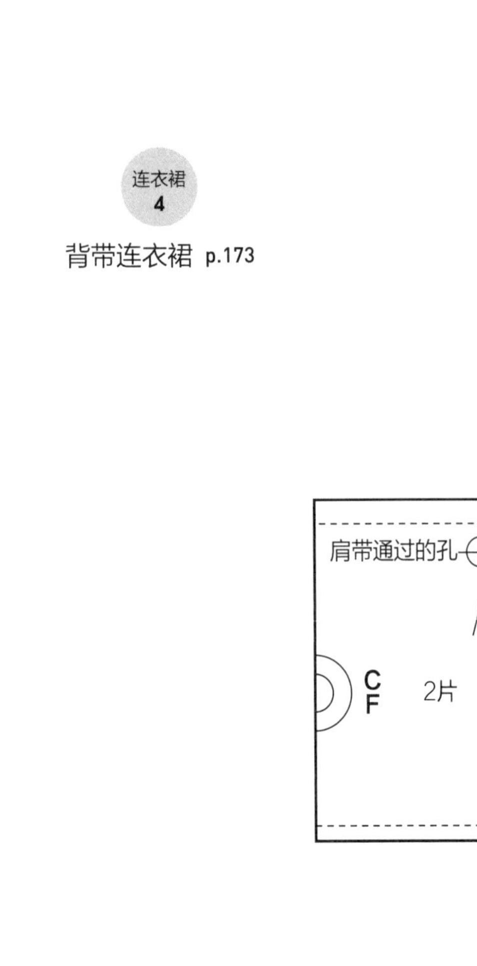

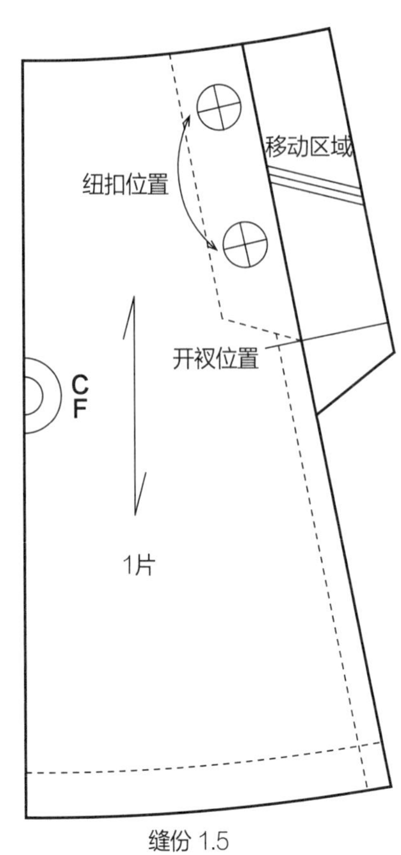

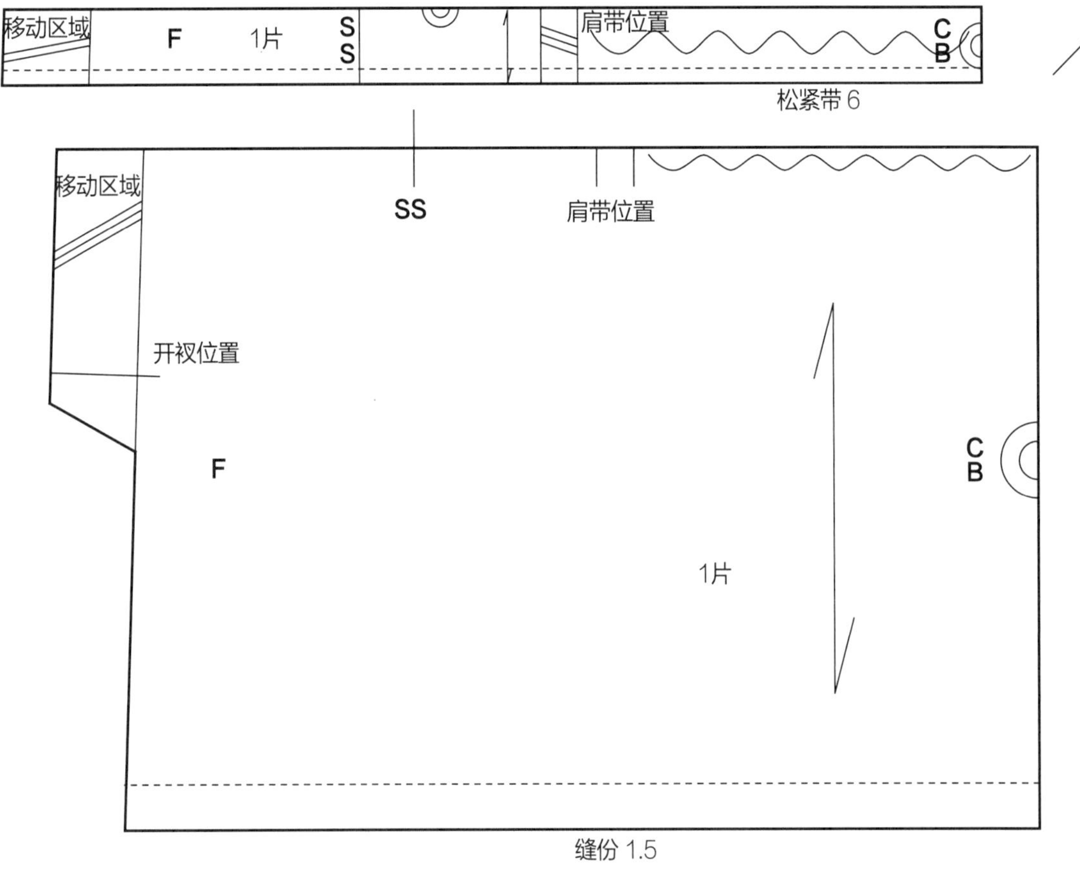

肩带
2片

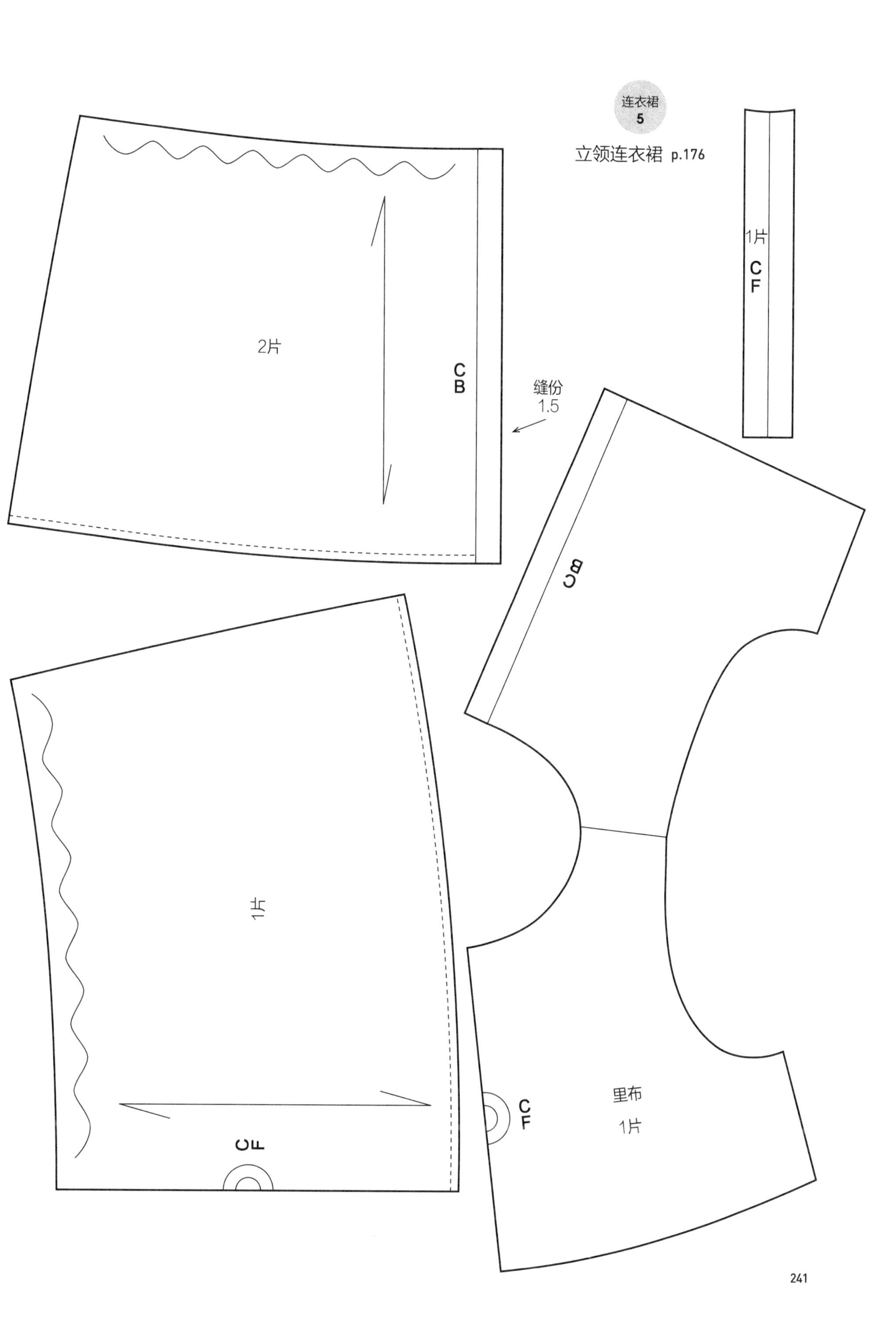
连衣裙
5
立领连衣裙 p.176
1片
CF
2片
CB
缝份
1.5
CB
1片
CF
里布
1片
CF

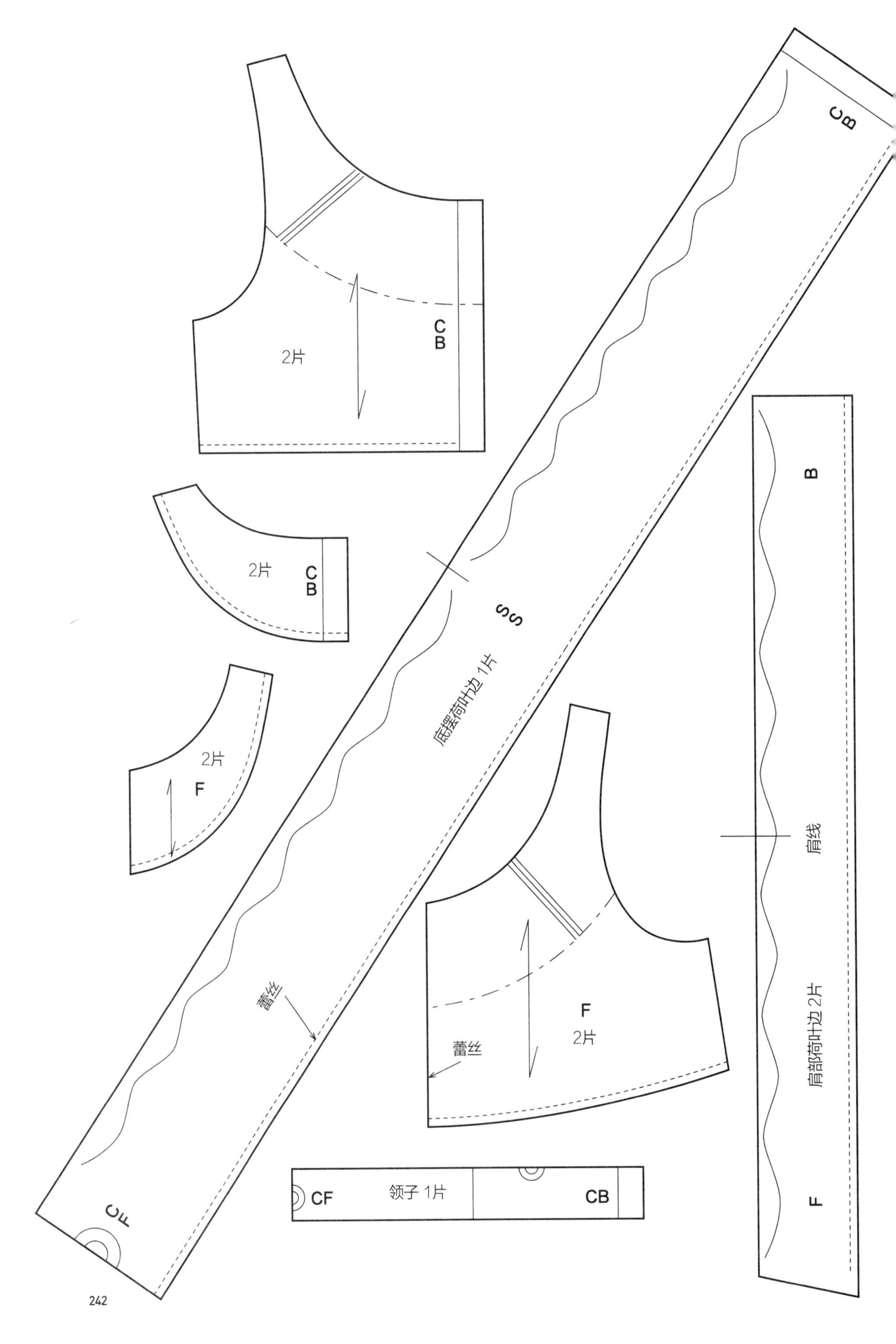
2片
C
B
2片
C
B
2片
F
底摆荷叶边 1片
S
S
C
B
蕾丝
C
F
F
2片
蕾丝
B
肩线
肩部荷叶边 2片
F
领子 1片
CF
CB

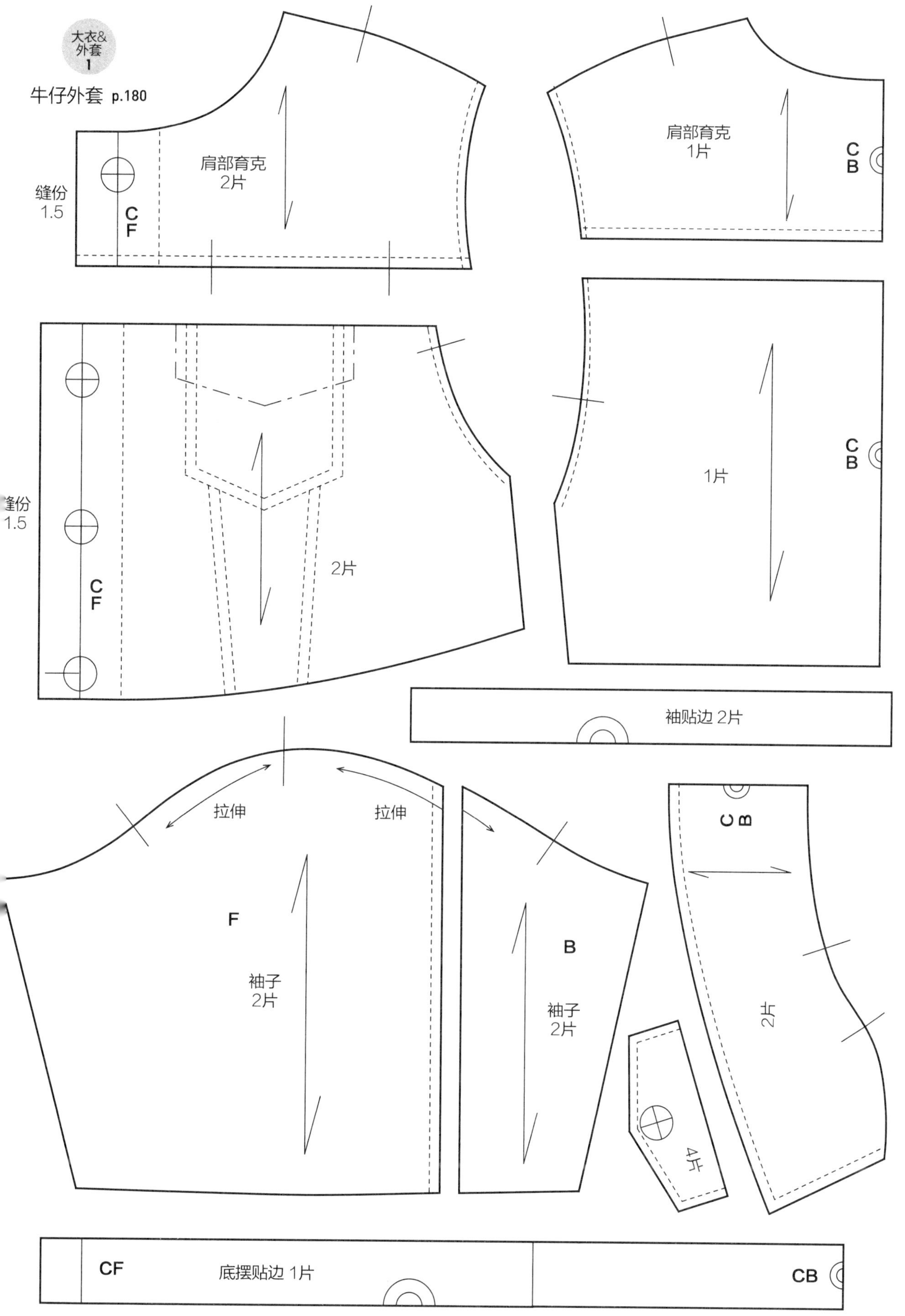

大衣&
外套
1
牛仔外套 p.180
肩部育克
2片
缝份
1.5
CF
肩部育克
1片
CB
缝份
1.5
CF
2片
1片
CB
袖贴边 2片
拉伸
拉伸
F
袖子
2片
B
袖子
2片
CB
2片
4片
CF
底摆贴边 1片
CB

大衣&外套
2

单排扣外套

p.185

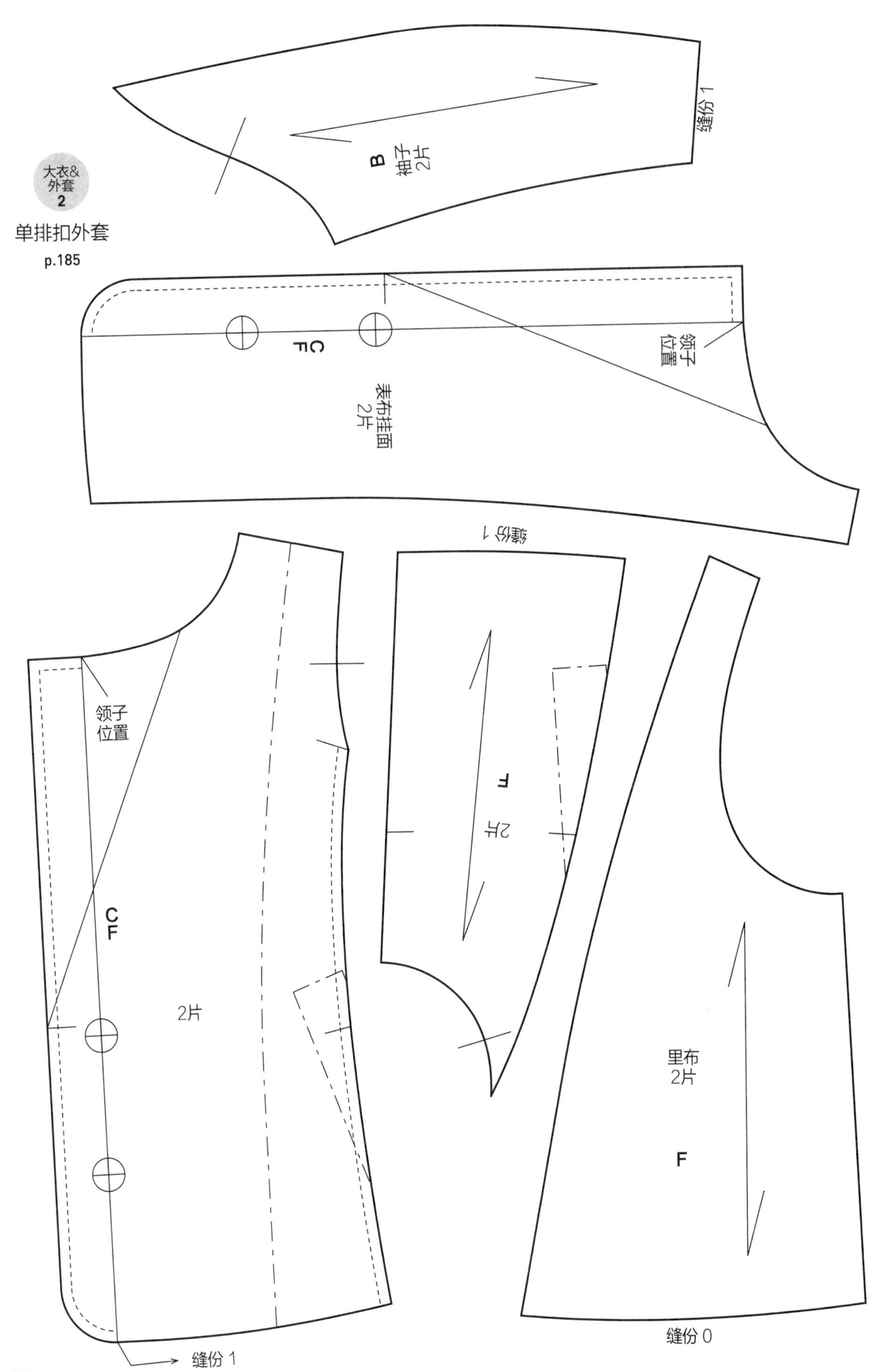

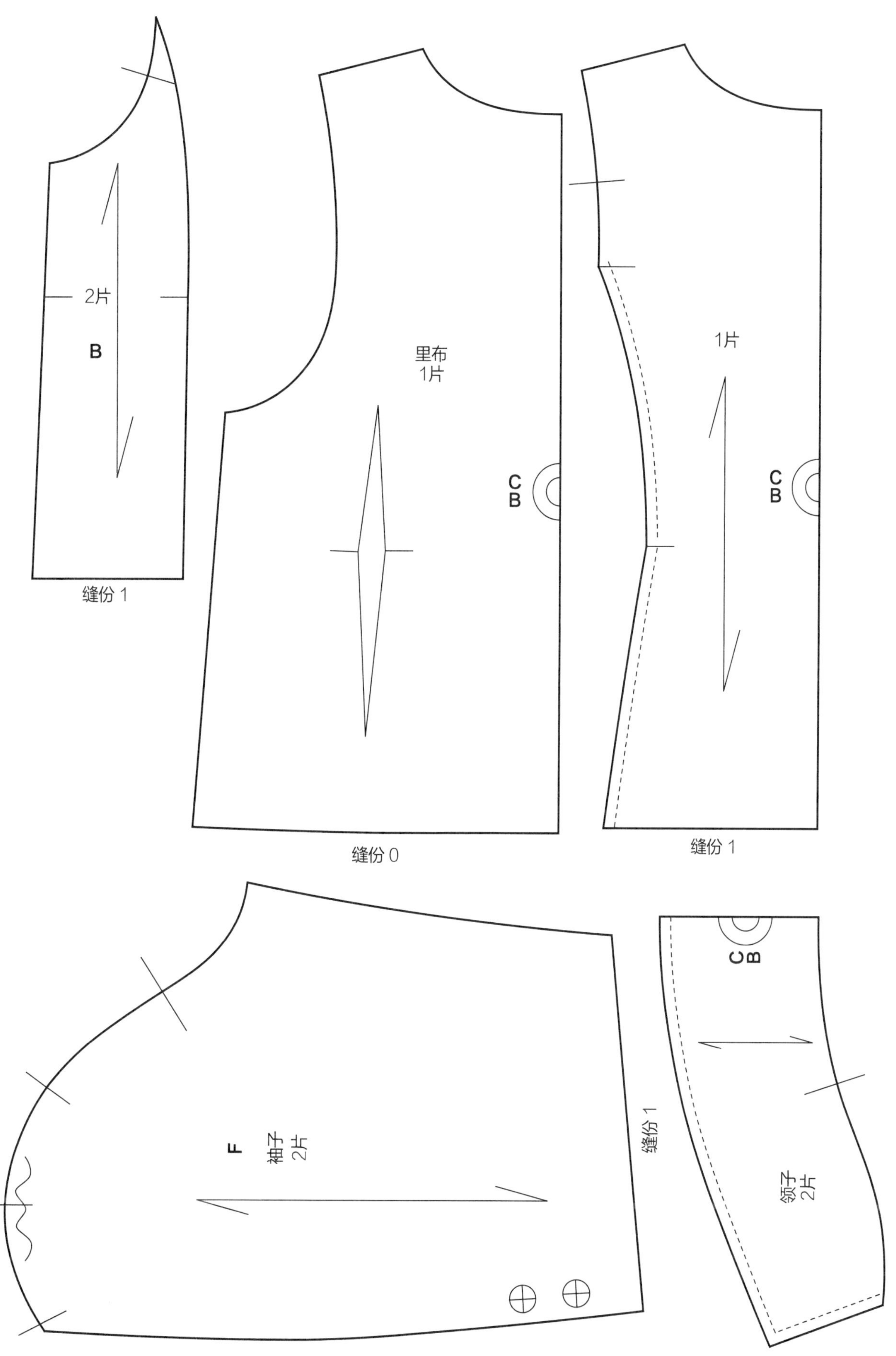
2片
B
缝份 1
里布
1片
CB
缝份 0
1片
CB
缝份 1
F
袖子
2片
缝份 1
CB
领子
2片

大衣&外套 3

雨衣 p.190

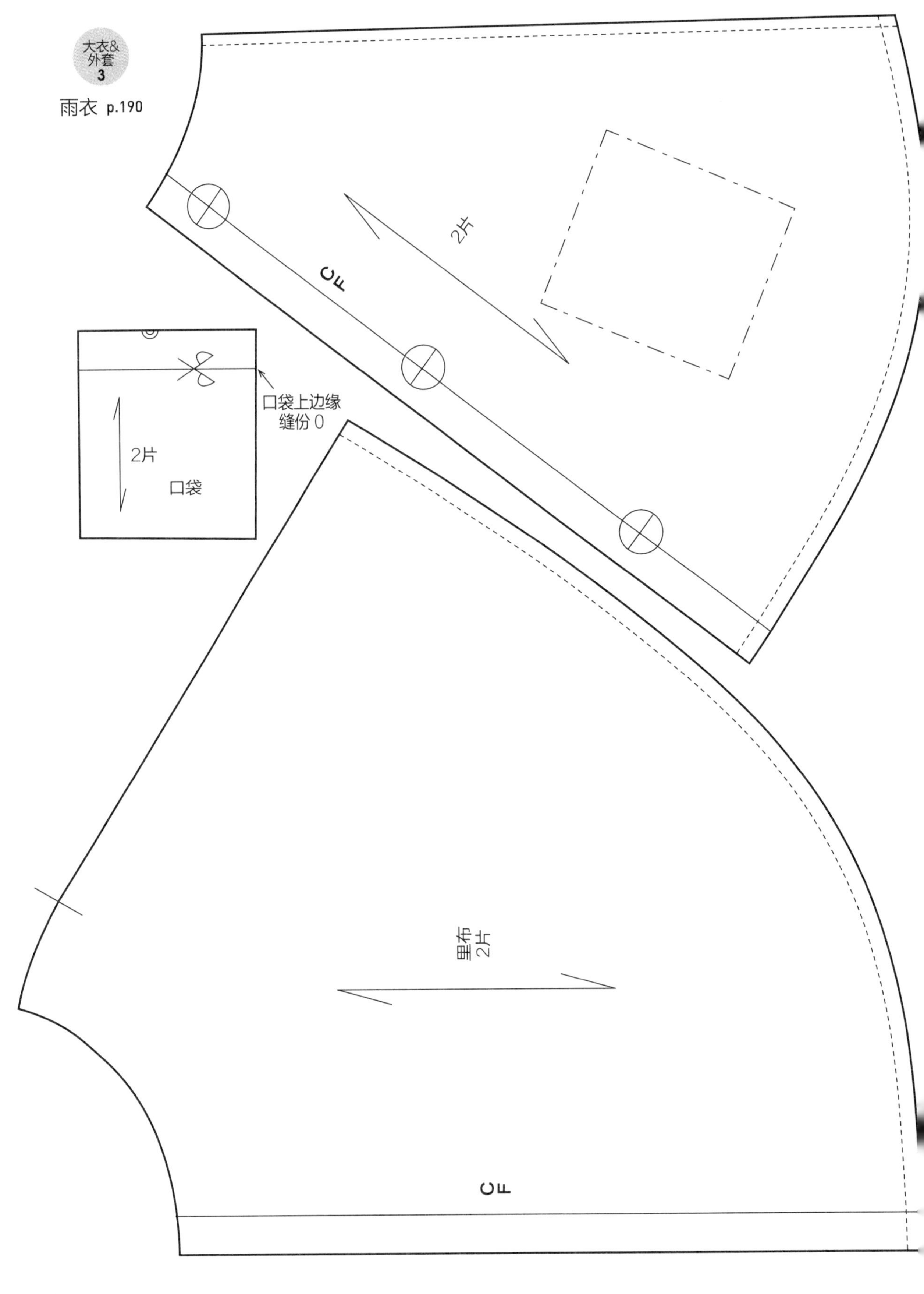

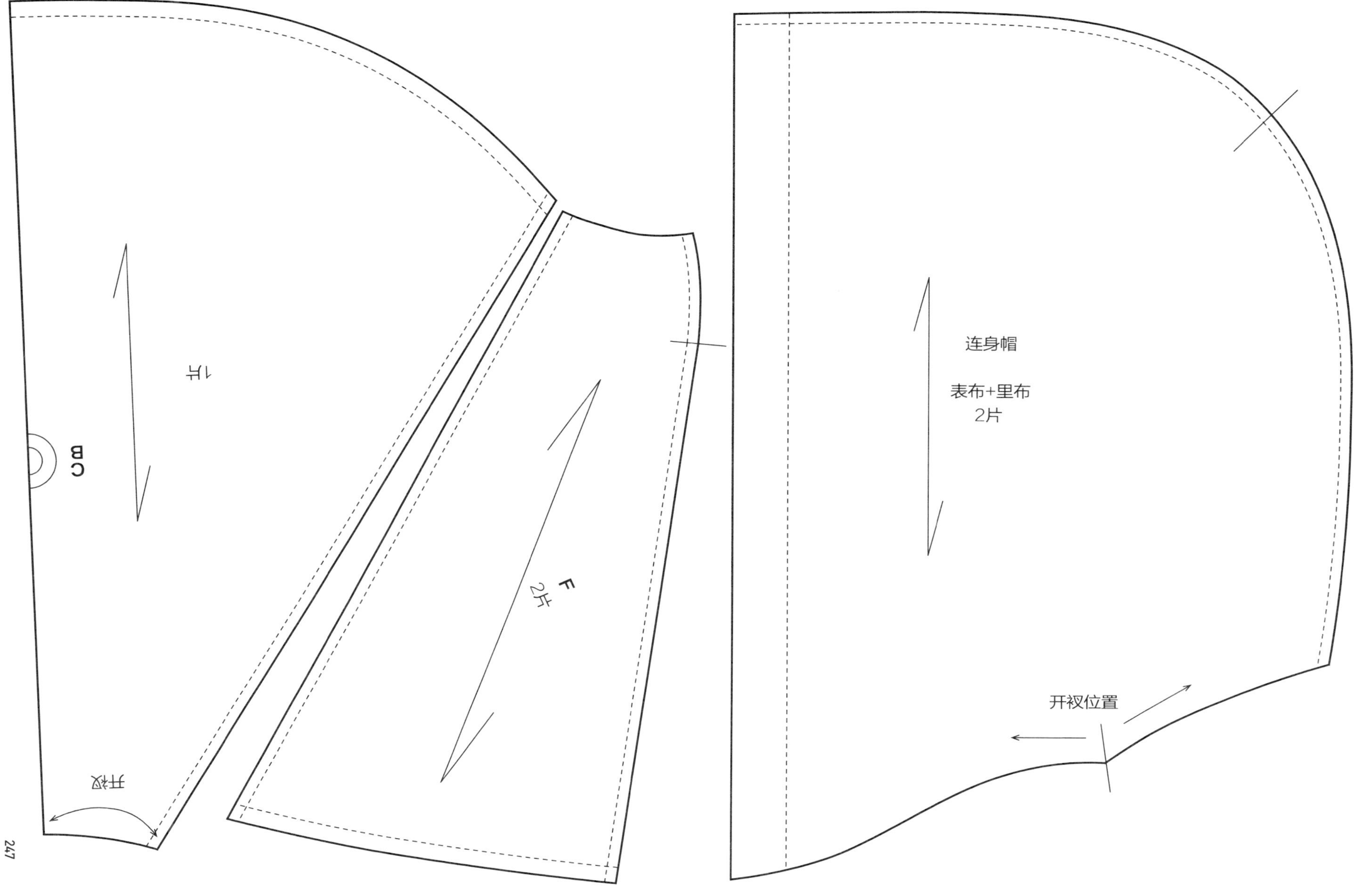
连身帽
表布+里布
2片
开衩位置
F
2片
1片
CB
开衩

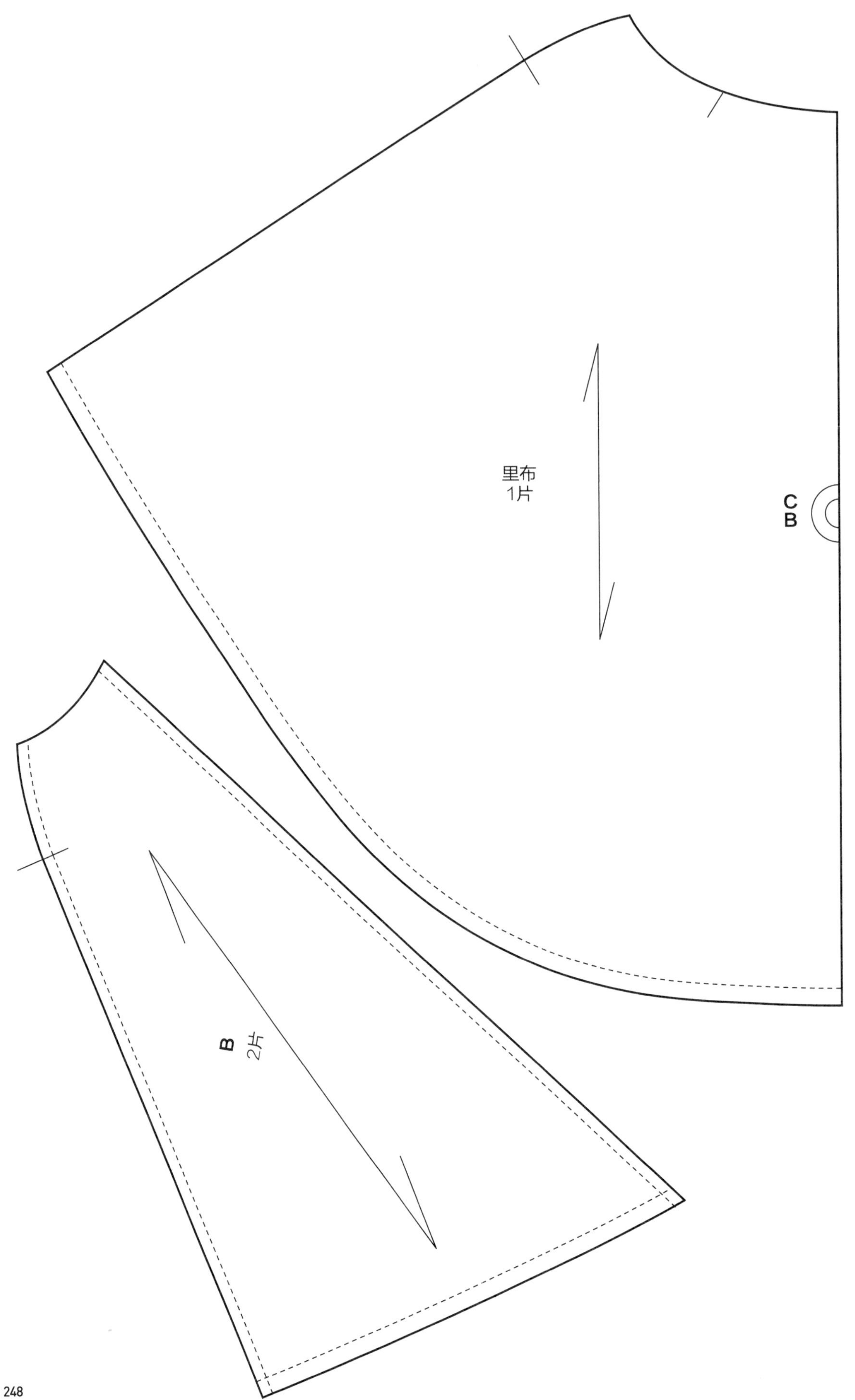
里布
1片
C
B
B
2片

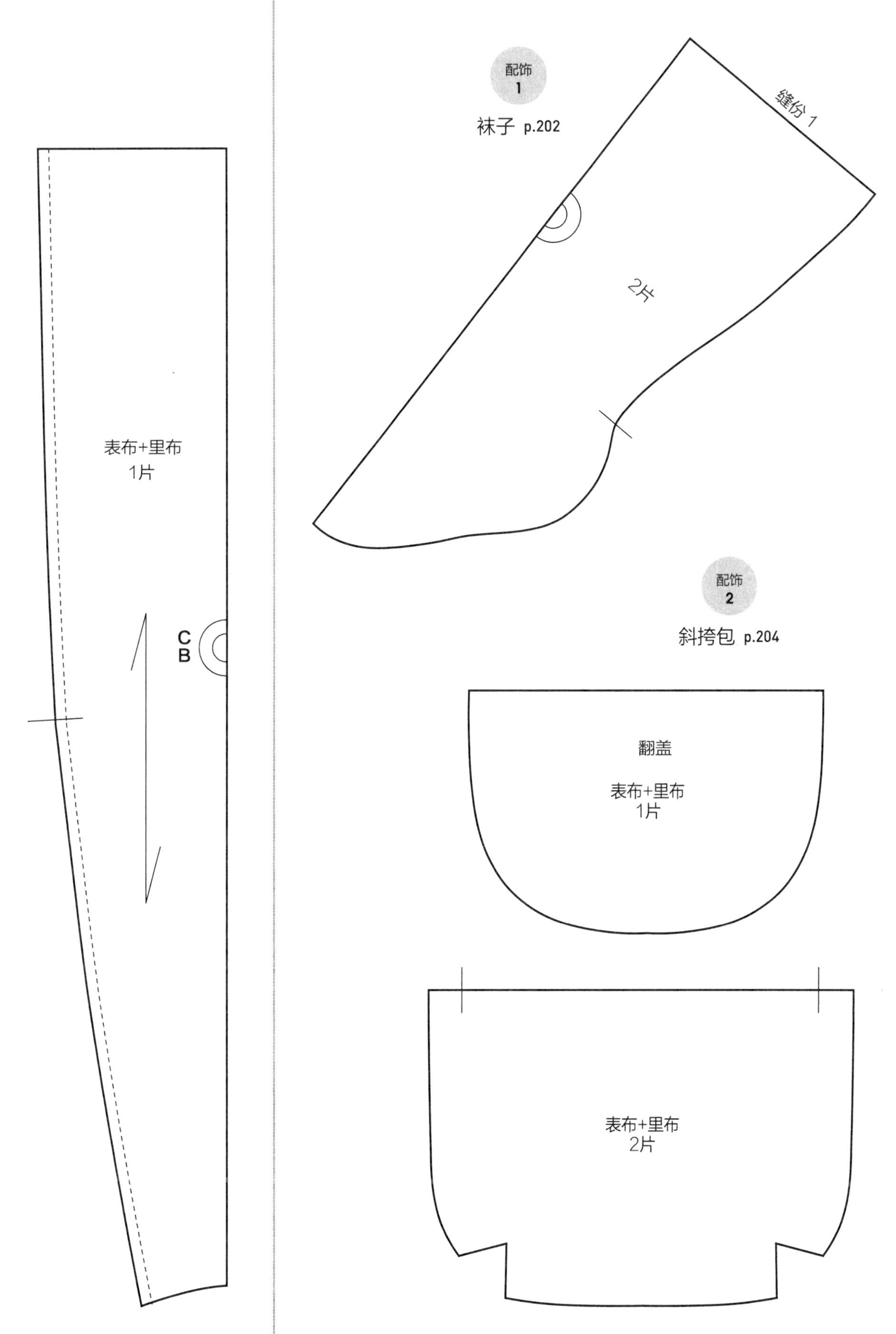
表布+里布
1片
CB
配饰
1
袜子 p.202
缝份 1
2片
配饰
2
斜挎包 p.204
翻盖
表布+里布
1片
表布+里布
2片

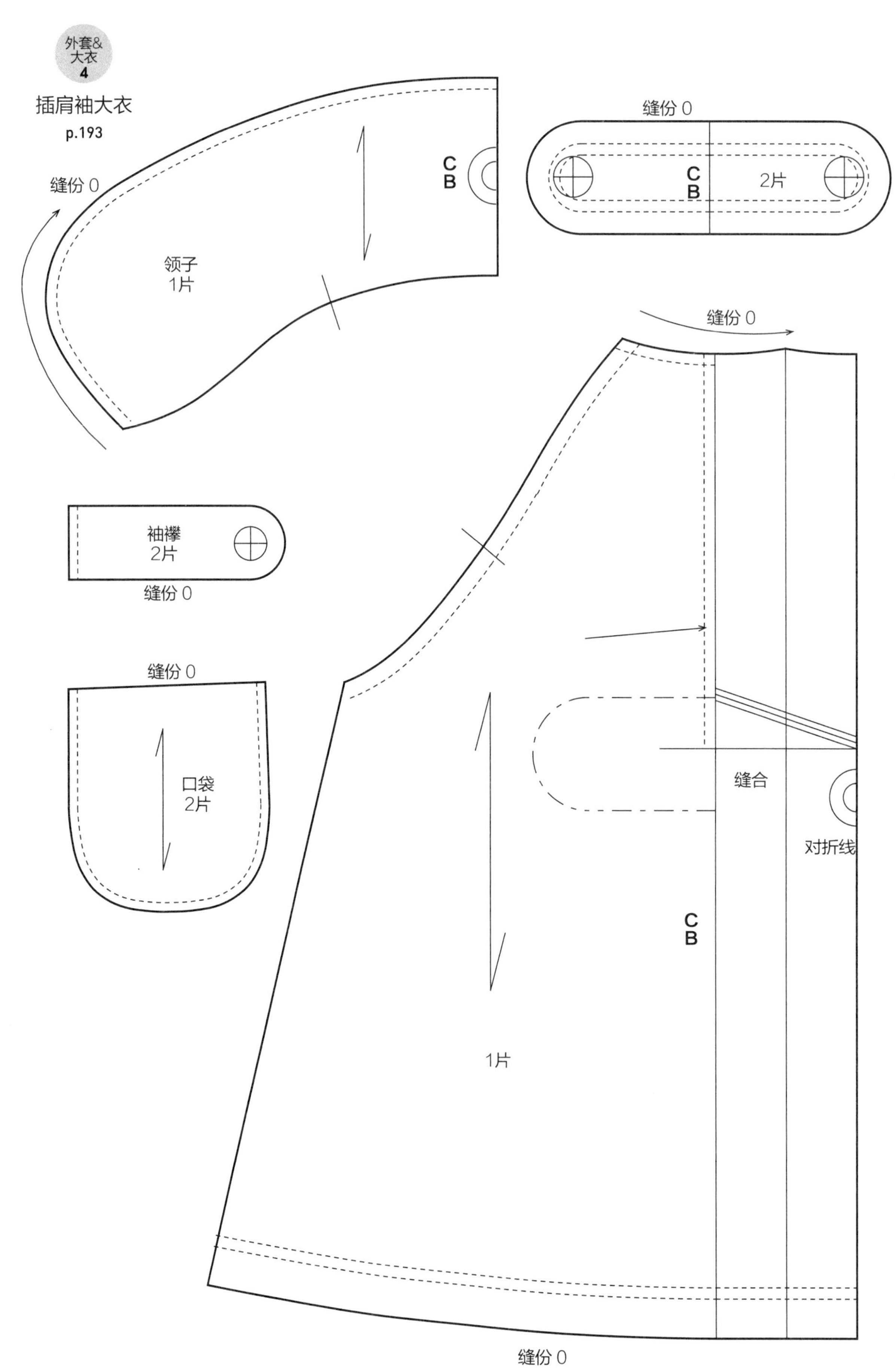
外套&
大衣
4
插肩袖大衣
p.193
缝份 0
C
B
领子
1片
缝份 0
C
B
2片
缝份 0
袖襻
2片
缝份 0
缝份 0
口袋
2片
缝合
对折线
C
B
1片
缝份 0

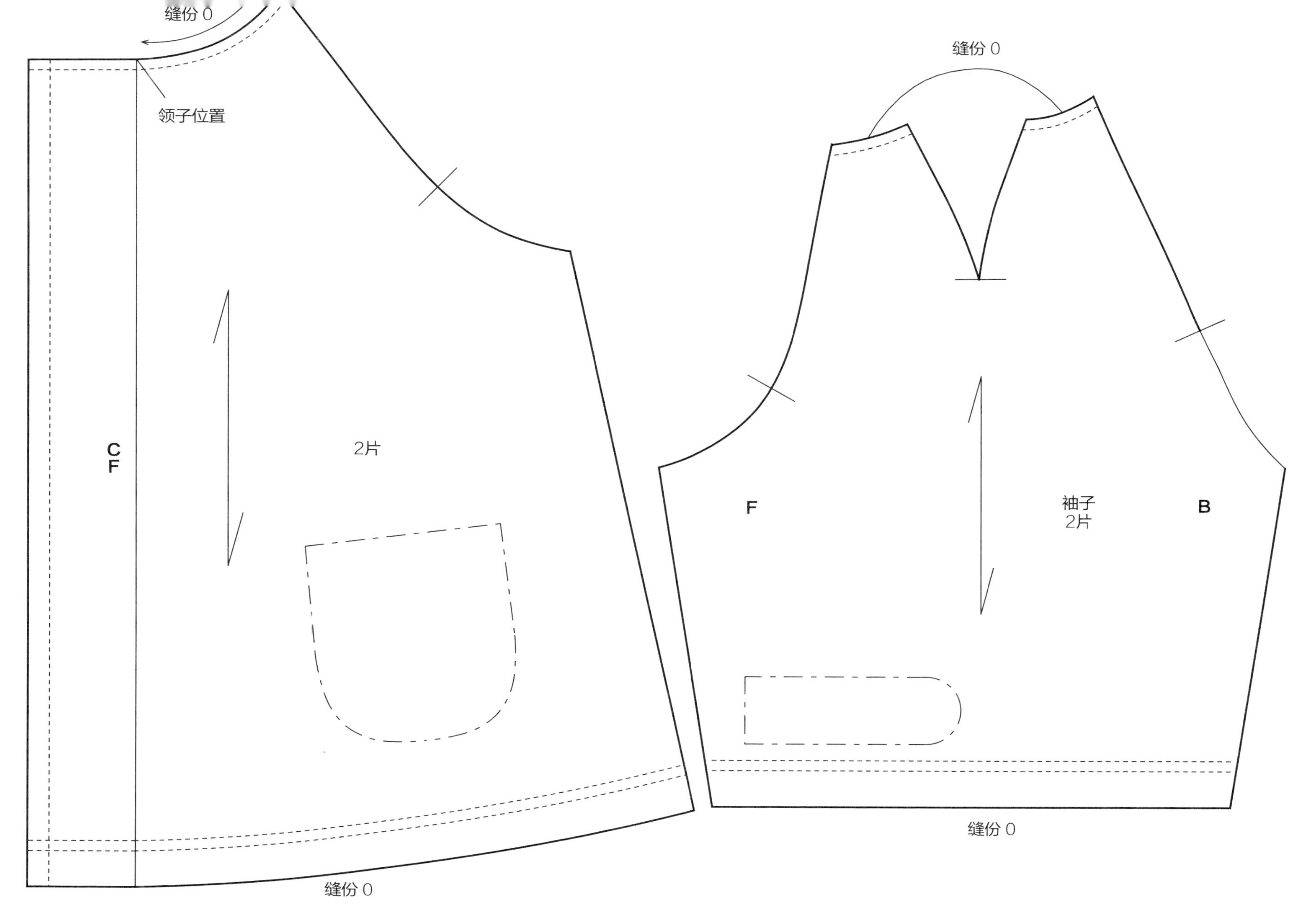
缝份 0
领子位置
C
F
2片
缝份 0
缝份 0
F
袖子
2片
B
缝份 0

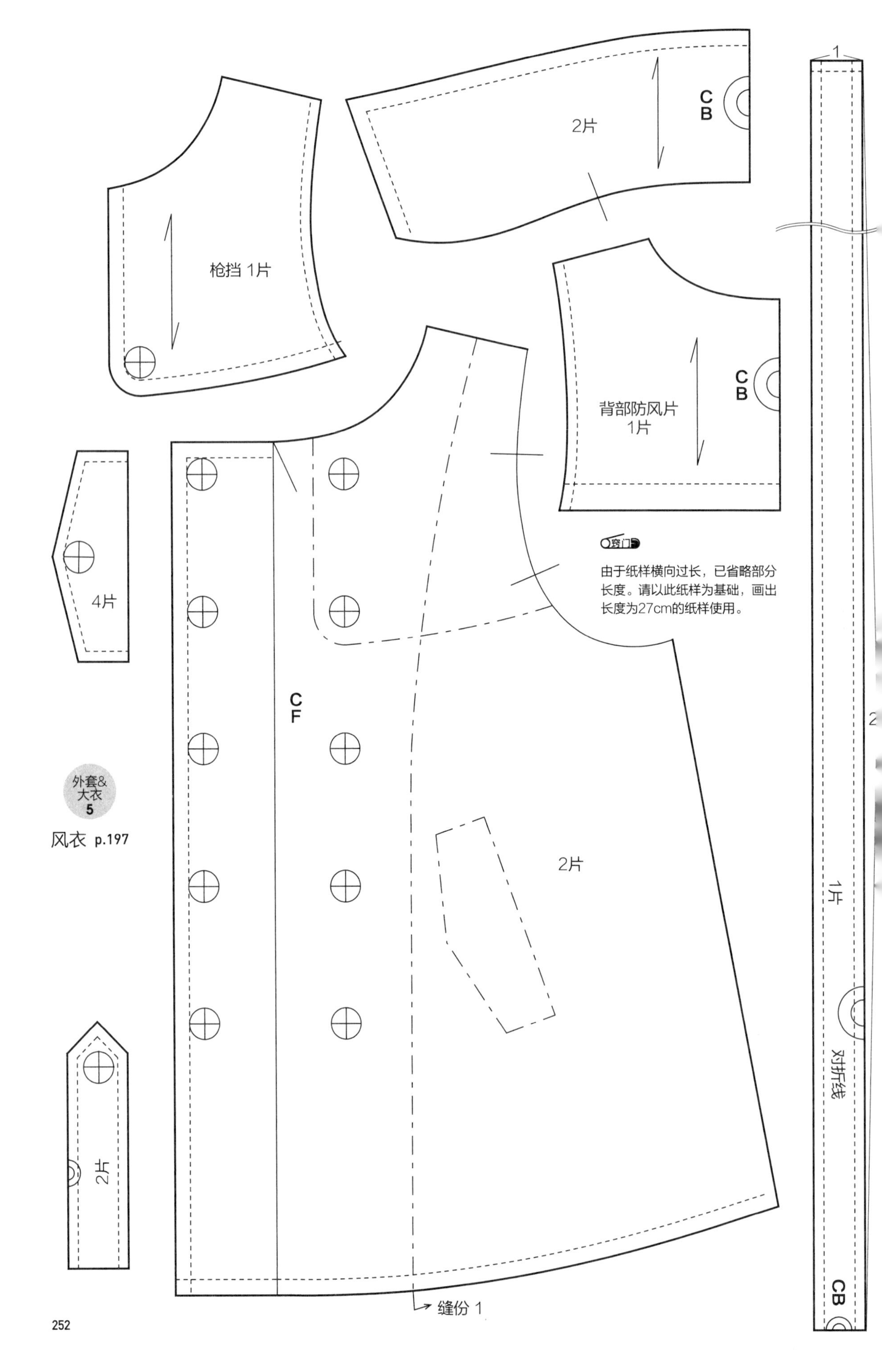

2片
CB
枪挡 1片
CB
背部防风片
1片
4片
CF
窍门
由于纸样横向过长，已省略部分长度。请以此纸样为基础，画出长度为27cm的纸样使用。
外套&
大衣
5
风衣 p.197
2片
2片
1片
对折线
CB
缝份 1
1

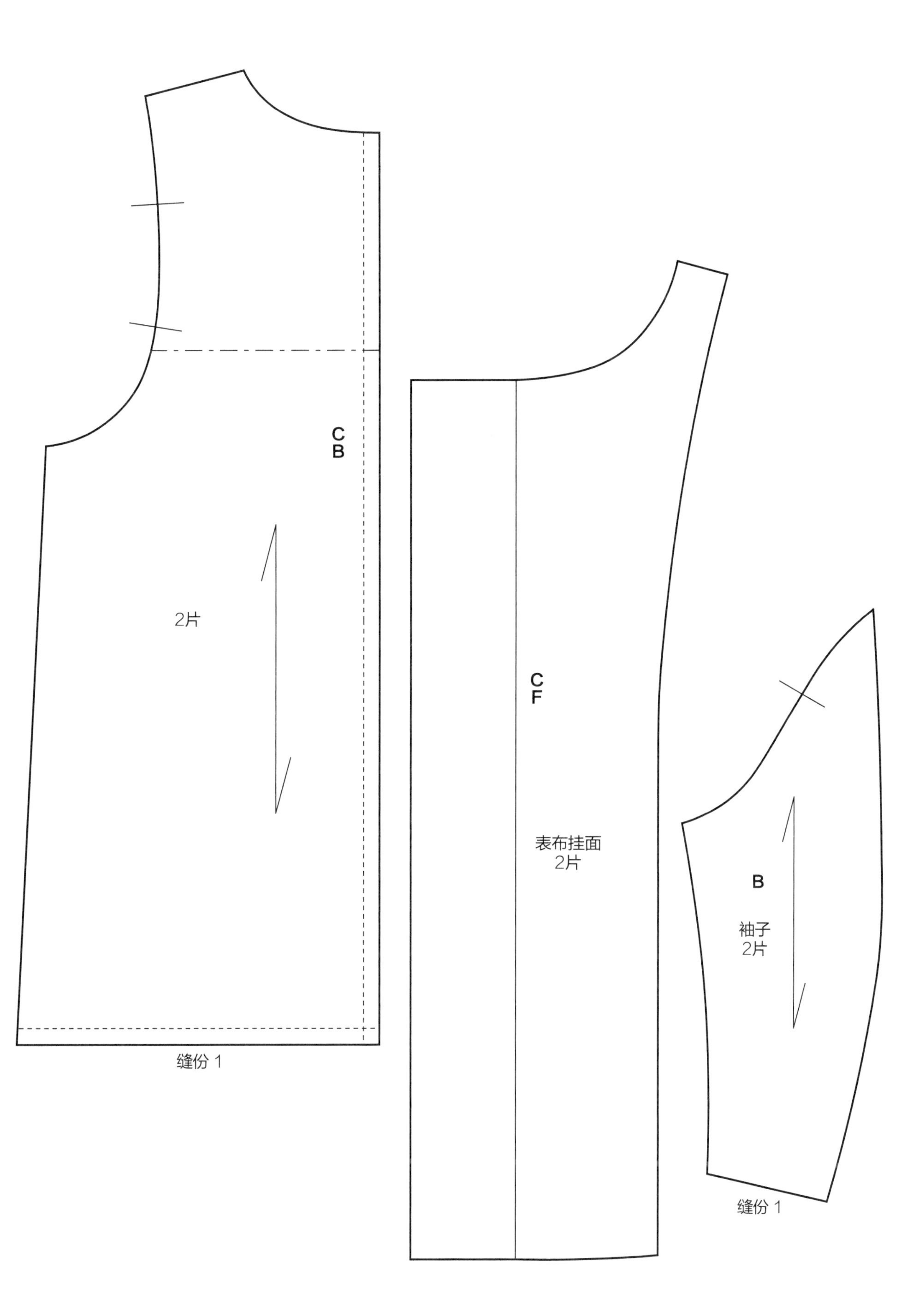
CB
2片
缝份 1
CF
表布挂面
2片
B
袖子
2片
缝份 1

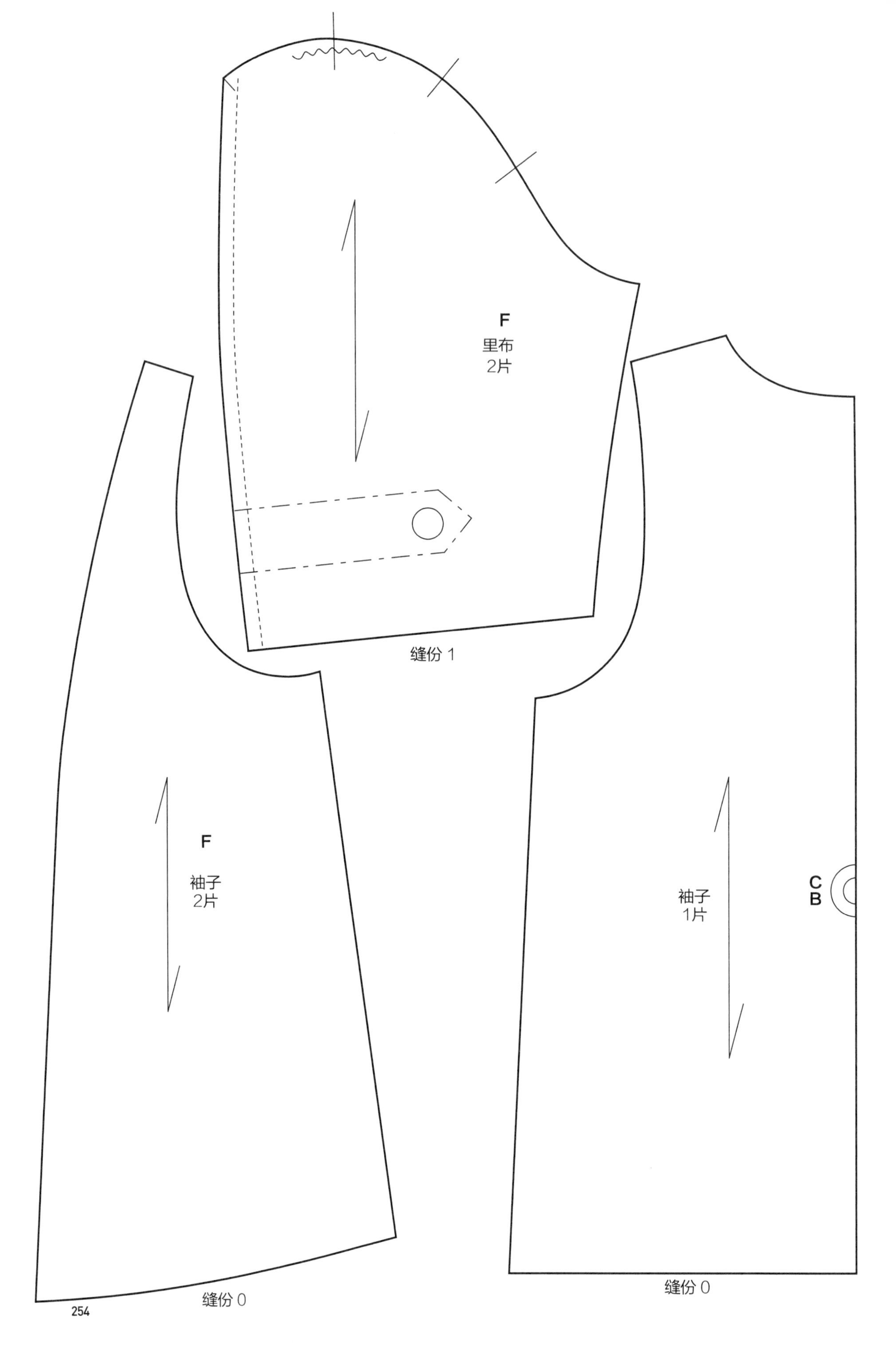
F
里布
2片
缝份 1
F
袖子
2片
缝份 0
C
B
袖子
1片
缝份 0

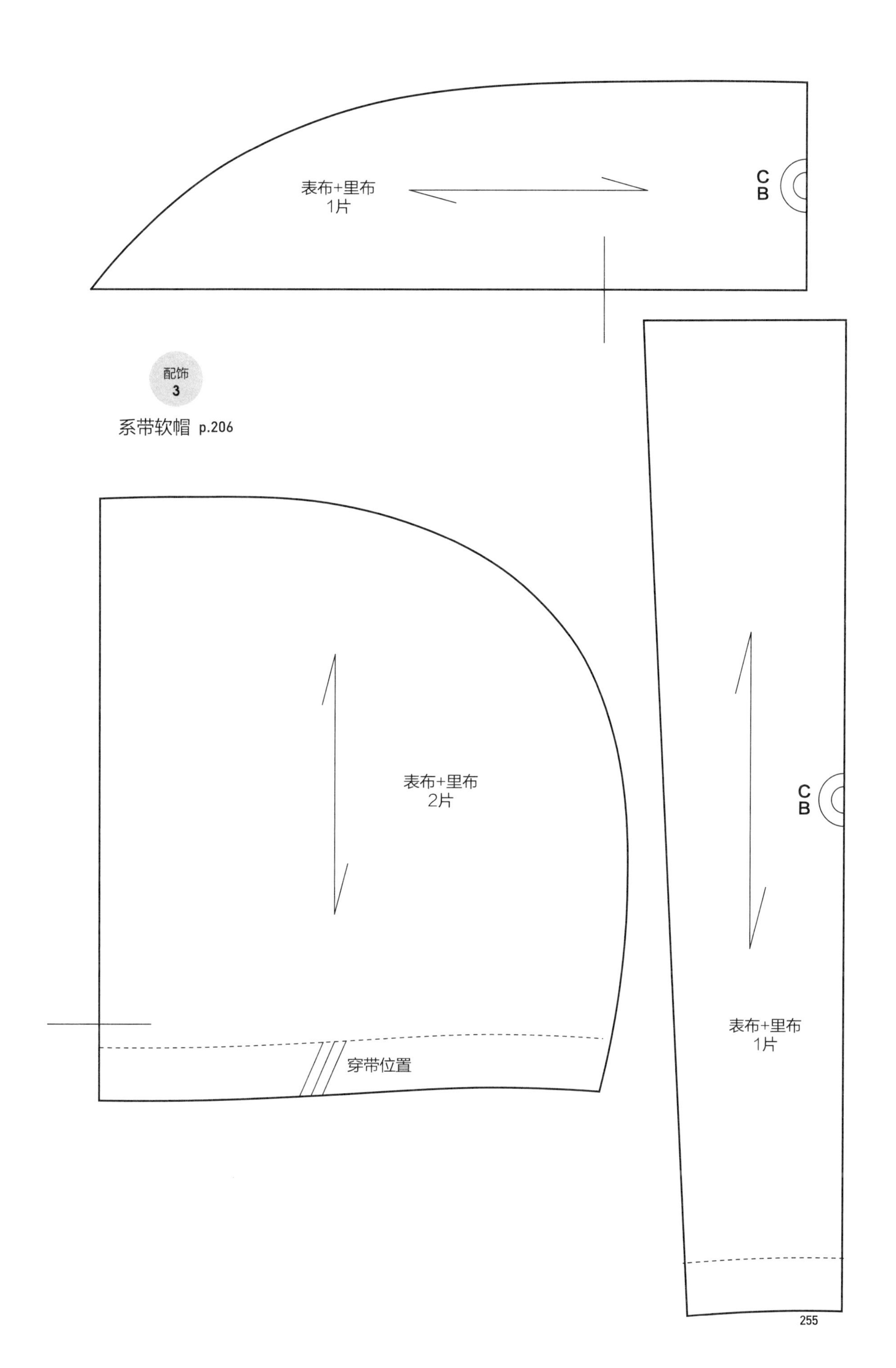
表布+里布
1片
C
B
配饰
3
系带软帽 p.206
表布+里布
2片
穿带位置
表布+里布
1片
C
B

原文书名：패턴사 산잉의 인형옷 패턴 수업
原作者名：유선영

著作权合同登记号：图字：01-2020-0557

图书在版编目（CIP）数据

娃衣制板基础事典 /（韩）俞善英著；高颖译. --北京：中国纺织出版社有限公司，2020.6（2024.6重印）
ISBN 978-7-5180-7255-2

Ⅰ. ①娃… Ⅱ. ①俞… ②高… Ⅲ. ①童服—服装设计 Ⅳ. ① TS941.716

中国版本图书馆 CIP 数据核字（2020）第 051638 号

责任编辑：刘　茸　　特约编辑：付　静　　责任校对：王蕙莹
装帧设计：培捷文化　　责任印制：储志伟

中国纺织出版社有限公司出版发行
地址：北京市朝阳区百子湾东里 A407 号楼　邮政编码：100124
销售电话：010—67004422　传真：010—87155801
http://www.c-textilep.com
中国纺织出版社天猫旗舰店
官方微博 http://weibo.com/2119887771
北京印匠彩色印刷有限公司印刷　各地新华书店经销
2020 年 6 月第 1 版　2024年 6 月第 7 次印刷
开本：889 × 1194　1/16　印张：16
字数：256 千字　定价：98.00 元